新型职业农民培育规划教材

农牧业生产关键技术1000问

◎ 奥林虎　张晓虹　刘　斌　主编

中国农业科学技术出版社

图书在版编目（CIP）数据

农牧业生产关键技术1000问／奥林虎，张晓虹，刘斌主编．—北京：中国农业科学技术出版社，2019．4

ISBN 978-7-5116-4058-1

Ⅰ．①农…　Ⅱ．①奥…②张…③刘…　Ⅲ．①农业技术-问题解答　Ⅳ．①S-44

中国版本图书馆CIP数据核字（2019）第030237号

责任编辑　徐　毅
责任校对　贾海霞

出 版 者　中国农业科学技术出版社
北京市中关村南大街12号　邮编：100081
电　　话　(010)82106631(编辑室)　(010)82109702(发行部)
(010)82109709(读者服务部)
传　　真　(010)82106650
网　　址　http://www.castp.cn
经 销 者　各地新华书店
印 刷 者　北京建宏印刷有限公司
开　　本　787 mm×1 092 mm　1/16
印　　张　23．25
字　　数　550千字
版　　次　2019年4月第1版　2019年4月第1次印刷
定　　价　79．80元

《农牧业生产关键技术1000问》

编委会

主　编　奥林虎　张晓虹　刘　斌

副主编　苗三明　李锁军　张文庆　乌兰其其格
郝　霞　杨春立　刘　永　刘安兵　宋德全

编　委　杨　洁　张春艳　李　鹏　崔　瑛　边学亮
刘宝玉　张　顺　史美荣　白　洁　赵泉勇
刘志君　袁　苑　柴玉鑫　马　茹　张文平
门光耀　李　炜　苏隆嘎　于宏业　丁秀丽
何德洋　吕晓苹　多艳霞　刘　洋　陈宏飞
刘　彪

前　言

推进乡村振兴战略，关键在人，在于培养一支爱农业、懂技术、善经营的高素质新型职业农民队伍。自 2016 年新型职业农民培育工程在巴彦淖尔市推进以来，全市农广校体系立足农牧民教育主渠道、主阵地，发挥职能优势，围绕新型职业农民培育主题主线，主动出击，创新工作思路，积极探索农牧民教育的新途径，让一大批参加新型职业农民培育的农牧民走上了创业兴业的新征程。

为了让广大新型职业农牧民学员更全面、更便捷地了解农牧业生产中的关键性技术和要点，实现“爱农业、懂技术、善经营”的培育目标，在巴彦淖尔市农牧业局党组的重视和支持下，市农牧民科技教育培训中心组织全市生产一线的专业技术人员从当地生产实际出发编写了本书。本书共 6 章，以问答的形式回复了农牧业生产体系中从生态环境保护、农畜产品质量安全到种、养殖关键性技术等方面的重点问题，表述简洁实用、通俗易懂且喜闻乐见，能够帮助农牧民增长知识和提升生产水平。适合农牧民学习应用。

在本书的编写过程中，山东思远农业开发公司在《设施农业生产技术》这一章的撰稿中提供了大量资料，巴彦淖尔市农广校体系教师在整理和修改过程中也付出了艰辛的劳动，在此一并表示感谢！

由于时间和水平的制约，书中不足之处在所难免，请大家在使用过程中及时反馈意见和建议，以便再版时进一步完善。

巴彦淖尔市农牧业局农牧民科技教育培训中心

2018 年 10 月

目　录

第一章　农业面源污染及治理技术 …………………………………… (1)

第一节　面源污染概述 …………………………………… (1)

第二节　农药的污染 …………………………………… (3)

第三节　化肥的污染 …………………………………… (7)

第四节　农膜的污染 …………………………………… (11)

第五节　畜禽养殖的污染 …………………………………… (16)

第六节　农业废弃物的污染 …………………………………… (23)

第二章　农畜产品质量安全 …………………………………… (27)

第三章　农产品种植技术 …………………………………… (47)

第一节　小麦种植技术 …………………………………… (47)

第二节　玉米种植技术 …………………………………… (51)

第三节　向日葵种植技术 …………………………………… (57)

第四节　西葫芦种植技术 …………………………………… (63)

第五节　西甜瓜种植技术 …………………………………… (83)

第六节　葡萄种植技术 …………………………………… (86)

第七节　番茄种植技术 …………………………………… (142)

第八节　黄瓜种植技术 …………………………………… (151)

第九节　辣椒种植技术 …………………………………… (182)

第十节　茄子种植技术 …………………………………… (200)

第十一节　菜豆种植技术 …………………………………… (208)

第十二节　果树种植技术 …………………………………… (219)

第十三节　牧草种植技术 …………………………………… (225)

第四章　畜牧养殖技术 …………………………………… (230)

第一节　肉羊养殖技术 …………………………………… (230)

第二节　奶牛养殖技术 …………………………………… (238)

第三节　鸡的养殖技术 …………………………………………………………（264）
第四节　淡水池塘养鱼技术 ……………………………………………………（284）
第五章　设施农业生产技术 ……………………………………………………（322）
第一节　设施结构和类型 ………………………………………………………（322）
第二节　设施环境特点与调控技术 ……………………………………………（328）
第三节　蔬菜育苗模式与技术 …………………………………………………（333）
第四节　设施蔬菜栽培管理技术 ………………………………………………（336）
第六章　盐碱化耕地改良 ………………………………………………………（353）

第一章　农业面源污染及治理技术

第一节　面源污染概述

1. 问：什么是农业面源污染？

答：农业面源污染主要是指在农业生产活动过程中，由于各种污染物以低浓度、大范围缓慢地在土壤圈内运动或从土壤圈向水圈扩散，致使土壤、含水层、湖泊、河流、滨岸、大气等生态系统遭到污染的现象，具有形成过程随机性大、影响因子多、分布范围广、潜伏周期长、为害大等特点。

2. 问：我国的农业面源污染主要包括哪些？

答：化肥的污染、农药的污染、农膜的污染、畜禽粪便的污染、农业废弃物的污染、生活垃圾及工业“三废”污染。

3. 问：农业面源污染有什么为害？

答：农业面源污染导致农产品产地生态环境呈恶化趋势，受污染的农田比例逐步上升，导致农产品安全问题十分突出，农产品出口贸易严重受阻。由于农业面源污染，造成部分地区生产的蔬菜、水果中的硝酸盐、农药和重金属等有害物质残留量超标。农业面源污染会造成大气、水体、土壤、微生物污染，对人居环境产生为害，严重影响人们身体健康。

4. 问：防治农业面源污染应采取哪些对策与措施？

答：

（1）广泛宣传教育，营造防治农业面源污染的社会氛围。加强对农民的宣传和教育，让农民知道农业面源污染的为害和原因，认识到控制农业面源污染对于农业环境安全，对于巩固农业的基础地位，进而确保全面建设小康社会宏伟目标顺利实现的重大意义。要重视舆论宣传，充分发挥电台、电视、报刊、网络等大众媒体的作用，因地制宜地设计群众喜闻乐见的载体，多层次、多形式地普及农业生态环境知识，提高公众的认知度、环保意识和参与意识。对重点人群、重点地区进行重点宣传、教育和引导，让群众充分认识到农业面源污染对社会为害性和治理工作的重要性。进一步加大宣传力度，提高全社会对农业面源污染治理工作重要意义的认识。加强对农民的环境教育与培训，逐步让农民树立起农业资源的忧患意识、环境保护的参与意识。

（2）建立完善监测体系，强化农业环境和农产品质量的监测。对农业面源污染进行监测，并全面反映污染治理实施的效果。组建农业环境监测和农产品检验检测中心，进一步完善农业生态环境和农产品安全监测网络体系，提升监测检测能力。建立高效的农业面源污染预报预警系统和快速反应系统以及重大农业面源污染事故监测体系。加快建立化肥、农药等化学投入品的监测体系，切实加强化肥、农药等农资市场管理，建立统一的生产、销售、使用档案资料，有效实施农业生产全过程的管理监控。加大农产品产地环境安全监督监测工作力度，实行农业生态环境和农产品安全报告制度，建立完善安全农产品的强制性质量标准体系，切实有效地开展无公害农产品、绿色食品、有机食品的认证工作。

（3）进行循环利用，降低农业面源污染的数量。大力推广示范“农田水微循环利用”“稻田养鱼（鸭）等新的模式和技术，进行循环利用，降低农业面源污染的数量。如发展以沼气为纽带的庭院式生态农业模式，将种植业、养殖业与沼气使用相结合，以获得最佳的生态效益与经济效益。有效地缓解农村人、畜禽粪尿给农村生态环境造成的污染，有效解决畜禽粪便对地表水、地下水和空气的污染问题。使用沼液替代传统的农药浸种，减少了农药的使用量，减轻农药对农田的污染；沼液、沼渣是优质的有机肥，沼肥的施用减少了化肥和农药的施用量，提高了土壤有机质的含量，减轻了化肥和农药对农产品、土壤和水体的污染，为发展无公害农业开辟了一条新的途径。

（4）发展有机农业，全面落实农业面源污染治本措施。有机农业是在作物种植、畜禽养殖与农产品加工过程中，不施用人工合成的农药、化肥、生长调节剂、饲料添加剂等化学物质以及基因工程生物及其产物，而是遵循自然规律和生态学原理，协调种植业与养殖业的平衡，采取系列可持续发展的农业技术，维持持续稳定的农业生产过程。在有机农业生产体系中，作物秸秆、畜禽粪肥、豆科作物、绿肥和有机废弃物是土壤肥力的主要来源；作物轮作以及各种物理、生物和生态措施是控制杂草和病虫害的主要手段。有机农业的基本要求是不施用农药、化肥等化学合成物质，做到循环经济和清洁生产，不污染环境和产品，既保护了环境，又保持了产品的高品质。有机产品从原料来源、生产、加工、贮藏、运输、销售，到使用，甚至废弃物都应符合环境要求。发展绿色食品、有机食品产业完全符合国家关于污染控制与生态环保并重的环保战略。积极发展大型绿色食品、有机食品原料基地，推行标准化生产，实施全程质量控制，确保产品质量安全。把发展绿色食品、有机食品与生态环境建设和发展特色优势农业结合起来，建设优质、高产、高效、生态、安全的现代农业，是提高农业综合生产能力、增强农业竞争力、提高农业综合效益的必由之路，也是持续增加农民收入的根本保证。坚持生态环境的利用与保护相结合，促进农业的可持续发展，使农业生产、保护环境和增进健康三者有机地结合起来，实现经济效益、社会效益和环境效益的统一。

第二节　农药的污染

5. 问：农药污染都有哪些为害？

答：化学农药的过量和不当使用，导致土壤水体、大气污染，引起生物多样性减少、食品安全、人类健康为害等一系列问题。

6. 问：化学农药面源污染产生原因是什么？

答：

（1）农药产品问题。

①农药品种不足，且结构不合理（高效低毒农药普及不足）；

②农药剂型落后（乳油、可湿性粉剂为主）；

③产品质量有待提高（纯度、理化指标）。

（2）农药使用不科学、不规范。

①滥用、不当用药（单一、过量用药）；

②防治时期不准（不与虫情结合）；

③安全环保意识差（以高毒代替高效）。

（3）农药的有效利用。

①施药器械落后；

②错误的施药方法；

③施药技术缺乏针对性（不根据虫情施药）。

7. 问：化学农药使用环境污染控制的原则是什么？

答：

（1）源头控制。科学用药，选择高效、低毒、低残留的化学农药；优化农药使用结构，改善用药技术和方法，尽量减少化学农药的用量。

（2）阻断迁移过程。农药使用过程环境介质之间污染的迁移，减少农药对人体健康和生态环境为害。

（3）加快末端降解。缩短农药残留环境时间，减少环境残留。

8. 问：农药对大气污染的防治措施有哪些？

答：规定施药区与居民区的安全距离。

施用漂移少的农药剂型。（粒剂、乳剂和水剂、粉剂）

农药中加入抗蒸发剂，可减少农药使用量50%以上。

施用技术、避免大风施药；高温和设施作物农业中减少挥发性强。

9. 问：农药对土壤污染的防治措施有哪些？

答：

（1）减少高毒拌种剂、土施杀虫剂的施用，保护土壤动物、鸟类和其他陆生生物。

（2）加强长残留除草剂农药安全评价，针对不同施用地区提出管理措施。

（3）减少土壤农药残留，加快农药的消减速率。可采用实施水旱轮作、接种农药降解微生物。

10. 问：农药对土壤造成污染的为害是什么？

答：农药对土壤的污染主要表现为农药在土壤中的残留，由于一些农药性质较稳定不易消失，在土壤中可残存较长时间。在有农药污染的土壤中，以后再栽种作物时，可能造成影响。同时，有农药污染的土壤中微生物和土栖无脊椎动物的生存也收到影响。

11. 问：农药施用后对生态系统的影响？

答：生物（植物、动物、微生物）在自然界中不是孤立存在的，而是与周围环境相互作用，在一定的空间和环境中生活的有机体。在生态系统中，微生物、植物、昆虫、天敌之间以及它们与周围环境的相互作用，形成了复杂的营养网络和不可分割的统一整体。农药的施用对周围生物群落会产生不同程度的影响，严重时可破坏生态平衡。施用农药，在防治靶标生物的同时，往往也会误杀大量天敌。在养鱼、养蚕和养蜂地区，由于农药的漂移和残留，导致对鱼类、家蚕和蜜蜂的毒害作用。同时，害虫种群也可能发生变化，产生抗药性、再猖獗和次要害虫上升等问题。

12. 问：农药对大气会产生什么污染？

答：农药对大气的污染主要是施用农药时产生的农药药剂颗粒在空中飘浮所致。另外，大气的污染也可能由于某些农药厂排出的废气所造成。大气传递是农药在环境中传播和转移的重要途径之一。

13. 问：使用农药对水体的会造成哪些污染？

答：农药对水体的污染是指农药直接投入水体或施用后土壤中残留的农药随水渗入地下水体，从而对水体和地下水体造成的污染。在地表水资源日益短缺的今天，地下水使用量逐年增大，农药对地下水体的污染越来越引起各国政府重视。水溶性大、吸附性能弱的农药容易随水淋溶进入地下水中。施药地区的降雨与灌溉对农药在土壤中的移动有很大的影响，特别是施药后不久遇大雨或进行灌溉，就容易引起地下水污染。

14. 问：我国农药污染的现状是什么？

答：农药作为一种化学药剂，在农业生产以及农业环境保护中起到了一定的作用，然而随着经济发展提速，对农业产品产量需求的增加导致了农药的滥用，从而产生了农业污染，对土壤环境、水、农业生物造成了破坏。就我国的现状来看，由于科学知识以及环保意识的普及程度较低，导致了农业生产中农药的使用以及农药的处理乱象频发，不合理利用农药的情况时常发生，这样不仅仅导致农业作物的生产产量受到影响，还破坏了土壤环境，污染了部分水源，对人体健康及人居环境也造成了一定的威胁。我国目前农药污染的情况主要分为以下两方面。一是过度依赖农药，忽略了利用生态原理来提高农作物产量的根本方法。农药本身的特性决定了它能以最为快速的方式解决农田中存在的自然灾害现象，由于生态环境的恶化，形成了一种滥用农药往复循环的环境污染现象。二是生态保护意识的薄弱，忽略了农田生态环境的稳定性，滥用农药造成了对农田生态环境的破坏。农田生态环境是农作物生长生产的基础，农民生态意识薄弱，没有意识到农田环境中存在的环境稳定因素，人为过度使用农药破坏了这种稳定性，破坏农田环境的同时也影响了整体生态环境的稳定性。

15. 问：控制农药污染对农业环境保护有什么重要性？

答：

（1）保护农业生产的持续稳定。

（2）促进农业生态系统良性循环。

（3）加快建设以人为核心的人居环境城镇一体化建设。

16. 问：农药污染对人体的为害有哪些？

答：农药为害人体的方式主要有 3 种：一是偶然大量接触；二是长期接触一定量的农药；三是日常生活接触环境和食品、化妆品中就有残留农药。人体接触农药后产生的不良后果主要有以下几点：其一是农药急性中毒。农药在最短的时间内大量进入人体，造成个体死亡。急性农药中毒是农药对人体为害最明显的表现方式。其二是慢性中毒。长时间接触或者食用含有农药的食品，而农药不能随着代谢排出体外，其浓度在体内越来越大，给人体健康造成威胁和损害。与急性中毒相比，慢性中毒不会在短时间内死亡，但是会降低人体的免疫力，诱发其他疾病。其三是致癌、致畸、致突变。根据研究，常用的一些农药，能有明显的导致癌症的发病概率，部分农药具有潜在的致癌风险。

17. 问：农药对其他生物的为害有哪些？

答：大量使用农药，在杀死害虫的同时，也会杀死其他食害虫的益鸟、益兽，使食害虫的益鸟、益兽大大减少，从而破坏了生态平衡。加之经常使用农药，使害虫产生了抗药性，导致用药次数增加，加大了对环境的污染和生态的破坏。由此形成滥用农药的恶性循环。还有一个鲜为人知的事实是，使用农药不仅不能从根本上除掉害虫，反而会加速害虫的进化，加强他们的抗药性，甚至根本无法用农药消灭害虫。

18. 问：我国农药污染现状是什么？

答：农药作为一种化学药剂，在农业生产以及农业环境保护中起到了一定的作用，然而随着经济发展提速，对农业产品产量需求的增加导致了农药的滥用，从而产生了农业污染，对土壤环境、水、农业生物造成了破坏。就我国的现状来看，由于科学知识以及环保意识的普及程度较低，导致了农业生产中农药的使用以及农药的处理乱象频发，不合理利用农药的情况时常发生，这样不仅仅导致农业作物的生产产量受到影响，还破坏了土壤环境，污染了部分水源，对人体健康及人居环境也造成了一定的威胁。我国目前农药污染的情况主要分为以下两方面。一是过度依赖农药，忽略了利用生态原理来提高农作物产量的根本方法。农药本身的特性决定了它能以最为快速的方式解决农田中存在的自然灾害现象，由于生态环境的恶化，形成了一种滥用农药往复循环的环境污染现象。二是生态保护意识的薄弱，忽略了农田生态环境的稳定性，滥用农药造成了对农田生态环境的破坏。农田生态环境是农作物生长生产的基础，农民生态意识薄弱，没有意识到农田环境中存在的环境稳定因素，人为过度使用农药破坏了这种稳定性，破坏农田环境的同时也影响了整体生态环境的稳定性。

19. 问：如何合理使用农药？

答：

（1）主要根据害虫所属类群的特点、口器形式、体型大小以及外表质地、营养条件、发生为害习性特点等，选用适宜的药剂和施用方法。

（2）了解致病菌的类属、发生特点、对要记得反应等方面的共性外。还要了解寄主植物的特点、植物和寄生菌对药剂的反应方面的特殊性，从而在具体选药时，做到共性与个性相结合。

（3）了解田间优势杂草种类的特点。单子叶、双子叶植物；一年生、多年生；水田杂草和旱田杂草等。从而正确选用适当的除草剂品种以及合适的施药方法。

20. 问：现阶段我国使用农药存在哪些问题？

答：

（1）机械施药不适应当地要求，农药利用率低。

（2）一家一户分散防治，组织化程度地。

（3）农民打药未经培训，不当用药比较突出。

（4）销售渠道混乱，缺乏主体经营。

（5）法规建设相对滞后，监管不到位。

（6）技术研究相对落后，支持准确、正确施药力度较弱。

21. 问：农药对水体污染的防治措施有哪些？

答：

（1）防治农药污染水源。

保护饮用水水源和渔业水源是控制农药污染的重要任务。根据《环境保护法》《水污染防治法》和《渔业法》，为防止和控制饮用水和渔业水域水质污染，保障人民健康和水产品质量，我国已制定了系列水质标准。

（2）防治农田排水农药流失措施。

①优化稻田施用农药品种结构，逐步减少水溶性农药用量。

②实施节水灌溉，控制排水时间。

③避免雨前施药，减少径流流失。

④改造渗水稻田，减少农药渗滤。

⑤稻作区地表水和地下水农药监测。

（3）水体农药残留的消减技术。

①絮凝、沉淀、过滤和吸附等物理措施可除去水体残留农药。活性炭农药吸附率可达90%。

②氧化剂可有效消减有机磷农药残留，但处理过程会生成毒性更大的氧化产物。

③农田排水可利用吸附、生物氧化等集成技术减少农药残留物。

22. 问：农药包装废弃物回收后如何处理？

答：农药包装废弃物回收后在集中库房密闭存储；存储物待国务院环境保护主管部门会同农业主管部门、财政部制订具体处置办法后再做处理。

第三节　化肥的污染

23. 问：我国农村化肥使用现状如何？

答：目前中国的科学施肥水平整体还不高，部分地区仍然存在盲目施肥的现象，肥料资源浪费严重，农业生产成本增加，效益降低，导致农产品品质下降，污染生态环境，加速土壤质量衰退，直接影响粮食持续增产、农业提质增效、农民节本增收和农产品质量安全。因此，加快建立具有中国特色的科学施肥体系，提高肥料资源的利用率，是中国农业可持续发展的关键性举措之一，也是构建节约型社会的具体体现。

24. 问：肥料在中国农业发展中具有什么样的地位？

答：中国人口在逐渐增加，耕地由于非农业项目占用而逐渐下降，单位面积耕地负载压力越来越大，使得农业生产面临严峻的挑战。为了解决粮食安全问题，中国绝大部分耕地已经用于产量较高和需肥量较大的粮食作物。中国人多地少的基本国情和长期养分投入低于产出，导致土壤养分耗竭的特点决定了必须不断增加花费的投入，丰富农业生产过程中物质和能量循环的内容，提高单位面积的产量，提高耕地产出率。在今后相当长的一段时间内，施肥仍将是农业持续发展的重要措施之一。

25. 问：如何减少化肥对蔬菜的污染？

答：

（1）重施有机肥有机肥不会导致蔬菜硝酸盐的累积，还能提高蔬菜的品质。有机肥最好是经高温堆沤或沼气发酵腐熟后施用，这样可杀死病菌和虫卵，减少农药的施用量，提高蔬菜的产量和品质。施用沼气肥生长的蔬菜，是最佳的无公害蔬菜。

（2）不施或少施硝态氮肥硝态氮肥及含有硝态氮的复合肥，容易使蔬菜积累硝酸盐，所以不宜在蔬菜上使用，可选用铵态氮肥和酰铵态氮肥，如硫酸铵、碳酸氢铵、尿素等。

（3）控制氮肥用量蔬菜中硝酸盐的累积随氮肥施用量的增加而增加。每亩施氮量应控制在 30kg 内，其中，70%～80%应用作基肥深施，20%～30%用作苗肥深施。

（4）氮肥要早施深施氮肥作基肥或苗期追肥施用，有利于蔬菜早生快发，利于降低土壤和蔬菜体内硝酸盐的累积。氮肥深施到 10～15cm 的土层中，可减少氮素的损失，提高氮肥利用率。在深层土壤，土壤空气处于嫌气条件，硝化作用缓慢，可减少蔬菜对硝酸盐的累积。

（5）因地、因季节施肥肥力高，富含有机质的土壤，蔬菜易积累硝酸盐，应禁施或少施氮肥。低肥菜田，蔬菜积累的硝酸盐较轻，可施氮肥和有机肥以培肥地力。一般菜地，如采取测土平衡施肥，既有利于优质高产，又使蔬菜不易积累硝酸盐，还有利于培肥地力。夏秋季气温高，不利于积累硝酸盐，可适量施氮肥。冬春季气温低，光照弱，硝酸盐还原酶活性下降，容易积累硝酸盐，应不施或少施氮肥。

（6）因菜施肥不同种类的蔬菜，吸收积累硝酸盐的程度不同，白菜类及绿叶菜类蔬菜容易积累硝酸盐，不能使用硝态氮肥；茄果类、果菜类和根菜类蔬菜，对硝酸盐积累较少，可适当施用，但在收获前15~30天应停止施用硝态氮肥。

（7）叶菜类蔬菜切忌叶面喷施氮肥。氮肥作叶面肥直接与空气接触，铵离子易变成硝酸根离子被叶子吸收，硝酸盐积累增加。因此，无公害叶菜类生产中应禁止叶面喷施氮肥，尤其是在收获前1个月不能叶面喷施氮肥。

（8）不用污水浇灌污水浇灌蔬菜，易被污染。凡是工厂、矿山排出的污水，含有较多的氯、砷、锡、铅等有毒物质，应禁止用来浇菜。城市生活污水要做无害化处理，杀死病菌、虫卵后，与清水混合使用。

26. 问：化肥污染对土壤的为害?

答：

（1）重金属元素污染。制造化肥的原料中，含有多种重金属元素，这些重金属会随着施肥的过程进入到土壤中，并且重金属元素不能够通过微生物降解，会随着植物的吸收进入生物链，通过食物链不断在生物体内富集，重金属元素进入生物体后，难以消除，为害健康。

（2）过量施用化肥会导致土壤酸化。过磷酸钙、硫酸铵、氯化铵等都属于生物酸性肥料，即植物的吸收肥料中的养分离子后，土壤中氢离子增多，易造成土壤酸化。

（3）化肥还会降低土壤微生物活性减少蚯蚓等有益生物。土壤微生物具有转化有机质、分解矿物和降解有毒物质的作用，蚯蚓常在地下钻洞，疏松土壤，使水分和肥料易于进入而提高土壤的肥力，有利于植物的生长。

（4）过量施用化肥会导致土壤板结。过量施用化肥，会使土壤中的一些离子数量发生改变使土壤结构被破坏，导致土壤板结。

27. 问：化肥污染对水体的为害?

答：

（1）未被植物吸收利用的氮素随水下渗或流失，造成水体污染。

（2）氮肥一旦进入地表水，会使地表水中的营养物质增多，造成水体富营养化，水生植物及藻类大量繁殖，消耗大量的氧气，致使水体中溶解氧下降，水质恶化，生物的生存受到影响。

（3）化肥施用在农田后，会发生解离，从而形成阳离子和阴离子，阴离子随淋失而进入地下水，导致地下水中的硝酸盐、亚硝酸盐及磷酸盐含量增高，对人畜直接造成为害，严重影响身体健康。

28. 问：化肥污染对大气的为害?

答：化肥容易分解挥发，再加上不合理的施用化肥会对大气造成污染。氮肥在施用于农田的时候，会产生氨的气态损失，施用后直接从土壤表面挥发成氨气和氮氧化物进入到大气中。氮氧化物在近地面通过阳光的作用会与氧气发生反应，形成臭氧，产生光化学烟雾，刺激人畜的呼吸器官，氮氧化物与臭氧发生反应会破坏臭氧层。

29. 问：化肥对人体的为害?

答：氮肥施用过多的蔬菜，硝酸盐含量比正常情况高很多，到人体内转化成亚硝酸盐，一方面，亚硝酸盐可与体内胺类结合生成强致癌物——亚硝胺；另一方面，亚硝酸盐与血液中的铁离子结合，导致高铁血红素蛋白症，使人出现反应障碍，意识丧失等症状，严重还危及生命。

30. 问：为什么要促进农业生态系统良性循环?

答：农药产生存在的最初目的就是改善不利于农作物生长生产的农业环境，改造农业环境使其符合人类生产生活的需要。然而由于人类科技知识以及生态环保意识的限制，在农药使用方面产生了重大问题，农药滥用情况经常出现，农作物的生长生存也受到了极大的挑战。农药污染的出现势必会破坏农业环境，一旦农业环境受到污染和破坏，就会影响农业生态系统的良性循环，有时农业环境遭到严重的破坏，还有可能产生更为严重的极端农业生态现象，严重的还会造成系统的恶性循环，最终影响农业的发展。保护农业环境，有利于促进农业生态系统的良性循环，一个具有良性循环的农业环境不仅仅对人体健康具有重大的保护作用，对推进人居环境生态文明建设以及促进经济社会可持续发展也具有非常大的作用。保护农业环境，抑制农业污染和农药污染迫在眉睫。

31. 问：化肥污染有哪些防治措施和对策?

答：

（1）加大化肥污染的宣传力度，提倡使用农家肥有机肥。

目前，大多数农民还没有意识到化肥对环境和人体健康造成的潜在威胁，故要加大化肥污染的宣传力度，完善农村环保农技科普机制，提高群众的环保意识，使人们意识到化肥污染的严重性。

提倡使用农家肥、有机肥、以农作物的秸秆，动物的粪便以及各种植物为原料，利用沼气池产生沼液制作高质量的农家有机肥，施用有机肥能够增加土壤有机质、土壤微生物，改善土壤结构，提高土壤的吸收容量以及自净能力，增加土壤胶体对重金属等有毒物质的吸附能力。

（2）改进施肥方式，正确施肥。正确施肥首先要使化肥施用量合理，化肥的挥发、随径流的损失、渗漏淋失在一定程度上都与施肥量正相关，所以减少化肥流失的关键的源头控制，即减少化肥用量。要综合考虑作物种类、目标产量、土壤养分状况、其他养分输入情况、环境敏感程度，确定施肥量，保证作物高产，收货后土壤基本无残留。

（3）施用硝化抑制剂。硝化抑制剂能够抑制土壤中铵态氮转化成亚硝态氮和硝态氮，提高化肥的肥效和减少土壤污染。

（4）加强土壤肥料的监测管理。注重管理，严格化肥中污染物质的监测检查，防止化肥带入土壤过量的有害物质。制定有关有害物质的允许量标准，用法律法规来防治化肥污染。

（5）选择适应的耕作措施和灌溉方式。在坡度大的地区，容易发生侵蚀和径流，应采取保护耕地措施，减少土壤侵蚀和化肥随径流的流失；在平原地区，渗漏是化肥的主要流失方式，要控制排水保持土壤湿度。采用喷灌、滴灌、雾灌技术是节水保肥的重要途径。在旱作上提倡采用滴灌、喷灌，尽量减少大水漫灌，减少径流和渗漏。

32. 问：化肥污染的特征？

答：随着化肥施用量的逐年增加，也加剧了对环境的污染，氮肥占了化肥用量的大部分（66%），是化肥污染中的的主要来源。

氮素可通过降水，灌溉等作用淋溶损失，进入河流湖泊，使水质恶化，引发水体富营养化。由农田氮素流失引起的水体富营养化、地表水环境恶化、地下水硝酸盐含量超标等环境问题已日益严重；还有一部分直接残留在土壤中，造成农田土壤养分失衡。过多的施用氮肥，造成土壤结构破坏，导致土壤板结，亚硝酸盐及硝酸盐的大量生成而污染土壤。

第四节　农膜的污染

33. 问：什么是农膜污染？

答：农膜污染，是指在田间耕作过程中为促进农作物的生长而使用农膜覆盖以保持水分或热量的过程中残留的塑料薄膜，由于其难以在短期内降解，破坏了土壤结构，阻隔了农作物对水肥的吸收从而影响农作物生长的现象。因残留在土壤中的酞酸酯含量超过其最高残留限量而形成的污染现象。包括地膜（也叫农用地膜），主要成分是聚乙烯。主要用于覆盖农田，起到提高地温、保质土壤湿度、促进种子发芽和幼苗快速增长的作用，还有抑制杂草生长的作用。

34. 问：农膜的使用现状？

答：地膜原料是人工合成的高分子化合物，在自然条件下很难分解或降解。

近些年来，生产厂家为降低成本，产品越来越薄，造成地膜强度低，易破碎，并且在使用后难以捡拾回收，从而导致土壤中残膜污染越来越严重。

35. 问：农膜对种子发芽的为害？

答：影响种子发芽，降低作物产量。影响种子发芽和导致作物根系生长发育困难的同时，残膜隔离作用影响农作物正常吸收养分，影响肥料利用效率，导致产量下降。

36. 问：目前耕地内残膜回收的常见方式？

答：播种前一般先用手捡拾一边或用耙子捡拾一遍。然后在耕地时再捡拾一遍。

使用此方法的农膜回收率较低，只能回收部分耕地表面的农膜，农膜回收率仅为30%左右。

37. 问：错误的残膜处理方式？

答：

（1）弃置田间路旁。造成白色污染，污染环境，妨碍耕作活动。

（2）在田间直接焚烧。造成空气污染。

38. 问：残留农膜对土壤会产生哪些为害？

答：壤渗透是由于自由重力，水向土壤深层移动的现象。由于土壤中残膜碎片改变或切断土壤孔隙连续性，致使重力水移动时产生较大的阻力，重力水向下移动较为缓慢，从而使水分渗透量因农膜残留量增加而减少，土壤含水量下降，削弱了耕地的抗旱能力。甚至导致地下水难下渗，引起土壤次生盐碱化等严重后果。另外，残农膜影响土壤物理性状，抑制作物生长发育。农膜材料的主要成分是高分子化合物，在自然条件下，这些高聚物难以分解，若长期滞留地里，会影响土壤的透气性，阻碍土壤水肥的运移，影响土壤微生物活动和正常土壤结构形成，最终降低土壤肥力水平，影响农作物根系的生长发育，导致作物减产。

39. 问：残留农膜对农作物会产生哪些为害？

答：由于残膜影响和破坏了土壤理化性状，必然造成作物根系生长发育困难。凡具有残膜的土壤，阻止根系串通，影响正常吸收水分和养分；作物株间施肥时，有大块残膜隔离则隔肥，影响肥效，致使产量下降。

40. 问：残留农膜对农村环境景观产生哪些影响？

答：由于回收残膜的局限性，加上处理回收残膜不彻底，方法欠妥，部分清理出的残膜弃于田边、地头，大风刮过后，残膜被吹至家前屋后、田间、树梢、影响农村环境景观，造成“视觉污染”。

41. 问：巴彦淖尔市农田残膜污染现状？

答：2018 年巴彦淖尔市播种面积 1 103万亩，地膜覆盖面积 826 万亩（基本稳定在 2017 年覆膜面积上），乌拉特前旗 2018 年地膜覆盖面积 190 万亩。2018 年巴彦淖尔市地膜残留量为 6.78kg/亩（自治区 4.12kg/亩，西北内陆 17.27kg/亩，西北旱塬区 7.83kg/亩，乌拉特前旗 8.62kg/亩）。

42. 问：巴彦淖尔市农膜回收存在的问题？

答：

（1）回收效率低。目前使用的地膜回收机械，回收玉米、向日葵残膜技术不成熟，回收效率低。地膜与作物根茬很难分离，回收的地膜要想再利用，就必须再进行人工分拣，效率低、效益低。

（2）回收成本高。按照目前广泛应用的回收—分离筛选——清洗—资源化利用模式，以回收率达到 80%，每亩回收 3kg 计算，废旧地膜仅回收成本每吨就需 5 000~7 000元（每亩 20~25 元）。2017 年，巴彦淖尔市地膜用量为 2.3 万 t，购新地膜按每吨 1 万元计算，购买地膜需要 2.3 亿元，回收废旧地膜就需 1.2 亿元左右。

43. 问：不覆膜与覆膜差别？

答：地膜覆盖可以提高土壤温度，保持土壤水分，改善土壤性状，防止土壤盐渍化，提高土壤养分供应状况和肥料利用率，具有保温、保湿、保土等作用，可有效改善光照条件，抑制杂草，减轻病虫为害等作用，提高农作物产量和农产品质量。经试验覆膜可增产 30%左右，按照向日葵计算平均每亩产量 200kg，每千克 6 元计算，每亩增产 30%增收 360 元。

44. 问：地膜当季回收率如何计算？

答：地膜当季回收率指种植当年农田中地膜的回收量，为当年地膜使用量与地膜残留量的差值。地膜使用量可由单位面积实际铺设量测算，亦可按照地膜产品包装净重的方法获得；当年地膜残留量由次年地膜累积残留量与当年地膜累积残留量的差值获得。首先选取覆膜作物，根据不同作物覆膜面积、覆膜年限，每个旗县选取 10~15 个样点，每种作物覆膜面积要超过播种面积 5%以上的作物 3~4 种，然后利用系统抽样法，抽取监测样点，监测在同一点位分 2 次进行，在作物播种覆膜时进行 1 次监测，记录地膜使用量和残留基量；在当年作物收获后到下年作物播种前进行第二次监测，获取地膜当年残留量与累积残留量数据。两次样品采集点为固定的数据采集点。每个原位监测点（县）要有 15 个数据采集点，每个数据采集点挖 5 个规格为 100cm×100cm 正方形样方，测定 0~30cm 土层（耕层）的地膜残留量。

根据两次的监测数据，算出地膜当季回收率。如：乌拉特前旗2018年覆膜面积超过5%的作物分别是玉米、向日葵、葫芦，3种作物分别选取了9个、4个、2个样点，在9个乡镇进行监测，最后测出全旗的地膜当季回收率。

45. 问：农田农膜污染防治措施及发展趋势?

答：

（1）加强农膜生产企业及销售市场的监管，提高地膜产品质量。

（2）促进节约型地膜使用技术的推广和应用，减少农膜的投入量（如一膜两用或多用技术，合理轮作倒茬技术）。

（3）加强宣传教育，提高农民环保意识，制定残膜回收利用的激励政策与法规。

46. 问：废弃农膜该如何处理?

答：

（1）要确立收集和处理体系建设目标。按照“大保护大转型”发展战略，将推进废弃农膜收集和处理体系建设作为防治环境污染、促进生态文明建设的重要任务，按照减量化、资源化、再利用的循环经济理念，坚持政府主导、企业带动、农户参与、市场运作的原则和“村回收、乡镇转运、县区集中、市处理”模式，构建集销售、使用、回收、加工为一体的废弃农膜收集和处理体系，切实解决废弃农膜露天焚烧、随意弃置和残留土壤等问题，促进相关废弃物变废为宝、变害为利、变弃为用，有效治理农业污染。

（2）要加强源头治理。禁止销售和使用厚度小于0.01mm的农用地膜，推广使用厚度大于0.01mm、耐候期大于12个月且符合国家标准的农用地膜和厚度大于0.12mm的农用棚膜。引导农户和新型农业经营主体科学使用塑料农膜，并及时捡拾其在农业生产过程中产生的废弃农膜，严禁随意弃置、掩埋或者焚烧。建立收集网络，县区应根据农膜使用量，因地制宜设置废弃农膜村回收点和乡镇转运站。

（3）要强化保障措施。加强组织领导，废弃农膜收集和处理体系建设要在政府统一领导下进行，各部门明确职能分工。

47. 问：如何防治农膜污染?

答：推广可降解农膜防治农业污染。降解农膜主要有以下3类：光降解、生物降解和光一生物降解。降解农膜必须具备以下条件：第一，安全性：农膜降解产物不会对土壤和农作物生长发育产生二次污染，也不会影响农产品品质。第二，适用性：降解膜的诱导期要适宜，诱导期结束后降解膜的降解彻底性要好，埋土部分的光解膜接受阳光照射后能继续降解。第三，经济性：只有价格合理，才有利于农膜的推广。

（1）以天然纤维制品代替塑料农膜利用天然产物和农副产品的秸秆类纤维生产农用薄膜，可部分取代农用塑料，这是一种根治残膜污染的有发展前景的途径。

（2）加强环保宣传教育，制定奖惩政策。大力宣传农田残膜为害土壤，污染环境的严重性，深化农村广大群众对残膜为害的认识，真正提高群众的环保意识；同时，实施奖惩政策，把清除农田残膜变成广大农民的自觉行动。

（3）大力推广适期揭膜技术，当前在可降解。

48. 问：使用农膜的正确方法？

答：

（1）购买农膜后应及时扣棚，贮藏时要过细警备暴晒，防潮，贮藏期不应高出12个月。

（2）多层共挤薄膜有反正面，内里外层分别具有差别的流滴消雾、保温和耐老化成果，扣棚时肯定要过细根据提示，不要将棚膜扣反。

（3）只管即便克制高温闷棚，流滴消雾等成果助剂在高温条件下析出较快，高温闷棚容易出现喷征象，影响薄膜的透光率和流滴消雾结果。

（4）流滴结果和消雾成果会因利用要领差异有所差异，如大棚内部的水分，是否利用地膜，办理要领等都市影响流滴和消雾性能。请您注意调节棚内恰当的湿度，天气容许的话，注意通风换气，避免过高湿度。

（5）为了到达良好的流滴利用结果，请您肯定要过细平整扣棚，警备出现人为的皱褶，过细大棚的倾斜度一样平常不要小于25°，以免影响流滴结果。

（6）硫蒸会对薄膜造成很大的伤害，收缩其利用寿命，因此，发起您不要对大棚举行频仍的熏蒸。

（7）农药的利用会低沉农膜的流滴结果和利用寿命，请您过细只管即便淘汰农药的利用。

（8）天气的变革对农作物的生长影响最大，因此，在气候条件恶化的时间，应尽快采取别的相应的防护步伐。

49. 问：如何正确保存地膜？

答：

（1）购买农膜后应及时扣棚，贮藏时要过细警备暴晒，防潮，贮藏期不应高出12个月。

（2）多层共挤薄膜有反正面，内里外层分别具有差别的流滴消雾、保温和耐老化成果，扣棚时肯定要过细根据提示，不要将棚膜扣反。

（3）只管即便克制高温闷棚，流滴消雾等成果助剂在高温条件下析出较快，高温闷棚容易出现喷征象，影响薄膜的透光率和流滴消雾结果。

（4）流滴结果和消雾成果会因利用要领差异有所差异，如大棚内部的水分，是否利用地膜，办理要领等都市影响流滴和消雾性能。请您注意调节棚内恰当的湿度，天气容许的话，注意通风换气，避免过高湿度。

（5）为了到达良好的流滴利用结果，请您肯定要过细平整扣棚，警备出现人为的皱褶，过细大棚的倾斜度一样平常不要小于 25°，以免影响流滴结果。

（6）硫蒸会对薄膜造成很大的伤害，收缩其利用寿命，因此，发起您不要对大棚举行频仍的熏蒸。

（7）农药的利用会低沉农膜的流滴结果和利用寿命，请您过细只管即便淘汰农药的利用。

（8）天气的变革对农作物的生长影响最大，因此，在气候条件恶化的时间，应尽快采取别的相应的防护步伐。

50. 问：如何使用农地膜才能带来最好的效果？

答：

（1）一定要缩短旧膜撤下到新膜换上的时间。现在菜农都是多家合伙互相帮忙换膜，可将准备更换的竹竿等提前准备好，将新膜在棚前抻好，再将旧膜撤下，立即调换好需要更换的竹竿，将新膜覆盖上，从而缩短换膜时间。

（2）劣质膜、旧膜在冬季时消雾流滴性不好，放风时容易产生露水，从而导致棚内的空气湿度大，不利于病害的防治。建议，每年更换 1 次放风带上的膜，并换用质量比较好、消雾流滴性强的膜。

（3）菜农在拉放草苫时，大都从山墙处上下棚，容易将此处的棚膜弄破，而且山墙上的棚膜直接接触土壤，更容易受到侵蚀，影响大棚的保温性及使用寿命。建议在更换棚膜后，立即在山墙上覆盖旧草苫，用砖或旧水泥柱子压好，一方面可防止菜农上下棚时将棚膜踩破；另一方面可预防雨雪天气时菜农上下棚打滑，方便行走。

（4）破损竹竿及时更换。大棚的竹竿要承受草苫的重压，遇到大雪天气时承重力大大增加，会导致部分托膜竹被压劈或压断，这样的竹竿一定要及时维护或更换。对已经压断的竹竿，可以将其拆除换下，或在断裂的竹竿旁边另附一，原来断裂的部分用布条包好，以防戳破棚膜。仅仅出现裂口还能继续使用的竹竿，用布条包好即可。

（5）山墙上钢丝的底部垫废旧车胎或者鞋底等，扩大钢丝受力面积，避免钢丝勒进山墙中。

第五节　畜禽养殖的污染

51. 问：农村畜禽养殖污染现状？

答：

（1）畜禽粪便露天堆放、便液直接排放，造成了大气环境和水体环境的污染。

大多数养殖场畜禽粪便随处排放、污水横溢，有的甚至直接堆积到公路两边，堆粪地点周围恶臭弥漫；有的养殖场就近将畜禽粪便直接排入河道或池坑，留下污染土壤和地下水的隐患。

（2）畜禽粪便综合利用方法单一。畜禽粪便未经过消毒灭菌处理就直接还田利用，极易造成细菌病毒传播、蚊蝇滋生；有些养鸡场的鸡雏粪便直接出售喂猪，人食猪肉，有可能导致食物链污染，对人体造成为害。

（3）个别畜禽养殖场选址不当。养殖场建在河流旁或人口居住区附近区域内，噪声及臭味会直接污染周围居民，所排放的污染物造成河流堵塞，影响居民日常生活用水，甚至对饮用水造成污染，影响群众生活，引发矛盾纠纷。

（4）畜禽养殖户主环境保护意识淡薄，缺乏无害化处理观念。养殖场没有建设相应的污染防治设施，有的养殖场虽然修建了化粪池、沉淀池，对排污物进行处理，但却因容量小无法使污染物达到达标排放，设施几乎成了摆设。

52. 问：造成畜禽污染的原因是什么？

答：造成污染的原因是多方面的。首先，相关业主防污意识淡薄。大部分畜禽养殖户只注重养殖增效，不重视环境保护，对畜禽粪便等污染物乱堆乱放，使其受风吹日晒，造成臭气浓度严重超标，空气污浊，人居环境恶化。其次，治污设施不齐全。由于我国畜禽养殖没有实行准入制度，大部分规模养殖场的建设简陋，没有统一规划，缺乏必要的污染处理设施，或是粪污处理设施设备落后。特别是一些规模不大的养殖场，因配套建设污染治理设施成本较高而采取粪污直排，周围蝇虫横飞、臭气熏天，严重影响人居环境和身心健康。再次，环境监管不到位。近年来，养殖业重发展、轻监管的倾向日益凸显，涉及养殖行业的行政执法问题，执法单位监管缺乏力度，导致对规模养殖小区、养殖大户的排污治理很不到位，造成畜禽养殖业越发展，农村环境越恶化的恶性循环局面。

53. 问：治理农村畜禽养殖污染有何重要意义？

答：

（1）净化环境，促进邻里和谐。畜禽养殖污染治理，减少粪污排放，走可持续发展道路，可以很大程度上减少养殖对环境的污染，还农村一片青山绿水；没有了臭气和粪污水的困扰，人民也更健康，邻里的矛盾自然也就少了。

（2）促进粪污治理技术的提高。进行养殖污染治理，势必要在养殖生产环节上增加投资成本，这就倒逼企业压缩粪污治理成本以及提高粪污治理技术水平。普通粪污治理要求做到干式清粪、暗道排污、固液分离、雨污分离；配备沼气池、四级沉淀池、施肥管道；配套建设干粪堆积池、沼气池等。现在发展出一种新型的生物垫料零排放技术：是根据微生态理论和生物发酵理论，采用锯末、秸秆和微生物菌种等混合作为猪舍垫料，生猪圈养在垫料上，靠垫料中的微生物发酵作用和垫料本身的吸附作用，把生猪排泄出来的粪和尿液进行分解、同化和利用，转变为无臭、无害的物质和菌体蛋白质。生物垫料通过对猪粪和尿液的转化和吸收后达到零排放。

（3）变废为宝，资源充分利用。畜禽养殖污染治理还衍生出多种生态健康养殖模式，比如畜沼稻、畜沼菜（果）、畜沼鱼等，就是将养殖中产生的粪便进行收集发酵，形成沼气、沼液、沼渣。沼气的65%成分为甲烷，甲烷是一种优质的气体燃料，$1m^3$ 甲烷燃烧释放出的热量相当于 1kg 煤或 0.7kg 汽油，不但可以用来发电（$1m^3$ 沼气可发电 1.6~1.9 度电），还符合民用煤气要求，可以使用沼气锅、沼气灯和沼气灶，做锅炉或工业加热窑炉的燃料；沼气池中的沼渣和沼液是优质的有机质，可以做庄稼和果蔬的肥料，也可以用来喂养鱼。这种生态健康养殖模式，不但对环境没有污染，而且将粪便变废为宝，资源充分、循环利用。

（4）提高收益，带动百姓致富。进行畜禽养殖治理，非但不会增加养殖户的养殖成本，还会增加养殖户的收入来源。

54. 问：我国农村畜禽养殖污染对生态环境有什么为害？

答：在我国传统历史上，农村禽畜养殖业大多数以家庭分散养殖为主，畜禽排放的废弃物主要用于农田施肥，形成“养殖—肥料—种植”良性循环为主的生产模式，对生态环境基本不造成污染。但是，随着养殖业规模化、集约化发展和化肥施用量增加，养殖业与种植业相分离，养殖产生的粪便类废弃物不能及时合理地利用土地，直接导致了畜禽排放的废弃物被四处堆放或随意排放到河流、沟渠水体中，对自然环境造成了严重的为害。

55. 问：畜禽养殖污染对水环境有什么影响？

答：畜禽粪尿、圈舍冲洗废水中含有大量的氮、磷、钾等化学物质，这些污染物质未经处理直接排放到地表水体中，引起水体富营养化，造成水生动植物缺氧死亡，水体发黑发臭，河流或鱼塘丧失其原有的灌溉、渔业功能。此外，畜禽粪便的有毒有害成分还会通过地表径流渗入地下水循环系统，一旦影响地下水体水质，将很难治理和恢复，往往需要几十年甚至上百年的时间才会得到净化。

56. 问：畜禽养殖污染对土壤有什么影响？

答：畜禽粪便直接堆放在农田上，畜禽污水渗入土壤表层，会导致原本疏松的土壤空隙堵塞发生板结，土壤透气、透水性下降，影响土壤质量，影响农作物生长。另外，畜禽喂养所用的饲料添加剂中含有的一些重金属物质，若随着畜禽粪便渗入土壤中，还会造成重金属的富集使得土壤无法吸收和消解，导致土壤功能变差。

57. 问：畜禽养殖污染对人类身体健康有什么影响？

答：畜禽废弃物的污染物中含有大量的病原微生物、寄生虫卵以及滋生的蚊蝇等，会使环境中病原菌种种类增多，造成人、畜传染病的蔓延。当发生猪流感等人、畜共患病疫情时，还有可能给人、畜带来灾难性为害，对人的健康造成威胁。

58. 问：畜禽饲料中有哪些营养物质？

答：饲料中的营养物质包括水分、粗蛋白质、碳水化合物、粗脂肪、维生素和矿物质六大类。在维持生命和生产畜禽产品的过程中，这些营养物质各自发挥他们的作用。

59. 问：饲料中的营养物质有什么作用？

答：蛋白质是由 20 多种氨基酸组成的，其中，10 种氨基酸是必需氨基酸，必须由饲料中提供。必需氨基酸中又以赖氨酸和蛋氨酸对畜禽养殖作用显著。饲料中的脂肪是脂溶性维生素的溶剂，并能为幼畜提供必需的脂肪酸（亚麻油酸）。

维生素，畜禽需要量很少，但作用很大，日粮中不论缺少哪一种维生素，都会造成畜禽生长缓慢或停滞，抗病力减弱，甚至死亡。维生素可分为脂溶性维生素和水溶性维生素两大类。脂溶性维生素有维生素 A、维生素 D、维生素 E、维生素 K；水溶性维生素有 B 族维生素和维生素 C。

矿物质是体组织和细胞特别是形成骨骼的重要成分（钙、磷、镁）。矿物质不足或缺乏，也影响畜禽健康和正常生长

繁殖，严重时可导致疾病或死亡。

60. 问：如何利用堆肥法处理养殖场畜禽粪便？

答：堆肥技术是在自然环境条件下将作物秸秆与养殖场粪便一起堆沤发酵以供作物生长时利用的一种粪污处理方法。堆肥作为传统的生物处理技术经过多年的改良，现正朝着机械化、商品化方向发展，设备效率也日益提高。

61. 问：如何利用沼气法解决畜禽养殖场粪污问题？

答：畜禽粪便可利用沼气或沼气罐产生沼气。此法可以处理大量的粪便、污水，且最适用于阴雨天多、晒干较困难的地方。这是养殖场解决环境污染的一种良性循环机制，也是生态农业发展的一部分。

62. 问：如何运用烘干法解决畜禽养殖场粪污问题？

答：较大规模的养殖场，采用烘干法较理想。首先对粪便进行固液分离，分离后的固体成分烘干后，添加其他成分制成有机复合肥，液体可掺入部分其他化肥制

成液体肥料出售，或直接用泵送到菜地、果园用作肥料。

63. 问：如何运用生物分解法解决畜禽养殖场粪污问题?

答：利用蝇蛆、蚯蚓和蜗牛等低等动物分解畜禽粪便，达到既提供动物蛋白质又能处理畜禽粪便的目的。先将牛粪与饲料残渣混合堆沤腐熟，达到蚯蚓产卵、孵化、生长所需的理化指标，然后按适当厚度将腐熟料平铺于地，放入蚯蚓让其繁殖。

64. 问：什么是畜禽养殖污染?

答：畜禽养殖污染，是指在畜禽养殖过程中，畜禽养殖场排放的废渣，清洗畜禽体和饲养场地、器具产生的污水及恶臭等对环境造成的为害和破坏。

65. 问：如何防治畜禽养殖污染?

答：畜禽养殖场必须设置畜禽废渣的储存设施和场所，采取对储存场所地面进行水泥硬化等措施，防止畜禽废渣渗漏、散落、溢流、雨水淋失、恶臭气味等对周围环境造成污染和为害。畜禽养殖场应当保持环境整洁，采取清污分流和粪尿的干湿分离等措施，实现清洁养殖。

畜禽养殖场应采取将畜禽废渣还田、生产沼气、制造有机肥料、制造再生饲料等方法进行综合利用。用于直接还田利用的畜禽粪便，应当经处理达到规定的无害化标准，防止病菌传播。

66. 问：畜禽养殖污染防治坚持什么原则?

答：“减量化处置、无害化处理、生态化发展、低廉化治理、产业化和规模化防治”的原则，具有以下几点。

（1）资源化利用。大规模、集约化养殖业产生的粪便量大，往往难以还田，必须借助设备才能把畜禽粪便转化成可利用的资源。

（2）减量化处理。在畜禽饲养生产中，通过多种途径，实施“雨污分离、干湿分离、粪尿分离”等手段消减污染物的排放总量，减少处理和利用难度，降低处理成本，为提高资源化水平创造条件。

（3）无害化处理。禽畜粪便中含有大量的有害微生物，畜禽粪便在资源化利用或合法排放时，必须进行无害化处理，防止污染环境。

（4）生态化处理。将畜牧业回归农村，促进种植业和畜牧业紧密结合，以农养牧、以牧促农，实现生态系统的良性循环，是解决畜禽养殖污染的主要途径之一，加强农牧结合，又可为绿色食品及有机食品的生产提供基础保证。

（5）低廉化治理。在资源化和减量化的前提下使用高效、实用、廉价的治理技术，才能真正实现畜禽养殖业的经济发展与环境保护的双赢。

（6）产业化和规模化发展。为专业化处理与利用畜禽养殖粪污提供条件，并提供优质肥料，是畜禽养殖污染防治的发展方向。

67. 问：畜禽养殖场建设的技术原则是什么？

答：畜禽养殖场的建设应坚持农牧结合、种养平衡的原则，根据本场区土地（包括与其他法人签约承诺消纳本场区产生粪便污水的土地）对畜禽粪便的消纳能力，确定新建畜禽养殖场的养殖规模；对于无相应消纳土地的养殖场，必须配套建立具有相应加工（处理）能力的粪便污水处理设施或处理（置）机制；畜禽养殖场的设置应符合区域污染物排放总量控制要求。

68. 问：畜禽养殖场在选址过程中要注意什么？

答：禁止在下列区域内建设畜禽养殖场。

（1）生活饮用水水源保护区、风景名胜区、自然保护区的核心区及缓冲区。

（2）城市和城镇居民区，包括文教科研区、医疗区、商业区、工业区、游览区等人口集中地区。

（3）县级人民政府依法划定的禁养区域。

（4）国家或地方法律、法规规定需特殊保护的其他区域。

（5）新建改建、扩建的畜禽养殖场选址应避开规定的禁建区域，在禁建区域附近建设的，应设在规定的禁建区域常年主导风向的下风向或侧风向处，场界与禁建区域边界的最小距离不得小于500m。

69. 问：畜禽养殖场厂区该如何布局？

答：新建、改建、扩建的畜禽养殖场应实现生产区、生活管理区的隔离，粪便污水处理设施和禽畜尸体焚烧炉；应设在养殖场的生产区、生活管理区的常年主导风向的下风向或侧风向处。

70. 问：畜禽养殖场厂区的排水系统该如何设计？

答：养殖场的排水系统应实行雨水和污水收集输送系统分离，在场区内外设置的污水收集输送系统，不得采取明沟布设。

71. 问：畜禽粪便如何贮存？

答：

（1）畜禽养殖场产生的畜禽粪便应设置专门的贮存设施，其恶臭及污染物排放应符合《畜禽养殖业污染物排放标准》。

（2）存设施的位置必须远离各类功能地表水体（距离不得小于400m），并应设在养殖场生产及生活管理区的常年主导风向的下风向或侧风向处。

（3）贮存设施应采取有效的防渗处理工艺，防止畜禽粪便污染地下水。

（4）对于种养结合的养殖场，畜禽粪便，贮存设施的总容积不得低于当地农林作物生产用肥的最大间隔时间内本养殖场所产生粪便的总量。

（5）贮存设施应采取设置顶盖等防止降雨（水）进入的措施。

72. 问：畜禽养殖场厂区污水如何处理？

答：畜禽养殖过程中产生的污水应坚持种养结合的原则，经无害化处理后尽量充分还田，实现污水资源化利用。畜禽污水经治理后向环境中排放，应符合《畜禽养殖业污染物排放标准》的规定，有地方排放标准的应执行地方排放标准。污水作为灌溉用水排入农田前，必须采取有效措施进行净化处理（包括机械的、物理的、化学的和生物学的），并须符合《农田灌溉水质标准》（GB5084—92）的要求。

对没有充足土地消纳污水的畜禽养殖场，可根据当地实际情况选用下列综合利用措施：

（1）经过生物发酵后，可浓缩制成商品液体有机肥料。

（2）进行沼气发酵，对沼渣、沼液应尽可能实现综合利用，同时，要避免产生新的污染，沼渣及时清运至粪便贮存场所；沼液尽可能进行还田利用，不能还田利用并需外排的要进行进一步净化处理，达到排放标准。沼气发酵产物应符合《粪便无害化卫生标准》（GB7959—87）。

（3）制取其他生物能源或进行其他类型的资源回收综合利用，要避免二次污染，并应符合《畜禽养殖业污染物排放标准》的规定。污水的消毒处理提倡采用非氯化的消毒措施，要注意防止产生二次污染物。

污水的净化处理应根据养殖种养、养殖规模、清粪方式和当地的，自然地理条件，选择合理、适用的污水净化处理工艺和技术路线，尽可能采用自然生物处理的方法，达到回用标准或排放标准。

73. 问：如何对固体粪肥进行处理利用？

答：畜禽粪便必须经过无害化处理，并且须符合《粪便无害化卫生标准》后，才能进行土地利用，禁止未经处理的畜禽粪便直接施入农田。

经过处理的粪便作为土地的肥料或土壤调节剂来满足作物生长的需要，其用量不能超过作物当年生长所需养分的需求量。在确定粪肥的最佳使用量时需要对土壤肥力和粪肥肥效进行测试评价，并应符合当地环境容量的要求。

对高降雨区、坡地及沙质容易产生径流和渗透性较强的土壤，不适宜施用粪肥或粪肥使用量过高易使粪肥流失引起地表水或地下水污染时，应禁止或暂停使用粪肥。对没有充足土地消纳利用粪肥的大中型畜禽养殖场和养殖小区，应建立集中处理畜禽粪便的有机肥厂或处理（置）机制。

74. 问：如何选择饲料？

答：畜禽养殖饲料应采用合理配方，如理想蛋白质体系等，提高蛋白质及其他营养的吸收效率，减少氮的排放量和粪的生产量。提倡使用微生物制剂、酶制剂和植物提取液等活性物质，减少污染物排放和恶臭气体的产生。

75. 问：如何对饲养厂区进行管理？

答：殖场场区、畜禽舍、器械等消毒应采用环境友好的消毒剂和消毒措施（包括紫外线、臭氧、双氧水等方法），防止产生氯代有机物及其他的二次污染物。

76. 问：对于病死的畜禽尸体该如何处理与处置？

问：病死畜禽尸体要及时处理，严禁随意丢弃，严禁出售或作为饲料再利用。病死禽畜尸体处理应采用焚烧炉焚烧的方法，在养殖场比较集中地区；应集中设置焚烧设施；同时焚烧产生的烟气应采取有效的净化措施，防止烟尘、一氧化碳、恶臭等对周围大气环境的污染。

不具备焚烧条件的养殖场应设置两个以上安全填埋井，填埋井应为混凝土结构，深度大于 2m，直径 1m，井口加盖密封。进行填埋时，在每次投入畜禽尸体后，应覆盖一层厚度大于 10cm 的熟石灰，井填满后，须用黏土填埋压实并封口。

77. 问：如何对畜禽养殖场排放污染物进行监测？

答：畜禽养殖场应安装水表，对厨水实行计量管理。畜禽养殖场每年应至少两次定期向当地环境保护行政主管部门报告污水处理设施和粪便处理设施的运行情况，提交排放污水、废气、恶臭以及粪肥的无害化指标的监测报告。对粪便污水处理设施的水质应定期进行监测，确保达标排放。排污口应设置国家环境保护总局统一规定的排污口标志。

第六节　农业废弃物的污染

78. 问：什么是农业废弃物？

答：农业生产、农产品加工、畜禽养殖业和农村居民生活排放的废弃物的总称。农业秸秆可制取沼气和成为农用有机肥料，也是饲养牲畜的粗饲料和栏圈铺垫料。将禽畜粪便和栏圈铺垫物，或将切碎的秸秆混掺以适量的人畜粪尿作高温堆肥，经过短期发酵，可大量杀灭人畜粪便中的致病菌、寄生虫卵，各种秸秆中隐藏的植物害虫以及各种杂草种子等，然后再投入沼气池，进行发酵，产生沼气。这种处理方法既能提供沼气燃料，又可获得优质有机肥料；粪肥经过密封处理，还可以防止苍蝇孳生。这种处理方法，在中国农村已经广泛应用，并受到世界各国的重视。蚯蚓含蛋白质丰富，是家禽、鱼类的优质饲料，蚯蚓粪是综合性的有机肥料。可以把农业秸秆、禽畜粪便及其铺垫物作为蚯蚓食料，推广蚯蚓人工养殖业。

79. 问：农业废弃物的分类?

答：农业废弃物也称农业垃圾，按其成分，主要包括植物纤维性废弃物和畜禽粪便两大类，是农业生产和再生产链环中资源投入与产出物质和能量的差额，是资源利用中产出的物质能量流失份额。

可分如下四类。

（1）农田和果园残留物，如秸秆、残株、杂草、落叶、果实外壳、藤蔓、树枝和其他废弃物。

（2）牲畜和家禽粪便以及栏圈铺垫物等。

（3）农产品加工废弃物。

（4）人粪尿以及生活废弃物。

80. 问：我国农业废弃物的组成是什么?

答：养殖废弃物、种植废弃物、农村生活垃圾、农业加工废弃物。

81. 问：我国农业废弃物的特点是什么?

答：

（1）数量特别大。每年产生数以亿计的废弃物，数量之大可见一斑。首先，我国是一个农业大国，农业废弃物主要来自于种植业和养殖业。

（2）品质差。我国的农业废弃物有益成分含量很低，有害成分含量较高，这就使得废弃物可利用的品质不高。随着科学技术的发展，农业投入的科技含量越来越高，因此产生的农业废弃物的有益成分相对就会增加，然而，由于农业生产相对滞后，农业所投入的生产资料还是传统的秸秆还田、粪便施用、化肥使用，科技含量非常低，导致土壤及农作物的有机含量相对较低。因此，农业废弃物有益成分含量偏低，可利用性也就不高了。

（3）价格低。由于农业废弃物品质差，相应的价格较为低廉。我国农业废弃物所含有益成分较少，有害物质较多，可以再利用的可能性就相对降低了，因此，卖不上一个好的价钱。长此以往，即使废弃物利用率提高，价格增长幅度还是相对较小，这就造成大量的废弃物只能闲置堆放，污染环境，影响人体健康。

（4）利用率低。污染严重农业废弃物中的有害物质含量多，对环境的破坏性较大。在我国，农作物秸秆一般都采用燃烧的方式一次性处理掉，这种利用方式使得其能量只被利用了1/10，秸秆所含的大部分能量、矿物盐类、粗蛋白等全都被浪费掉。秸秆在田间焚烧也仅仅利用了其钾含量的1/3，其他的氮、磷、热能和有机质都被损失掉了。而且，农作物秸秆燃烧过程中会产生大量的二氧化硫等有害气体和烟尘，对大气造成直接的污染。畜禽粪便也是采用直接归田的一次性利用方式，不但污染土壤和附近水源，还造成农副产品产量和质量下降，最终还会影响人体健康。农业废弃物的利用率低直接导致了农村生态环境的破坏，因此，提高废弃物的资源化利用率是改善农村环境的关键所在。根据农业废弃物的这些特点，我们应该加快推进农业废弃物再利用的研究步伐，学习和掌握国内外先进技术，充分而有效地利用农业废弃物，为建设生态农业、走循环经济之路作出贡献。

82. 问：农业废弃物资源化利用有何意义？

答：我国每年产生各类农作物秸秆约 6.5 亿吨，畜禽粪便产生量约 20 亿吨，是我国工业废弃物产生量的 3.2 倍。河北省是种植、养殖大省，农作物秸秆、畜禽粪便相对更多。目前农作物秸秆有 60%未被有效利用，随处堆放或就地焚烧。严重污染了环境。大量畜禽粪便不经任何处理直接露天存放，严重破坏了农村和城镇居民的生活及环境。特别是随着种植、养殖业不断发展以及农业生产水平和农民生活水平的提高，对原来用作燃料和肥料的农业废弃物的利用越来越少，农业废弃物越来越多。农业废弃物含有大量的有机物，据测定，很多农作物的副产品的化学能不亚于其主产品。因此，农业废弃物利用蕴藏着广阔的发展前景。

83. 问：循环再生对农业废弃物利用有何重要作用？

答：循环农业在我国生态农业建设中的需求。农业发展方式的改革与升级已成为必然。循环农业广泛吸收国内外可持续农业的成功经验，把农业经济活动与自然生态循环融为一体，注重农业清洁生产和废弃物综合利用，通过物质能量的多级循环利用达到节约资源与减轻污染的目的，促使农业生态系统和经济系统逐渐向良性循环方向转变，是农业可持续发展的必然选择。

84. 问：如何将食用菌工程技术运用到农业废弃物处理上？

答：农业废弃物（食用菌培养料）集中处理技术。建设农业废弃物机械化集中处理场，采用集中处理分散种植，可以简化农户生产工序、降低生产成本和劳动强度，提高生产效率，调动菇农生产积极性。农业废弃物生产食用菌技术。一是利用牛粪、麦秸、玉米秆、稻草栽培双孢菇高产技术。二是利用麦秸、玉米秆、稻草、食用菌废料栽培草菇高产技术。三是利用食用菌废料栽培姬菇、榆黄菇、鸡腿菇高产技术。

85. 问：如何将沼气工程技术运用到农业废弃物处理上？

答：

（1）沼气工程模式。

①以食用菌生产基地、大型奶牛养殖场为物质来源的沼气工程模式：这种工程将畜牧业、种植业、食用菌生产紧密联系在一起，具有规模效益，能够集中进行沼气的工业化应用。

②以农户为单元的复合庭院经济沼气工程模式：对于山区和居住分散的农村尤其实用。

（2）沼气工程技术。

①沼气工程建设。包括预处理池、沼气池、沉淀池、贮肥池、沼气净化及利用设施等。

②配套开发。加工商品有机肥等，开展废弃物的多途径资源化利用。

86. 问：农业废弃物资源化利用面临的困境是什么？

答：现阶段，我国各省份农业废弃物资源化利用水平参差不齐，大多省份才刚刚起步，利用水平很低。其影响因素来自多方面：一是社会效益与经济效益的矛盾，资源化利用需要的花费高，经济效益低，农民缺乏积极性；二是农业废弃物资源化利用的关键技术需要改进和完善，要让农民更易掌握、成本更低、经济效益更大，最大限度地调动农民的参与积极性；三是农业废弃物田间收集、现场压缩、打包、转运等操作过程对机械化设备提出了较高要求，农民投入太大，难以实现；四是政府要转变观念和职能，要减少行政干预和惩罚，要将主要精力放在农业废弃物资源化利用的组织和协调上，利用行政手段帮助、鼓励农民发展循环经济。

87. 问：政府在农业废弃物资源化利用过程中应做到哪些？

答：农业废弃物资源化利用需要政府主导，加大投入力度，推动科技研发与推广，构建政府、企业、农民利益共同体，政策支持与市场化路径相结合，实现利润共享、风险共担，通过合作社模式促进农业废弃物综合利用，实现农业废弃物资源化利用可持续发展。建立完善补偿机制，加大政策扶持力度；依托龙头企业，带动农业废弃物资源化利用的健康发展；加大技术研发力度；加强对治理空气环境的宣传力度，扩大参与面。

第二章　农畜产品质量安全

88. 问：什么是农畜产品质量安全？

答：农畜产品质量安全是指农畜产品质量符合保障人的健康、安全的要求。

89. 问：什么是农畜产品安全生产？

答：在农畜产品生产过程中，生产者所采取的一切农事操作应符合法律法规要求和国家或相关行业标准，以保证农畜产品质量的安全、生产者的安全和生产环境的安全。

90. 问：不合格的农畜产品指的是哪几类产品？

答：含有国家禁止使用的农药、兽药或者其他化学物质的；农药、兽药等化学物质残留或者含有的重金属等有毒有害物质不符合农畜产品质量安全标准的；含有的致病性寄生虫、微生物或者生物毒素不符合农畜产品质量安全标准的；使用的保鲜剂、防腐剂、添加剂等材料不符合国家有关强制性的技术规范的；其他不符合农畜产品质量安全标准的。

91. 问：农畜产品生产者应承担哪些职责？

答：应当合理使用化肥、农药、兽药、农用薄膜等化工产品，防止对农畜产品产地造成污染；按照法律、行政法规和国务院农业行政主管部门的规定，合理使用农业投入品，严格执行农业投入品使用安全间隔期或者休药期的规定，防止危及农畜产品质量安全。禁止在农畜产品生产过程中使用国家明令禁止使用的农业投入品。

92. 问：农畜产品生产企业、农民专业合作经济组织以及从事农产品收购的单位或者个人应承担哪些职责？

答：应当建立农畜产品生产记录，如实记载使用农业投入品的名称、来源、用法、用量和使用、停用的日期；动物疫病、植物病虫草害的发生和防治情况；收获、屠宰或者捕捞的日期；禁止伪造农畜产品生产记录；应当自行或者委托检测机构对农畜产品进行检测；经检测不符合农畜产品质量安全标准的农畜产品，不得销售。应对其成员及时提供生产技术服务，建立农畜产品质量安全管理制度，健全农畜产品安全控制体系，加强自律管理。包装或者标识上应当按照规定标明产品的品名、产地、生产者、生产日期、保质期、产品质量等级等内容；使用添加剂的，还应当按照规定标明添加剂的名称。

93. 问：农畜产品生产企业、农民专业合作经济组织违反规定应如何处罚？

答：未建立或者按照规定保存农畜产品生产记录的，或者伪造农畜产品生产记录的，责令限期改正；逾期不改正的，可以处2 000元以下罚款。销售的农畜产品未按照规定进行包装、标识的，责令限期改正；逾期不改正的，可以处2 000元以下罚款。使用的保鲜剂、防腐剂、添加剂等材料不符合国家有关强制性的技术规范的，责令停止销售，对被污染的农畜产品进行无害化处理，对不能进行无害化处理的予以监督销毁；没收违法所得，并处2 000元以上2万元以下罚款。销售的农畜产品不符合农畜产品质量安全标准的，责令停止销售，追回已经销售的农畜产品，对违法销售的农畜产品进行无害化处理或者予以监督销毁；没收违法所得，并处2 000元以上2万元以下罚款。冒用农畜产品质量标志的，责令改正；没收违法所得，并处2 000元以上2万元以下罚款。

94. 问：什么是无公害农产品？

答：无公害农产品是指使用安全的投入品，按照规定的技术规范生产，产地环境、产品质量符合国家强制性标准并使用特有标志的安全农产品，是保证人们对食品质量安全最基本的需要，是最基本的市场准入条件。

95. 问：什么是绿色食品？

答：绿色食品是指遵循可持续发展原则，按照特定的生产方式生产，经专门机构认定，许可使用绿色食品商标标志的无污染、安全、优质的农产品及加工食品。绿色食品达到了发达国家的先进标准，是满足人们对食品质量安全更高的需求。

96. 问：什么是有机食品？

答：有机食品是指来自有机农业生产体系，根据有机农业生产要求和相应标准生产加工，并且通过合法的有机食品认证机构认证的农副产品及其加工品，是一个更高层次的一种真正源于自然、高营养、高品质的环保型安全食品。

97. 问：什么是农产品地理标志？

答：农产品地理标志是指标示农产品来源于特定地域，产品品质和相关特征主要取决于自然生态环境和历史人文因素，并以地域名称冠名的特有农产品标志。

98. 问：无公害农产品、绿色食品和有机食品质量标准水平有什么不同？

答：无公害农产品质量标准等同于国内普通食品卫生标准；绿色食品分为AA级和A级，其质量标准参照联合国粮农组织和世界卫生组织；有机食品采用欧盟和国际有机运动联盟的有机农业和产品加工基本标准，强调生产过程的自然性，与传统所指的检测标准无可比性，其质量标准与AA级绿色食品标准基本相同。

99. 问：无公害农产品、绿色食品和有机食品认证体系有什么不同？

答：无公害农产品认证由农业部农产品质量安全中心统一进行认证，有统一商标标志。绿色食品由中国绿色食品发展中心统一进行认证，有统一商标标志；有机食品全球范围内无统一标示，各国标志呈现多样化，在我国有国内认证机构和代理国外认证机构等可以进行有机认证。

100. 问：无公害农产品、绿色食品和有机食品生产方式有什么不同？

答：无公害农产品生产必须在良好的生态环境下，遵守无公害农产品技术规程，可以科学、合理地使用化学合成物；绿色食品生产是将传统农业技术与现代常规农业技术相结合，从改善农业生态环境入手，通过在生产、加工过程中执行特定的生产操作规程，限制或禁止使用化学合成物及其他有毒有害生产资料，并实施“从土壤到餐桌”全程质量控制；有机食品生产必须采用有机生产方式，绝对禁止使用农药、化肥、生长激素、化学添加剂、化学色素和防腐剂等化学物质，不使用基因工程技术。即在认证机构监督下，完全按有机生产方式生产1~3年（转化期），被确认为有机农场后，可在其产品上使用有机标志和“有机”字样上市。

101. 问：不使用任何农药生产出来的农产品就是无公害农产品吗？

答：无公害农产品是指产地环境、生产过程和产品质量都符合无公害农产品标准的农产品，不是指不使用农药，而是合理使用化肥和农药，在保证产量的同时，确保产地环境安全、产品安全。所以，不使用任何农药生产出来的农产品也不一定是无公害产品。

102. 问：如何科学合理使用农药？

答：对作物病虫害的防治不能单纯依赖化学农药的施用，而是需要根据产地的实际情况，将法规检疫、栽培制度、抗病虫品种选用、合理的田间管理操作，与物理的、生物的和化学的防治方法相结合，制定有效的综合防治措施。

103. 问：农产品生产中应遵循哪些农药安全使用规则？

答：严格禁止剧毒、高毒、高残留或具有三致性（致癌、致畸、致突变）的农药在无公害农产品上使用。根据作物种类不同，安全程序要求不同，对某些农药的使用范围进行进一步的限制，如毒死蜱农药残留限制较严，蔬菜作物应限制或限量使用毒死蜱农药。

104. 问：什么是农药安全间隔期？

答：安全间隔期是指最后一次施药至收获、使用作物前的时间，也就是自喷药后到残留量降至最大允许残留量所需要的时间。

105. 问：农产品生产中应遵循哪些安全防护措施？

答：施用农药的人员做好安全措施，防止施药人员中毒。废弃和过期的农药、剩余的药液和施药器械的清洗液、空容器等，应集中安全处理。

106. 问：农产品生产中如何减少用药？

答：通过耕作措施，能消灭部分病虫，造成不利于病虫害发生的条件，同时提高作物抗病虫的能力，从而减少用药。如进行田园清洁，处理病残体，减少病虫草的来源；合理密植，增加田园的通风透光，及时排除渍水，降低田间的湿度；科学配方施肥，使农作物健壮生长，提高其抗病虫能力。

107. 问：根据《农产品质量安全法》规定，哪些农产品不得在市场上销售？

答：

（1）含有国家禁止使用的农药、兽药或者其他化学物质的。

（2）农药、兽药等化学物质残留或者含有的重金属等有毒有害物质不符合农产品质量安全标准的。

（3）含有的致病性寄生虫、微生物或者生物毒素不符合农产品质量安全标准的。

（4）使用的保鲜剂、防腐剂、添加剂等材料不符合国家有关强制性的技术规范的。

（5）其他不符合农产品质量安全标准的。

108. 问：《农产品质量安全法》对农产品的包装和标识有哪些要求？

答：《农产品质量安全法》对于农产品包装和标识的规定主要包括如下。

（1）农产品生产企业、农民专业合作经济组织以及从事农产品收购的单位或者个人销售的农产品，按照规定应当包装或者附加标识，须经包装或者附加标识后方可销售。包装物或者标识上应当按照规定标明产品的品名、产地、生产者、生产日期、产品质量等级内容；使用添加剂的，还应当按照规定标明添加剂的名称。

（2）农产品在包装、保鲜、贮存、运输中使用的保鲜剂、防腐剂和添加剂等材料，应当符合国家有关强制性的技术规范。

（3）属于农业转基因生物的农产品，应当按照农药转基因生物安全管理的规定进行标识。

（4）依法需要实施检疫的动植物及其产品，应当附具检疫合格的标志、证明。

（5）销售的农产品符合农产品质量安全标准的，生产者可以申请使用无公害农产品标识；农产品质量安全符合国家规定的有关优质农产品标准的，生产者可以申请使用相应的农产品质量标志。

109. 问：选购农业生产资料应注意什么？

答：目前，我国对农药、化肥、种子等农业生产资料的经营销售实行经营许可审批制度。在选购时应注意以下几点。

（1）农资供应商必须持有所经销产品的经营许可证，否则，属于非法经营。

（2）销售的作物种子必须经过审定或省级农业部门的认定（核对该品种的审定和认定的编号）。进口的或跨区域的种子应附有检疫合格证。

（3）农药和化肥必须具备产品登记许可证、生产许可证、标准证（也称“三证”齐全）。产品包装和使用说明应符合国家规范要求，才算是合法标准的产品。

110. 问：如何选择和处理种子？

答：不仅要根据栽培区的生态条件选择高产优质的品种，还要根据病虫发生情况尽量选用抗病虫的品种。首先要参考种子质量说明，再实地考察该品种的栽培表现，并进行试验总结，不断地提高抗病虫品种的应用水平。

种子常带有病虫，因此，要对种子进行消毒处理，既有利于种子保存，又能保护幼苗。主要有以下几种方式：风选、比重法筛选、药物消毒、拌种处理、种丸的制作使用。

将用于拌种的杀虫、杀菌剂、肥料和生长调节剂，与填料、黏合剂混合在一起，把种子包裹起来，制成种丸。这一技术，不仅提高种子的利用率，提高种苗的质量，还非常有利于机械化的操作，值得推广。

111. 问：农作物采收与加工过程中要注意什么？

答：在采收过程中应当做到如下几点。

（1）配备专用的采收机械、器具，并保持它们的清洁、无污染。

（2）保持采后处理区的清洁卫生。

（3）清洗用水应满足相关的要求。

（4）农产品采后处理使用的化学物品包括洗涤剂、消毒剂、杀虫剂和润滑剂等，要按照说明书使用，做到正确标记、安全贮存。

采后处理过程中使用的采后化学品应是相关部门许可使用的产品，不允许使用以产品销售为目的国家禁用的采后化学品。

（5）质量控制。种植者应当自行或者委托检测机构对农产品质量安全状况进行检测。

112. 问：种植产品包装与运输中，如何保障质量安全？

答：应采用适宜的包装方式，避免农产品在贮存过程中受到破坏及污染。包装材料应符合相应的卫生标准。禁止使用化肥或农药袋来转运粮食。

在运输过程中，应保持运输车辆的清洁卫生；保持包装的完整性；不应与其他有毒、有害物质混装。运输车辆应具有较好的抗震、通风等性能。

113. 问：畜禽产品安全生产中，如何进行场地选择？

答：畜禽养殖地点应该选择地势较高、平坦干燥、排水良好和背风向阳的地方。要注意通风流畅、采光性强、交通、水电便利并远离污染源。平原地区，场址应选择在比周围地段稍高的地方；山区应选在稍平的缓坡地建设畜禽养殖场。

畜禽养殖场应保证水源水量充足，取用方便。畜禽饮用水水质应符合农业部制订的《无公害食品　畜禽饮用水水质》标准。畜禽养殖场投产后，每年应检测水源水质2次，并定期清洗消毒供水系统。

畜禽养殖场选址一定要远离化工厂、工业污染区、矿区等；大、中型畜禽养殖场必须要远离村镇、居民点，家禽舍应在居民区下风向，一般应远离居民区2~5km以上。空气清洁、无污染，环境安静，无噪音干扰或干扰较轻。

畜禽养殖场应建于历史上没有发生过重大动物疫病疫情的地区，离城市或集镇不少于15km，与其他畜禽养殖场距离最好不少于20km。新建畜禽养殖场不得在原有旧畜禽养殖场上建场或扩建，不得位于畜禽类屠宰厂、畜禽产品加工厂、兽药站、畜禽产品交易市场等的下风向。

114. 问：畜禽安全饲养管理中，对工作人员有什么要求？

答：畜禽养殖场员工应身体健康，持健康证上岗。应有饲养、防疫经验。出现畜禽生病等异常情况，能够正确处理。

工作人员进入生产区要更衣、消毒或洗澡，工作期间不得串岗。非工作人员一般不得进入场区，确需进入的，要按规定严格更衣、消毒。

115. 问：畜禽安全饲养管理中，对饲料有什么要求？

答：

一是饲料原料和产品应无发霉、变质、结块、无异味、异臭、配合饲料、浓缩饲料、添加剂预混料、液体饲料色泽应均匀一致。所有饲料都应符合国家强制性标准《饲料卫生标准》中有毒有害物质最高限量的要求。

二是营养性饲料添加剂、一般性饲料添加剂应具有该品种应有的色、味、嗅、形态特征。应选用我国农业部发布的《允许使用的饲料添加剂品种目录》中收录的产品以及农业部批准的新饲料添加剂产品。

三是药物性饲料添加剂的使用应严格执行农业部发布的《饲料药物添加剂使用规范》，选择规定的用量、休药期。杜绝使用国家规定的违禁药品。药物饲料添加剂有休药期规定的，处在休药期内的畜禽生产出的肉（包括副产品）、蛋、奶都不得供人食用。

四是一定要从国家管理部门正式批准的饲料生产企业或者经营企业中选择和购买饲料产品。

五是要购买饲料、饲料添加剂产品还应检查其有无符合国家强制性标准的饲料标签和产品质量合格证，同时，还要索取购买发票和保留适量的饲料样品。

116. 问：如何安全使用兽药？

答：

（1）禁止使用未取得批准文号的兽药。

（2）禁止在饲料及饲料产品中添加未经农业部批准用于饲料添加剂使用的兽药品种。

（3）有休药期规定的兽药用于食用动物时，饲养者应向购买者或屠宰者提供准确、真实的用药记录；购买者或屠宰者应确保动物及产品在用药期、休药期不被用于食品消费。

（4）禁止将人用药用于动物。慎用的兽药：一是抗生素类药；二是作用于神经系统、循环系统、呼吸系统、泌尿系统等拟肾上腺素药、抗胆碱药、平喘药、肾上腺皮质激素类药和止痛药物。

（5）禁止使用国家禁用的兽药。

117. 问：渔业产品安全生产中，如何进行场址选择和设施购置？

答：水产品养殖场地必须建在周围没有对产地环境构成威胁的污染源、水质符合渔业水质标准、水源充足、进排水方便及交通、通信便利的地区。

养殖池塘应通风，池塘大小、水体温度、盐度要符合养殖对象生活习性的要求，网箱要设置在背风向阳、微流水的环境中，要有适合养殖对象生长条件的水深。底质要符合养殖生物的特性，无大型植物碎屑和动物尸体等废弃物、生活垃圾，无异色、异臭。

现代化水产养殖应配备增氧机、净化、水处理、贮存、捕捞等辅助设施，设立环境和病害检测分析室，配置必需的检测、分析仪器和设备。仓库建设应临近养殖区，通风、干燥、清洁、卫生，有防潮、防火、防爆、防虫、防鼠和防鸟设施。

118. 问：水产养殖安全生产中，投苗前需要做什么准备？

答：新建池塘经水浸泡1~2天，然后进行消毒。老塘必须排干水后，彻底清除污泥和杂草，采用翻耕暴晒及冲洗等方法促进有机物的氧化、分解和排除，最后再进行消毒。

常用消毒剂有生石灰、漂白粉、二氯异氰尿酸钠。消毒方法一般先将养殖场注水10~30cm，消毒剂溶于水后，泼入池中。水泥池用药水多次冲洗，然后再用清水冲洗。

养殖池彻底清塘、消毒后，可施肥培育浮游生物。施肥主要用于鱼、虾、贝类的池塘养殖和海带、紫菜等大型藻类的养殖。有机肥的使用应经过发酵、腐熟、消毒、杀菌等处理，禁止使用未经处理的有机肥，不得使用未经国家或省级农业部门登记的化学或生物肥料。当池塘内已有丰富的饵料生物，且水质达要求时，就可以准备放苗了。

119. 问：水产养殖安全生产中，如何选购和放养苗种？

答：苗种要到技术力量雄厚、信誉度好、有水产苗种生产许可证的供苗企业购买，应购买原良种的优质苗种，并索要本批苗种的检疫合格证和发票等凭据。

苗种质量好坏简易鉴别方法：第一看苗种体色，体色正常、有光泽的苗种质量好；第二看苗种游动，苗种活泼、游动有力，具有一定的抗逆流能力，则为好苗；第三看苗种体表，体表完整、无残缺、无破损、无炎症，则为好苗；第四看苗种规格整齐度，苗种个体差异小，规格均匀的质量较好。

购买苗种后，应在傍晚或凌晨运输，放到池水透明度达到养殖对象要求的养殖池暂养。放苗时间、方式、密度与苗期管理都要适合不同池塘的养殖条件和养殖容量。苗种暂养期间做好饵料投喂、水质监测、水交换处理、病害防治处理、苗种生态状况的记录、养殖设施的使用和维护等日常工作的管理。

在正式放苗养成前，必须满足2个条件：一是对养殖水体和底质进行检测，结果符合养殖对象的要求；二是苗种经过暂养已经适应当地的环境，生态状况良好、大小较为一致、生长速度接近。

放苗宜在晴天的上午或傍晚进行，中午太阳暴晒和阴雨天不宜放苗。

120. 问：水产养殖如何安全使用饲料？

答：

（1）饲料采购。采购饲料要到正规厂家。产品包装应整齐美观，产品名称、原料组成、产品成分分析保证值、净重、生产日期、保质期、厂名、厂址和产品标准代号等齐全，适用产品明确，并附质量检验合格证。购买含添加剂的饲料时，应查看添加剂的化学成分、使用方法和注意事项；索要饲料生产企业依据《无公害食品渔用配合饲料安全限量》所做的检测报告；索要发票等凭证，并应适量保存饲料样品。所购每批饲料都要登记饲料的型号、数量、验收时间、并保存好合格证明等凭据。

（2）饲料加工。渔用饲料生产中不得使用腐败、发霉、变质及受到有害物质污染的原料，饲料营养应配比平衡、全面，能够满足各养殖品种正常生长的需求。严禁使用国家禁止使用的药物或添加剂，不得在饲料中长期添加抗菌药物，不得过量添加微量元素和不按规定使用饲料药物添加剂。推荐使用氮、磷排泄量低，对环境污染小的环保型配合饲料。防止饲料在加工、生产、运输、储存过程中化学物质对饲料的污染。防止饲料霉变而降低饲料的营养价值和导致真菌的代谢产物。防止沙门氏菌、大肠杆菌、病毒等微生物污染。防止因使用营养不均衡、配比不合理、利用效率低的饲料而污染养殖水环境。

（3）饲料的贮存及使用。饲料应专人保管，专库贮存，严禁与有害物品同库存放。

121. 问：水产养殖如何进行安全的用水管理？

答：在养成期，应维持养殖环境稳定，确保水质符合安全生产水质条件。通常情况下水位应保持一定水平，当水质状况如水色、理化指标发生较大变化时，可采取换水或使用化学药剂的方式，调节水体 pH 值、氨氮、硫化物、溶解氧、透明度和重金属等。通过水色观察和计数，可粗略判断单胞藻的种类和数量是否适合。水不够肥时，可在养殖池中加入适量肥料以促进单胞藻的生长。

养殖前期应逐渐向池塘加水，中后期视水质情况适当换水。可通过换水调节水温。应防止大排大灌，应以少量多次为原则交换水体。可使用石灰调节水体 pH 值，使用沸石灰吸附有害物质，使用有益微生物改良水质，使用增氧机增加水体溶氧量。阴天及雨前雨后，及时开动增氧机，防止生物因缺氧而发生浮头现象。

日常管理中要坚持每日对养殖场进行巡察，以便对其内外情况有全面的了解，从而及早发现问题并及时解决。观察内容主要是水质情况以及水生物的活动与摄食情况。如发现生长不良或病态，必须迅速查找原因，有针对性地采取措施。每天的巡视情况要记录存档。

122. 问：水产品的捕获和运输中是如何保障质量安全的？

答：

（1）捕获前应根据不同养殖品种，采用不同的停药和停饵时间，确保养殖产品满足休药期的规定。

（2）捕获前按照相应的国家或行业标准的要求，结合自身养殖环境和养殖过程的实际情况对产品进行全部或部分指标的检测，检测结果符合要求后方可捕获和销售。

（3）捕获过程中，宜选择适宜的天气和时间，小心操作，防止捕获产品受伤：一是应采用尽量减少机械损伤和使养殖水产品紧张的捕获技术；二是捕获后，应尽快用清洁的水体清洗养殖水产品表面，以使其不附着过多的污泥和杂草；三是应以卫生的方式处理养殖水产品；四是捕捞操作行动应迅速，以保证养殖水产品体表温度不会产生较大的差异。

（4）应保持捕获用具、盛装用具、净化和水过滤系统、运输工具等与养殖产品接触表面的清洁和卫生，包装材料应符合相应的卫生标准，还应对冷藏设施、供水系统、制冷设备等进行检修和清洁。禁止使用对人体有害的防腐剂和保鲜保活剂，确保水产品在运输过程中不受污染。

123. 问：为了保障捕捞水产品的质量安全，渔船和捕捞设备应达到哪些要求？

答：捕捞船舶及其设备设施的卫生安全，是保障水产品质量安全的第一道关口。

渔船和捕捞设备的设计和结构应做到：与鱼体接触的表面应该用抗腐蚀的材料，表面光滑，易于清洁和消毒；在设计容器的结构时，应尽量减少尖角和突角，以避免藏污纳垢；设备的底部应便于排水，同时以合适的压力提供充足干净的饮用水。

在捕捞之前就应彻底清除船底污水、废水、烟气、燃油、油脂和其他杂物；所有与鱼有接触面都应该是无毒、光滑的，这样有利于减少污染物对鱼的黏液、血液、鱼鳞和肠的污染。力争做到对鱼的损伤最低、污染最低和腐烂最低。所以，在生产中，我们应该始终重视渔船和捕捞设备的安全管理，确保持续的清洁和消毒计划，确保船舱和相关设备的所有部分都能按规定进行清洁。

124. 问：捕捞水产品如何安全保鲜？

答：

（1）冷却保鲜。冷却保鲜是将鱼品温度降低接近冰点，但不冻结的保鲜方法。一般温度在-4～0℃，是延长水产品贮藏的一种广泛采用的方法，鱼类捕捞后采用冷却法可保藏1周左右，冷却温度越低，保险期越长。低温盐水微冻法主要是将捕捞物浸于-5～-1℃低温盐水中，冷却速度很快。

捕捞企业要按照《船上渔获物加冰保鲜操作技术规程》（SC/T3002—1988）要求操作，不得使用含氯霉素等禁用药物成分的药剂擦手，要及时合理处置被污染的水体和捕获物。

（2）保鲜剂的使用。水产品保鲜剂是一种添加在冷冻水产食品中的新型食品添加剂。它能保持冷冻水产品鲜活的品质和良好的色泽。避免因冷冻失水而造成水产品营养成分和鲜美口味的流失。

125. 问：要保障捕捞水产品的质量安全，运输时应注意什么？

答：捕捞渔船操作人员严格按照有关操作规程和规定制度执行，提高装卸质量、杜绝装卸过程中包装的破损，确保水产品不受二次污染。

（1）所有设备和器具应定期和根据需要进行清洁和消毒。在渔港码头上，鲜鱼应该冷藏运输，分装和加工过程尽量小心，减少延时。

（2）运输水产品必须采用清洁、无异味的冷藏车（船），使用前必需清洗消毒。在贮存和运输期间，应定期检查暂养箱。受损伤的、患病的鱼以及死鱼一经发现应立即清除。

（3）活鱼在贮存和运输过程中不应进行投喂。投喂会迅速污染运输箱中的水。

（4）活鱼运输箱的材料、泵、过滤器、水管、温控系统、中间和最后的包装或容器不应对鱼有害或为害人体健康。

（5）运输工具与鲜体接触部分应采用适合的抗腐蚀材料，并且具有光滑的非吸收表面，地板应能充分排水。

（6）长途外运水产品应尽量采用冷藏车和冷藏船，确保温度保持在-18℃或更低。运输过程应最大限度地降低新鲜鱼的腐烂率和损坏度。在装载之前预备冷却容器，在装载和卸下冷冻鱼产品的过程中避免不必要的暴露，以免温度升高。

126. 问：影响水产品安全的主要因素有哪些？

答：目前影响水产品安全的主要因素可以分为以下七类。

（1）微生物、病毒及寄生虫污染。

（2）天然毒素。鱼类毒素、贝类毒素等。

（3）环境污染。重金属、多氯联苯、化学消毒剂等。

（4）农药残留。造成直接或间接污染的六六六、DDT、溴氰菊酯、敌百虫等。

（5）兽药（渔药）残留。用于鱼病防治的各类兽药残留，包括促生长剂等。

（6）加工污染及掺杂作假。亚硝酸盐和硝酸盐、甲醛、苏丹红等。

（7）食品及饲料添加剂。亚硫酸盐、多聚磷酸盐超标及喹乙醇添加剂等。

127. 问：食用农产品的可追溯体系是什么？

答：食用农产品可追溯体系可以为消费者提供产地、生产方式、生产者名称、地址等，还包括产品从产到销的全部过程。可追溯体系是建立在生产过程记录的基础上，可分为生产、加工、包装标识、储存记录等几个环节。

128. 问：蔬菜中的主要污染物有哪些?

答：目前我国蔬菜中的主要污染物是农药残留、硝酸盐、重金属等。

（1）农药（特别是有机磷和氨基甲酸酯类农药）是目前生产品种最多、使用量最大、也最可能引起强烈中毒反应的污染物。

（2）蔬菜是易富集硝酸盐植物，特别是现代农业化肥的大量施用，使蔬菜中硝酸盐含量急剧上升。

（3）蔬菜中重金属主要来源于工业“三废”的排放及城市垃圾、污泥和含重金属的化肥、农药，有毒重金属主要指铜、锌、镉、铬，另外还有汽车尾气造成的铅污染。

（4）生物污染问题也开始引起重视，但由于我国消费者食用蔬菜绝大部分是熟食，烹调过程会造成微生物失活，只要不食用未经加热的蔬菜或在食用前充分洗净，这类污染对人体的为害基本可以避免。

129. 问：蔬菜中的污染物有何为害?

答：长期进食被农药污染的不合格蔬菜，会产生慢性农药中毒，影响人的神经功能，严重时会引起头昏多汗、全身乏力，继而出现恶心呕吐、腹痛腹泻、流涎胸闷、视力模糊、瞳孔缩小等症状。

硝酸盐本身毒性并不大，但它在人体内可转变成亚硝酸盐，导致人机体内缺氧，引起高铁血红蛋白症。亚硝酸盐还可以与人肠胃中的含氮化合物结合成致癌的亚硝胺，导致消化系统癌变。通常硝酸盐积累顺序为：叶菜类>根菜类>葱蒜类>瓜果类>豆类>茄果类。烹饪的蔬菜存放时间延长，其亚硝酸盐含量明显增加，所以，建议不要食用烹饪后隔夜存放的蔬菜。

蔬菜中重金属的污染一般不会引起急性中毒反应，但长期积累会给人类健康带来严重的潜在威胁。

130. 问：有虫眼的蔬菜就一定是安全的吗?

答：蔬菜有没有虫眼并不能作为蔬菜是否安全的标志。有很多虫眼只能说明曾经有过虫害，并不能表示没有喷洒过农药。如果菜幼小时叶片留下了虫眼，虫眼反而会随着叶片长大而增大。有时候虫眼多的蔬菜，菜农为了杀死害虫反而会喷药更多。此外，害虫同样具有抗药性，一旦产生抗药性，菜农往往需要加大农药剂量才会有效果。所以，看蔬菜是否有农药残留不能只看它有没有虫眼。

131. 问：购买的新鲜蔬菜应浸泡几小时后才能食用，这种观点正确吗?

答：蔬菜生产中使用的农药分为水溶性和脂溶性两种，而且大多数农药都能溶于水。因此，在洗菜的过程中，浸泡几个小时与流水反复冲洗多次的效果一样，均只能去除蔬菜表面附着的可溶于水的农药残留，而对蔬菜吸收的农药基本没有太大作用。而且，如果农药残留处于一个很高水平的时候，若把这些蔬菜浸泡在水中，水溶性农药残留会溶解于水，这样就相当于把蔬菜放到了稀释的农药当中取浸泡。由于水中农药残留浓度高于蔬菜内部，这些农药会向蔬菜组织内部渗透，造成蔬菜组织内部农药残留的增高，使蔬菜污染加重，反而对身体不利。因此，不推荐把新鲜的蔬菜浸泡过长时间的洗菜方法，可采用流水多次反复冲洗后再浸泡少许时间的洗菜方法。

132. 问：土豆发芽能吃吗？

答：土豆发芽时会产生一种叫做“龙葵精”的毒素，这种毒素进入人体，人就会出现恶心、呕吐、头晕和腹泻等中毒症状，严重时，还会造成呼吸器官麻痹而死亡。

那么，发芽的土豆是不是不能吃了呢？人们经过反复试验证明：当土豆的芽生长不大，又经过一定的处理以后还是可以吃的。因为毒素是由于芽的萌发而形成的，所以，毒素的累积以芽眼为中心，当芽还小的时候，毒素还没有扩散开，只要将芽及芽眼挖掉一块就行了，芽稍大些的土豆，除了在芽眼部位挖去一块外，还应在其附近削去一块。另外，各个芽并不是同时萌发的，一般是顶芽首先萌发，靠近顶芽的腋芽次之，其他部位的芽萌发较晚。如果顶部的芽长得较大，其他的芽还没有萌发，将顶部切除即可。

发芽的土豆虽经上述处理，仍会残留一部分毒素，所以，还应在水中多浸泡一些时间，使毒素再溶解掉一部分，加热时再多煮一会儿。这样处理后一般就不会发生中毒了。如果芽长得太大，那就不能吃，削下来的东西如果用来喂牲畜，也必须经水浸泡和水煮，否则，牲畜吃了也会中毒。

133. 问：如何预防豆角（四季豆）中毒？

答：生的豆角中含皂苷，可引起出血性炎症，并对红细胞有溶解作用。此外，豆粒中还含红细胞凝聚素，具有红细胞凝聚作用。如果烹调时加热不彻底，豆角的毒素成分未被破坏，食用后会引起中毒。

预防豆角中毒的方法非常简单，只要把全部豆角煮熟焖透就可以了。另外，还要注意不买、不吃老豆角，把豆角两头和豆荚摘掉，因为这些部位含毒素较多。

134. 问：野菜都是安全蔬菜，这种观点正确吗？

答：这种说法并不完全正确。如果是出自无外来污染且土壤和灌溉水均符合有关蔬菜产地环境标准要求的野生蔬菜，确是上佳的食品。如果这些野菜生长在靠近污染源的地区，受污染就是很自然的事，并且污染物还较难清洗干净，如果食用了被污染的野菜，会对身体造成为害，严重的还会引起食物中毒。另外某些生长在纯天然环境中，附近没有污染源，周围没有农作物施用农药的野菜，也可能是因为有些土壤本身由于成土母质的关系而含有某种重金属，而部分野菜对环境中的重金属有富集作用，这些野菜中的重金属含量往往超过正常蔬菜水平的数倍甚至更高，而长期食用这类蔬菜可能导致重金属在人体内富集，为害人体健康。

135. 问：水果带皮吃好还是削皮吃好?

答：果皮中抗坏血酸通常比果肉中含得多。从获取抗坏血酸角度讲，水果带皮吃好。但考虑水果在采摘前可能被喷打农药、采摘后利用化学方法人工催熟或为了储藏保鲜进行表皮上蜡，以至造成水果表皮的污染，最好还是削皮吃。

136. 问：部分腐烂水果在削去腐烂部分后可以食用吗?

答：水果表皮受到损伤或保存不当，一些病原菌会侵入果品，从内或外造成果品腐败。发病初期，只是局部的病斑，很快以病斑为中心，向四周腐烂，最后全部烂掉。当发生局部腐烂时，有人不舍得完全丢弃，用小刀将腐烂部分削掉后，仍然食用。街头一些不法小贩，将已部分腐烂的西瓜、哈密瓜、菠萝，切掉坏的部分后，切块卖给顾客。有人认为，已经将坏的去掉了，吃余下的部分不会影响健康。这种看法是非常错误的。病原微生物侵入果品造成局部溃烂，肉眼是看不到的，这些有害、有毒物质会侵染尚未发生病变的果肉，食用后对健康造成不利的影响。特别严重的是，有些真菌毒素具有致癌作用，所以，尽管已经剔除了腐烂部分的水果，剩下的仍然不可以食用。

137. 问：菠萝在食用时应该注意什么问题?

答：菠萝，食用不当容易使人出现头晕、腹痛、呕吐、口舌发麻等症状，严重的甚至可能出现呼吸困难、休克。因此，菠萝食用前一定要削净果皮、鳞目须毛及果丁，果肉切片或块后，一定要在盐水里浸泡半个小时左右，再用凉水洗去咸味，这样就能去除过敏源。

138. 问：什么样的香蕉是可以安全食用的?

答：目前市场上销售的香蕉基本都是安全的，包括用乙烯或乙烯利催熟的会患“巴拿马病”的香蕉。

香蕉的催熟过程是一种复杂的生理生化反应过程，不会产生有为害的成分和物质，催熟香蕉可以放心食用。国际上盛产香蕉的国家如厄瓜多尔、哥斯达黎加、菲律宾等国，其产品基本销往美国、欧洲和日本等地，香蕉准备上市销售之前，必须按每天的销售量分批采用乙烯或乙烯利来进行催熟，尚没有发生过因为香蕉催熟而不符合欧美和日本等地卫生标准的现象。

部分媒体报道称香蕉“巴拿马病”是癌症，也是香蕉世界的SARS，不少消费者误解为吃了香蕉易患癌症；还有媒体报道称香蕉是“毒水果”，导致了消费者的恐慌。实际上香蕉“巴拿马病”学名为香蕉枯萎病，是由镰刀菌感染而引起的植物病害，最早于1874年在澳大利亚被发现。该病对香蕉产业造成了较大为害，但成熟的果实是不带菌的，消费者可以食用。

139. 问：如何科学合理地饮茶？

答：茶叶是天然饮品，具有良好的保健作用。茶叶中的茶多酚能清除体内自由基，起到抗衰老的作用；饮茶能起到降血脂、血压、血糖的作用。茶叶具有消炎解毒、抗放射性伤害、抗突变作用；饮茶兴奋神经中枢，具有消除疲劳的作用；饮茶还具有止渴、解热、明目、键齿及防龋齿的作用。

提倡科学合理地饮茶，消费者应根据所居住的环境和当地的气候条件选择适合自己的茶类。各地都有自己不同的饮茶习俗和喜好的茶类。科学饮茶，还可根据一年四季的变化和茶属性进行调整和改变。

夏季，气温较高，宜饮绿茶。绿茶性凉，饮一杯绿茶可以散发身上的暑气，给人一种舒畅感。夏天也适宜饮用白茶，有健胃提神、降热的功能。

冬季，天气寒冷，宜饮味甘性温的红茶，也宜饮发酵程度较重的乌龙茶，有生热暖胃的作用。

春节，气温开始转暖，雨水多，湿度大，宜饮香气馥郁的花茶，有祛寒理郁的作用。

冬季，天气开始转凉，宜饮发酵适中、性平的乌龙茶，或经闷黄发酵的黄茶，可以消除夏天的余热，恢复津液。

科学的饮茶还应根据消费者的身体状况、生理时期来决定。一般身体健康的消费者可以根据自己的嗜好选取茶类，而对于身体状况不好或处于特殊时期的消费者应合理地选饮。一些有疾病的患者应慎饮茶叶，如心动过速的冠心病患者，神经衰弱患者，宜少饮茶；而脾胃虚寒者，不宜饮用绿茶。

140. 问：喝牛奶要注意什么？

答：人人都知道喝牛奶好，但喝牛奶有许多讲究。搭配不当，牛奶不但无益于身体，还可能造成一些为害。

牛奶中含有丰富的磷蛋白和酪蛋白，而酪蛋白常以钙盐的形式存于奶中，牛奶一旦遇到酸性食物中的草酸或果酸，就会结合成草酸钙或形成较大的凝块，既不利于消化，也影响营养成分的吸收，有的人甚至出现腹胀、腹痛、腹泻等胃肠道症状。因此，饮用牛奶时不要与酸性食物同吃，如橘子，应在喝牛奶前后1小时左右吃。

另外，牛奶中也不宜加入果汁、糖和巧克力等。

141. 问：牛奶口味淡与浓，是否与质量有关？

答：一般来说，我们讨论牛奶的质量，主要是从牛奶的卫生质量和组成质量两个方面来看。

对于牛奶卫生质量的保证主要是通过热处理破坏牛奶中的致病菌或者彻底杀死可以导致牛奶变质的微生物来实现。在适当的储存条件下，热处理后的牛奶在保质期内的卫生质量一般都是能够保证的。组成质量则主要从牛奶的脂肪、蛋白、乳糖、矿物质等固体成分的含量方面考虑，牛奶中这些成分的含量主要与牧场所处地区、牛的种类、饲养方式、季节、泌乳期等多种因素有关，因而风味也不尽相同；加之牛奶的加工过程中也会生成部分的香气成分，不同来源的牛奶加工后口味也会有一定的差别。一般可以说牛奶的口味越浓，则各种营养成分的含量就越高，牛奶的质量相对来讲也越高。当然，随着食品工业的不断发展，一些食品添加剂的加入也会在不改变牛奶中的固形物含量的情况下，增加牛奶的香浓口感，满足消费者口味的需求，但这与牛乳的营养价值无关。

142. 问：有些人喝牛奶会腹泻是怎么回事？

答：有些人喝牛奶后，会出现肠鸣、腹痛甚至腹泻等现象，主要是由于牛奶中含有乳糖，而乳糖在体内分解代谢需要有乳糖酶的参与，有些人因体内缺乏乳糖酶，使乳糖无法在肠道消化，由此产生不适现象，在医学上称之为“乳糖不耐症”，这是缺乏乳糖酶的正常反应，而不是牛奶的质量问题。

143. 问：为什么牛奶不能冷冻保存？

答：据专家分析发现，牛奶中含有 3 种不同性质的水，其中，第一种游离水含量最多，它不会与其他物质结合，只起溶剂作用。第二种是结合水，是与蛋白质、乳糖、盐类结合在一起的一种水，不再溶解其他物质，在任何情况下不发生冻结。第三种是结晶水，当牛奶冻结时，游离水先结冰，牛奶由外及里逐渐冻结，里面包着的干物质含量相应增多。当牛奶解冻后，奶中蛋白质易沉淀、凝固而变质。因此，牛奶忌冻结保存。

144. 问：为什么酸奶是一种良好的保健食品？

答：酸奶（酸牛奶）是以牛奶为原料，添加适量的砂糖，经巴氏杀菌和冷却后，加入纯乳酸菌发酵剂，经保温发酵而制成的产品。

酸奶中含乳酸菌的量在 10^7 个/g 以上，生产酸奶用的菌种有保加利亚乳杆菌、嗜热链球菌和双歧杆菌等，它们都能发酵葡萄糖、果糖、半乳糖和乳糖，分别生产乳糖和少量的其他物质。酸奶的这些变化不但提高了牛奶的原有营养，而且赋予了酸奶特殊的风味。

酸奶是一种具有良好保健功能的食品，它的保健作用主要有：一是对肠道菌群的调节；二是对机体免疫系统的改善；三是对肿瘤的抑止；四是改善乳糖不耐症的代谢障碍；五是降低胆固醇水平；六是抑制体内毒素，延缓衰老。

145. 问：乳酸菌饮料与乳酸饮料有什么区别？

答：乳酸菌饮料与乳酸饮料同属酸性乳饮料，都是以鲜乳或乳制品为原料，前者经乳酸菌发酵加工制成，而后者则未经发酵加工制成。

乳酸饮料保质期要比乳酸菌饮料长。两类产品的成品中蛋白质含量都要求在0.7%以上。消费者在购买时，要根据其产品是否通过发酵，是否含有活性乳酸菌及其蛋白质含量来进行选择。

146. 问：如何食用蜂蜜？

答：一般人群早上空腹冲服两匙蜂蜜，不仅可以化痰、排毒，还可以有效防止便秘。牛奶、豆浆中加入蜂蜜有利于营养物质相互补充，促进人体的消化吸收。但是由于蜂蜜中的特殊成分，对于不同的人有不同的要求，因此食用蜂蜜时应注意以下几点。

（1）水温不宜太高，冲服蜂蜜水温应低于60℃。

（2）食用量不宜过多。一般提倡成年人每天100g，最好不超过200g，儿童每日30~50g。

（3）1岁以下婴儿不宜食用蜂蜜。

（4）胃酸分泌过多的人要注意蜂蜜的食用方式。

（5）糖尿病患者应少吃蜂蜜。

147. 问：如何贮存蜂蜜？

答：蜂蜜最好放置在阴凉干燥处。如果保存得当，质优的蜂蜜可以放置3~5年甚至更长而不变质。

蜂蜜在低温下或放置的时间较久，其所含葡萄糖首先会析出沉于容器底部，所含的果酸继而结晶沉淀。较低的温度下往往使容器内的蜂蜜凝固，似猪油凝固状，但这不影响食用。

148. 问：选购牛羊肉应该注意什么？

答：

第一，为防止买到病、死肉类，消费者应到正规的商店、超市，尽量不要购买私屠滥宰的肉类。选购时先要注意查看卫生防疫标志，再看肉体有无光泽，红色是否均匀，脂肪是否洁白和无异味等。

第二，识别注水肉除了用眼观察肉质外，还要用指压来判断。鲜肉弹性强，经指压后凹陷能很快恢复。注水肉弹性较差，指压后不但恢复较慢，而且能见到液体从切面渗出。

第三，销售环境要整洁卫生，井然有序，最好是在具备冰箱、冰柜等制冷设备的地方购买。

第四，购买熟肉制品，要仔细查看标签（品名、厂名、厂址、生产日期、保质期、执行的产品标准、配料表、净含量等各种标识），而且要尽可能选择透明性的包装。

149. 问：选购禽肉应该注意什么?

答：

第一，一般活禽神情活泼，羽毛丰密而油润，眼睛有神，灵活。例如，健康的鸡，冠与肉髯色泽鲜红，冠挺直，肉髯柔软，两翅紧贴禽体，羽毛有光泽。

第二，爪壮有力，行动自如。病鸡则萎靡不振，羽毛蓬乱，两翅下垂；冠与肉髯多呈淡红色或发黑；有手摸其胸肌和嗉囊，膨胀有气体或积食发硬；行动无力，站立不稳。健康的禽类宰杀后，皮肤呈淡黄色或黄色，表面干燥，有光泽。

第三，脂肪透明，质地坚实富有弹性。病禽宰后，表皮粗糙，暗淡无光，甚至有青紫色死斑块。鸡的老嫩也可以鉴别，老鸡的爪尖磨损光秃，脚掌皮厚而且发硬，脚腕间的凸出物较长；嫩鸡的爪尖磨损不大，脚掌皮薄，无僵硬现象，脚腕的凸出物也较小。

第四，市场上出售的冷冻禽肉也有好坏之分。新鲜的冷冻禽肉，表皮油黄色，眼球有光泽，肛门处不发黑发臭。解冻后变质的冷禽肉，皮肤呈灰白、紫黄色或暗黄色，手摸有黏滑感，眼球混浊或紧闭，有臭味。

150. 问：选购肉类制品应该注意什么?

答：

第一，人们购买熟肉制品时，主要还是靠感官鉴别优劣。好的酱、卤肉类制品，外观为完好的自然块，洁净，新鲜润泽，呈现肉制品应该有的自然色泽。

第二，肠类制品外观应完好无缺，不破损，洁净无污垢，肠体丰满、干爽、有弹性，组织致密，具备该产品应有的香味，并带有烟熏香味。红肠为红曲色，小泥肠为乳白色或米黄色。

第三，对于包装的熟肉制品，要看其外包装是否完好，胀袋的产品不可食用。对于以尼龙或PVDC为肠衣的灌制品，例如，市场上销售的西式火腿、肠类产品，在选购时，除了看标签上的成分和日期外，如发现胀气或是与肠体分离的，也属于变质，不要选用。

第四，质量良好的咸肉，表面为红色，切面肉呈鲜红色，色泽均匀，无斑点，肥膘稍有淡黄色或白色，外表清洁，肌肉结实，肥膘较多，肉上无猪毛、真菌和黏液等污物，气味正常，烹调后咸味适口。变质的咸肉，外表呈现灰色，瘦肉为暗红色或褐色，脂肪发黄、发黏，有霉斑或霉层，生虫并有哈喇味，有腐败或氨臭的气味，肉质松弛或失去弹性。

第五，质量良好的腊肉，刀工整齐，薄厚均匀，性状美观，瘦肉坚实有一定硬度、弹性和韧性，无杂质、清洁，每条长度在 35cm 左右。皮为金黄色并有光泽，瘦肉红润，肥膘淡黄色，无斑污点。有腊制品的特殊香味，蒸后鲜美爽口。如果有较重的哈喇味和严重变色的腊肉不能食用。

151. 问：瘦肉精有什么为害?

答："瘦肉精"的化学名称为盐酸克伦特罗，是一种人的医用药品，医学上称为平喘药或克喘素，用于治疗支气管哮喘、慢性支气管炎和肺气肿等疾病。大剂量用在饲料中可以促进猪的增长，减少脂肪含量，提高瘦肉率，但食用含有瘦肉精的猪肉对人体有害。"瘦肉精"在我国已经禁用，2005 年国家组织的饲料质量抽查中，"瘦肉精"在商品饲料中的检出率是零。

使用"瘦肉精"会在动物产品中残留，这种物质的化学性质稳定，一般加热处理方法不能将其破坏，人食入大量"瘦肉精"残留的动物产品后，在 15～20 分钟就会出现头晕、脸色潮红、心跳加速、胸闷、心悸、心慌等症状，对人体健康为害极大。"瘦肉精"在动物的肝、肺、肾、脾等内脏器官中残留较高。

152. 问：氯霉素有什么为害?

答：氯霉素对人体的毒性较大，它会抑制骨髓造血功能，造成过敏反应，引起再生障碍性贫血（包括白细胞减少、红细胞减少、血小板减少等）。此外，该药还可引起肠道菌群失调及抑制抗体的形成。该药已在国外较多国家禁用。有关行政主管部门将重点打击氯霉素用于牧业、渔业的生产。

153. 问：所有的红心鸭蛋都不能吃吗?

答：并不是所有的红心鸭蛋都是有毒的，都是不能食用的。真正的红心鸭蛋生产途径一般有 2 条：一是过去放养于滩涂等地的蛋鸭食用的鱼虾、胡萝卜等饲料富含类胡萝卜素，可以产出颜色较深的红心鸭蛋；二是在饲料里添加国家允许使用的饲用色素添加剂，主要品质为辣椒红和斑蝥黄等。由于这些合法饲用色素类添加剂的价格较高，一些不法蛋贩和饲料供应商暗中向养殖企业销售苏丹红牟取暴利，生产出了有毒的红心鸭蛋。

另外要说明的是，抽检不合格不等于产品不安全。含苏丹红的红心鸭蛋，检测出的苏丹红含量最重是 7. 18mg，按一个蛋 60g 计算，苏丹红的代谢物致病量为 1 个人 1 天吃 1 200个蛋。

154. 问：巴彦淖尔市无公害农产品在生产中推荐使用的农药有哪些?

答：百菌清可湿性粉剂、吡虫啉可湿性粉剂、吗啉胍·乙酮、盐酸吗啉胍、敌敌畏乳油、多菌灵可湿性粉剂、三唑酮可湿性粉剂、春雷霉素+王铜、甲基托布津可湿性粉剂、甲霜灵可湿性粉剂、甲霜灵锰锌、菌核净可湿性粉剂、抗蚜威可湿性粉剂、可杀得可湿性微粒粉剂、克螨特乳油、磷酸钙、硫悬浮剂、阿维+敌敌畏、农抗 120 水剂、农用硫酸链霉素、扑海因可湿性粉剂、阿维菌素、噁霜灵锰锌、双甲醚（螨克）乳油、炭疽福美可湿性粉剂、辛硫磷乳油、溴氢菊酯乳油、植病灵 2 号乳剂。

155. 问：巴彦淖尔市 A 级绿色食品在生产中推荐使用的农药有哪些?

答：NS-83 增抗剂、百菌清可湿性粉剂、吡虫啉可湿性粉剂、病毒灵悬浮剂、代森锰锌可湿性粉剂、多菌灵可湿性粉剂、多菌灵盐酸盐、三唑酮可湿性粉剂、氰戊菊酯+久效磷、春雷霉素+王铜、甲基托布津可湿性粉剂、甲霜灵可湿性粉剂、甲霜灵锰锌可湿性粉剂、抗蚜威可湿性粉剂、苦参碱水剂、浏阳霉素乳油、恶霉灵、灭幼脲三号胶悬剂、农抗 120 水剂、农用链霉素、农用硫酸链霉素、扑海因可湿性粉剂、哒螨酮、噁霜灵锰锌可湿性粉剂、对硫磷颗粒剂、双甲醚乳油、腐霉利可湿性粉剂、溴菌腈乳油、辛硫磷乳油、抑霉威可湿性粉剂、植病灵 2 号乳剂。

第三章　农产品种植技术

第一节　小麦种植技术

156. 问：当前河套地区种植的小麦品种主要有哪些?

答：永良 4 号，巴丰 5 号，农麦 4 号。

157. 问：在播种前，我们应该对小麦种子进行哪些处理?

答：小麦种子播前晾晒 1~2 天，要均摊薄晒，经常翻动。也可用种衣剂拌种，预防病虫害。

158. 问：化肥对小麦生长有哪些作用?

答：氮肥能够促进小麦根、茎和叶的生长，能增强光合作用，加速小麦营养物质的积累与转化。磷肥的磷酸离子被小麦吸收，能使小麦早分蘖早生根，从而健全根系发育，增强小麦的抗旱能力和抗寒能力。钾肥能促进碳水化合物的形成与转化，并能增强小麦抗低温、抗高温和抗干旱的能力。钾肥还能促使小麦茎秆坚韧，提高小麦的抗倒伏能力。

159. 问：巴彦淖尔市应在什么时候播种小麦?

答：在 3 月 7 日至 3 月底播种，顶凌播种，不种 4 月麦。河套地区素有“春分麦入土”之说。

160. 问：影响小麦出苗的因素有哪些?

答：种子质量、整地质量、土壤含水量。

161. 问：一亩地种多少小麦最合适?

答：单种小麦亩播量 22.5~25kg，套种 17~20kg。

162. 问：怎样科学施用种肥?

答：河套灌区小麦施用种肥一般遵循“斤种斤肥”，以磷酸二铵为主，搭配钾肥，每亩施用20kg二铵+5kg钾肥。

163. 问：小麦有哪些套种模式?

答：主要有小麦套种晚播向日葵栽培技术，小麦套种耐密型玉米吨良田栽培技术。

164. 问：小麦苗期有哪些生长发育特点?

答：主要进行营养生长，即以长根、长叶和分蘖为主。

165. 问：常用的收获小麦的机器是什么?

答：新疆二号小麦联合收割机。

166. 问：怎样进行机收效果最好?

答：小麦机收一般在小麦蜡熟后期，不脱粒之前，选择晴天收获，及时将收获的籽粒晾晒归仓。

167. 问：目前有哪几种小麦秸秆还田方式?

答：目前主要有3种小麦秸秆还田方式：秸秆粉碎翻耕还田、秸秆粉碎覆盖还田以及秸秆堆沤腐熟还田。

168. 问：小麦收获后，我们该如何整地呢?

答：深翻、晾晒、灌伏水；如果进行麦后复种，要及时耙耱、旋耕，适时种植小秋作物。

169. 问：小麦收获期的灾害天气具有哪些发生特点?

答：干旱逼熟；大雨大风造成倒伏；极端气候冰雹灾害。

170. 问：对于小麦收获期的灾害天气我们该如何应对?

答：浇水降温，一喷三防（喷施磷酸二氢钾，防治干旱，防治蚜虫，防治逼早熟）应对干旱天气；大风前不浇水，大雨后及时排水，根据气象预报做好极端天气预防措施。

171. 问：依据市场价格变动，我们该如何做出产品出售和下年种植决策?

答：一是根据种植意向调查，作出种植结构调整部署；二是根据龙头企业订单安排小麦生产；三是根据当地面粉加工企业面粉销售价格决定小麦种植安排。

172. 问：小麦套种晚播向日葵技术怎么整地?

答：选择中等以上肥力、有机质含量1%以上、灌溉条件较好的地块，要求秋深耕25cm以上，每3年深耕1次，打破犁底层，结合秋翻每亩施农家肥3 000kg或成品有机肥150kg、碳铵50kg。播前要精细耙耱平整土地，达到上松下实，为小麦和向日葵生长创造良好基础条件。

173. 问：小麦套种晚播向日葵技术采用什么带型?

答：为了适应机械化作业，选择363cm机播机收优化带型。小麦带宽210cm，播22行，行距约10cm。

向日葵带宽153cm，播4行，距小麦边行27cm，小行距27cm，大行距45cm，食用向日葵株距33cm，油葵株距27cm。

174. 问：小麦套种晚播向日葵技术的种植密度是多少?

答：一亩地中，小麦播量按有效种子45万~50万粒/亩计算，约14kg；食用向日葵亩留苗1 900~2 200株；油葵亩留苗2 700~2 800株。

175. 问：小麦套种晚播向日葵技术中小麦苗期怎么管理?

答：出苗后及时查苗，当有种子落干没发芽缺苗断垅时，及时局部补水或踏实接墒催芽；出齐苗后视苗情及时耙青、磙青，力争苗壮。

176. 问：小麦套种晚播向日葵技术中小麦怎样合理追肥?

答：5月上旬，小麦3~4叶浇好分蘖水，结合浇水亩追施尿素15kg；5月下旬7叶露尖时，适时浇拔节水，追施尿素5kg。苗弱色淡可适当增加，长势过旺应适量减少。

全生育期灌水3~4次为宜。根据天气情况，分别于3叶期、拔节期、孕穗期和灌浆期进行。抽穗后灌水，须在无风天进行，杜绝灌深水，防止倒伏和贪青晚熟。

177. 问：小麦套种晚播向日葵技术中小麦主要病虫害防治方法?

答：对于经常发生的病虫害做到提前调查预报，及早防治。6月中下旬密切注意蚜虫、黏虫的发生，达到防治指标，及时实施药物防治。禁用高毒、高残留农药。

小麦锈病、白粉病：抽穗前后防治，孕穗期病叶率达 20%、扬花期倒三叶病叶率达 10%时，每亩用 20%三唑酮 40g 或 25%三唑酮 30g 对水 30~40kg 喷雾。

蚜虫：抽穗期至灌浆期百株蚜虫量达到 500 头时进行防治。每亩用 50%抗蚜威（辟蚜雾）可湿性粉剂 10g 对水 30kg 喷雾或选用 0.6%苦参碱植物农药 60mL 对水 30kg 喷雾。

黏虫：在成虫产卵盛期前诱杀成虫，选叶片完整、不霉烂的麦秸 8~10 根扎成一小把，每亩 50~100 把，每 5~7 天更换新草把。把换下的草把集中烧毁，或者用糖醋盆、黑光灯等方法诱杀成虫，降低虫口密度。重发生麦田在幼虫 3 龄前进行药剂防治，用 50%马拉硫磷乳油1 000~1 500倍液或 2.5%高效氯氟氰菊酯乳油2 000倍液均匀喷雾。提倡联防。

178. 问：小麦套种晚播向日葵技术中向日葵苗期怎么管理?

答：向日葵出苗后要及时查看苗情，及时移苗补栽。向日葵头水前后要进行中耕除草，未覆膜的地块苗高 60~70cm 时进行培土。

179. 问：小麦套种晚播向日葵技术中向日葵水肥怎么管理?

答：向日葵整个生育期浇 2 水为宜，分别在现蕾开花期和灌浆期。现蕾期正值小麦抽穗浇第 3 水，结合浇水，向日葵追施尿素 15kg、氯化钾 5kg。开花期浇第 2 水，根据向日葵长势，弱苗地块可亩追施尿素 10kg。小麦收获后，正值向日葵开花期，视天气和向日葵长势灵活掌握浇水，注意防止倒伏。

180. 问：小麦套种晚播向日葵技术中向日葵病虫害防治方法?

答：强调轮作倒茬、黄河水改土，防止向日葵菌核病发生；采用粉锈宁可湿性粉剂或 15%三唑酮可湿性粉剂 800~1 200倍液喷施防治锈病。用杀虫灯、性诱剂等物理及生物措施防治向日葵螟。禁用高毒、高残留农药。

181. 问：小麦套种晚播向日葵技术中怎样做到适时收获?

答：小麦蜡熟末期及时进行机械收割，适时抢收，尽早为向日葵的生长创造宽松条件。小麦收获要做到单收、单晒、单贮。收获后应选择无污染的晒场，晒干扬净，颗粒归仓，贮藏于通风干燥处。注意防雨及其他生物为害。

向日葵茎秆变黄，中上部叶片为淡黄色，花盘背面为黄褐色，舌状花干枯脱落，果皮坚硬，即可收获。收获时应做到单打、单收、单晒、单贮。贮藏于通风干燥处，注意防雨及其他生物为害。

第二节　玉米种植技术

182. 问：目前河套地区主要有哪些玉米种植模式？

答：河套地区热量只够一季有余、两季不熟。大多为一年一作单种，主要以地膜覆盖为主，适宜套作。当前主推技术有：窄膜大小行种植、玉米宽覆膜高密度栽培技术和小麦套玉米吨良田栽培技术。

183. 问：玉米种植模式包括哪些流程？具体在什么时间进行作业？

答：秋翻（9 月底至 10 月）——灌冬水（10 月下旬至 11 月下旬）——春整地（3 月底至 4 月中旬）——施肥、覆膜、播种一次性完成（4 月 20 日至 5 月 5 日）——小喇叭口期除草、浇头水（5 月底）——大喇叭口期追肥、灌二水（6 月底）——抽穗期浇三水（7 月上中旬）——灌浆期浇攻粒水（8 月中旬）——腊熟后期收获（9 月下旬后）。

184. 问：评价玉米种子质量标准的指标有哪些？它们各自有什么含义？

答：

种子的纯度：指玉米品种在特征特性方面典型一致的程度，通常用本品种的种子数占供检本作物样品种子数的百分率表示。

发芽率：发芽率指测试种子发芽数占测试种子总数的百分比。例如，100 粒测试种子有 95 粒发芽，则发芽率为 95%。种子发芽率是衡量种子质量好坏的重要指标。

含水量：种子含水量的多少，直接影响到贮藏和运输中种子的质量。因此在贮藏前和贮藏过程中都要进行含水量的测定。种子含水量的表示方法有 2 种：一是用种子所含水分的重量与种子原重量的百分比表示，这叫相对含水量；二是用种子所含水分的重量与种子干重（干燥后的重量）的百分比表示，这叫绝对含水量。我国生产上多采用相对含水量。

种子净度：种子净度是指在一定量的种子中，正常种子的重量占总重量（包含正常种子之外的杂质）的百分比。净度为 100%表示种子没有杂质。

净度的计算方法：种子净度＝（种子总重量−杂质重量）/种子总重量×100%

种子净度对产量的影响比种子纯度的影响小。手撒种子时种子净度对保苗无多大影响。要想抓苗好，对种子净度低的种子应进行清选，扬一扬或者挑一挑就能奏效。在机播情况下，种子净度低会造成缺苗断条，从而影响产量。如果实行精量播种，对种子净度要求就更高了。

185. 问：玉米种子播前处理的技术和方法有哪些？具体如何操作？

答：选种、晒种、种子包衣等。

选用符合一级或良种质量标准的种子；播前晒1～2天；种子用50%的辛硫磷乳剂按1：50进行拌种，并闷种12小时即可播种；或选用低毒、高效、低残留的杀虫和杀菌剂配制成的种衣剂按比例进行种子包衣。禁用剧毒、高残留的农药包衣种子。

186. 问：如何确定玉米的播种适期？

答：土壤表土层5～10cm处温度稳定在10℃左右时。

187. 问：玉米种子萌发需要哪些条件？

答：发芽率达到98%的种子，最适温度25～35℃，最低温度7～8℃，土壤含水量达到16%～18%最适合萌发，土壤含水量低于80%高于13%可以萌发。

188. 问：影响玉米出苗的原因有哪些？具体是如何影响的？

答：影响玉米出苗的原因主要有干旱、低温、播种过深或过浅、种子质量差、种肥烧苗、籽粒腐烂、病虫为害等。

种子质量，如果种子没有充分成熟，种子活力会下降；温度低于7℃或者高于40℃不能出苗；土壤含水量低于13%或者高于80%不能出苗；播种深度低于3cm，种子容易失水干煸，高于5cm胚胎养分消耗殆尽，不能出苗；种肥和种子不能接触，种肥吸水后产生化学反应，温度升高，出现烧苗现象，应该测深施种肥；土壤含水量大和温度低造成种子腐烂，俗称粉蛋，不易出苗；种子仓储过程中受到蓟马、黏虫、蚜虫、地老虎、蛴螬、蝼蛄等的为害不能出苗。

189. 问：为什么要对玉米进行密植？其合理密植的原则是什么？

答：一是合理密植能充分协调亩穗数、穗重的关系，提高产量，可以使玉米充分利用阳光、水分、空气、热量和养分，协调群体与个体之间的矛盾，达到穗多、穗大、粒重，使这3个产量构成因素的乘积达到最大值，从而提高玉米产量；二是合理密植使玉米叶面积指数达到最大值后，可以提高群体的光合作用，群体光能利用率提高，积累的有机质多，产量提高。原则是根据当地自然条件、生产条件和品种特性，在单位土地面积上，种植适当的株数，使玉米环境统一，群体与个体统一，及玉米产量三因素相协调，平衡在较高水平上，进而建立高产的玉米群体结构，达到高产、优质、高效的目的。

190. 问：如何计算不同种植模式下合理密度的株行距？

答：玉米采用大小行种植，大行和小行确定，采用以下公式计算亩株数：亩株数=6 000/［（大行+小行）/2］/株距；据此公式知道株距和亩株数，计算大小行。玉米采用等行距种植，采用以下公式计算亩株数：亩株数=6 000/行距/株距。（单位使用尺，如果单位是米，则用666.7替换6 000）。玉米宽覆膜高密度栽培技术计算公式如下：亩株数= 24 000平方尺/（5.7尺×株距）。

191. 问：如何计算播种量?

答：玉米播种量的计算方法为：用种量（千克）= 播种密度×每穴粒数×粒重×面积。应重点发展玉米精播技术，提高播种质量。

192. 问：如何提高玉米播种质量?

答：播种深度要合适，通常为3~5cm；种肥严格隔离；保证墒情（坐水种植等）；播后镇压。

193. 问：当前玉米耕作模式的关键技术环节有哪些?

答：

（1）窄膜大小行种植：粮饲兼用和籽用玉米可利用玉米覆膜播种机，覆膜播种一次完成。一般小行距30~40cm，大行距60~70cm，株距22~38cm，可选用宽为70~75cm的薄膜。

（2）玉米宽覆膜高密度栽培：一是应用170cm的宽膜；二是选用耐密型品种；三是每亩种植4 500~5 500株；四是进行一机四行播种，且应用播种、施肥、覆膜、覆土一次性完成的气吸式精量点播机。

194. 问：玉米苗期具有哪些生长发育特点?

答：玉米苗期以营养生长为核心，地上部生长相对缓慢，根系生长迅速。

195. 问：玉米苗期应实现哪些管理目标?

答：促进根系生长，保证全苗、匀苗、培育壮苗，茎扁圆短粗，叶绿根深，为高产打下基础。

196. 问：玉米间、定苗有哪些技术要点?

答：其实间苗和定苗是两项工作，但是农事忙碌时节，这两项工作合二为一也是可以的，但是必须注意时间得当，过早，会因虫害或其他原因而形成缺苗断垄；过晚，则会使拥挤的幼苗导致因光照不足而长的细长，并且还消耗地力。一般情况下，在玉米苗期处在高温条件下，幼苗生长较快，可在3~4叶时候一次性间苗、定苗。但须掌握以下技术要点：一是适时早间苗、定苗。间苗一般在2叶一心期，定苗一般在3~4叶期进行，因为此时玉米籽粒的营养物质已经基本消耗完毕，如果苗拥挤则争肥争水并将影响光合作用。定苗晚易造成减产。二是要注意天气情况。间苗、定苗应在晴天下午进行。因为病害、虫咬以及生长不良的苗，经中午日晒，易发生萎蔫，便于识别淘汰。三是要根据苗相决定取舍。掌握“去弱留强、间密存稀、留匀留壮”的原则，选留大小一致、植株均匀、茎基扁粗的壮苗。四是保证密度。对于缺穴、断垄的地方，可以带土移栽或在相邻穴（行）留2株，以保证密度。

197. 问：玉米苗期中耕机具有哪些类型？它们各自有哪些作业要求？

答：耘锄、自走式简易除草机。耘锄：在小喇叭口期以前进行2~3次中耕锄草；自走式简易除草机：走正，不要伤苗，深度不宜过深。

198. 问：如何进行苗期中耕？

答：人工铲地或机械中耕可以疏松土壤，提高低温，加速有机质分解，增加有效成分，防旱保墒及铲除杂草。一般进行1~3次：4~5叶进行中耕灭草作业，深度以3.5~5cm为宜；拔节前进行第二、第三次中耕，深度以8~15cm为宜。

199. 问：如何进行追肥？

答：追肥有2种，一种是灌水前人工撒施；另一种是随耘锄中耕锄草时深施。

200. 问：如何正确选用除草剂？

答：玉米3~5叶期是喷洒苗后除草剂的关键时期，大约在5月上旬，不同除草剂按照各自说明书使用，不可盲目加量导致除草剂药害。

201. 问：不同化学除草剂有哪些药害症状？如何应对这些药害？

答：除草剂的药害主要表现为叶片变黄褪绿、心叶扭曲；生长势放缓；严重时叶片死亡导致植株死亡。一旦出现除草剂药害，要及时更换药桶，用清水冲洗受害植株叶片；增施速效氮，促进作物迅速生长，提高抗药能力；喷施植物生长调节剂。

202. 问：主要自然灾害对玉米苗期生长发育有哪些影响？如何应对？

答：倒春寒和晚霜冻导致叶片卷曲，可在地块四周堆放秸秆熏烟，有条件的地方可以灌水保温，刚出苗受冻害可覆盖麦秸；下雨导致土壤板结要及时中耕松土；干旱时，喷施叶面肥或人工灌水，增加湿度，缓解干旱。

203. 问：玉米穗期有哪些生长发育特点？

答：玉米从拔节至抽雄穗为穗期。此期营养器官生长旺盛，地上部茎秆和叶片以及地下部次生根生长迅速，同时雄穗和雌穗相继开始分化和形成，植株由单纯的营养生长转向营养生长和生殖生长并进。

204. 问：玉米穗期应实现哪些管理目标？

答：促秆壮穗，保证植株营养体生长健壮，果穗发育良好，达到茎粗、节短、叶茂、根深、植株健壮、生长整齐的长相，力争穗大、粒多。

205. 问：怎样做好玉米穗期的肥、水管理？

答：

（1）施肥。

①施攻秆肥：若基肥不足，土壤贫瘠，植株生长势弱，应早施攻秆肥，一般以速效性氮肥为主，每亩施肥量不超过总追肥量的10%。

②施攻穗肥：攻穗肥应占总追肥量的60%～70%。到吐丝初期再追施，总追肥量20%～30%的攻粒肥，以满足玉米在生育后期对养分的需求，提高产量。

（2）灌溉。大喇叭期是玉米的需水临界期，干旱一定要浇水。

206. 问：什么是化学调控技术？化学调控技术遵循什么原则？

答：化学调控技术是指以应用植物生长调节物质为手段，通过改变植物内源激素系统，调节作物生长发育，使其朝着人们预期的方向和程度发生变化的技术。

遵循的原则：一是适用于风大、易倒伏的地区和水肥条件较好、密度偏大、品种易倒伏的田块；二是增密种植，比常规大田密度亩增500～1 000株；三是根据不同化控试剂的要求，在其最适喷药的时期喷施。

207. 问：玉米花粒期有哪些生长发育特点？

答：玉米花粒期是指抽雄至成熟。进入花粒期，根茎叶等营养器官生长发育停止，继而转向以开花、授粉、受精和籽粒灌浆为核心的生殖生长阶段，是产量形成的关键时期。

208. 问：玉米花粒期应实现哪些管理目标？

答：保证授粉良好，维持较高的光合作用能力，防止后期早衰倒伏，促进籽粒灌浆，保证正常成熟，争取粒多、粒饱，实现高产。

209. 问：玉米花粒期会出现哪些异常表现？它们是怎样形成的？如何应对？

答：雌雄花期不遇、空秆、秃尖、果穗畸形、穗发芽等。秃尖的原因是：授粉、籽粒形成及灌浆阶段遇干旱、高温或低温、连续阴雨、缺氮、叶部病害等。应对措施：科学肥水管理、防止药害。

210. 问：主要自然灾害对玉米花粒期生长发育有哪些影响？

答：高温导致授粉不良；干旱导致生长进程缓慢，花粉授粉能力减弱；低温导致灌浆进程缓慢，千粒重下降；冰雹导致作物受损。

211. 问：如何在玉米花粒期开展抗逆生产？

答：高温开展一喷三防技术；干旱要及时灌水；低温时熏烟和灌水；冰雹灾害要根据气象预报，及时进行相关气象作业。

212. 问：玉米适期收获有哪些意义？

答：玉米的产量和质量与收获有很大的关系。一方面，当籽粒没有达到生理成熟以前，灌浆还在继续，干物质还在积累，过早收获必然会降低粒重和减少产量；另一方面，收获时间延迟，产量同样会受到损失，部分原因在籽粒含水量下降；因为，当籽粒生理成熟后，干物质积累减少并相对停止，但种子呼吸作用还在继续，要消耗一部分干物质。因此，适时收获可最大限度地保证获得玉米的产量。

213. 问：玉米适期收获的指标有哪些？

（1）积温指标。每一个玉米品种都有一定的生育期，对积温有一定的要求。只有当积温完全满足要求时，才能最大限度的发挥籽粒的生产能力。

（2）生理指标。玉米生理成熟的形态标志是，苞叶完全枯黄并松开，果穗顶部籽粒用手摸很顺溜、光滑，果穗中部籽粒的基部与穗轴的连接处出现“黑层”，证明灌浆过程结束，粒重达到最大值。

（3）时间指标。一般玉米从吐丝到生理成熟大约需要 50~65 天。因此，可以按照吐丝时间安排秋后收获时间。

214. 问：玉米秸秆的处理方式有哪些？

答：直接还田包括秸秆粉碎翻耕还田、秸秆粉碎覆盖还田、秸秆翻埋还田以及根茬还田；间接还田包括养畜过腹还田和沤肥还田。

215. 问：玉米收获后的田间整地方式有哪些？

答：少耕、免耕、翻耕、旋耕、深松等。

第三节　向日葵种植技术

216. 问：如何选择向日葵品种？

答：应选择抗性强、产量高、商品性好、经过审认定的品种。

217. 问：如何整地？

答：在整地前每亩施农家肥1 000~2 000kg，要精细整地，达到地平土碎无大根茬。采用播前深松旋耕联合整地技术精细整地（1SMZ~140深松联合整地机）。应用这项技术可在不翻土、不打乱原有土层结构的情况下，打破坚硬的犁底层，加厚松土层，改善土壤耕层结构，并将土壤中留存作物根茬打碎，增加土壤有机质，从而增强土壤蓄水保墒和抗旱防涝能力，能有效促进农作物增产、增收。

218. 问：怎样科学施肥？

答：每生产100kg向日葵需氮肥4.4~6.5kg、磷肥1.5~5kg、钾肥6~18kg。大量试验、示范数据证明，经济合理地配合使用氮、磷、钾化肥可有效改善土壤理化性状，可使土壤所需的营养元素得到均衡供应，也可提高产品质量，降低生产成本，实现优质高效、低耗农业。

采用向日葵测土配方施肥技术。重施基肥，种肥分层深种，巧施追肥，有机无机结合，氮、磷、钾合理搭配的措施，提高化肥利用率。

上等地：杂交向日葵每亩带种肥磷酸二铵10kg+钾肥5kg或向日葵配方专用肥（N8~P20~K17）20kg，每亩开沟深施尿素15kg。

中等地：杂交向日葵每亩带种肥磷酸二铵15kg+钾肥8kg或向日葵配方专用肥（N8~P20~K17）25kg，每亩开沟深施尿素20kg。

下等地：杂交向日葵每亩带种肥磷酸二铵20kg+钾肥10kg或向日葵配方专用肥（N8~P20~K17）30kg，每亩开沟深施尿素20kg。

219. 问：如何进行覆膜？

答：在4月底5月初用70cm地膜覆膜（2BP-2铺膜施肥穴播机覆膜，种肥随机深施），在覆膜时如有杂草可除草后再覆膜，覆膜后根据水情浇水后破膜播种。

220. 问：如何合理确定种植密度？

答：

（1）食葵大行90~100cm，小行40cm，株距40cm，亩留苗2 381~2 564株。

（2）油葵大行80~90cm，小行40cm，株距35~40cm，亩留苗2 777~3 174株。

无论是食葵还是油葵，密度应根据土地条件、品种特征特性进行调整，植株高大、叶片大而多的品种宜稀不宜密，大行宽而通风，有利于减轻病害的发生，中下等地根据品种决定密度，可选择高密度、抗病好的品种。

221. 问：什么时候播种向日葵最合适？

答：向日葵杂交种无论是食葵还是油葵适宜的播期在 5 月 25 日至 6 月 10 日。

222. 问：覆膜播种如何操作？

答：采用破膜点播，在水后地能撑住人时，进行破膜打孔，穴深不超过 3cm，随打孔随播种，每穴一粒种子要平放于穴中，用明砂或细土封孔。

223. 问：如何做好田间管理？

答：一是在出苗期要进行查苗和辅助出苗，如有缺苗要催芽补种；二是在苗齐后要浅浇一水，以防地老虎等地下害虫为害，水干后及时锄草松土；三是在 7 月上旬浇二水，7 月下旬至 8 月上旬视天气情况再浅浇一水；四是在开花期如蜂源不足要进行人工辅助授粉 3~4 次，授粉时间在上午露水干后进行。

224. 问：向日葵“一开花就开始死”是什么病？怎样防治？

答：向日葵开花到籽粒灌浆期黄萎病发生扩展速度较快，农民一般说的向日葵“一开花就开始死”就是指的向日葵黄萎病。病原菌将植株维管束堵塞，营养物质运输不畅通，加之籽粒灌浆，需要大量的营养，植株抗病能力急剧下降，导致向日葵“一开花就开始死”的现象。

防治方法。

（1）种植抗病品种。

（2）与禾本科作物实行 3 年以上轮作。

（3）病残株应清除出田间烧毁。

（4）药剂拌种：用 50%多菌灵或 50%甲基硫菌灵可湿性粉剂按种子量的 0.5%拌种，也可用 80%抗菌剂 402 乳油1 000倍液浸泡种子 30 分钟，晾干后播种。还可用农抗 120 水剂 50 倍液，于播种前处理土壤，每亩用对好的药液 300L。

（5）必要时用 20%萎锈灵乳油 400 倍液灌根，每株灌兑好的药液 500mL。

（6）多年连作重茬地，排水不良低洼地及种植密度过大，氮肥施用过多，或苗期低温多雨，成株期高温多雨，虫害严重的地块均易发生黄萎病。防治方法：轮作倒茬，深翻土地，选择无病肥沃高产田；适期播种，合理密植，早间苗，早施肥，及时中耕土培育壮苗；适时灌溉，防止大水漫灌，排灌结合，无积水；科学施肥，增施磷钾肥，提高植株抗病力；苗期喷施叶面微肥及杀菌剂如代森锌、退菌特、多菌灵、百菌清等均可防治和减轻该病的发生。

225. 问：向日葵菌核病一直是向日葵生产中的“老大难”问题，对该病害我们应如何防治?

答：向日葵菌核病常见的有茎腐型、茎基腐型、盘腐型，病斑表面有白色霉层，发病后期形成褐色菌核。田间湿度大时，叶片上形成褐色椭圆形同心轮纹病斑，即叶腐型。

防治方法。

（1）农业措施。选用抗病品种；与禾本科实行轮作3~5年；加强田间管理，增施磷钾肥，增强植株抗病性。

（2）药剂防治。

种子处理：用40℃温汤浸种，或用50%菌核净可湿性粉剂以用种量的0.3%~0.5%拌种，或用50%腐霉利可湿性粉剂以用种量的0.3%拌种，或用2.5%适乐时种衣剂包衣处理，药剂与种子的比例为1∶50。

土壤处理：播种时用50%速克灵可湿性粉剂，用量以0.25kg/亩为准，与细沙土配成药土随种子施入穴中。

花期及时喷药：向日葵现蕾开花后，可用50%速克灵可湿性粉剂800~1 000倍液或50%多菌灵可湿性粉剂500倍液或40%菌核净可湿性粉剂500倍液于盛花期后每隔7天喷1次，连喷2~3次，防治效果显著。

226. 问：向日葵矮小、退绿，有时叶片背面有一层白毛毛，是什么病?

答：向日葵植株严重矮化，节间缩短，根系发育不良，叶片退绿或沿叶脉形成退绿斑。湿度大时病叶背面形成白色霉层是向日葵霜霉病。该病菌通过种子进行传播，在我国北方由于气温低不能越冬。植株发病后可再次侵染健康植株，形成叶片局部病斑，此时，为害并不大，但对育种田为害较大，可使种子带菌。

防治方法。

（1）建立无病留种田，严禁从病区引种，千方百计保护无病区。

（2）与禾本科作物实行3~5年轮作。

（3）选用抗病品种。

（4）怀疑有霜霉病的要检测向日葵的内果皮和种皮，明确带菌率。发病重的地区用种子重量0.5%的25%甲霜灵拌种。

（5）适期播种、不宜过迟，密度适当、不宜过密。田间发现病株及时拔除并喷药或灌根，防止病情扩展。

（6）喷洒58%甲霜灵锰锌可湿性粉剂1 000倍液或64%杀毒矾M8可湿性粉剂800倍液、25%甲霜灵可湿性粉剂800~1 000倍液、40%增效瑞毒霉可湿性粉剂600~800倍液、72%杜邦克露或72%克霜氰或72%霜脲·锰锌或72%霜霸可湿性粉剂700~800倍液。

227. 问：向日葵根上长“无根草”，有时一株向日葵根上生长几百株，对向日葵产量影响较大，怎样防治?

答：向日葵根部土表上生出黄色、肉质粗茎，不分枝，开紫花，叶片退化，无真正的根，以吸根固着在向日葵根部，吸收向日葵营养物质和水分是向日葵列当。

向日葵列当是一种典型的根寄生杂草。本身没有根，只有称为吸盘的寄生根，吸附在向日葵根际，整个苗株不含叶绿素，不能进行光合作用，依靠吸取寄生植株的营养和水分而生活。在根外发育成膨大部分，并长出一根高30cm左右多肉淡黄色鳞片叶。并生有穗状花序，每朵花生有一个蒴果，内含约1 000粒左右极小种子。

向日葵早期受害，植株矮小，花盘不能形成，久之即干枯死亡；后期被害，虽能形成花盘和种子，但籽实秕粒增多或不饱满。为害程度用每株向日葵根上寄生列当的苗数来表示，寄生苗数越多，为害程度越重，寄生越早影响越大，减产越多。据调查，一株向日葵上寄生列当20苗时可减产20%，寄生70苗几乎没有收成，寄生100苗以上整株枯死。

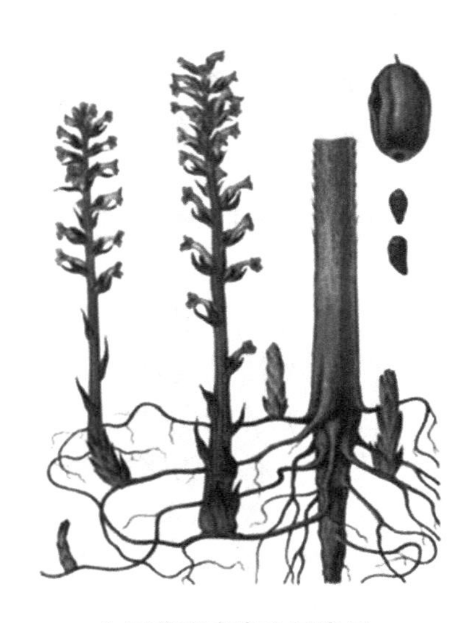

向日葵列当寄生示意图

防治方法。

（1）选用抗列当品种。通过研究试验表明，不同的品种感染列当的程度不同。例如，油葵明显比花葵抗列当，有的品种完全不感染或感染很轻，所以，防治的重要措施是选用抗列当的品种。

（2）秋季深翻土地。秋季向日葵收获后，有条件的土块可利用大型机械进行秋深翻，耕翻深度30cm以上，不利于列当种子萌发。

（3）清理消灭种源。春季和秋季对葵花田块秸秆、根茬及向日葵收购加工点生

向日葵列当田间为害

产出的废料等及时采取粉碎、焚烧等措施，消灭清理列当种源。

（4）实行6~7年以上的轮作倒茬。例如，种植玉米、葱、蒜等，以减轻土壤中列当种子含量。在种植其他作物的地里，向日葵掉落的种子所生长的植株（自生苗）必须彻底拔除。

（5）摧毁列当植株。列当开花以前，连根拔除、烧毁不使其结实，或在向日葵开花期（列当出土盛期）锄地1~2次，可连根锄去浅土层的列当幼苗，割断深土层列当，使其不能形成花盘。

（6）适当推迟晚播。一般正常年份推迟到6月20日之后播种，不利于列当种子发芽或发芽后生长相对缓慢，为害相对减轻。

（7）药剂防治。选用二硝基邻苯酚浓度为0.2%水溶液，在列当苗大量出土时，喷洒在向日葵根部及附近表土，每亩喷稀释药液300L，喷后10~15天出土的列当可全部被杀死。也可用土壤封闭性除草药（仲丁灵、氟氯灵），在列当出土前或发芽后在向日葵田块喷施2遍，结合喷药进行中耕松土。

228. 问：向日葵籽粒蛀食虫子，严重时整个花盘发霉腐烂，但此时向日葵植株较高，不方便打药怎么办？

答：这是向日葵螟进行为害，1~2龄幼虫啃食筒状花，3龄后幼虫蛀食种子，吃掉种仁，形成空壳，在花盘上蛀成隧道，并吐丝结网，被害花盘多因粪便、残渣等污染而发霉腐烂。

向日葵螟幼虫取食籽实

防治方法。

向日葵螟为害花盘

（1）秋深翻地，不灌秋水。有条件的地方秋季一定要深翻土地。当年没翻的，第二年必须翻，不能留有死角。翻地选用大型机械，耕翻深度 20cm 以上，秋季不浇秋水。

（2）秋季和春季对葵花收购加工点的废料，及时采取碾压、粉碎、焚烧等措施销毁。

（3）在 5 月中旬开始挂置光控式频振式杀虫灯或性引诱剂诱捕器以诱杀成虫。光控式频振式杀虫灯每 30 亩挂置一个，性引诱剂诱捕器每亩挂置 1~2 个。性引诱剂诱芯每 40 天更换 1 次，性引诱剂诱捕器应选择通风遮阴地势较高处挂置。性引诱剂诱捕器制作方法：选择 20cm 以上口径盆一个（塑料盆、铝盆、铁盆等都可），将一枚性诱剂诱芯穿在一根细铁丝上，然后将细铁丝横向固定在盆上，将诱芯置于盆中央，用 3 根木棍或葵花杆做成三角支架，将盆放在支架上，盆内加水，水的高度距诱芯 2~3cm，水中加少许洗衣粉，每隔 3 天添加水 1 次。

（4）种植短日期抗螟品种。一般情况下，品种间抗螟性依次是：常规花葵品种<杂交花葵品种<油葵。品种抗螟性鉴定：刮开向日葵种子表皮，如果木质种壳颜色发黑表明该品种是抗螟品种，颜色越黑抗螟性越强。如果木质种壳颜色发浅或发白，该品种抗螟性差或不抗螟。

（5）调整播种时间减轻葵螟为害。对于短日期的杂交向日葵，一般安排在 5 月下旬种植。最佳播种时间：5 月 25 日至 6 月 10 日。

（6）在向日葵田埂上种植茼蒿诱集向日葵螟成虫和幼虫，然后用化学农药集中消灭。茼蒿在种植时最好分 2~3 个播种期种植，以延长诱螟时间。

（7）使用赤眼蜂防治向日葵螟。

①放蜂时间的确定：一是参照向日葵物候特点，一般是在盛花期以后放蜂；二是利用性引诱剂诱蛾法确定，当诱蛾量出现高峰值时开始第一次放蜂，隔 3~4 天放第二次蜂，每次放蜂量 3 万头/亩。

②放蜂方法：用牙签将蜂卡或蜂袋固定在靠近向日葵花盘附近的叶片背面的主脉上，保持通风遮阴不被雨淋即可。

229. 问：向日葵可以参加农业保险吗？

答：可以。巴彦淖尔市向日葵的每亩保险金额为 300 元，费率为 5.5%。

第四节 西葫芦种植技术

230. 问：西葫芦具有哪些生长习性和生物学特点？

答：西葫芦属于葫芦科，南瓜属，属喜温作物。西葫芦的生长势较强，对低温的适应性较好，很多早熟品种生长快，结果早，在我国露地瓜类生产中是上市最早的蔬菜，是温室蔬菜栽培的主要品种。

西葫芦是广根系作物，根系入土浅，但分布面积大，主要根系分布在20~30cm的土层中；西葫芦的茎为半直立茎，茎上有棱沟，有短刚毛和半透明的糙毛，大多数西葫芦的主蔓生长优势强，侧蔓发生得少而弱；西葫芦的茎为半直立茎，茎上有棱沟，有短刚毛和半透明的糙毛，大多数西葫芦的主蔓生长优势强，侧蔓发生得少而弱；西葫芦的叶片质硬，挺立，三角形或卵状三角形，先端锐尖，边缘有不规则的锐齿，基部心形，弯缺半圆形。西葫芦的花雌雄同株。雄花单生，花梗粗壮，有棱角；雌花子房卵圆形，花柱短，柱头开裂。花单生于叶腋，鲜黄或橙黄色。西葫芦果实为瓠果，形状有圆筒形、椭圆形和长圆柱形等多种。

西葫芦的根系

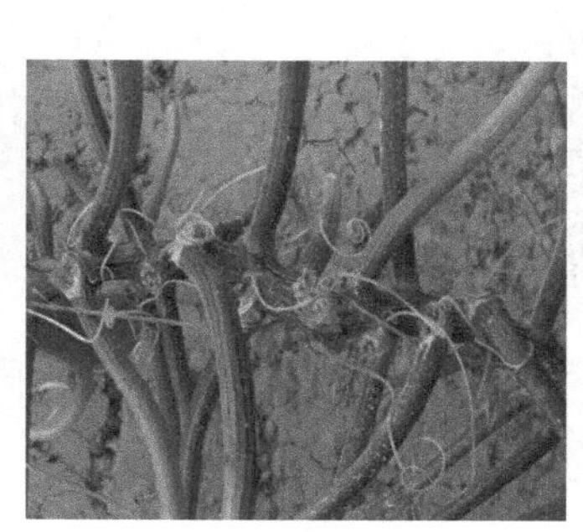

西葫芦的茎

西葫芦的叶

西葫芦的花

西葫芦的果实

231. 问：西葫芦的生长发育过程包括哪些阶段？

答：西葫芦的生长发育过程有一定的阶段性和周期性，可分为发芽期、幼苗期、开花坐果期和结果期 4 个阶段。

（1）发芽期。从种子萌发——第一真叶出现。在温度等适宜条件下，需 5~6 天。

（2）幼苗期。第一片真叶出现——植株长出充分展开 3~4 片真叶，通常 25 天左右。

（3）开花期。3~4 片真叶——根瓜坐瓜，从幼苗定植、缓苗到第一雌花开花坐瓜一般 20~25 天。

（4）结果期。第一瓜坐瓜坐住——拉秧。

232. 问：如何确定西葫芦各个生育期的正常长势？

答：西葫芦各个生育期正常长势，见下图。

育苗期正常长势

缓苗后正常长势

生长期正常长势

生长中期正常长势

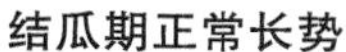
结瓜期正常长势

生长后期正常长势

233. 问：西葫芦种植对环境条件有哪些要求？

答：

（1）温度。西葫芦对温度有较强的适应性，既有喜温的特点，又具有一定的耐低温特点。生长期最适宜温度为20～25℃，15℃以下生长缓慢，8℃以下停止生长。30℃以上生长缓慢并极易发生疾病。种子发芽适宜温度为25～30℃，13℃可以发芽，但很缓慢；30～35℃发芽最快，但易引起徒长。开花结果期需要较高温度，一般保持22～25℃最佳。

（2）光照。光照强度要求适中，较能耐弱光，但光照不足时易引起徒长。光周期方面属短日照植物，长日照条件上有利于茎叶生长，短日照条件下结瓜较早。

（3）水分。虽然西葫芦本身的根系强大，有较强的吸水能力，但是由于西葫芦的叶片大，蒸腾作用旺盛，所以在种植时要适时浇水灌溉，缺水易造成落叶萎蔫而落花落果。但是，水分过多时，又会影响根的呼吸，进而使地上部分出现生理失调。

（4）湿度。喜湿润，不耐干旱，特别是在结瓜期土壤应保持湿润，才能获得高产。高温干旱条件下易发生病毒病；但高温高湿也易造成白粉病。

西葫芦各个生育期要求适宜温度和土壤湿度，参见下表。

表　西葫芦各生育期要求适宜温度和土壤湿度

时期	白天温度	夜间温度	土壤湿度
播种至出土	25～28℃	15～17℃	85%
出土至定植	23～25℃	10～12℃	60%
定植至缓苗	25～28℃	15～17℃	85%
缓苗至开花	20～25℃	10～12℃	55%
结瓜前期	23～25℃	10～14℃	80%
盛瓜期	25～28℃	12～14℃	60%～80%
生长后期	24～26℃	10～12℃	55%～60%

234. 问：温室种植西葫芦应怎样合理安排茬口？

答：目前温室栽培的主要茬口有越冬一大茬栽培、秋延迟栽培和早春茬栽培。越冬一大茬栽培的定植时间一般在10月底至11月初，秋延迟栽培的定植时间一般在9月底至10月初，早春茬栽培的定植时间一般在12月上旬前后。

235. 问：如何合理选择西葫芦品种？

答：生产上应选择抗病、优质、外观形状好的西葫芦品种。用作春提早栽培的西葫芦品种，目前的主栽品种仍然是“早青一代”，也有使用“阿太一代”“银青一代”，可根据习惯选用。

可考虑选用碧洛特-18：生育期长，采瓜期可达200天，瓜长26~28cm，粗6~8cm，单瓜重300~400g，可周年种植，前期耐热抗病，深冬耐寒、长势强劲，后期不早衰。抗白粉病，耐花叶病毒病，比常规西葫芦品种早熟7~10天，平均单株连续坐果35个以上，亩产超过15 000kg。

236. 问：生产上西葫芦育苗常采用的育苗方式有哪些？

答：西葫芦育苗普遍采用的育苗方式是营养钵和穴盘育苗。由于西葫芦根系大，所以，要有足够大的营养块，因此建议最好用营养钵方式来育苗。

237. 问：采用营养钵方式育苗，如何配制营养土？

答：营养钵的营养土配制：西葫芦育苗一般选用10cm×10cm或10cm×12cm的营养钵，每1 000个钵的营养土中加入30kg充分腐熟晒干的牛粪、马粪等，要避免使用未经充分腐熟的粪肥配制营养土，也可以直接使用成品有机肥，每千钵营养土中加入8~10kg有机肥（芽孢蛋白有机肥或阿维蛋白有机肥等），再加入3~4kg促进种子萌发和根系生长的营养肥——肽素活蛋白。

238. 问：营养钵育苗包括哪些技术流程？

答：将营养土拌匀后装营养钵并整齐排放在育苗畦内，苗床灌大水浇透。待水完全渗下后，用56%甲硫恶霉灵1 500倍喷洒苗床，用竹签在营养钵中间打播种穴，大约直径和深度为2cm×1cm，之后把种子平放在播种穴内（一个营养钵放一粒种子），播种后撒1.5~2cm厚的覆土，覆土最好选择无病菌的大田土，覆土厚度不可过薄或过厚，过薄容易使苗床落干并出现带壳出苗现象，过厚易造成闷种、烂种。覆土撒施完毕后苗床覆盖白色地膜。

将营养土拌匀

装钵

将装好的营养钵排放到育苗畦

育苗畦内放大水浇透营养钵

水渗下后苗床喷施恶霜灵

在营养钵中间打播种穴

将种子平放在播种穴内

选择干净大田土搓细

均匀撒施覆土

苗床覆盖白色地膜

239. 问：如何做好出苗期的管理工作?

答：

（1）播种后待50%以上小苗露头，即可揭去地膜。

（2）合理控制温度。出苗前白天温度28~30℃，夜间15~18℃，出苗后白天温度24~27℃，夜间12~14℃，避免因夜温过高而形成“高脚苗”。

（3）保持苗床湿度，如苗床过干出现子夜卷曲等缺水现象时可以在苗床适量喷洒清水。

240. 问：优质西葫芦秧苗的标准有哪些?

答：

（1）苗龄期30天左右，嫁接苗为40天。

（2）幼苗两叶一心，秧苗高20cm左右。

（3）茎粗，子叶平展，真叶较大，无病斑。

（4）根系完整，白色。

正常长势苗

241. 问：如何解决西葫芦幼苗戴帽出土问题?

答：

（1）症状。幼苗出土后子叶上的种皮不脱落，俗称“戴帽”（或“带帽”）。“戴帽”苗子叶被种皮夹住不能张开，直接影响子叶的光合作用，也易损坏子叶。由于子叶是此时进行光合的唯一器官，所以，“戴帽”出土现象往往导致幼苗生长不良或形成弱苗。

覆土过薄导致带壳出苗

（2）原因。造成“戴帽”出土的原因很多，如种皮干燥；播种后所覆盖的土太干，致使种皮变干；覆土过薄，土壤挤压力小；出苗后过早揭掉覆盖物或在晴天中午揭膜，致使种皮在脱落前变干；地温低，导致出苗时间延长；种子秕瘦，生活力弱等。

（3）解决办法。

①精细播种：营养土要细碎，播种前浇足底水。浸种催芽后再播种，避免干籽直播。在点播以后，先全面覆盖潮土 7mm 厚，不要覆盖干土，以利保墒。不能覆土过薄，且覆土厚度要均匀一致。在大部分幼苗顶土和出齐后分别再覆土 1 次，厚度分别为 3mm 和 7mm。覆土的干湿程度因气候、土壤和幼苗状况而定。第一次，因苗床土壤湿度较高，应覆盖干暖土壤，第二次为防戴帽出土，以湿土为好。

②保湿：必要时，在播种后覆盖无妨布、碎草保湿，使床土从种子发芽到出苗

期间始终保持湿润状态。幼苗刚出土时，如床土过干要立即用喷壶洒水，保持床土潮湿。

③覆土：发现覆土太浅的地方，可补撒一层湿润细土。

④摘“帽”：发现“戴帽”苗，可趁早晨湿度大时，或喷水后用手将种皮摘掉，操作要轻，如果干摘种壳，很容易把子叶摘断，也可等待幼苗自行脱壳。

242. 问：什么是高脚苗？如何预防？

答：高脚苗又称徒长苗，其特征是茎细长，节间长、叶薄、色淡、叶柄细长，子叶早落，下部的叶片往往提早枯黄，根系小。这类秧苗适应性差，定植后生长发育缓慢，产量较低。

由光照不足和温度过高引起的，尤其是夜间温度过高会导致呼吸消耗养分多；此外，还与苗床湿度过高、氮肥偏多有关。预防徒长的措施除了加大通风和增强光照强度外，应注意播种密度不要太大，要增施磷钾肥，控制夜间温度，及时分苗和定植。同时，可喷20%果神四号1 500~3 000倍来抑制。果神四号还能增强秧苗的抗寒性和抗病能力，注意浓度不能过大，否则，易引起菜苗老化。

高脚苗

243. 问：什么是老化苗？对老化苗如何挽救？

答：僵化苗、老化苗的特征是：茎细发硬，叶子发黄，根少色暗。这类秧苗定植后生长缓慢，开花结果迟，结果期短，容易老衰。造成苗子老化的原因是肥多缺水，床土黏重，或配床土用的有机肥没有充分腐熟。

挽救的方法：应对老化苗重点在一个“促”字，打破各种限制营养生长的环境条件以及激素药物的限制，上促提头拔节，下促生根下扎，尽快恢复植株的营养生长。具体做法如下。

（1）提高并稳定棚温，保证水肥供应。提高棚温，尤其是夜间温度，应保持在18~20℃，减小昼夜温差，有利于防止花芽过早分化，使苗子向着营养生长的方向发展。同时注意增加水肥供应，提高棚内湿度，土壤湿度控制在70%~80%，有利于营养生长。

（2）用生根剂配合保护性杀菌剂灌根。可用沃地菌丰300倍液配合杀菌剂连续灌根，为根系生长提供有利环境，促进新生根系的生长、扩展。

（3）叶面喷施生长促进剂、叶面肥等提头。叶面喷施芸薹素内酯1 500倍或云大全树果1 500倍或爱多收6 000~8 000倍，配合优果氮等全营养叶面肥，可起到提头开叶的作用。对于药剂控制过度的种苗，我们可以维持生长合适的温度，适当提高土壤含水量，同时喷施一些促进生长的调节剂，如赤霉酸、细胞分裂素等，也可以使用芸薹素内酯、爱多收等，促进植株根系的生长。

（4）一些老化苗会提早出现花蕾（或果实），在定植时要注意及时摘除花蕾（或果实），并采取上述措施促进营养生长。

244. 问：根据配方施肥原则，种植西葫芦如何科学施用底肥？

答：西葫芦的底肥用量，参见下表，将以下肥料均匀撒施后深翻或旋耕。

表　西葫芦的底肥用量

用肥种类	腐熟过的粪肥	芽孢蛋白有机肥	复合肥	海洋生物活性钙	精品全微肥
亩用量	15~20m³	200~300kg	100~150kg	50~75kg	20~30kg
效果特点	长效补充有机质	快速补充有机质、蛋白质	补充氮磷钾大量元素	补充钙镁硫中量元素	补充微量元素
注意事项	必须腐熟	撒施或包沟	选择平衡型	必须施用	必须施用

撒施肥料

245. 问：西葫芦宜采取哪种栽培模式？

答：采用“畦中起垄，地膜覆盖”的作畦方式。

（1）在棚内按东西距离为180cm，进行南北画线；

（2）顺线各起宽50cm，垄高15~20cm左右的高垄，形成平畦作为操作畦；

（3）在操作畦内再起两个小垄，高度应略低于操作畦垄高，使两小垄中间的垄沟略宽一些。

起垄

起好的垄

246. 问：种植西葫芦如何合理确定株行距？

答：西葫芦种植行距一般是大行 80～100cm，小行 60～80cm。株距为 65～80cm。一般亩栽植 1 150～1 200株。

247. 问：定植西葫芦的技术要点有哪些？

答：

（1）确定好株行距后，在垄上开定植穴；

（2）为快速缓苗，促进根系生长，在定植穴内撒施有机肥料（肽素活蛋白），一亩地撒施 15～20kg，撒施后与土拌匀，准备定植。定植穴内严禁撒施控制生长类药物。

定植穴内撒施有机肥料

（3）定植完毕后浇大水，随水冲施 em 菌剂沃地绿卫每亩地 10L，补充有益菌。

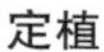

定植　　随水冲施沃地绿卫菌剂

248. 问：西葫芦定植后如何加强管理？

答：

（1）合理控温。定植后缓苗前白天温度 25～28℃，夜间 12～15℃。缓苗后白天 25～27℃，夜间 8～12℃。

（2）覆盖地膜。

覆盖白色地膜

冲施植物复壮剂

（3）及时防疫。为防止病害发生，间隔 10～15 天喷施 75%百菌清 600～800 倍液 2～3 次。浇第二水时每亩地冲施“壳聚糖”（植物生长复壮剂）10L，以提高西葫芦的抗病及抗低温能力。

249. 问：定植后易发生的病害

答：

（1）有害气体为害。发生的主要原因是底肥中施用未经充分的粪肥，粪肥在分解的过程中产生氨气、二氧化硫等有害气体，对作物造成为害。

应对方法：加大棚室通风，在土壤半干情况下及时浇小水，叶面喷施0.136%碧护15 000倍+海绿素1 500倍。

（2）子叶发黄。发生原因主要是定植时遇到低温天气，或者土壤通透性较差，导致毛细根受损。

解决方案：及时进行中耕划锄，增强土壤透气性，用5.5%壳聚糖（植物复壮剂）400倍液+0.136碧护15 000倍液浇灌根部。

（3）抑制生长过度。发生原因是育苗的营养土或定植时使用了抑制生长的药物，或是上茬作物上喷施过具有残留作用的生长抑制剂，造成土壤中有残留，或者是冲施或喷施过生长抑制剂。

解决方案：叶面喷施促丰500倍+云大全树果1 500倍+优果氮1 500倍或4%赤霉酸1 500倍+0.004%芸薹素内酯1 500倍液+52%优果氮1 500倍液或沃地菌丰1 000倍液喷施加灌根。

250. 问：西葫芦开花期如何加强管理?

答：

（1）温度控制。开花期间白天温度23~27℃，夜间12~15℃。

（2）吊蔓。植株长到8~9叶片时进行吊蔓，每1植株用1根绳，选用抗老化的聚乙烯高密度塑料线或塑料绳，吊绳的下端用活扣固定在植株主茎上或扣系在叶柄上。

西葫芦吊蔓

吊蔓后的西葫芦

（3）生长调控。西葫芦在长到10~13片叶左右时，要根据其长势来调控营养生长和生殖生长的关系。如果在这个时候，水肥比较充足，夜间温度高的话，西葫芦就可能出现旺长的现象，这就需要喷施生长调控剂来调节。

旺长

旺长指标：叶片大而薄，节间长，叶柄长，幼瓜生长缓慢。

调控措施：合理控制夜温，如有旺长趋势，夜间温度控制在 10~12℃。叶面喷施安全高效的生长调控剂（20%果神四号光合菌素1 500~3 000倍），喷施时要进行二次稀释，全株叶面喷施，低温时期避免喷施多效唑类的高残留生长抑制剂。

如果超量使用了生长抑制剂，可叶面喷施 4%赤霉酸1 500倍液+0.004%芸薹素内酯1 500倍液+52%优果氮1 500倍液，夜间温度适当提高，控制在 18~20℃。

控长过度

251. 问：生产上西葫芦点花的方法有哪些？具体如何操作？

答：西葫芦目前普遍应用的点花方法是抹瓜或喷施免点花药。

（1）抹瓜操作。选用西葫芦专用保瓜点花药。

操作方法。

①选择晴天 7：00—12：00 雌花正值开放时进行抹瓜。

②用毛笔沾药，在幼瓜身上由瓜把处向花的方向抹一笔即可。

③阴雨天或下午不点花。

④抹瓜时，毛笔不可以蘸药过多，避免使药液流到茎秆及叶片上而造成药害。

（2）喷施免点花。喷施免点花技术是近年来新兴的点花方式，此项技术因为省工省时且能大幅降低劳动强度越来越得到菜农的认可。

点花

稀释免点花药

喷施免点花药

选用西葫芦专用免点花药剂，使用前要严格按照说明的要求将免点花稀释，下面以“果神二号”免点花为例介绍一下使用方法。

①首次使用免点花应在西葫芦第二、第三雌花开放时，也就是说棚室里大多数西葫芦已经到了开花期即可使用。

②将“果神二号”1 瓶（10mL）对水 15kg 稀释（1 500倍液）。

③喷雾器的喷头处选用小孔喷片，喷施时压力要大，雾化越好喷后效果越好。

④喷施时喷头与西葫芦生长点要有 0.8~1m 的距离。

⑤喷出的药液能落到叶片正面上即可，不可长时间对准一处喷施。

⑥喷施时最好选择在晴天的傍晚进行。

⑦间隔天数，冬季间隔 10~13 天，春秋季 8~10 天。

注意事项：要严格按照用量执行避免过重出药害，过轻坐不住瓜。

252. 问：西葫芦结瓜期期如何加强管理?

答：

（1）温度控制。坐果期间白天温度 25~28℃，夜间 12~14℃。

（2）疏瓜。坐瓜后若植株长势正常，每株可同时带 3 条瓜，一大、一中，一小(刚刚抹过的瓜)，掌握下面的大瓜不摘，上面该抹的幼瓜不抹，并把幼瓜去掉，使茎秆上要摘瓜节位与生长点之间的距离保持在 15cm 左右，低于 15cm 应多疏瓜，高于15cm的应多留瓜。若瓜秧弱，出现尖头、黄头、黑头瓜时，应及早去掉，并少抹瓜甚至不抹瓜，要冲施生根壮棵剂，补施叶面肥，等瓜秧长势恢复正常后再带瓜。

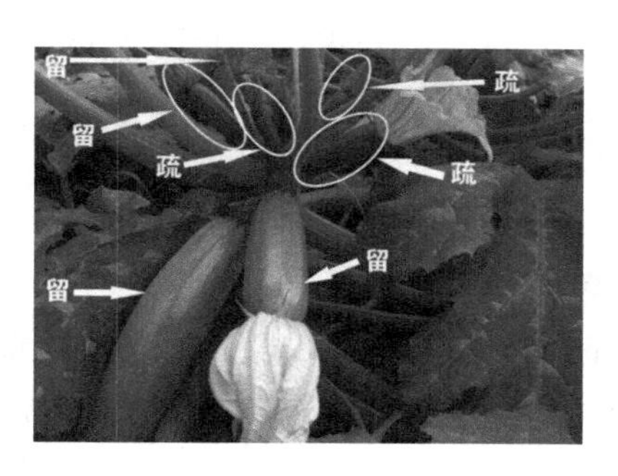

疏瓜留瓜

（3）结瓜期浇水施肥。西葫芦浇水追肥在第一个瓜膨大或即将采摘时进行，但要根据长势和土壤干湿情况决定浇水的时机提前或延后。浇水追肥要注重有机肥和生物菌肥（肽素活蛋白20kg/亩），合理搭配化学肥料（斯沃氮磷钾20-20-20或13-7-40大量元素水溶肥10kg/亩或35%蔬乐丰动力钾20kg），尤其在深冬期间，以养护土壤和生根养根为主，要严格控制化学肥料的用量，避免施用高氮和激素类的肥料。正常生长情况下，西葫芦膨瓜第一水冲肥选择蔬乐丰滴灌型20kg/亩，第二水冲施蔬乐丰滴灌型20kg配加斯沃（13-7-40）5kg/亩，第三水冲施肽素活蛋白20kg配加斯沃（20-20-20）5kg/亩，第四水冲施肽素活蛋白20kg配加沃地菌丰5L。

浇水追肥

253. 问：西葫芦灰霉病有哪些发生为害特点？如何防治该病？

答：

（1）为害症状。西葫芦灰霉病是真菌性病害。主要为害花、幼果、叶、茎或较大的果实。病菌首先从凋萎的雌花开始侵入，侵染初期花瓣呈水浸状，后变软腐烂并生长出灰褐色霉层，后病菌逐渐向幼果发展，受害部位先变软腐烂，后着生大量灰色霉层；也可导致茎叶发病，叶片上形成不规则大斑，中央有褐色轮纹，绕茎一周后可造成茎蔓折断。幼瓜染病，病菌从开败的花侵入，长出灰色霉层后，直侵入瓜条，造成脐部腐败。被为害的瓜条脐部变黄变软，萎蔫腐烂，病部密生灰色霉层。茎、叶接触病瓜后也可发病，大块腐烂并长有灰绿色毛。

（2）发生条件。低温，高湿。

（3）防治措施。

①地膜进行封闭覆盖，尽量减少水分的向外蒸发。

②及时摘除已开败的残花。

③尽量做到，水前 1 遍药，水后 1 遍烟，在浇水之前喷施 1 次防治灰霉的药剂，可喷施 50%腐霉利可湿性粉剂1 500倍液或 25. 5%异菌脲悬浮剂1 000倍液或 10%多氧霉素可湿性粉剂 500 倍液，在浇水之后结合烟剂烟熏，可用 10%速克灵烟剂或 20%灰核净烟剂熏治，每亩用药 250g。

254. 问：西葫芦白粉病有哪些发生为害特点？如何防治该病？

答：

（1）为害症状。苗期至收获期均可染病。主要为害叶片，叶柄和茎为害次之，果实较少发病。叶片发病初期，产生白色粉状小圆斑，后逐渐扩大为不规则的白粉状霉斑（即病菌的分生孢子），病斑可连接成片，受害部分叶片逐渐发黄，后期病斑上产生许多黄褐色小粒点（即病菌的子囊壳）。发生严重时，病叶变为褐色而枯死。

（2）发生条件。高温、干旱。

（3）防治措施。

①合理控制温度，发生白粉病后，尽可能降低温度。

②做到供水及时，小水勤浇。

③平常喷施 5. 5%壳聚糖（植物生长复壮剂）300 倍液增强抗病能力，发病初期喷施 25%苯甲丙环唑乳油3 000倍液或 25%粉力克1 500倍液或 10%苯醚甲环唑 800 倍液或 70%硫黄甲硫灵1 500倍液。

255. 问：西葫芦黑星病有哪些发生为害特点？如何防治该病？

答：

（1）为害症状。为害叶、茎及果实。幼叶初现水渍状污点，后扩大为褐色或墨色斑，易穿孔。茎上现椭圆形或纵长凹陷黑斑，中部易龟裂。幼果初生暗绿色凹陷斑，后发育受阻呈畸形果。果实病斑多疮痂状，有的龟裂或烂成孔洞，病部分泌出半透明胶质物，后变琥珀色块状。湿度大时，上述各病部表面密生煤色霉层。

（2）发生条件。低温、高湿，植株抵抗力差。

（3）防治措施。

①合理安排栽培密度，增强田间透风透光。

②冬季做好保温排湿工作。

③发病初期喷施10%苯醚甲环唑1 500倍液或25%嘧菌酯1 500倍液或70%甲基硫菌灵800~1 000倍液。

256. 问：西葫芦霜霉病有哪些发生为害特点？如何防治该病？

答：

（1）为害症状。霉霜病从幼苗期至成株期均可发生，以成株期为害严重，主要为害叶片。先在植株下部老叶正面上产生黄色小斑点，背面呈水浸状不规则形病斑，随病害发展病斑逐渐扩大变为黄褐色，多数病斑常连成一片，使全叶发黄枯死。

（2）发生条件。高温、高湿。

（3）防治措施。

①加大通风，降低温度湿度。

②喷施氟菌·霜霉威（687.5g/L）悬浮剂1 500倍液、72.2%霜霉威盐酸盐水剂800倍液、40%乙膦铝可湿性粉剂400倍液、72%霜脲·锰锌可湿性粉剂800倍液、25%嘧菌酯胶悬剂1 500倍液、72%甲霜灵锰锌600倍液。

喷药时正反面都要喷布药液。

257. 问：西葫芦茎基腐病病有哪些发生为害特点？如何防治该病？

答：

（1）为害症状。发病初期茎基部出现黄褐色干腐现象，腐烂逐渐加深，直至与根部断开。

（2）发生条件。重茬、连作、土壤败坏。

（3）防治措施。

①夏季空闲时期高温闷棚。

②多增施有机肥、生物菌肥，减少化学肥料用量。

③定植后56%甲硫恶霉灵1 500倍液及时灌根预防。

④发病后72%甲霜灵锰锌800倍液+56%甲硫恶霉灵1 500倍液+70%甲基硫菌灵800倍液喷淋茎基部及灌根。

258. 问：西葫芦病毒病有哪些发生为害特点？如何防治该病？

答：

（1）为害症状。植株上部叶片沿叶脉失绿，并出现黄绿斑点，渐渐全株黄化，叶片皱缩向下卷曲，节间短，植株矮化。枯死株后期花冠扭曲畸形，大部不能结瓜或瓜小而畸形。或苗期4~5片叶时开始发病，新叶表现明脉，有褪色斑点，继而花叶，有深绿色疱斑，重病株顶叶畸形鸡爪状，病株矮化，不结瓜或瓜表面有环状斑或绿色斑驳，皱缩、畸形。

（2）发生条件。高温、干旱、强光、缺铁缺锌。

（3）防治措施。

①培育壮棵，提高抗病能力。

②风口处加防虫网，防止白粉虱等害虫进入且缓和干热风直吹进棚。

③叶面喷施 16%优果锌1 500倍液、98%禾丰铁1 500倍液微量元素叶面肥。

④发病后及时拔除病株，并在发病处撒施石灰杀菌消毒。

⑤及时喷施抗病毒药剂：毒克星 500 倍液，8%宁南霉素 800 倍液，或 20%盐酸吗啉胍·铜（病毒 A）可湿性粉剂1 500倍液。

259. 问：西葫芦溃疡病有哪些发生为害特点？如何防治该病？

答：

（1）为害症状。初染病时，病斑与健全组织交界处呈水浸状，病情扩展时，组织坏死或流胶，随后逐渐腐烂。

（2）发生条件。高湿。

（3）防治措施。

①加大通风，降低湿度。

②喷施 3%噻霉酮可湿性粉剂1 500倍液+70%琥胶肥酸铜可湿性粉剂1 000倍液或 47%加瑞农（春雷氧氯铜）可湿性粉剂 500~800 倍液。

③西葫芦果实采摘后发现茎部流胶可用 47%加瑞农（春雷氧氯铜）可湿性粉剂原药涂抹。

260. 问：什么是畸形瓜？引起西葫芦出现畸形瓜的原因有哪些？如何防治？

畸形瓜

答：

（1）发病症状。在棚室西葫芦的栽培中，因天气影响、管理措施、肥水失调以及授粉不良等不利因素的影响，常常出现尖嘴、大肚、蜂腰、棱角等畸形瓜，不仅影响产量，而且严重降低西葫芦商品质量。

（2）发病原因。

①营养供应不足，结瓜初期营养不足易形成尖嘴瓜，结瓜中期营养不足易形成细腰瓜，结瓜后期营养不足易形成细长歪把瓜。但结瓜中期肥水过猛又易形成大肚瓜。

②授粉不良，抹瓜不匀使授粉不足的部位呈凹陷状。

③温度过高或过低都会影响花芽分化，导致产生畸形瓜。

（3）防治措施。

①加强水肥管理，尤其是在结瓜期，合理施肥。

②合理控制温度，在适宜温度范围内加大昼夜温差。

③选择免点花方式进行授粉坐瓜。

④及时疏除畸形幼瓜，叶面喷施 0.136%碧护15 000倍液+52%优果氮1 500倍液+99%禾丰硼1 500倍液。

261. 问：什么是“瓜打顶”现象？造成西葫芦出现“瓜打顶”现象的原因有哪些？如何防治？

瓜打顶

答：

（1）发病症状。其症状表现为生长点向上生长迟缓，生长点附近的节间长度缩短，难以形成新叶，在生长点的周围形成雌花和雄花间杂的花簇。幼瓜在生长点簇生。

（2）发病原因。

①前期产量过高出现坠棵。

②抑制生长类调节剂使用过量。

③温度过低，根系不好养分不足。

（3）防治措施。

①合理负载，根据长势合理疏瓜留瓜，成品瓜及时采摘。

②提高夜间温度，做好施肥供应。

③4%赤霉酸1 500倍液+0.004%芸薹素内酯1 500倍液+52%优果氮1 500倍液喷施。

④冲施沃地菌丰10L+蔬乐丰基本型20kg/亩。

262. 问：什么是“化瓜”现象？造成西葫芦出现“化瓜”现象的原因有哪些？如何防治？

答：

（1）发病症状。幼瓜在开花前后颜色墨绿，停止生长，严重时黄化，萎蔫。

（2）发病原因。

①夜温过高。

②营养生长过旺，供应幼瓜养分不足。

③水肥供应不足。

（3）防治措施。

①降低夜温，加大昼夜温差。

②出现旺长现象叶面喷施20%光合菌素生长调节剂1 500倍液调节生长。

③合理供应水肥，多补充钾元素，冲施斯沃高钾（13-7-40+TE）20kg/亩。

④喷施99%磷酸二氢钾（磷钾动力）1 500倍液+99%细胞分裂素15 000倍液。

263. 问：西葫芦激素中毒有哪些症状？如何防治？

答：

（1）发病症状。西葫芦叶片发硬，皱缩，严重时扭曲变形，生长缓慢。

（2）发病原因。这种现象一般是在西葫芦使用点花药过量后出现。

（3）防治措施。

①严格按照说明的合理浓度稀释点花药。

②点花时注意不要让点花药流到叶片或茎秆上。

③喷施免点花按正确喷施方法。

④促丰1 000倍液+0.136%碧护15 000倍液+0.004%芸苔素内酯1 500倍液喷施。

264. 问：蓟马的为害症状有哪些？如何防治？

答：

（1）为害症状。蓟马用锉吸式口器吸取蔬菜嫩梢、嫩叶和幼嫩瓜果的汁液。嫩叶、嫩梢受害后变硬缩小，茸毛变灰褐色，节间缩短，生长缓慢；幼果受害后硬化，表皮褐变或木栓化。瓜条受害后，出现凹陷的条斑，为害严重时，蔬菜生长受阻。

（2）防治措施。

①使用腐熟粪肥，减少虫卵侵入。

②喷施2.5%多杀菌素悬浮剂1 000倍液或5%氟虫腈3 000倍液或7.5%氯氰啶虫脒1 000倍液。

③防治蓟马时应在傍晚前用药，且不仅要喷施作物连作物周边的地面也应喷洒药液。

265. 问：螨虫的为害症状有哪些？如何防治？

答：

（1）为害症状。螨虫在田间有发病中心，叶片受害后，正面背面带油光，扭曲畸形，叶柄上的刺变少甚至消失，瓜条出现地图状无突起和凹陷的不规则状斑。

（2）防治措施。喷施5%阿维哒螨灵1 500倍液或2%阿维菌素乳油800~1 000倍液，喷布药液时要正反面喷施。

第五节　西甜瓜种植技术

266. 问：什么样的气候适宜瓜类作物生长？

答：适宜的气候条件是温度较高、日照充足、空气干燥、昼夜温差大的大陆性气候。

267. 问：巴彦淖尔市西甜瓜生产中，主要采取什么样的种植方式？

答：采用开沟起垄、地膜覆盖、大小行种植。

268. 问：怎样选择优质品种？

答：选择适应当地环境条件的优质、高产、抗病、耐储运、商品性高的品种。

269. 问：如何进行种子处理？

答：

（1）晒种。选择晴好天气将种子在阳光下晒2~3小时，通过紫外线杀菌并能提高发芽率。

（2）温汤浸种。用50℃温水浸泡15分钟并不断搅拌，等水温降至30℃后再泡2~3小时后晒干。

（3）药剂浸种。用1‰~2‰高锰酸钾溶液浸种20分钟后再用清水洗净晒干。

270. 问：怎样正确施用基肥？

答：头年秋翻时亩施腐熟有机肥3 000~5 000kg耕后浇水保墒。

271. 问：怎样科学施用化肥?

答：播前适时耙磙地，做到地平墒好，深施磷酸二铵 20~30kg，硫酸钾 20kg，尿酸 5kg 或瓜类专用肥 50kg。

272. 问：开沟起垄种植的要点有哪些?

答：采用开沟起垄覆膜栽培方式，厚皮甜瓜按 2.7m、西瓜按 2.4m 画线，以线为中心开沟，开口宽 60cm、底宽 50cm，沟深 25~30cm，做到沟底平直，沟棱沟坡整齐一致。

273. 问：如何正确覆膜?

答：用 140~160cm 地膜连沟一起覆，边开沟边覆膜，膜要拉紧压严，防止跑墒。

274. 问：如何选择最佳播种时间?

答：地下 10cm 深处地温稳定通过 15℃，出苗期在晚霜冻过后为准。

275. 问：如何科学播种西甜瓜?

种子应播在距沟棱 10cm 处，播种深度不超过 3cm、每穴播 2 粒种子、三角留苗。注意：种子不要立插入土中。

276. 问：如何合理确定种植密度?

答：

（1）厚皮甜瓜。大行距 180cm，小行距 90cm，株距 50~60cm，亩留苗 990~820 株。

（2）西瓜。大行距 160cm、小行距 80cm、株距 50~60cm、亩留苗 930~1 100株。

277. 问：如何查苗定苗?

答：幼苗出土后，要及时查苗，催芽补种，适时中耕除草，2~3 片真叶时定苗，单株留苗。

278. 问：整枝留瓜的要点有哪些?

答：

（1）厚皮甜瓜单蔓整枝。主蔓 1~7 节发生的子蔓去除，在 8~10 节长出的子蔓上留瓜，瓜后留 2 叶摘心，当瓜长到 8~10cm 时定瓜，单株单瓜，主蔓 11~18 节上长出的子蔓去除，然后根据长势进行整枝。

（2）薄皮甜瓜双蔓整枝。温室薄皮甜瓜一般采用吊蔓上架，双蔓整枝，即主蔓4叶摘心，选留2子、3子蔓上架，子蔓预留3叶、4叶、5叶节上的孙蔓节瓜，选留3~4个商品瓜，瓜后1~2叶摘心促进坐果，其他孙蔓及时去除，子蔓20叶左右摘心。

（3）西瓜整枝留瓜。

①早熟品种采用单蔓整枝法留一条主蔓，其余侧蔓全部摘除，主蔓不摘心，选第二、第三雌花坐瓜。

②中晚熟品种采用三蔓整枝法，除留主蔓再选留3节、4节长出的子蔓，选主蔓第2、第3雌花留瓜或子蔓第1、第2雌花坐瓜，单株单留。

279. 问：怎样科学浇水追肥?

答：幼苗期不浇水，伸蔓期根据苗情浇第一水，瓜膨大期浇第二水。同时，亩施硫酸钾15kg、尿素15kg，浇水量切忌水漫上畦面。

280. 问：如何对果实进行管理?

答：瓜膨大后要及时垫瓜和翻瓜，可使果面色泽一致，翻瓜要顺一个方向，角度不宜过大。坐瓜后，用2‰~3‰磷酸二氢钾进行叶面喷施2~3次，可增加含糖量，增强抗性，每次喷施间隔7天。

281. 问：如何提高温室厚皮甜瓜含糖量?

答：

（1）选择含糖量较高的品种。在品种的选择上，除了考虑耐低温、弱光等特性外，还应该重视品种的品质，选择含糖量较高的品种。

（2）基肥以有机肥为主，要多施充分腐熟的有机肥，同时，要控制氮肥的用量，特别是果实膨大后期应避免追施氮肥。

（3）合理整枝留瓜。一般在25片叶时摘心，每1株选留1个果型周正的瓜。

（4）中后期增施磷钾肥。进入果实膨大期后，要及时追肥磷钾复合肥，叶面喷施0.6%磷酸二氢钾等叶面肥，每周1次，连喷3~4次。

（5）增大昼夜温差。进入结果膨大期后，尽量拉大昼夜温差，白天保持在30~32℃两小时左右，前半夜15~18℃，后半夜12~14℃。

（6）采收前避免大水浇灌。采收前一周如果土壤干旱可适当浇小水，避免大水浇灌，土壤相对湿度在85%以上时，果实含糖量会受到影响。

282. 问：西瓜主要病虫害有哪些？怎样进行防治?

答：

（1）枯萎病。选用98%恶霉灵可湿性粉剂2 000倍液或2%农抗120水剂200倍液或 40%瓜枯宁1 000倍液，叶面喷雾。

（2）蔓枯病。选用 70%甲基托布津可湿性粉剂 600 倍或 50%扑海因1 000倍或 80%大生可湿性粉剂 800 倍喷雾，茎部发病可用 1：50 甲基托布津加少量杀毒矾涂抹病部。

（3）蚜虫。选用 50%抗蚜威可湿性粉剂2 000倍或 2.5%溴氰菊酯 4 000倍或 21%灭杀毙乳油 4 000倍喷雾。

283. 问：甜瓜主要病虫害有哪些？怎样进行防治？

答：

（1）霜霉病。选用 72%克露可湿性粉剂 800 倍或 72.2%普力克水剂 800 倍或 72%霜脲·锰锌可湿性粉剂 800 倍喷雾。

（2）白粉病防治。选用 15%三唑酮可湿性粉剂1 500倍液或 10%世高水分散粒剂 8 000倍或 40%福星乳油 8 000倍喷雾。

（3）细菌性果斑病。选用 72%农用链霉素粉剂3 000倍液或 50%琥胶肥酸铜 500 倍或新植霉素 5 000倍液喷雾。

（4）蚜虫防治方法同西瓜蚜虫防治。

284. 问：如何合理确定采收期？

答：根据市场及运途远近来确定采收期，如当地销售成熟度在九成采收，外地销售应八成熟时采收。

285. 问：甜瓜采收时的注意事项有哪些？

答：甜瓜采收时应留 3~4cm 的果柄，以免伤口感染。采收时要分品种单收、单贮，长途运输的瓜应在头天采摘放在阴凉处降温，第二天装箱运输。

第六节　葡萄种植技术

286. 问：在生产生活中，人们是如何栽植应用葡萄的？

答：葡萄，落叶藤本植物，原产于欧洲、西亚和北非一带。葡萄品种很多，主要分为制干葡萄、酿酒葡萄和鲜食葡萄三大类。近年来有的也发展盆栽葡萄。葡萄的栽培面积广，是世界上种植面积最大的水果，产量位居各种水果前 3 位，几乎占全世界水果的 1/4。温室反季节鲜食葡萄栽培是近年来发展的新兴产业，因其用工少，管理简单，效益相对较高，被称为设施农业的黄金产业，越来越受到种棚户的重视。

287. 问：葡萄具有哪些植物学特性？

答：

（1）根。葡萄根系大、分布广，多分布在20～60cm的土层中，水平分布大于垂直分布。

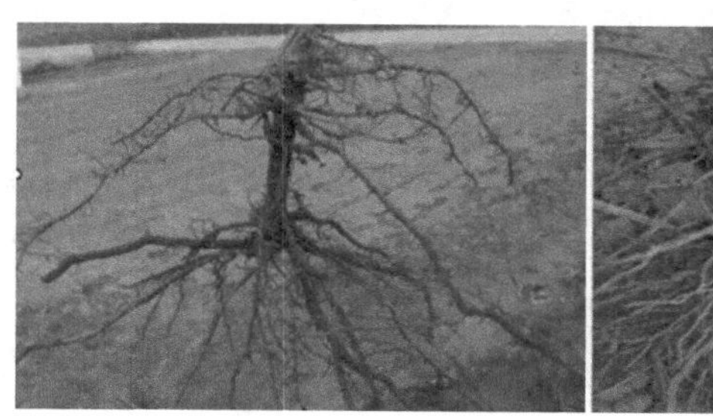

葡萄根系

（2）茎。葡萄的茎秆为木质藤本，枝干圆柱形，有纵棱纹，无毛或被稀疏柔毛。

葡萄的结果母枝

（3）叶。葡萄叶片为掌状叶，互生，有3～5个浅裂或中裂，中裂片顶端有尖，裂片常靠合，叶片基部深心形，基部缺凹成圆形，两侧常靠合，边缘有锯齿，齿深而粗大，不整齐，齿端有急尖，上面绿色，下面浅绿色，无毛或被疏柔毛。

葡萄的叶

（4）花。复总状花序，通常成圆锥形，密集或疏散，多花，花蕾倒卵圆形，花丝丝状。

葡萄的花序

（5）果实。果实球形或椭圆形，因品种不同，有白、青、红、褐、紫、黑等不同果色。

葡萄的果实

288. 问：葡萄有哪些基础生理器官？

答：葡萄的基础生理器官包括主干（主蔓、主枝）、结果母枝、结果枝、营养枝、副梢、序、卷须。

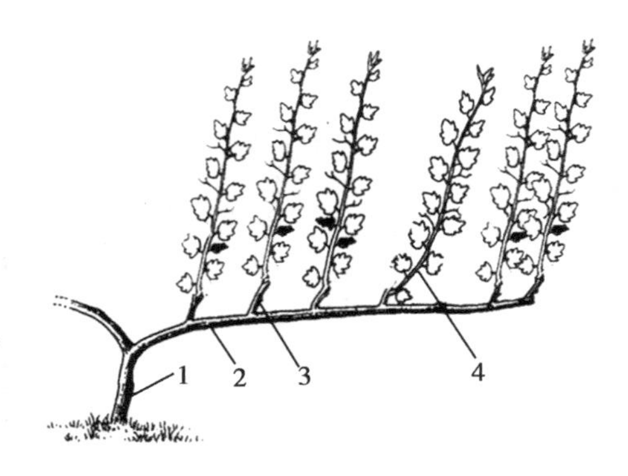

1. 主蔓；2. 结果母枝；3. 结果枝；4. 营养枝

葡萄生理器官

289. 问：在生产中如何合理选用葡萄品种？

答：

（1）早熟。

艾蜜：欧亚种，果实紫红色，无皮无核，肉质脆硬，挂果期长，单果粒重6~8g，平均穗重900g，可溶性固形物含量22%~24%，口感好，耐运输。

贵妃蜜：欧亚种，果实黄绿色，肉质脆硬，单果粒重8~10g，平均穗重850g，可溶性固形物含量19%~22%，口感有浓郁玫瑰香味，挂果期长，耐运输。

紫罗拉：欧亚种，果实青紫色，肉质脆硬，单果粒重13~16g，平均穗重900g，可溶性固形物含量18%~20%，口感好，挂果期长，耐运输。

巨丽儿：欧亚种，果实深红色，肉质脆硬，单果粒重15~20g，平均穗重1 000g，可溶性固形物含量18%~20%，口感好，有冰糖香味，挂果期长，耐运输。

红贝蒂：欧亚种，果实玫瑰红色，肉质脆硬，单果粒重10~12g，平均穗重850g，可溶性固形物含量20%~23%，口感清香，挂果期长，耐运输。

（2）中熟。

玫瑰香：英国品种，果皮黑紫色或紫红色，单果粒重6~8g，平均穗重350g，可溶性固形物含量18%~20%，口感有玫瑰香味。

（3）晚熟。

红地球：美国品种，又名红提、晚红、提子。果实鲜红色或暗紫红色，单果粒重12~14g，平均穗重600g，可溶性固形物含量17%。

290. 问：建设葡萄园选址应符合哪些要求？

答：葡萄既适宜大面积栽培，也适合四旁（路旁、林旁、宅旁、水旁）和庭院栽植，具体地点的选择一般要求：一是葡萄园的地点尽可能设在交通方便的地方，便于产品外运；二是地势应开阔平坦，地下水位在1.5m以下，排水良好；三是有良好的水源，可供灌溉；四是土质肥沃疏松，透水性和保水力良好的熟耕地有利于早期丰产；五是在风大的地方，必须营造防护林，以避风害。

291. 问：新建葡萄园应该怎样规划设计?

答：面积较大的葡萄园要统一规划设计，选好建园地址后，画出平面图。现场在图上画出规划草图后，在室内进行调整画成正式规划图，并做出建园设计。

园地面积较小，可在规划图上附设计说明书。园地面积超过 100 亩的，其规划设计要考虑以下 6 项内容。

（1）划分栽植区。根据地形划分若干栽植区（又称作业区），栽植区应长方形，长边与行向一致，要有利于排、灌和机械作业。

（2）道路系统。根据园地总面积的大小和地形地势，决定道路等级。主道应贯穿葡萄园的中心部分，面积小时设一条，面积大可纵横交叉，把全园分割成几个大区。支道设在作业区边界，一般与主道垂直。作业区内设作业道，与支道连接，是临时性道路，可利用葡萄行间空地。主道和支道是固定道路，路基和路面应牢固耐用。

（3）排灌系统。葡萄应有良好的水源保证，做好总灌渠、支渠和灌水沟三级灌溉系统（面积较小园也可设灌渠和灌水沟二级），按 5‰比降设计各级渠道的高程差，即总渠高于灌水沟，使水能在渠道中自流灌溉。排灌渠道应与道路系统密切结合，一般设在道路两侧。

（4）防护林。葡萄园设防护林有改善园内小气候，防风、沙、霜、雹的作用，境界林还可防止外界干扰。百亩以上葡萄园，防护林带走向应与主风方向垂直，有时还要设立与主林带相垂直的副林带。

主林带由 4~6 行乔灌木构成，副林带由 2~3 行乔灌木构成。在风沙严重地区，主林带之间间距为 300~400m，副林带间距 150~200m。在果园边界设 3~5 行境界林。一般林带占地面积为果园总面积的 10%左右。

（5）管理用房。包括办公室、库房、包装、装车场、生活用房等，畜舍修建在果园下风位置。有主道与外界公路相连。

（6）肥源。为保证每年施足基肥，葡萄园必须有充足肥源。除外进，可在园内设绿肥基地，或饲养猪、羊等厩所，收集农家肥。按亩施农家肥 5 000kg 设计肥源。

292. 问：葡萄生长对土壤条件有哪些要求?

答：土质肥沃、疏松、透气性良好的沙土地或壤土地，适宜的土壤酸碱度是 6.0~7.5。

293. 问：能否利用沙地建葡萄园?

答：沙地建葡萄园有很多优点：土壤渗透性好，地温上升快，有利于葡萄的物候期提前。一般同一品种要比普通土壤上提前 7~10 天成熟；光反射强，光照强度大，葡萄光合生产力强；沙土导热快，失热也快，昼夜温差大，有利于葡萄着色和提高含糖量。

但是沙地土壤的主要矿物成分为石英，缺乏氮、磷、钾等元素，有机质的含量也很低，保肥保水能力很差，而且沙地一般风大。因此，在沙地建葡萄园，要充分利用上述有利于葡萄生长发育的条件，又要针对其缺点加以改造后方能种葡萄。其改造措施如下。

（1）乔、灌、草结合营造防护林防风固沙；

（2）种植绿肥作物（如沙打旺）覆盖地面防止风蚀和流沙，开花期翻耕入土，增加土壤有机质，改善土壤理化性质，提高土壤肥力；

（3）按原地 2 份沙、1 份土、1 份圈肥的比例在葡萄栽植沟内进行掺黏土，施基肥，改良土壤。

294. 问：盐碱地能种葡萄吗？

答：盐碱地一般地下水位高，含有高浓度的可溶性盐类，影响葡萄根系对水分的吸收，容易产生生理性脱水，使葡萄生长发育受阻，甚至不能生存而死亡。所以，盐碱地必须改造后才能种葡萄。其改造措施如下。

（1）开沟灌水洗盐碱，使土壤含盐量降低到 0.3%以下，葡萄才能正常生长发育；

（2）为了防止返碱，洗盐碱以后要种植绿肥，翻压中和碱性，并增施酸性肥料和地面压沙改造土壤后，再栽植葡萄；

（3）在建园的同时，要营造防护林，行间种绿肥，苗木定植带要覆膜，以减少地面蒸发，避免盐碱的再发生。

295. 问：葡萄有哪些架式？

答：目前葡萄生产中应用的架式，主要有棚架和篱架两大类。

（1）棚架。每行距植株约 0.7m 设架柱，架柱间距 2.5m；再根据行距的大小，与行向平行共设立 2~3 排架柱。在架柱上设横杆或横拉铁丝，再在横杆上每间隔 0.5m 拉一道与葡萄行向平行的铁丝组成棚架面，使架面与地面呈倾斜状或平行状，形似荫棚，故称“棚架”。因构造大小和不同，分为大棚架（行距 6~12m）和小棚架（行距 4~6m）。根据架式又分为倾斜式棚架、水平连棚架、连叠棚架、屋脊棚架和漏斗棚架。

（2）篱架。在葡萄植株旁边设架柱，架柱之间距离约 5m，行距 3m，由地面往上每间隔 0.5m 拉一道铁丝组成立架面，使架面与地面垂直似篱笆，故称篱架，又称立架。因构造不同，又可分为单壁篱架、双壁篱架和宽顶“T”字形篱架等。

296. 问：棚架和篱架有哪些优缺点？

答：

（1）棚架。

①棚架架面离地面高，通风良好，可减少病害发生，而且果穗一般在棚下不易得日烧病；

②架面光照（特别是直射光）比较充足，果品质量好；

③架面面积大，适应生长势强旺的品种；

④架面大，行距也大，利于冬季取土防寒；

⑤架面大导致主蔓长，整枝年限长，枝蔓不能早期布满架，早期产量上升慢，枝蔓上下架也不方便，主蔓更新恢复年限长，管理不当容易产生各部位生长和结果的不匀衡现象，造成减产。

（2）篱架。

单壁篱架适于密植，整形速度快，易于早结果早丰产，作业方便，适于冬季葡萄不下架防寒或埋土较浅的地区；缺点是枝蔓结果部位低，空气湿度大的地区易染病害，架小也不适合生长势强旺的品种；双壁篱架较同样行距的单壁篱架扩大架面一倍，有利于早期丰产和获得高产。但枝蔓密度过大，病害不易控制，浆果品质不佳，田间管理不便，费工，需架材较多，生产成本较高，故生产上应用较少，适用于冬季葡萄不需下架防寒的地区和酿造品种；“T”字形篱架可采用“高、宽、垂”的整枝方式，是篱架栽培的新形式，不但丰产而且有利于葡萄园机械化作业。

297. 问：什么是葡萄保护地栽培？葡萄保护地栽培有哪些优点？

答：葡萄保护地栽培是人工创造一种能使葡萄提前萌发和延后生长的适于收获两茬葡萄浆果的生育环境，它在我国是一项新兴的种植技术，具有如下优点。

（1）生长期长。加温温室可整年生产；不加温的日光温室葡萄生长期可达270天以上。

（2）早果、丰产。一般栽后第二年结果并进入丰产期，亩产可达1 500kg以上。

（3）可多次结果。只要品种对路，技术措施得当，在薄膜日光温室条件下，一年可结两茬葡萄。若计划一茬果提前和二茬果延后采收，从6—11月都可能生产葡萄，为市场周年供应鲜葡萄创造了条件。

（4）省工。冬季葡萄不下架埋土防寒。

（5）节省能源。日光温室和塑料大棚冬季不需加温，不耗能源。

（6）经济效益高。由于葡萄可提前或延后上市，市价较高，亩产值一般在万元以上。

298. 问：什么品种适合保护地栽培？

答：保护地葡萄栽培的环境条件，在相当长的一段时间内可以根据葡萄生长发育和结果的需要，人为地在保护设施内进行调节。从品种对环境条件要求这个角度来说，似乎任何品种都可栽培。然而，保护地高温多湿的环境条件，虽然有利于葡萄的生长发育，却容易引起葡萄病害的发生与发展。

因此，对保护地葡萄品种的选择应掌握以下原则。

（1）应选择耐高温性强，抗病力强的品种；

（2）温湿度得到保证，又延长了生长期，葡萄生长必然要强旺，这就要求选择生长势中庸健壮的品种；

（3）因栽培的目的是为了使葡萄提前和延后成熟，一年取得两茬果实，要求选择具有多次结实能力的品种；

（5）保护地是集约经营，单位生产面积的年生产费用较多，应栽培粒大、穗大、含糖量高、香味浓、色泽艳、口味好的优质、丰产品种。

①促成栽培优良品种有：京秀、矢富罗莎、无核早红、早艳、乍娜等。

②延后栽培的品种有秋黑、红意大利、圣诞玫瑰、红地球、红高峰等。

299. 问：葡萄行向应怎样设置?

答：葡萄的行向应根据架面光照最好条件的原则来设置，同时，也要考虑地形、地势、便于作业。

棚架多以“东西行向”，葡萄枝蔓往北爬，架面能接受东、南、西三方的光照，日照时间长，光照强度大，有利于葡萄的生长和发育，果品质量好，产量高。

如选用耐日烧的品种（绿色无核品种），架面向南爬，有利于提高架下土壤温度，提早成熟。

采用屋脊式棚架则应“南北行向”，利用东西两侧采光。当采用篱架时多以南北行向。

葡萄枝蔓在立架面上，东西两侧都可接受光照，互相遮阴时间较短。遇到东西向距离短而南北向距离长的地形，为了便于行间机耕和其他作业，也可设置南北行，葡萄枝蔓应向东爬。

300. 问：葡萄采用多大的株行距好?

答：葡萄的株行距因架式、品种和气候条件不同而异。

（1）采用小棚架。栽植的葡萄，行距4~6m不等。生长势特强、易成形的品种如黑提中的秋黑可采用5~6m的大行距；生长势中庸的品种如优无核、森田尼无核等，可采取4~5m的行距。

株距以架面上主蔓距离0.5m左右为依据，一株1蔓的株距为0.5m左右，一株2蔓的株距为1m左右，一株3蔓的株距为1.5m左右。温暖、生长期较长地区，株行距可稍大，反之冬季较寒冷、生长期较短地区，株行距可稍小。巴彦淖尔市光照强，空气干燥，双主蔓整形的小棚架株距0.8~1m为宜。

（2）采用篱架。栽植的葡萄，一般行距3m，株距1m，便于行间取土覆盖安全越冬。

301. 问：温室栽植葡萄如何合理设置行向？

答：日光温室光照弱，时间短，为了便于采光，多数采用南北行向的单壁立架和南低北高的小型棚立架，少数结合间作耐阴作物，也可在前屋面 1m 处和后屋面人行道前 0.7m 处开东西向 2 条沟，利用中型棚架东西向种植。

302. 问：日光温室栽培葡萄密度如何确定？

答：一般根据品种长势和架式而定，日光温室适宜生长中庸健壮的品种，单壁立架株行距为 0.7m×2m，每亩栽植 476 株。

南北向小型棚立架，株行距 0.6m×3m，每亩栽植 365 株。

东西向 2 行中型棚架，株距 0.5m，独龙干整形。

303. 问：保护地葡萄如何栽植？

答：

（1）栽植时期。覆棚膜情况下，秋末冬初土壤结冻前栽植；有覆膜，可在 4 月上旬栽植，也可和露地葡萄同时栽植。

（2）栽植方法。

①栽植前挖栽植沟，深 70～80cm，宽 60～70cm。挖沟时表土、心土各放在沟的一边。

由于篱架行距小，挖栽植沟应隔行开挖，先挖 1、3、5……单数行栽植沟，立即施肥和回填土；然后再挖 2、4、6 等双数行的栽植沟，也立即施肥和回填土；或按顺序挖 1 条沟后立即施肥和回填土，再挖另 1 条沟。

②回填土时，先在沟底填十几厘米厚的有机物，并撒上腐熟粪肥，再填表土，一层表土一层粪，填至距地表 40cm 左右时，施入预先与土混合好的粪肥（肥料一定要腐熟），一直填到距地表 10cm 左右时停止，顺沟撒一遍过磷酸钙，在沟中灌大水，使暄土沉实。待水完全沉下后再用表土继续填至与地表平或稍高于地面。

③栽植时，在栽植沟中间按株距挖 30cm 的栽植穴，然后栽苗浇水、封穴。秋栽后要用沙壤土把苗茎覆盖成小土堆，防止冬季枝芽抽干影响发芽。

304. 问：保护地葡萄一年两茬果的生育期应怎样安排？

答：（1）各生育期特点。

①发芽期：根据葡萄催芽期（从升温开始到芽萌动）需≥10℃有效积温 450～500℃的要求，加温温室从 1 月上中旬开始升温，2 月初发芽，催芽期 20 天左右；不加温温室从 1 月中下旬开始升温，则 3 月上旬发芽，催芽期为 35 天左右。

第二茬果是利用新梢冬芽抽生二次枝获得，采取强迫冬芽萌发的措施后 10 天左右发芽。

②开花期：从萌芽到开花约需35~40天，加温温室开花期为3月中、下旬，薄膜日光温室为4月上、中旬，塑料大棚为4月下旬或5月上旬。

第二茬果由于气温较高，萌芽后到开花期，历时较短，一般只需20天左右。

③成熟期：按葡萄生育要求，如乍娜葡萄开花坐果后70天左右即可成熟，但是保护地栽培使物候提前了，第一茬浆果成熟期正遇夏季炎热天气，夜间温度也很高，昼夜温差过小，养分不易积累，在结果过多情况下，果实不易着色。所以，凡是果肉已软化放暄，糖分基本达到要求，应如期采收。一般第一茬果的成熟期，加温温室为6月上旬，薄膜日光温室为6月中、下旬。

第二茬果果实肥大生长期，正处于外界温度急剧下降的秋季。因此，二茬果成熟期不宜安排得太晚，以保证果实正常成熟。加温温室可延长到12月中、下旬。薄膜日光温室在11月下旬。二茬果实成熟后，可以不立即采收。因为这个时期气温较低，葡萄生理活动进行较慢，呼吸消耗少，具备延迟采收条件的品种。一般薄膜日光温室可延迟到11月底和12月上旬采收上市。

（2）日光温室两茬果的总生长天数。

①第一茬果发芽到成熟105天。

升温（45天）→发芽（35天）→开花、坐果（70天）→成熟。

②第二茬果发芽到成熟95天。

强摘心（10天）→发芽（25天）→开花、坐果（70天）→成熟。

305. 问：如何诱发冬芽副梢萌发结二茬果？

答：

（1）诱发结果枝冬芽副梢萌发二次果。开花前2~3天在结果枝花穗上留6~8片叶摘心，只留先端2个副梢，其余副梢全部抹掉。当第一次果枝开花后1个多月，从果枝先端剪掉两个梢强迫冬芽萌发（一般处理后13天左右就开始萌发），可根据植株负担能力保留最前端1根或2根带花序的副梢，其余立即抹除。

每果枝留1穗果，在果穗前留4片叶摘心，其上的副梢留1片叶摘心。从冬芽萌发到二次果穗开花约20天。

（2）诱发预备枝冬芽梢萌发二次果。在水平棚架定枝时留下的预备枝于头茬果开花前后留2~3片叶摘心，保留前端1个副梢，其余抹掉。

6月中旬副梢在3~4片叶处摘心，迫使冬芽发出二次结果枝。选1个花序大的留下，在花穗上5片叶处摘心，其上副梢各留2片叶摘心。

306. 问：温室葡萄各生育期温度如何调控？

答：日光温室从1月中旬开始揭帘升温，开始一周白天温度控制在15℃，夜间在5℃左右；第二周白天温度升到20℃，夜间温度保持在8℃以上；第三周白天温度升到25℃，夜间温度保持在10℃以上；第四周开始白天温度在28℃左右，夜间

12~15℃左右。

花期温度白天30℃，夜间18℃左右，果实膨大期白天30~32℃，夜间20℃（白天温度35℃要放风降温）果实着色期白天30~32℃，夜间15~18℃（夜间温度高时，可揭开通风口适当降温），拉大温差，有利于养分积累。

307. 问：保护地葡萄在肥水管理上有什么特点？

答：

（1）在保护地条件下由于地温高，肥料分解快，肥效发挥迅速，加上覆盖期光照不足，易使新梢徒长，因此，施肥量比露地要适当少些，质量要好些，适当多施磷钾肥控制氮肥，以免枝条旺长，追肥时，特别要注意埋入土中，否则在密闭条件下，极易造成氨害。

（2）施肥方法。应距根茎30~60cm一侧挖深沟（深50cm宽30cm）施，下年在另一侧施，使根系年年得到更新，就不会出现地上与地下不平衡的状态。

（3）灌水应与生育期相适应。

①萌芽期需水量较多，要灌透水；

②开花期要求空气干燥，暂时停止灌水；

③坐果后新梢和幼果生长均需水，可小水勤灌；

④果实膨大期需水量较大，可灌几次透水；

⑤果实开始成熟直到采收前一般停止灌水，控制土壤水分，可提高浆果的含糖量，加速着色和成熟；

⑥落叶后灌透水，使土壤墒情良好，可防止冻害和枝条抽干。

308. 问：日光温室葡萄如何越冬？

答：

（1）促成栽培。葡萄在落叶修剪后，灌足秋冬水，在地面结冻前，覆盖棚膜，盖上草帘，初期将温度降到7℃以下，逐渐将温度降到0℃左右，在12月翌年1月上旬最冷时，白天短时将帘拉开温度上升到5~6℃，然后放下，使夜间温度保持在0℃左右。

（2）延后栽培。在11月下旬葡萄采收后。

①立即施基肥，灌水，白天保持15~20℃的温度15天左右，使枝条养分回流；

②然后将温度降到8℃左右，使叶片老化、脱落，保持10天左右，

③再逐渐将温度下降到0~3℃修剪越冬。

309. 问：棚室定植葡萄的技术要点有哪些？

答：

（1）定植沟整好后，根据定植株距在沟面上开定植穴，定植穴内撒施含有益菌

的有机肥料（肽素活蛋白），一亩地撒施 10kg，以利于快速缓苗，促进根系生长。撒施后与土拌匀，准备定植。

定植穴内撒施有机肥料拌匀

（2）在晴天上午定植。

定植

（3）定植完毕后及时浇水，定植水要浇透。

310. 问：葡萄定植后如何加强管理?

答：

（1）合理控温。定植后白天温度 28～30℃，夜间 15～18℃。

（2）为促进植株健壮，防止病害发生，浇第二水时每亩地随水冲施 EM 菌剂沃地菌丰 10L，促进生根，补充有益菌。

311. 问：棚室葡萄生长期如何加强管理?

答：

（1）主蔓调整。待葡萄苗开始生长后，选取 2 个较壮的侧枝作为主蔓，随着两条主蔓的生长，主蔓上生出的侧枝离地 50cm 内的全部去除，50～80cm 内的侧枝留 2 片叶打心，以上留 3 片叶打心，待主蔓长至 1.7m 左右时摘心。此时的摘心要根据树的长势决定，如果当树高达到 1.7m 时，树的长势细弱，则不摘心，让顶端继续生长，反之，长势正常或健壮时，摘心，并喷施葡萄专用促控剂。

（2）水肥管理。葡萄是木本作物，根系发达，相对于蔬菜来说是比较耐旱的，但是为了保证树势旺盛，在第一年定植的营养生长期要合理供应水肥。

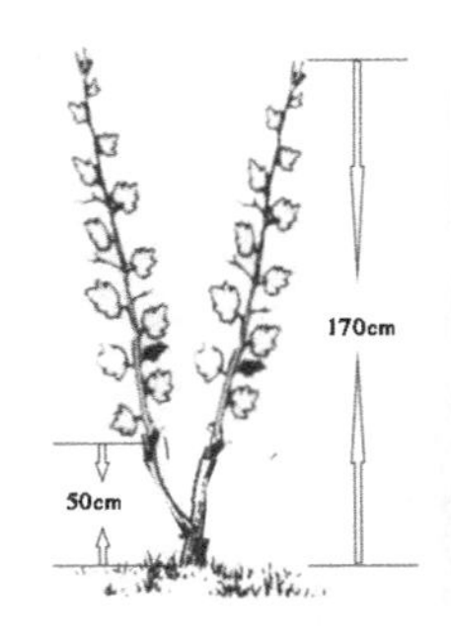

葡萄生长前期整枝

根据不同地区土壤的性质和干湿情况，需及时浇水施肥。

（3）长势调控。当葡萄枝干生长到1.5m左右高度的时候，根据长势要及时进行调控。如果树的长势偏旺要适当控制浇水，叶面喷施20%光合菌素1 000倍液或喷施葡萄专用促控剂，相反，如果树的长势较弱要相对增加浇水次数，每亩地随水冲施促进植株生长的营养肥料蔬乐丰25kg配加沃地菌丰10L。

葡萄浇水

冲肥

（4）搭架。根据行距，在葡萄种植行的南北两端埋离地面高60~70cm的水泥柱，在离地50cm的位置固定一根长70cm，粗5~6cm的木棒，木棒与水泥柱垂直固定。木棒两端分别用一道12号钢丝连接起来，用于固定2条臂蔓及生长的副梢。

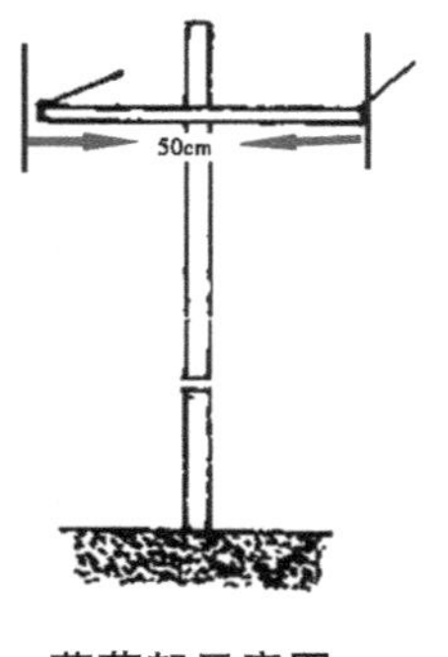

葡萄架示意图

葡萄架

（5）休眠。温室葡萄一般要在初霜冻到来之前进行休眠，休眠前把结果母枝上侧枝全部剪掉。完成冬剪后，棚室放下草帘或棉被，直到升温前这段时间不要揭帘，使葡萄植株在低温黑暗条件下休眠。

休眠期间要确保棚内温度不低于-7℃不高于7℃，最适宜在0~5℃的温度环境下休眠。连续480~600小时（20~25天）即可达到休眠要求。

冬剪

休眠期温室全天候覆盖

（6）催芽。

①人工催芽：休眠期结束后，根据当地气候与温室保温情况，决定提温催芽的时机。用葡萄专用“破眠剂”1kg对40~50℃的温水5kg，放入塑料桶或木盆中，不停地搅拌，经1~2小时，搅拌完毕后，静置20分钟，把浸出液取出备用。把浸出液均匀涂抹枝干，涂抹完毕后覆盖薄膜并浇水。

抹完破眠药后覆盖薄膜

②破眠后温度控制：温室升温催芽，应缓慢升温，不可1次提温过急、过高。

第一周昼温应保持15~20℃，夜温应保持6~10℃；

第二周昼温应保持20~25℃，而夜温应升至10~15℃；

第三周昼温应保持在25~28℃，夜温应保持15℃以上。

（7）上架。当葡萄发芽后，新芽生长到1cm长度时，即可揭去薄膜，并上架。将两根结果母枝分别水平缠绕在两道钢丝上。枝干弯曲应由南向北，以便于增加受光面积。葡萄上架时应小心操作，避免碰坏或碰掉刚刚萌发的新芽。

（8）整枝修剪。

①抹芽定梢：随着新萌发结果枝的生长，一般情况下在第5~6片叶时会生长出

葡萄萌芽

葡萄上架

花序。当新结果枝长到10cm左右时要进行抹芽定梢。一般情况下，第一年的树根据树势旺弱情况决定保留结果枝的数量。长势正常的树一棵基本保留6~8根有花序的结果枝，并且在枝干基部，大约离地面20cm处要留出2根第二年的结果预备枝，其余侧枝要一并去除。预备枝每4~5片叶连续摘心，所生侧枝留2~3片叶摘心。

结果枝生长出花序

②结果枝摘心：结果枝生长到8~10片叶时要及时把结果枝吊起，并进行第一次摘心，留最顶端芽，其余结果枝上的侧芽都去掉。最顶端芽继续生长，所生侧枝

及侧芽一并去除，当结果枝总叶片量达到 18~20 片时，再次摘心。

结果枝第一次摘心

（9）花果管理。

①疏花序：第一年结果，每一根结果母枝一般留 3~4 根结果枝，每根结果枝上留 1 穗花序。因为是双干整枝，一棵树有两根结果母枝，也就相当于是一棵树上第一年总共留 6~8 穗花序，其余的花序要摘除。第二年及以后每棵树留 8~10 穗花序。

开花前叶面喷施 99%禾丰硼1 500倍液，温度白天保持 26~28℃，最高温不可高于 28℃。夜间温度保持在 15℃以上。

②花序整形：为保证以后果穗的外观整齐，要进行花序整形。一般情况下花序的整形在开花前 10 天左右进行。整形时掐去副穗，花序总长的 1/4 以及小穗的穗尖（大约小穗 1/3）。

花序整形

③疏果粒：疏果粒要分两次进行。第一次是在谢花坐住果后，幼果有绿豆粒大小时进行。把畸形果粒、果柄太长或太短，不均匀的果粒一并疏除。第二次是在幼果长到黄豆粒大小时进行。

④膨果期管理：果实在坐果后膨大期间叶面喷施 99%磷酸二氢钾1 500倍液。浇水冲施含有益菌的有机肥料肽素活蛋白 20kg 配加氮磷钾冲施肥蔬乐丰 25kg。白天温度 28~30℃，最高温最好不要超过 32℃，夜间 13~15℃。

果实上色前，叶面喷施 99%磷酸二氢钾1 500倍液，浇水追肥冲施有机肥料肽

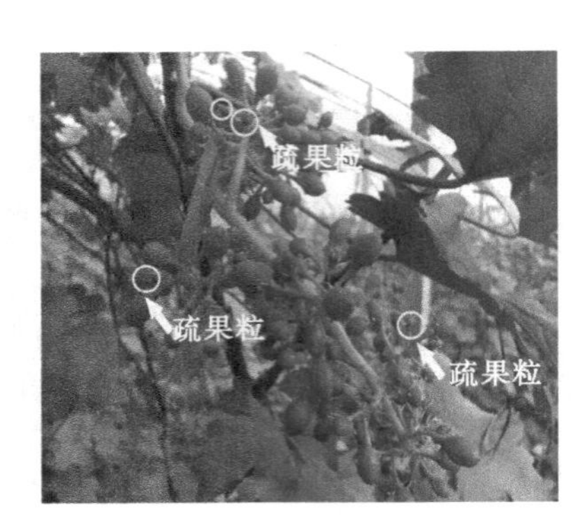

疏果粒

素活蛋白 20kg+超浓缩大量元素水冲肥斯沃（13-7-40+TE）10kg。

⑤果实保护（套袋）：为了保护果实免受病菌侵染，防治鸟害和日灼病，减少农药和尘土的污染，有时要进行套袋，套袋要在坐果以后疏果完毕后进行，套袋前，用 70%甲基硫菌灵 600 倍液+30%苯醚甲环唑1 500倍液喷淋式喷布果穗，并在喷完药液后，2 天内完成套袋。采收前 10 天将袋底撕开，采摘前取下套袋。

葡萄果穗套袋

采收前取下套袋

312. 问：葡萄采收后如何加强管理?

答：

（1）修剪。等树上的葡萄果实采摘完后，把原有的结果母枝（老枝干）连同结果枝和营养枝从预备枝以上一并剪下。浇水追肥，亩冲施沃地菌丰 10L 配加全溶型氮磷钾冲施肥蔬乐丰 25kg，促进新枝（预留的 2 根预备枝）的生长。

（2）新枝（预备枝）整枝。新枝的整枝方法跟第一次栽苗后的方法相同，离地 50cm 内的侧枝全部去除，50~80cm 内的侧枝留 2 片叶打心，以上留 3 片叶打心，待主蔓长至 1.7m 左右时摘心。

（3）开沟追肥。由于葡萄是多年生的果树，所以要进行开沟追施基肥。开沟追肥应在葡萄落叶休眠之前进行。在葡萄种植行离树主干 40~50cm 的距离南北向开沟，沟宽和深都在 30cm 左右，然后撒肥。基肥以腐熟过的粪肥为主，1 亩地 8~$10m^3$，硫基氮磷钾平衡的复合肥 50kg，海洋生物活性钙中量元素 50kg，精品全微肥微量元素 20kg，掺匀后撒施到追肥沟内，埋土，之后浇水。开沟追肥的操作根据年产量高低 1~2 年进行 1 次。

后续管理与上年度同期管理相同，循环往复。

313. 问：为什么冬季较冷地区葡萄采用棚架较好?

答：冬季寒冷干旱地区栽培葡萄，冬季枝蔓需下架埋土防寒。

为保证葡萄根系不受冻害或保持植株周围有 1m 以上范围内的根系能安全越冬，自根植株埋土宽度不得小于 2m，加上取土地带的宽度，其行间距离不能少于 4m。

若是抗寒砧木嫁接植株，虽然可采取简化防寒，防寒土堆宽度也得 1~1.2m，加上取土地带的宽度 1.5m 左右，其行间距离也不能少于 3m。

采用篱架栽培也需较宽的行距，单位土地面积上葡萄枝蔓占领的有效架面较少，不能达到理想的产量。加之光照强的地区容易产生日烧。所以，寒冷地区葡萄采用棚架栽培较好。

314. 问：葡萄为什么要挖沟栽植?

答：葡萄是多年生藤本植物，寿命较长，定植后要在固定位置上生长结果几十年，需要有较大的地下营养体积。

而葡萄根系属肉质根，其生长点向下向外伸展遇到阻力就停止前进。根据挖根调查，葡萄根系在栽植沟内的垂直分布以沟底为限，栽植沟挖的深，根系垂直分布也随之加深；其水平分布，根系与栽植沟垂直，部分在沟的宽度范围之内，只有沟上部耕作层范围内能向外伸展，而根系顺栽植沟方向能伸展 7~8m 之远。所以，为了使葡萄根系在土壤中占据较大的营养面积，达到“根深叶茂”，在栽植葡萄前要挖好栽植沟。

栽植沟的深度和宽度，一般均为 1m。如果熟耕地也可 0.8m×0.8m。挖沟前先按行距定线，再按沟的宽度挖沟，将表土放到一面，心土放另一面，按规格挖成后晒 2~3 天，然后施肥进行回填土。

回填土时，先在沟底填一层 20cm 左右厚的有机物（玉米秸、杂草等），然后用农家肥和表土混合后填到离地面 30cm 处，顺沟撒入过磷酸钙，如果农家肥较少也可在沟底先垫 20~30cm 表土，然后再用农家肥+表土回填。一般每亩需 5 000kg 土粪、200kg 左右磷肥。

在施入磷肥后用少量腐熟肥料和表土（土壤较黏的地块掺沙）回填到与地面平；用心土顺定植沟两边起埂。顺沟浇水使沟内暄土下沉约 20cm 即符合要求。

葡萄栽植根据不同立地条件采取平畦、低畦、高畦3种栽植方式。

（1）平畦栽植。适于排水不良的平地和土壤黏重的葡萄园。葡萄根系较浅，土温上升较快，降水不易积水，利于根系生长和发育。

（2）低畦栽植。适于排水良好、土质沙性、冬季较冷不积水的葡萄园，有利于保墒和冬季埋土防寒。

（3）高畦栽植。适于盐碱、易积水的低洼地葡萄园，葡萄栽植点位置高，利于排涝，而且土温高，根系发育好，但是冬季防寒时需土方量较多。

315. 问：怎样提高葡萄栽植成活率?

答：葡萄苗木芽眼饱满、发根容易，一般来说栽植极容易成活。但不少新建葡萄园却因苗木栽植成活率低使一些新栽农户失去信心。据调查，苗木成活率低的主要原因是多数人没有掌握葡萄苗木的生物学特性和科学的栽植技术所造成的。另外，在一些特殊地段，如不同的立地条件没有采取相应的技术措施，也是苗木死亡的一个主要原因。

现介绍一般情况下提高苗木成活率的几项关键技术。

（1）选好苗木。合格的葡萄苗应具备5条以上直径2~3mm的主根和较多的须根；10cm处苗茎直径5mm以上而且完全木质化，其上有3个以上饱满芽；整株苗木应是无病虫为害、色泽新鲜、水分充足。若是嫁接苗，砧木类型应符合要求，嫁接口完全愈合无裂缝。越冬贮藏的苗木，根系不发霉，根白色，水分充足，苗茎皮层不发皱，芽眼和苗茎剪开后断面鲜绿，即为好苗。

（2）适时栽植。北方栽植葡萄以春季杏树开花后为适期，最理想的时期是20cm土温稳定在12℃以上，或10cm处土温稳定在15℃时，有一些小气候较好的地方，也可在土壤消透后就栽植，栽后埋土。

（3）栽植前对苗木准备。适当修整剪去枯桩，过长的苗根剪留25~30cm，然后放清水浸泡1天，让其充分吸水。

（4）开沟栽植。定植沟最好是在前一年秋季挖好沉实，春季栽苗时，浅挖成馒头形，深度为10~20cm，以原扦插苗插条长度为准，将苗木根系放入馒头形土丘顶部，根条向四周分开，然后覆土踩实，使根系与土壤紧密结合。

栽植深度不宜过深和太浅，过深根系土温较低，不利缓苗，过浅根系容易露出地面或因表层土壤干燥而风干。一般以原苗根际与栽植沟面平齐为适宜。

（5）栽后视土壤墒情浇水。墒情好的土壤，也可每苗处点浇一盆水既可，或者快速顺沟浇一次浅水，水刚流到头即停，浇水后1~3天内顺沟覆地膜，将苗茎从膜上穿出，用塑料袋将苗茎套住，袋口在地膜穿孔处用少量土压严。或者苗茎用潮湿沙壤土埋住，培土高度以超过最上芽2cm为宜，此项技术对提高成活率极其重要。

（6）检查芽萌动。栽后10~15天检查芽的萌动情况，在芽明显增大后，破绽前选一阴天下午将土除去，防止在土中萌发。

（7）嫁接苗除砧木萌蘖。若是嫁接苗萌芽后，要及时清除砧木萌蘖，以免萌蘖消耗养分，影响接穗芽眼萌发和新梢生长。

（8）套塑袋苗。可在芽破绽后到小叶展开前，除去塑料袋，此种方法经实际使用成活率在98%以上，而且缓苗期短，生长快。

316. 问：新建葡萄园应怎样间作？

答：葡萄行距较大，定植后1～3年内行间尚有较大空间，熟耕地应充分利用进行间种。

间作物要求植株较矮，不与葡萄树争光；浅根，不与葡萄争肥水；当年即可收获，不妨碍葡萄越冬取土防寒。

一般矮茎的瓜类作物、经济作物和绿肥等都可作葡萄行间的间种作物。

317. 问：葡萄对环境条件有哪些要求？

答：葡萄各个生育期要求适宜温度和土壤湿度，参见下表

表　葡萄各个生育期要求适宜温度和土壤湿度

时期	白天温度	夜间温度	土壤湿度
定植至缓苗	28～30℃	18～20℃	85%
营养生长期	25～29℃	13～15℃	60%
休眠期	0～6℃	0～7℃	40%
破眠后发芽期	16～28℃	13～18℃	85%
开花期	25～28℃	15～17℃	75%
成熟期	28～32℃	13～15℃	70%

318. 问：葡萄的生长发育过程包括哪些阶段？

答：葡萄从栽苗到结果大致分为2个大的生长期，即营养生长期和生殖生长期。营养生长期是从栽苗到枝干长成并木质化，一直到落叶休眠。生殖生长期是从破眠发芽到开花结果，直至果实成熟。整个生殖生长期又分为：休眠期、萌芽期、新梢生长期、开花期、结果期、成熟期。

319. 问：如何确定葡萄各个生育期的正常长势？

答：葡萄各个生育期正常长势，参见下图。

定植苗

定植后正常长势

生长前期正常长势

破眠后正常长势

开花期正常长势

坐果期正常长势

结果期正常长势

成熟期正常长势

320. 问：温室栽植葡萄应如何合理安排茬口？

答：温室葡萄栽培最适宜时间是4月中旬至5月下旬。在各种条件都达到的情况下，翌年的5—7月葡萄成熟。葡萄因为是多年生果树，所以不像蔬菜一样每一茬需换苗，葡萄栽植以后可以达到10~25年无须换苗。

321. 问：葡萄如何进行绿枝嫁接更新？

答：在生长季节以新梢作接穗，接穗资源丰富，嫁接成活率较硬枝高。

（1）嫁接时期。5月下旬至6月下旬，砧穗呈半木质化时进行。7月中旬以后嫁接发出的新梢当年难以成熟，因此，嫁接时间安排要依据当地气候条件适时早接。

（2）接穗的采集。绿枝接穗要随接随采。剪取半木质化的健壮绿枝，除去叶片，去叶时要注意保留叶腋间的幼嫩副梢和一段叶柄。剪后浸水数分钟，用湿麻袋包严备用。

（3）嫁接方法。多用劈接法。选取与砧木粗细相同的接穗，剪1~2节，在接芽上方2cm处平剪，下部从芽下1cm处两侧向下削成2~3cm的对称楔形削面。将砧木距地面15~30cm处剪断，从断面中间劈开，劈口略长于接穗削面的长度，将接穗插入，使形成层对齐，用塑料条自上而下包严，接穗若只有一节，把接穗芽上剪口也用塑料包严。以防干枯腐烂、影响成活率。

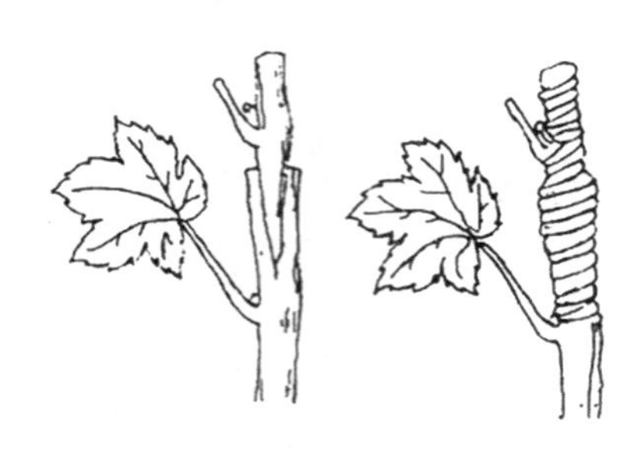

葡萄绿枝嫁接

（4）接后管理。接后要加强肥水管理，防止干旱，以保证植株液流旺盛，促进愈合组织生成。接后砧木上的叶片全部保留，而将叶腋间的副梢及时抹掉，以节省养分，集中供应接穗生长。接后 7~10 天检查，凡是接芽鲜绿或萌发，叶柄一触即落的为成活，未成活的需立即补接。成活者生长 1 个月后，可解除绑扎物。以后及时立支棍、绑梢，去副梢，中耕除草。接穗新梢长出 7~8 片叶时，顶芽摘心，促使枝梢基部芽眼充实。到 8 月下旬，不足 7~8 片叶的也一律摘心，控制顶端生长，促进枝条成熟。

322. 问：定植当年的葡萄什么情况下要求早摘心？

答：

（1）苗木萌发后只有一条新梢。如不能达到整形对选留主蔓的要求时，需立即摘心迫使夏芽提前萌发抽生副梢整形。一般于新梢长出 6~7 叶时，根据整形对主蔓数的要求，保留 3~4 片叶摘心，以后夏芽萌发从中选留副梢作主蔓。

（2）苗木萌发后其新梢细弱。可于新梢长达 30cm 左右时摘心，抹掉基部 2~3 节发出的副梢，以上副梢留 4~5 片叶再进行摘心。摘心后其上发出的二次副梢、三次副梢等留 1~2 片叶反复摘心，以控制顶端优势，增加枝叶量，促进根系生长和苗茎加粗。

323. 问：当年定植苗长势不匀怎样摘心？

答：壮苗是快速成型、早结果、早丰产的基础，当年定植的苗木长势不可能整齐如一，需通过“看枝摘心”进行调整。

（1）弱苗。基部茎粗在 0.6cm 以下的弱苗，第二年很难达到放条标准。对这类弱苗发出的枝条要及时看枝摘心。看枝摘心的物候期为花期，即“花期新梢不过米”“梢头不弯曲”（新梢生长势弱的一种表现）的新梢，需立即重摘心，促其加粗生长，第二年再放条。如果此时不摘心，则枝条长得细长，若冬剪时再长留，几年内果枝生长衰弱，极少能结果，贻误数年，欲速而不达。

（2）徒长苗。苗木茎粗超过 1.2~1.3cm，新梢节间过长，芽眼不饱满。这种

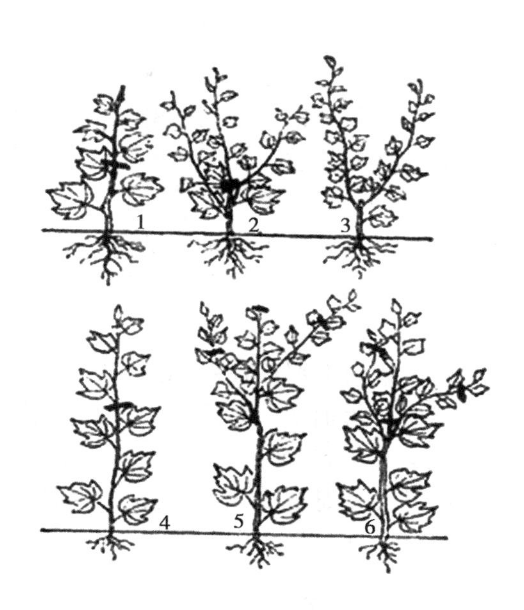

图　定植当年早摘心

1. 新梢6~7片叶时摘心，留3~4片叶；2. 从副梢中选2条作主蔓；3. 秋后长成2条主蔓；4. 新梢细弱，留5~6叶再摘心；5. 副梢留4~5叶再摘心；6. 最后保留2条副梢作主蔓

徒长蔓花期也要摘心，缓和树势，以促进成花，第二年可结果。

壮苗：新梢生长正常，花期的形态表现为“花期过米，梢头弯曲”“芽眼饱满，节长适宜”。对这类新梢可适当晚摘心，于8月上、中旬摘心。

324. 问：定植当年的葡萄枝蔓如何进行夏季修剪？

答：正常健壮生长的当年葡萄苗，按整形要求进行抹芽定蔓，留足主蔓数后将新梢引绑上架。距地面40~50cm以下部位的副梢随时贴根抹除，特别粗壮副梢可留4~5片叶反复摘心，加粗后（达0.8cm以上）培养成结果母枝，冬剪时留3芽剪截。

小棚架主蔓新梢长度达1.5m时摘心，不论是否达到生长长度，8月中旬必须摘心，促进枝芽木质化和花芽分化。冬剪时在充分成熟、直径1cm以上部位剪截，一般剪留长度在1m左右，个别新梢极粗壮的可剪留1.2~1.5m。

对于生长细弱的苗木，在采取早摘心促进增加茎粗措施后仍然达不到到壮苗标准（定植后当年基部茎粗1cm以上）的，冬剪时留3~4芽平茬，第二年从基部重新选留新梢作主蔓。

325. 问：为什么留梢多少要看架面？

答：幼龄结果树开始结果1~2年，葡萄枝蔓少，架面空间大，要适当多留梢。

见果的第一年春天，待芽眼萌发以后，首先要抹掉双芽中的弱芽，每个节只保留一个健壮芽；待嫩梢长到可见花序时，要抹掉棚架距地面40~50cm以下、篱架距地面30cm以下的营养枝，可少量留1~2根带花序的结果枝，既可利于通风透光，减少病害，又能取得一些产量，增加收益。棚架50cm以上、篱架30cm以上的新梢则应全部保留。

对于带有花序的结果枝，一般选留1穗果，细弱枝不留花穗，并且应控制在距顶端50cm以下部位结果，以免主蔓加速延伸。以后每年主蔓每延长1m，可多选留5~6个花穗。

葡萄开始进入盛果期时，架面中部往往新梢过密，应疏除部分弱发育枝和弱结果枝，根据品种生长势强弱决定留梢量。一般生长势强的品种，每平方米架面留梢13~15个；生长势中庸的留梢15~20个；生长势弱的留梢20~25个。另外，生长期长、雨量较多的地区留梢量要相对减少15%~20%，每平方米架面留梢量变化在10~20个，多数在15个左右较为适宜。

326. 问：为什么留穗多少要看叶量?

答：头年冬剪和第二年春抹芽定蔓，是对树体果实负载量的初步控制，还需通过疏除花序和通过花序整形进行留果量的调整，以实现合理留果的目的。定枝后若留果量仍然偏多，则会出现叶果比失调，不但影响果品品质，而且会造成新梢生长和花芽分化不良。

据丰产经验总结，大果穗品种，每穗果要有成叶40~50片，中果穗品种要有成叶25~35片，才能保证果实产量高、品质好，树体生长健壮，当年花芽分化良好。

叶果比小的明显标志是有色品种着色期推迟，上色程度较差，采收期延后，果实粒小、味淡，枝条成熟不好。据实验，每克葡萄浆果的生长发育需11~14厘平方米叶面积供其营养，即每生产500g葡萄需直径15cm大小的叶片40片左右。幼龄树由于生长量较大，每斤果留叶量还要大些，以满足生长和结果两方面对营养的需要。

327. 问：葡萄新梢为什么要花前摘心?

答：葡萄在开花前后有个“营养转换期”。这个时期，新梢已经长到一定长度(不同品种、不同地区葡萄新梢生长量不同)，其营养来源主要依靠树体内头年贮藏的营养，并且贮藏营养已基本用完，此后必须依靠新梢叶片自己制造的营养来维持其旺盛的生长和开花坐果。

而此时，也正是新梢顶端嫩梢、嫩叶开始旺长期，新梢生长和开花坐果都需要消耗大量营养，两者争夺营养的矛盾相当激烈。

此时若不采取人为措施控制嫩梢生长，必然会因营养争夺而影响开花坐果。所以，葡萄在开花前到初开花时，需对新梢进行摘心，掐去嫩尖嫩叶，人为地暂时中止新梢生长对养分的消耗，使树体营养集中供给花序开花坐果，以利提高坐果率，为葡萄丰产奠定基础。

尤其对于开花坐果期营养敏感型的品种，必须进行花前摘心，才能保证丰产。

328. 问：怎样掌握新梢摘心时期和摘心程度？

答：花前摘心的目的是在葡萄开花期暂时中止新梢延长生长，以改善花序营养，使之利于坐果。为此，正确的摘心时期应在花前 3~4 天。

而葡萄开花期随品种、气温、光照和生产管理技术等不同而异，每年开花期并不固定，很难掌握。但是在同一果园，不同品种开花期的顺序是有一定规律的，通过观察掌握不同品种的开花顺序，以后新梢摘心时期可以参照这一顺序来执行，如果生产园品种较为单一，可在花前注意巡视观察，发现本品种有的花序已有 5%的花蕾开放，立即进行该品种全园新梢摘心，也能收到较好的效果。

新梢摘心程度，以保留大于本品种正常叶片 1/3 大小叶片为标准。因为新叶达到正常叶片 1/3 大时，本叶片光合作用制造的营养与该叶片扩大生长所需消耗的营养相平衡，而大于正常叶片 1/3 大时，则营养制造大于消耗，尚有部分营养积累可供开花坐果。

所以，对新梢进行花前摘心时，应将小于正常叶片 1/3 的叶片以上嫩梢摘除。摘心程度过轻，保留的幼叶因处于新梢上部，具有顶端优势，叶片的快速生长会消耗较多的养分。摘心程度过重，又会把光合产物有余的叶片摘除，削减了新梢的营养积累，使供给花序开花坐果的营养不足，同样会影响到提高坐果率。

生产上一般在花序以上留 5~7 片叶摘心，有时还应该参照摘心位置的叶片大小，灵活掌握。

329. 问：为什么要疏花疏果？

答：葡萄和其他果树一样，有个合理的结果量才能优质和正常成熟。葡萄容易形成花芽，有些品种一个果枝甚至会产生 3~4 个花序，结果过多引起一系列不良后果，是葡萄栽培者所不希望的。

为了防止过量结果，需要采取一系列栽培措施，除了冬剪时确定合理的留芽量以外，早春时还要通过抹芽以及稍后一些时期的定梢，进一步对产量进行调整。

而疏花疏果则是达到预定产量指标的最后一道工序，其内容包括疏花序、掐花序尖、去副穗和疏幼果等。

（1）疏花序。在确定花量过多时，首先要疏除主蔓延长梢上的花序；其次疏去一个果枝上两个以上花序中的弱花序和弱蔓上的花序。最后做到延长梢不留花序，强壮蔓留 1~2 个花序，中庸蔓留 1 个花序，弱蔓不留花序。

（2）掐花序尖和去副穗。花序整形，对坐果率低果穗松散的品种在花前掐去花序前端约占花序总长度 1/4~1/5 的穗尖，以及第一副穗，以集中营养提高坐果率和促进幼果的快速发育。对于坐果率高的大穗、大果品种在掐穗尖、去第一副穗的同时，可将以下的各级副穗适当地剪去一部分花蕾，为增大果粒留下一定的发育空间。此项工作可结合花前结果枝摘心进行。

（3）疏幼果。在上述几项工作的基础上，对少数穗形松散的果穗，如穗尖拉的较长，应将穗尖的稀疏幼果剪掉，以美化外观。同时，对坐果过高的大穗、大粒品种，从穗上疏去一部分幼果，以增大单粒果重，提高品质，如“红地球”每穗以60~70粒为宜。

330. 问：怎样进行副梢处理?

答：葡萄夏剪副梢处理的方法大致有以下3种。

（1）副梢全部保留。每级副梢均留1~2片叶反复摘心，先端1~2个副梢留3~4片叶反复摘心。这种方法对冬芽易萌发的品种和幼树加速生长特别有利，但较费工。

（2）果穗以下副梢全部抹除。果穗以上副梢留1~2片叶反复摘心，先端1个副梢留4~5片叶反复摘心。这种方法可适当减少用工，也能程度不同地改善果枝后部的通风透光状况，同时，能不断补充副梢新叶，以满足果实后期生长发育、花芽分化和枝蔓加粗对营养的要求，是适合大多数品种的较为理想的副梢处理方法。

（3）留先端2个长副梢，3~6片叶反复摘心，其余副梢全部抹除。这种方法夏剪方便、省工，适于面积大而劳动力少的葡萄园，但是成龄叶片老化后，秋季功能叶片减少，一定程度上影响到葡萄的产量和品质。幼龄结果树，树体处于不断扩展阶段，新梢在架面上的分布不像成龄树那样均匀，通常是架后部密，架前部稀。

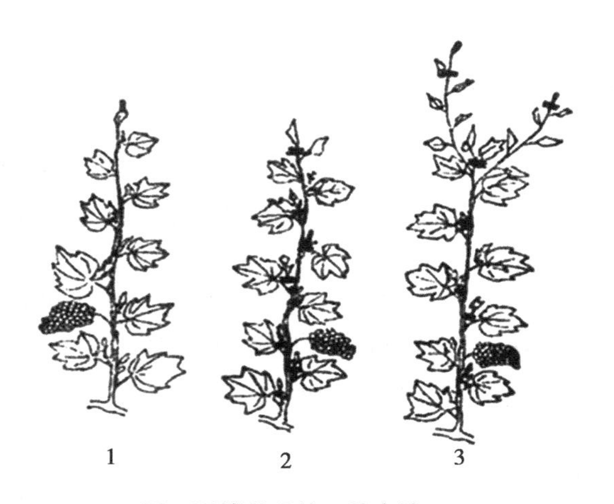

图　副梢处理的3种方法

1. 副梢全部保留；2. 果穗下摘除，果穗上留1~2叶反复摘心；3. 只留前端2个长副梢，其余抹除。

为了充分利用架面空间，对副梢的留叶量看架面叶幕厚度（每平方米架面葡萄叶面积），灵活运用上述几种夏剪副梢处理方法。枝少，叶幕层薄的蔓段应多留副梢叶片；枝多，叶幕层厚的蔓段可少留梢副叶片。具体操作参看架下地面光照花影，花期架下有大花影（每平方米架面的叶面积约为 2.5m^2），浆果着色前架下有小花影（每平方面架面的叶面积约为 2.8~3.0m^2），为叶幕层厚度适宜。

架下湿度较大的地区，可稍低。单壁篱架两侧见光，可稍高。

331. 问：为什么初结果树副梢的选留要看新梢长势和部位？

答：定值后头 2~3 年的初结果树，架面空间大，枝叶少，应利用副梢增加枝叶量，增加光合产物，有利于树体迅速扩大。副梢选留及留叶多少，要看新梢长势和部位。新梢下部距地面 40cm 以下的副梢，可于花前全部抹掉，改善下部通风透光条件，以利减少病虫为害；距地面 40cm 以上的副梢，留 1~2 叶反复摘心，防止副梢基部到秋季粗度超过 0.5cm。

如果副梢过粗，位于副梢基部的主梢冬芽发育不饱满，来年不能开花结果，甚至出现瞎眼（不萌发新梢）。

若所留副梢生长强旺，也可增加副梢留叶量，有计划地利用副梢作结果母枝，但要求到秋天副梢基部粗度不应低于 0.7~0.8cm，否则，冬剪时应疏除。

332. 问：成龄葡萄的新梢应如何引绑？

答：成龄葡萄树，除按上述夏剪方法进行留梢、副梢处理以外，为了均匀摆布枝蔓，充分利用空间，进一步调节生长与结果之间的矛盾，在花期前后要对新梢进行引绑。

篱架新梢直立生长，绑梢次数要多些，凡见先端弯曲下垂的新梢，均要及时向上引绑。

棚架上的弱枝，可让其直立生长。中庸结果蔓和营养蔓，应结合花前摘心进行弓形引绑，以花序为最高点拱成弓形，以削弱顶端优势，使营养向花序果穗转移，并有利于新梢基部几节的花芽分化，为短梢修剪创造条件。尤其秋黑、红地球等生长势强的品种，采用弓形绑梢，不仅当年葡萄的产量和品质都能有所提高，而且新梢基部花芽分化良好，对提高采年结果蔓比率，保持稳产都很有效。强旺枝和徒长枝，花期最好在新梢基部 1~2 节位置处扭梢压平，缓和其生长势，对提高当年坐果率和来年新梢基部萌芽率都有益处，而且基部几节花芽分化良好，可成为理想的结果母枝。

333. 问：怎样促进葡萄快速成型？

答：实现葡萄快速成型，需要健壮的新梢生长作基础，而深翻改土，多施农家肥，适时适量追肥灌水，使幼树早期形成强大的根群，是促进发苗长梢和快速成型的有力保障；简化和缩小树形，缩短架长，减少株形蔓数和骨干枝的分枝级次，使养分集中目标使用是快速成型的主要措施。

为迅速促进成形，生产中可采取如下措施。

（1）选用壮苗定植。

（2）缩小株行距，小棚架以（0.8～1）m×4.5m、篱架以（0.8～1）m×3m 为宜，越冬埋土浅的地区以 0.8m×2.5m。

（3）扩大定植沟，为根系生长创造良好条件。

（4）采取地膜覆盖，提高早春地温。

（5）进行合理修剪，实行促控结合，前期促进枝条生长，后期控制非骨干枝生长，集中树体营养供骨干枝延伸。并促进枝条和芽的充分老化成熟。

334. 问：怎样促进新梢成熟?

答：从浆果成熟前后到落叶为止，这一时期叶片继续制造养分，并大量积累到枝蔓和根群。此时组织内淀粉积累增加，水分减少，细胞液浓度增高，新梢继续由下而上充实并木质化。这一阶段进行的越充分，新梢和芽眼成熟的越好，花芽分化能顺利进行，植株的抗寒能力越高。

为达到上述目的，可采取如下措施。

（1）追肥。前期施用氮肥，中期控制氮肥，后期不施氮肥，防止徒长。中期开始增施施磷、钾肥，促进各器官成熟，加速新梢木质化。一般于 8 月上旬至 9 月中旬，每 10 天左右连续进行叶面喷施磷、钾肥 3～4 次，如 0.3%磷酸二氢钾、0.2%氯化钾或 1%～3%草木灰浸出液等。

（2）严格执行夏季枝蔓管理制度，及时进行摘心和副梢处理，增强架面通风透光，节流开源，调整养分的流向，促进花芽分化、生殖生长和营养生长的平衡。

（3）9 月中旬开始摘除新梢基部 3～4 节老叶，增强基部光照，加速这个部位的芽眼成熟。

（4）加强后期地下管理，经常松土除草，控制灌水，使土壤通气良好，以促进土壤微生物活动，充分发挥肥效。

335. 问：什么叫葡萄营养转换期?

答：葡萄从萌芽到开花前后，随着气温和地温逐渐升高，芽内花序原始体迅速分化，新梢和花序生长，叶片伸展以及根系的生长等主要依靠植株体内头年贮藏的有机营养。贮藏营养到开花前后已基本用完，而新梢叶片制造的营养还不足新梢本身生长和开花坐果的支出，这个阶段称为葡萄的“营养转换期”或称“营养临界期”。

在叶片充分成长之后，具有一定数量的叶面积，光合作用产生的营养除了满足新梢本身继续生长后，才能逐渐为开花坐果和树体加粗以及根系生长提供营养来源，葡萄整个树体营养才全部转变为依靠当年光合作用产生的营养。所以，葡萄营养转换期，树体营养若不足，就会严重影响当年的产量、质量和下一年的生产。

生产上为了尽可能缩短营养转换期，可采取如下措施。

（1）早春施肥灌水。一般于萌芽后即追施氮肥、灌水，为营养“开源”，促进新梢迅速生长，尽快增加有效叶面积。

（2）加强夏季综合管理。及时进行抹芽、定枝、新梢引绑、摘心和副梢处理，为营养“节流”，改善架面通风透光条件，以达到有效利用树体营养物质的目的，从而有利于植株顺利渡过“营养转换期”。

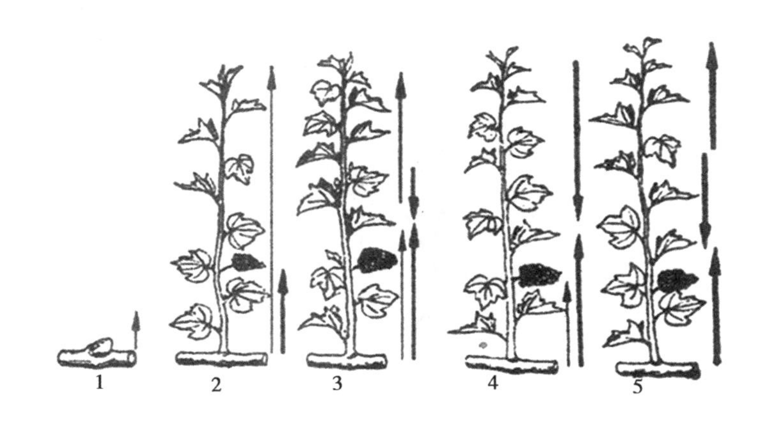

图　葡萄“营养转换期”营养的流向

图中细箭头线表示头年树体贮藏营养；粗箭头表示当年叶片制造营养

1. 萌发；2. 新梢生长初期；3. 开花前；4. 花期（营养转换期）；5. 坐果后

336. 问：葡萄芽眼里有哪几种类型的芽？

答：葡萄的芽是一种混合芽，着生在叶腋间。任何新梢的叶腋均有两种芽，即冬芽和夏芽。

（1）冬芽。冬芽是由一个主芽（中心芽）和 3~8 个副芽（预备芽）组成，外部有一层具有保护作用的磷片，其内密生茸毛，正常情况下越冬后才能萌发，故称冬芽。冬芽中的主芽萌发后形成的新梢称为主梢，而副芽一般不萌发，在皮层中潜伏着，只有在特殊情况下（如主芽死亡、受某种刺激等）才萌发抽生新梢，而且往往几个副芽同时萌发，在一个芽眼部位出现双发枝或多发枝。冬芽中的主芽在当年仅能分化出 6~8 节，副芽只分化 3~5 节。若受到刺激时（如人为强摘心，主梢局部受害等）也可在当年萌发出冬芽 2 次枝（冬芽副梢），并在其上开花结果，这就是葡萄一年多次结果的理论根据。

（2）夏芽。夏芽是着生在冬芽旁边的一种“裸芽”，它是早熟芽，形成的很快，有些品种的夏芽在叶片展开后 10 多天即成熟萌发。所以，夏芽当年即可萌发抽出新梢，通常称为夏芽副梢。夏芽副梢在适宜的环境条件下在短时间内也可形成花芽，形成二次果。生产上以玫瑰香、乍娜等品种加强夏季管理，常利用其夏芽副梢诱发二次果，从而增加产量。另外，红地球、黑大粒等品种夏芽也极易形成二次果，但因不能成熟要及时疏除。夏芽副梢在年生长期内能多次抽生副梢，分别称为一次副梢、二次副梢、三次副梢等。生产上可利用它加速整形，利用它作绿枝接穗和插穗进行苗木繁殖。

（3）潜伏芽。潜伏芽是冬芽中的副芽，当年不萌发潜伏在皮层内，当植株受到刺激后才能萌芽。

潜伏芽有时能起到理想的作用，如在瞎眼光秃带刺激潜伏芽萌发，可弥补空间缺枝，增加产量；在主蔓基部的潜伏芽抽生的新梢，可作更新主蔓之用等。

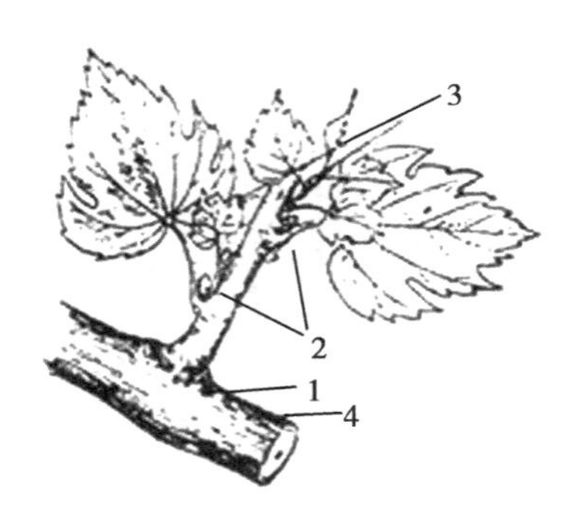

图　葡萄的芽

1. 潜伏芽；2. 冬芽；3. 夏芽；4. 结果母枝

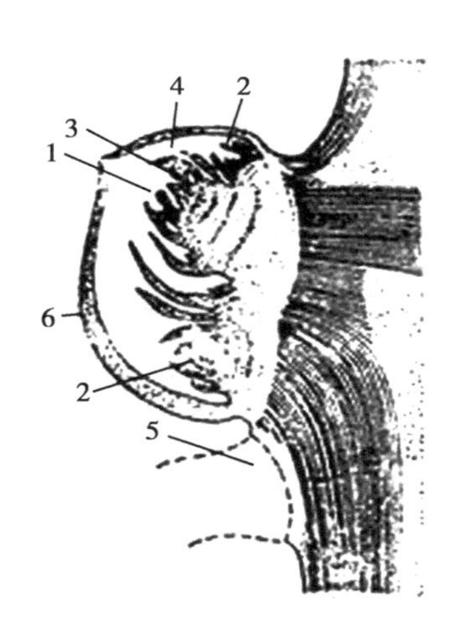

图　葡萄的冬芽（纵切图）

1. 主芽；2. 副芽（后备芽）；3. 花序原基；4. 叶原基；5. 已脱落的叶柄；6. 鳞片

337. 问：葡萄冬剪长度分几种？如何修剪？

答：葡萄冬剪通常按留芽多少分为 4 种长度，超短梢（1 芽或只保留枝条基芽），短梢（2~4 芽），中梢（5~7 芽），长梢（8 芽以上）。

上述修剪长度在生产中应用最广的为短梢修剪，尤其北方小棚架葡萄，架面上主蔓分布距离只有 50cm 左右，除了特殊需要新梢弥补因瞎眼而空缺部位采取中长梢修剪外，一般都实行短梢修剪为主。剪留 2~3 芽，个别基芽结实率较高的品种如康拜尔还常用超短梢留 1 芽修剪，来年其新梢密度和果枝数都够用，并可减少夏季修剪次数。但对于结果习性节位较高的品种，则要长、中、短梢结合修剪，以保证产量。

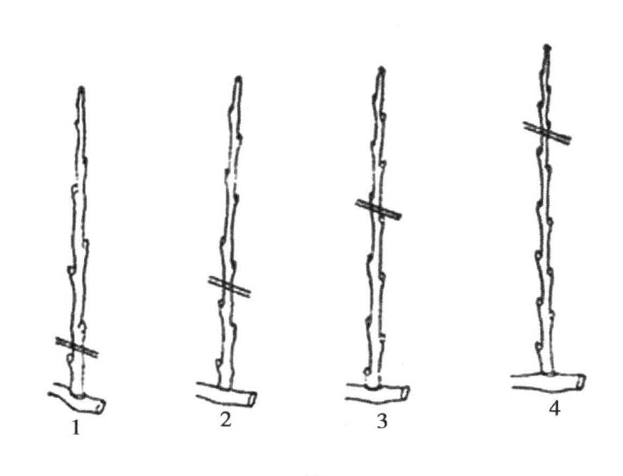

图

1. 超短梢；2. 短梢；3. 中梢；4. 长梢

338. 问：怎样确定母枝剪留长度？

答：结果母枝剪留长度受很多因素的制约。

（1）视枝条生长情况而异。粗壮枝条花芽分化好，萌芽率高，可适当长留。留条过短，剪掉大量花芽，影响产量，而且会出现徒长现象；留条过长，枝条过密，通风透光不好，来年结果过多，品种下降，成熟延迟，病虫害加剧，第二年树势则显著减弱。母枝细弱的则应留 2~3 芽短截。

（2）视枝条着生部位而异。着生在空间大的部位，枝条要适当长放，使之萌发较多的新梢去占据空间，如留长条占据空间而造成瞎眼的光秃带。下位枝条要短留，顶端枝条要适当长留。

（3）视整枝形式不同而异。篱架多主蔓自然扇整枝，要长、中、短梢综合修剪；棚架龙干形整枝，枝组按一定距离有规划地固定在龙干上，主要用短梢、超短梢修剪，少量用中梢修剪。

（4）视品种生长势而异。

①生长势强旺的品种，适于中、长梢修剪；

②生长势中庸品种，适于中、短梢修剪；

③生长势偏弱品种，适于短梢或超短梢修剪。

339. 问：怎样确定冬剪的留芽量?

答：冬剪留芽量的多少，对产量、品质及植株的生长发育有很大的影响。留芽不足，来年果枝少，产量不会好；留芽过多，来年新梢密挤，光照不良，落花落果严重，果粒变小，着色差，糖度低，口味也不好，而且枝条生长发育不良，花芽分化不好。所以，确定适宜的留芽量对于高产、稳产、优质和壮树都是十分重要的。

确定留芽量的方法很多，但还没有一种方法能较好地适应所有地区和所有品种。或多或少受不同生态条件、不同品种生长结果习性以及栽培管理水平等一些因素的影响。所以，适宜的留芽量只是一些经验数字，应因地制宜加以运用。这里介绍以主蔓截面积与葡萄产量相关推算出留芽量的方法：

有人通过大量调查结果指出，在良好的栽培管理条件下，大体每平方厘米主蔓截面可承担2.5kg浆果的产量。

截面计算方法是，先量距地面20cm处主蔓最大直径，假设为3cm，然后按πr^2公式算出圆面积$=3.14\times1.5^2\approx7cm^2$。则该主蔓可承担17.5kg左右产量。

又假设每果枝平均结果500g左右，果枝与发育枝的比例为7：3。为了保证该主蔓取得17.5kg的产量，需结果新梢35个，发育枝15个，冬剪时理论留芽量应该是50个。

但是，生产上考虑到越冬防寒、春风和人为机械损伤以及芽体不饱满等所造成的损耗，往往要比理论芽量多出2倍左右，即实际冬剪时该主蔓应留芽为150个左右。

340. 问：怎样培养结果枝组?

答：葡萄整形的同时，还要完成结果枝组的配置与培养。一般龙干整形时，在主蔓上每间隔20~30cm应配置1个结果枝组。葡萄培养结果枝组的方法如下。

（1）定植后。定植后至主蔓布满架前，此时期以整形为主，尽量多留枝条以填补较大的架面空间，以利树体扩大，并为大量结果创造条件。

所以，此期主蔓上每米蔓段应留枝组5~6个。每年春天萌芽后，嫩梢长到能见花序时，按20cm的间距在主蔓上配置结果枝组。

枝条过密处，在夏剪时可疏除部分细弱枝；枝条过稀处，夏剪时应早期重摘心，促其分枝，培养成枝组。

（2）进入盛果期后。整形任务基本完成，枝组培养和更新同时并举。此期主蔓上每米蔓段留枝组数要适当减少到3~4个，把位置不当、生长衰弱和过密的枝组疏除。留下的枝组，一般每个枝组保持有3个结果母枝，每一母枝留2~3芽修剪，春天选2个健壮新梢。以后每年冬剪时采取单枝更新法或双枝更新法对母枝进行修剪，以保持结果枝组生长健壮。

（3）进入衰老期后。枝组要大量更新，从主蔓上潜伏芽发出的新梢来更新培养结果枝组。具体做法是：逐渐收缩枝组，把上位枝芽多剪去一些，多留下位枝芽，让母枝尽量向下位移，发现潜伏芽新梢，要多保留，有计划地疏除周围一部分衰老枝组，以便培养潜伏芽梢成为新枝组。

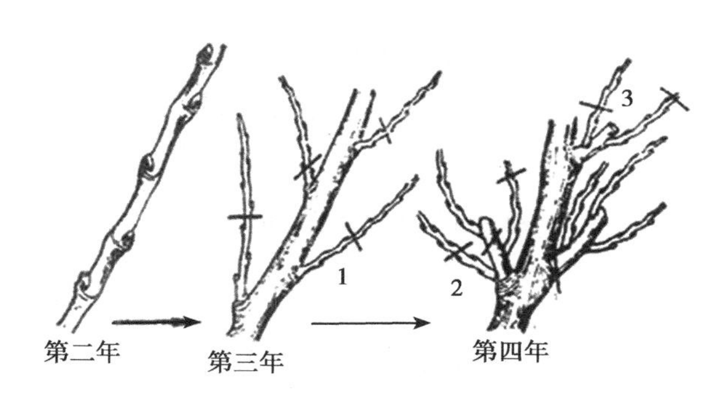

图　结果枝组的培养

1. 临时结果母枝；2~3. 结果枝组

341. 问：什么叫双枝更新？

答：双枝更新法是结果母枝交替更新的方法之一，也是冬季修剪对结果母枝的剪留方法之一。

（1）定植当年。主蔓上每隔一定距离（20~30cm）留一个固定的结果枝组，冬剪时每个枝组选留2个靠近主蔓的成熟梢，上位梢实行中、短梢修剪，截留3~7个饱满芽做第二年的结果母枝，下位梢实行短梢修剪，截留2个饱满芽做更新预备枝。

（2）第二年。上位结果母枝上发出的新梢，尽量多留结果枝结果，秋末冬剪时从母枝基部疏除；下位更新预备枝，一般不让结果（把花序疏除），培养成粗壮的结果母枝，冬剪时上位枝实行中、短梢修剪留做下一年的结果母枝，下位枝实行2芽短截做更新预备枝。

（3）第三年。再重复第二年的修剪方法，年复一年。

342. 问：什么叫单枝更新？

答：在主蔓上每个结果枝组上的结果母枝均实行2~3芽短梢修剪，冬剪时将结果部位较高的成熟梢疏除，留下靠近主蔓的1~2个成熟梢留2~3芽短截。短截留下的短梢母枝，既是明年的结果母枝，又是明年的更新枝，结果与更新在一个短梢母枝上合为一体，即结果母枝上发出的新梢。如果是有花序的结果枝，结果后于冬剪时留基部 2~3 芽短截。第二年从萌发出的新梢中选留 1~2 个结果枝，结果后于冬剪时又留基部 2~3 芽短截。如此重复，周而复始。

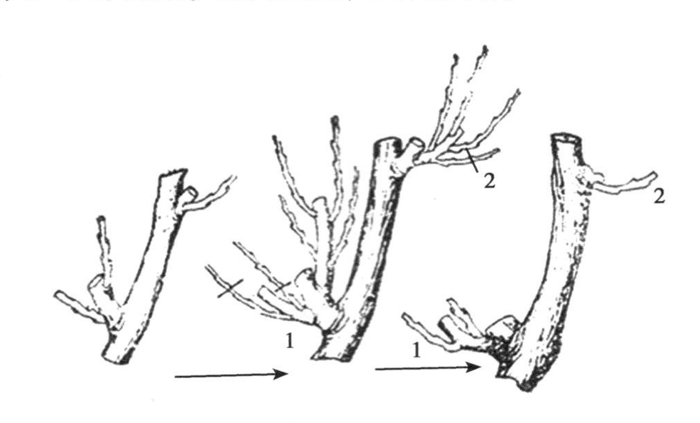

图 结果母枝交替更新方法

1. 双枝更新；2. 单枝更新

343. 问：葡萄早春剪枝为什么有伤流出现？

答：葡萄树液当地温达 7~9℃时开始流动，在根压作用下，水分与养分沿木质部导管上升，早春修剪产生的新鲜伤口一时难以风干，这时此液体就从剪口流出，这就叫“伤流”。

伤流时期的长短和伤流量的大小，受土壤温度的影响较大，随土温升高伤流量增多，至葡萄展叶开始蒸腾水分时逐渐停止。

伤流量与土壤湿度关系密切，干旱地区伤流期短，伤流量也少，甚至无伤流；土壤湿度大的地方，一个葡萄枝蔓的新剪口，一昼夜可流出 630mg 树液，从伤流开始到伤流停止总共可流出 3kg 以上的树液。

伤流树液中每升含干物质 1~2g，伤流过多对树势有一定影响。因此，应尽量避免在春季剪枝或造成新的伤口。

344. 问：什么叫花芽分化和花芽形成？

答：葡萄的芽是混合芽，最先出现枝叶的原始体，呈叶芽状态，在营养条件和气候条件有利的情况下逐渐向形成花器方向发展。

这种由叶芽状态开始转化为花芽状态的过程称为花芽分化。

从花芽与叶芽开始有区别的时候起，逐步分化出萼片、花瓣、雄蕊、雌蕊以及整个花蕾和花序原始体的全过程称为花芽形成。

葡萄的花芽分化，一般品种大约在开花期前后 1 个月之间开始分化，首先是新梢下部的冬芽开始分化，而后由新梢下部逐渐转向上部的冬芽开始分化。而花芽由分化到形成，则时间较长，而且花器的绝大部分是在翌年春季萌芽展叶后迅速分化形成的。

345. 问：如何利用顶端优势为葡萄生产服务？

答：顶端优势是木本植物的一个共性，即居于顶端的分生组织常常产生一些植物激素抑制其下侧芽的发育，表现为：在枝条上部的芽能抽生强枝，往下生长势逐渐减弱，最终下部芽处于休眠状态。

利用顶端优势为生产服务能起到事半功倍的效果。

（1）弓形绑缚枝蔓，可用于补救葡萄枝蔓“瞎眼”。

（2）主蔓延长梢高接换种，可迅速形成新品种树冠。

（3）利用弱枝抬高强枝压平的方法来调整枝蔓生长势。

346. 问：葡萄幼树出现“退条”怎么办？

答：葡萄幼树“退条”是指头年正常修剪保留下的延长梢。第二年上部不萌发，或只有顶端数芽萌发，其下很长蔓段不萌发的现象。产生退条的原因很复杂，一般根系和枝蔓受冻，结果过量引起新梢不成熟，或头年霜冻造成早期落叶，或秋季徒长贮藏营养不足等都能引起退条现象的出现。归根结底，退条的实质表现为地上部与地下部营养失调，要及时采取有效措施进行补救。

（1）由于贮藏营养不足的原因，当中间很长蔓段的芽眼不萌发时，要立即将主蔓下架，进行部分缩剪，以减少总芽眼数，并把剪留下的主蔓放到最低的横铁线上呈水平绑缚，让每个芽眼都能得到仅存的树体内贮藏营养，促使各芽眼萌发。然后，采取恢复根系、加强土肥水管理和架面新梢营养“节流”措施，使得已萌发的新梢得到正常的生长发育。

（2）由于新梢成熟度不好的原因，萌芽后及时回缩到壮枝壮芽处，并对留下的枝蔓加强全面管理，以促进新梢和新的延长梢健壮生长。

（3）由于根系受冻的原因，可采取压蔓待根和地下催根措施，既保留原蔓不受过多的损失，又使根系很快恢复生长。

347. 问：葡萄主蔓瞎眼应如何补救？

答：在管理不善的一些葡萄园中，都程度不同地存在着多年生枝蔓光秃现象。这种芽眼部位没有抽出枝条，形成蔓段光秃，架面空缺的现象，老乡称为“瞎眼”。

产生瞎眼的原因很多，其中以幼树放条（主蔓）过长，结果树超量结果引起新梢不成熟，夏剪不合理留用较多副梢等原因。

主蔓上产生了瞎眼，等于种庄稼苗断行一样，严重影响产量。其补救方法如下。

（1）引枝补空。在瞎眼光秃带邻近的枝组，冬剪时多留长梢，引绑到光秃的空间，以充分利用光照，增加产量。

（2）回缩更新。光秃带在主蔓前部，可先在光秃带后部培养新蔓，当新蔓可以取代老蔓时，冬剪时一次回缩更新。

（3）弓起诱梢。光秃带前部生长健壮，早春上架后可把光秃部位绑成弓形，利用葡萄的垂直极性，使弓起部位的潜伏芽萌发。当潜伏芽长出10cm左右时，把弓形部位放平绑好，并及时定枝、摘心和副梢处理，培养新的结果枝组。

348. 问：如何利用压蔓技术进行葡萄植株补缺？

答：幼树定植后，由于各种原因往往引起缺株，或设计上株距过大，在没有合适的苗木补植的情况下，可采取压蔓技术来填补空缺。

在缺株邻近的植株上选用生长良好的下部新梢或萌蘖，及时上架并处理其副梢（各留1~2叶反复摘心），在8月中、下旬摘心，冬剪时留长条，剪留到成熟节位。第二年早春在母树至缺株位置上挖沟客土，施足基肥，把长条埋入沟中，让前端直立萌发新梢，及时引绑上架。待压条生根后剪断与母树连接部分，使新植株独立生长。

349. 问：葡萄园怎样预防霜冻？

答：春天有可能出现严重的晚霜，使已萌发的葡萄嫩梢、芽、幼叶和花序受害。秋天，也可能过早出现早霜，使葡萄生长期缩短、早期落叶，新梢不能充分成熟遭受冻害。

预防晚霜对葡萄为害的方法：适期晚撤防寒土；出土后连续多次灌水降低地温，延迟萌发；在果园内准备烟雾剂，注意收听当地气象部门的天气预报，在降霜前1~2个小时点火熏烟，防止降霜。

预防早霜对葡萄为害的方法：

葡萄生长后期严格控制施氮肥和灌水，防止徒长，促进枝芽木质化；没充分成熟枝蔓提前下架，防寒物提早进地，注意收听当地天气预报，一旦有霜冻气象，将葡萄枝蔓用防寒物覆盖。待霜冻解除后再撤除防寒物，使枝芽得到抗寒锻炼。

350. 问：为什么葡萄园早春要深翻畦面？

答：葡萄根系早春活动旺盛，需要充足的氧气和养分供给根系吸收利用。北方埋土防寒地区，葡萄出土上架后，结合清理畦面，需进行畦面深翻。

深翻畦面能疏松土壤，提高地温和提高土壤保墒通气能力，促进微生物活动，加速有机质分解，提高肥料利用率，有利于根系的生长和新根的发生。深翻深度一般为15~20cm，翻土打碎，搂平。若秋季没有施基肥，可结合深翻施足基肥，也可同时追施氮肥。最后修整畦埂。

351. 问：土壤过黏有什么坏处？如何改造？

答：土壤过黏，导致通气不良，二氧化碳积累过多，氧气不足，影响根系呼吸代谢生理活动和根系正常生长。同时，在缺氧情况下，土壤中好气性微生物的活动受到限制，有机物分解很慢，肥料利用率大大降低，造成葡萄生长发育不良，影响产量和质量。

对黏重的土壤，除了增施基肥外，应掺沙，以增大土壤孔隙度，减少土壤容重，保持土壤疏松，改善土壤理化性状，使葡萄生长发育正常。

352. 问：葡萄植株生长期需要哪些营养元素？各元素有何作用？

答：葡萄每年需从土壤中吸收大量的营养物质。为了恢复并提高地力，必须进行施肥，以保证植株能及时、充分地获得所需要的营养，促使树势健壮，提高产量和质量。

葡萄在整个生命活动过程中，营养物质需要量较大的有氧、氢、碳、氮、磷、钾、钙、镁、硫等元素。这些元素称为多量元素。而硼、铁、锰、锌、钴、铜等需要量少，称为微量元素，但对植株生长发育的作用却很大。各种元素除氧、氢、碳外，主要由根系通过土壤吸收到植株内部，有时也可以从叶片、茎芽绿色部分吸收到（如叶面喷肥）植物体内。

（1）氮（N）。氮是组成各种氨基酸和蛋白质所必需的元素，又是构成叶绿素、磷脂、生物碱、维生素等物质的基础。氮在植物整个生命活动过程中，能促使枝、叶正常生长和扩大树体，故称为“枝肥”或“叶肥”。

（2）磷（P）。磷是构成细胞核、磷脂等的主要成分之一，积极参与碳水化合物的代谢和加速许多酶的活化过程，增加土壤中可吸收状态氮的含量。磷肥充足，有利于细胞分裂，花芽分化，增加坐果率，促进浆果成熟，提高品质和葡萄的风味，还可增强抗寒、抗旱能力。磷素易被土壤固定，不易流动，施用磷肥时最好结合有机肥深施。根外喷磷效果很好，可提高产量12.5%左右，还可提高含糖量，降低含酸量。

（3）钾（K）。钾对碳水化合物的合成、运转、转化起着重要作用，对葡萄含糖量、风味、色泽、成熟度、增强果实耐贮运性能、促进根系生长和细根增粗、枝条组织充实等均有积极的影响。葡萄特别喜欢钾肥，整个生长期间都需要大量的钾肥，特别是在果实成熟期间需要量最大，有“钾质作物”之称，它的含量比氮、磷含量高。据介绍，葡萄浆果中含氮0.151%、磷0.100%、钾0.190%。玫瑰香葡萄全年根外喷两次2%的草木灰水，可提高含糖量0.5~2.0度，增产10%左右。

（4）硼（B）。硼能促进花粉粒的萌发，改进糖类和蛋白质的代谢作用，有利于根的生长及愈伤组织的形成。硼不足时葡萄花芽分化不良，授粉作用受阻，并抑制新梢的生长，甚至造成输导组织的破坏，先端枯死。

（5）钙（Ca）。钙在树体的内部可平衡生理活动，提高碳水化合物和土壤中铵态氮的含量，促进根系的发育。

（6）镁（Mg）。镁是叶绿素和某些酶的重要组成部分，一部分镁和果胶结合成化合物，促进植株对磷的吸收和运输。

（7）铁（Fe）。铁与叶绿素的形成有密切关系，同时，也是某些呼吸酶的组成部分。

（8）锌（Zn）。锌对叶绿素的形成有一定的影响，同时，可增加对某些真菌病害的抵抗能力。

（9）铜（Cu）。铜可刺激生长，加速叶绿素的形成，提高植株的抗旱和抗寒性。由于一般葡萄园多次喷波尔多液，故一般不缺铜。

353. 问：葡萄缺素症有什么表现？怎样补救？

答：

（1）缺氮。氮素不足，则叶片呈黄绿色，薄而小，新梢花序纤细，节间短，落花落果严重，花芽分化不良。严重不足时，新梢下部叶片黄化，甚至早期落叶。因此，应适时适量追施氮素肥料，必要时进行叶面喷氮，3天后即可见效。

（2）缺磷。磷素不足，延迟葡萄萌芽开花物候期，降低萌芽率，新梢和细根生长减弱，叶片小。严重缺磷时，葡萄叶片呈紫红色，叶缘出现半月形坏死斑，基部叶片早期脱落，花芽分化不良，果实含糖量降低，着色差，种子发育不良，抗寒、抗旱能力降低。

根外喷磷能起到良好作用，葡萄园全年根外喷两次2%的过磷酸钙浸出液，产量增加12.5%，可溶性固形物和含糖量提高10%左右，含酸略有降低，故施用磷肥对产量和品质均有良好作用。

（3）缺钾。葡萄缺钾，碳水化合物合成减少，养分消耗增加，果梗变褐，果粒萎缩，新梢及叶面积减少，严重时造成灼叶现象（由叶片边缘向中间焦枯），应及时进行叶面喷钾（氯化钾0.2%、草木灰浸出液2%）。钾过多时可抑制氮素的吸收，发生镁的缺乏症。

（4）缺硼。硼不足时葡萄花芽分化不良，授粉作用受阻，并抑制新梢生长，甚至造成输导组织的破坏，先端枯死，叶脉木栓化变褐，老叶发黄，向后弯曲，花序发育瘦小，豆粒现象严重，种子发育不良，条形变弯曲。玫瑰香在花前一周内喷0.3%硼砂能显著提高坐果率。

（5）缺钙。缺钙影响氮的代谢和营养物质的运输，新根短粗、弯曲，尖端不久变褐枯死；叶片较小，严重时枝条枯死和花朵萎缩。钙主要积累在葡萄老熟器官中，尤其是在老叶片之中。每年施基肥时要在有机肥料中拌入适量过磷酸钙，以防缺钙。钙过多时会引起叶片黄化。

（6）缺镁。镁不足时，葡萄植株停止生长，叶脉保持绿色，叶片变成白绿色，出现花叶现象，坐果率低。可及时喷施0.1%硫酸镁进行补救。镁与钙有一定的拮抗作用，能消除钙过剩现象。

（7）缺铁。缺铁时叶绿素不能形成，幼叶叶脉呈淡绿色或黄色，仅叶脉呈绿色，产生失绿病。严重时叶片由上而下逐渐干枯脱落，应及时喷施0.2%硫酸亚铁，或在土壤中浇灌。

（8）缺锌。缺锌时叶变小、节间短、果实小、畸形、果穗松散并形成大量无籽小果。可于开花前喷施0.1%的硫酸锌溶液。

354. 问：葡萄叶面喷肥有什么好处?

答：叶面喷肥也叫根外追肥，即把肥料如磷钾肥和一些微量元素制成一定浓度的水溶液，直接喷施于植株叶片上，通过叶片、嫩梢及幼果等绿色部分进入植株体内，直接吸收利用。

其特点是省肥料，见效快，肥料流失少，作业方便。有些肥料也可在喷药防治病虫害时一起喷施，但是碱性肥料不能与酸性农药混用，酸性肥料不能与碱性农药混用，防止酸与碱中和。

根外追肥可及时满足葡萄树体的急需，并可避免某些元素在土壤中发生化学的或生物的固定作用。

355. 问：怎样进行葡萄的叶面喷肥?

答：

（1）叶面喷肥常用的肥料及浓度。

①尿素0.2%~0.5%，多用于生长前期促进新梢生长，增大、加厚叶片和提高叶绿素含量；

②过磷酸钙或草木灰1%~3%（浸出液，澄清过滤后使用），或磷酸二氢钾0.2%~0.3%，多用于生长后期促进果实和枝蔓成熟；

③硼酸、硼砂、硫酸锌、硫酸锰等微量元素0.1%左右，多用于花前，提高坐果率，防止缺素症等。

（2）根外追肥。

在晴朗的早上或傍晚进行效果较好。

①因为这时气温较低，溶液蒸发较慢，肥料可充分被植株地上部枝、叶、果吸收。

②在炎热干燥的中午或阴雾天喷肥容易发生药害。

356. 问：一年中葡萄应追施什么化肥?

答：追肥是弥补基肥不足，要抓住关键时期。

（1）催芽肥。早春于葡萄出土后结合深翻畦面在植株周围进行土壤施肥，一般每亩施尿素15~20kg，可促进芽眼萌发整齐。

（2）催条肥。萌芽后开花前按上法施入尿素和过磷酸钙，每亩尿素25kg左右，过磷酸钙50kg左右。

（3）催果肥。于葡萄浆果第一次快速膨大期（花后10~15天），每亩施10~15kg尿素。

（4）催熟肥。于葡萄浆果开始着色时进行叶面喷肥，每隔7~10天连续喷施2~3次磷、钾肥。

357. 问：为什么要提倡葡萄园早秋施基肥？

答：葡萄采收后，早施基肥正值葡萄根系第二次生长高峰后期，伤根容易愈合，切断一些细小根，起到根系修剪作用，可促发新根，若施加适量速效性氮肥，则效果更好。

此时，地上部新生器官已逐渐停止生长，所吸收的营养物质，经光合同化作用，以有机营养积累为主，可提高树体贮藏营养水平，为第二年开花、坐果和丰产奠定基础。

早秋施基肥还可提高土壤孔隙度，疏松土壤，加速土肥融合，改善土壤中水、气、热条件，有利于微生物活动，有机物腐烂分解时间也较长，矿质化程度高，早春可及时供根系吸收利用。

358. 问：葡萄施什么基肥？施肥数量多少合适？

答：葡萄基肥常用的有圈肥、堆肥、人粪尿、土杂肥及绿肥等有机肥。它们所含的营养物质比较完全，故称“完全肥料”，多数需要通过微生物分解才能为植株的根系所吸收，故又称为“迟效性肥料”。有机肥不仅能供给植物所需的营养元素和某些生长激素，而且对提高土壤保肥、保水能力，改良土壤结构都有良好作用。

有机肥来源广泛，种类繁多，各自的组成不同，营养元素的含量也不一样，一般含氮量较高，磷钾次之，多为微碱性。

据资料介绍，葡萄每增加50kg产量，植株大约需从土壤中吸收氮150~250g，三氧化二磷65~140g，氧化钾140~320g。

施入土壤中的肥料，葡萄利用率大约20%~30%，钾肥利用率稍高些。幼树每结500g果，需施有机肥1.5~2kg，布满架面后，每500g果施1~1.5kg。每50kg有机肥混入1~1.5kg过磷酸钙。按上述比例根据有机肥的质量酌情增减。如果第三年估产每亩1 000kg，则于第二年秋季施有机肥3 000~4 000kg，加过磷酸钙50~100kg。盛果期计划每亩产量2 500kg，则秋施有机肥5 000~7 500kg，过磷酸钙100~200kg。

359. 问：葡萄施肥采用什么方法好？

答：

（1）基肥施肥方法。主要有沟施、畦面撒施后翻入等方法。沟施时，根据树龄大小和根系分布情况，距根干0.5~0.8m左右向外挖宽40cm，深约50cm的长沟，施入肥料，与土拌匀后覆土，将沟填平。

每年在不同位置交叉进行，畦施则在植株根干附近的畦面挖去一层表土，把肥料铺上，然后翻入。

（2）追肥可用沟施。施碳酸氢铵应及时盖土，防止肥料损失。为使肥料早发挥作用，追肥应注意结合灌水进行。

360. 问：如何对棚室葡萄进行合理施肥？

答：

（1）按照一亩地用量，需准备的底肥如下。

①发酵好的粪肥（牛粪、羊粪、猪粪、鸡粪等）10~15m^3；

②（15-15-15）硫基复合肥100kg；

③尿素25kg；

④肽素活蛋白50kg；

⑤海洋生物活性钙75kg；

⑥精品全微肥20kg。

全棚耕地：已备好粪肥的2/3、复合肥50kg、尿素25kg将上述3种肥料均匀撒到土壤表层，耕地。

撒施肥料

旋耕土壤

（2）开定植沟。根据种植行距开定植沟，定植沟口宽40cm，底宽60cm，深60cm左右。开沟时表土和心土分开放置。

开沟

（3）在定植沟内施肥。板结黏重地块、盐碱地、沙地等土壤要在开好的沟内铺设秸秆，以利改良土壤。沟的最底层铺秸秆，厚度15~20cm，之后盖一层土，盖土厚度10~15cm，土层上再均匀撒施肥料，最上边再盖一层土，使定植沟与地表持平，上层土的厚度20~30cm。

沟内撒施的肥料。

①剩余的1/3粪肥；

②复合肥50kg；

③肽素活蛋白40kg；

④海洋生物活性钙75kg；

⑤精品全微肥20kg。

沟内铺秸秆

秸秆上盖土

361. 问：肥害有什么表现？怎样补救？

答：一般施纯粪基肥应拌土，施化肥应灌水稀释，不然易引起肥害。

肥害能使幼根死亡，叶片边缘干缩焦黄，严重影响葡萄生长发育，产量下降，品质低劣，降低抗逆性。

发现肥害应立即用大水浇灌，稀释肥料浓度。在已严重伤根情况下，要清除植株周围上层土壤，进行短期晒根，促进新根生长。

362. 问：葡萄树何时需水量最多？

答：葡萄开花后一周幼果开始膨大，新梢生长旺盛，气温不断升高，蒸发量越来越大，植株消耗水量不断增加，施入的肥料又需水转化，加之北方时值旱季，高温干燥，因此，此时迫切需要水分。

花后40天，土壤的含水量也应保持在70%左右。

363. 问：葡萄园一年中应掌握哪几个时期灌水？

答：葡萄需水量较多，一年中应掌握下列关键时期灌水。

（1）催芽水。在葡萄萌芽前结合施肥灌水，使树体有着良好的营养状况，对萌芽以及花芽的进一步分化有重要作用。

（2）催花水。在开花前10天左右灌水，以满足新梢和花序生长的需要，为开花坐果创造良好的肥水条件。

（3）催果水。在坐果后到浆果着色前需多次灌水，使座住的果迅速膨大，着色良好。

（4）下架水。采收后灌水，树体正处于营养物质积累阶段，对翌年的生长发育关系很大。

（5）封冻水。于土壤结冻后在防寒沟内灌水，利用冰层封闭，减少防寒土堆侧冻，有利葡萄根系安全越冬。

此外，应根据土壤墒情，遇干旱随时灌水。

364. 问：怎样提高葡萄灌溉水的水温？

答：提高葡萄园的水温，对提高地温有重要作用，尤其早春地温高，有利于根系生长和新根的产生，直接影响地上部萌芽、开花和坐果。

在庭院栽植的葡萄，由于能够集约管理，可以用大缸贮水，或修建贮水池，提前2天将水装入晾晒，再进行灌溉。

大面积栽培的葡萄园井水灌区，可用黑塑料管输水。黑塑料管能吸收太阳光热，水流经过时可提高水温。或者利用园地地势，在高处修建大贮水池，先将水引入贮水池晾晒，然后通过管道自流灌溉。河水灌区可用渠道灌溉。

365. 问：葡萄园什么时期应该控水？

答：葡萄在开花期一般不灌水，以防止大量落花落果。遇上干旱可适量灌水，以解除旱情。

在浆果成熟期（着色前后），要控制水量，以增加浆果含糖量，提高品质。雨水多时要及时排水。发现新梢徒长时应控制灌水。

366. 问：葡萄园怎样使用除草剂？

答：用除草剂清除杂草，简便易行，节省人力，成本较低。

2-4，D绝对不能在葡萄园及附近使用。其他如扑草净，草甘膦等广谱性除草剂，喷药时，只要不触伤葡萄枝叶，并不影响葡萄的生长。

一般为了提高药效，降低费用，可多种除草剂混合使用，把残效期长的与短的相混合，对双子叶杀伤强的与对单子叶杀伤力强的相混合，提高除草的效果，喷药要在晴朗无风的天气进行。

367. 问：什么叫病害的综合防治?

答：

（1）植物病害的发生过程，通常由4个环节组成。

①病菌与植物接触；

②病菌侵入植物体内；

③病菌在植物体内蔓延；

④植物表现出病害症状。

对病害进行综合防治，就是通过各种手段和技术，设置种种障碍阻止病害发生进程，好比一场战争，针对敌人将要入侵的路线，在前进的线路上设置多道防线，阻止敌人的入侵。

（2）植物病害综合防治的正确防线，大致有如下环节组成。

①消灭病原菌：如生长期及时清除病枝、病叶、病果；秋末彻底清扫果园，将带有病原菌的枯枝落叶、杂草、病果烧毁，使病原菌减少或被消灭，避免与葡萄树接触。

②铲除病原菌：清园后遗留在土壤、树体、架材上的病原菌。越冬后，在葡萄出土上架前，喷施5波美度石硫合剂进行灭菌消毒。

③加强栽培技术管理，增强葡萄植株抗病能力，从土肥水入手，增强树势。认真执行枝蔓科学管理作业，使架面通风透光良好。夏季注意除草排涝，秋末预防早霜冻害，冬季加强埋土防寒，春季防止撤土上架不损伤枝蔓等，不给病原菌提供伤口，防止病原侵入葡萄树体。

（4）药剂防治。当上述几道防线都被攻破，病原菌已经侵入葡萄体内时，就必需因病施药，围剿病原菌，使它不能在树体内蔓延，尽可能在病症还不明显、未造成为害之前消灭病菌。

368. 问：从外地引种为什么要进行检疫?

答：植物病虫害具有地域性，不同地区有不同的病虫害种类。葡萄的病菌及虫卵很容易潜伏在苗木和枝条的各个器官的表面或体内，引进葡萄苗木或枝条，如不进行严格的检疫工作，就会把本地区还没有的病虫害种类也一起引进来，这将是后患无穷。

所以，政府建立的植物检疫制度，人人必须严格执行。

引出单位要如实申报种苗名称、数量，本单位曾发生过哪些病虫害；引进单位要核实检疫症，确定该批种苗没有本地区新的病虫种类后，方可发运和使用。

369. 问：什么是葡萄的真菌病害?

答：真菌是一类没有叶绿素的低等微生物，个体很小，一般要用显微镜放大

200~300倍以上才能看清其形态和结构。真菌不能自己制造养分，而是靠寄生（活植物体上）或腐生（死植物体上）生活。它的营养体是菌丝，许多菌丝集合在一起时，形状好像棉絮，如菌丝体。葡萄发病主要是菌丝体侵入体内细胞间隙蔓延，或直接侵入体内细胞吸收养料，并分泌毒素，使葡萄组织受到破坏。

真菌的营养体（菌丝）发育到一定程度就产生繁殖体。繁殖体由子实体和孢子组成。孢子很小、很轻，所以能随风传到很远的地方。葡萄的真菌病发生，是由上一年遗留在病株残体、土壤、粪肥或种苗上的分生孢子，经空气、风雨、昆虫和人的生产活动传播，从葡萄植株的气孔、皮孔和伤口侵入体内。当温、湿度适宜时，分生孢子开始发芽，使被害部位组织发生病变。如葡萄白腐病，分生孢子侵入果粒一周左右，干果皮下散生许多灰白色略为突起的小粒点，这是病菌的分生孢子器，能溢出灰白色的粘状物，内含大量的分生孢子。

葡萄的病害，绝大多数为真菌病害，如白粉病、黑痘病、霜霉病、褐斑病等，其病症特征非常明显，可以根据受害部位组织发生的病症，鉴定其病害种类。

370. 问：什么是葡萄的细菌病害？

答：细菌是比真菌孢子还小的微生物，为单细胞，需要用显微镜放大500~600倍以上才能看见。它借助细胞壁的渗透作用，由活的或死的植物组织中吸收养分，用分裂方法进行繁殖。在生活条件适宜（温度为18~28℃，相对湿度80%左右，pH值在3~10）时，繁殖的速度十分惊人，一个细菌，经过10小时，可以变成10亿个。

在葡萄生产上很少见受细菌侵害的疾病，只有葡萄根瘤癌肿病是属于细菌病害。这种细菌存在葡萄园土壤中，由嫁接伤口、机械伤口、虫咬伤口和冻害伤口侵入。病菌侵入后不断刺激植物细胞增生，形成大小不同的瘤状。由于带菌土壤是染病的媒介，因此，一般在葡萄根茎基部最易发病。发病严重时也可为害主蔓以至新梢。

371. 问：什么是葡萄的病毒病害？

答：病毒比细菌还要小得多，在普通显微镜下看不见，要用电子显微镜放大几万倍至几十万倍才能看到。是由核酸和蛋白质衣壳组成的分子生物。

病毒的内核是核酸，外壳由蛋白质组成。病毒的繁殖方式主要是改变寄主（动植物）代谢途径，在寄主体内合成病毒的核酸和蛋白质，然后再形成新的病毒。病毒的繁殖能力很强，在条件合适时几天内个体数目可增加几百倍至十万倍以上。多数病毒只能在寄主细胞中生活，一旦离开寄主活体，便失去传染性。所以，葡萄病毒主要依靠无性繁殖时传染。

葡萄病毒病是世界性的葡萄病害，目前得到世界公认的葡萄病毒病已有20多种，是造成葡萄减产和品质低劣的重要因素。据研究，葡萄病毒病如扇叶病和卷叶病等，一般并不死树，有时并不表现出明显的病症（呈潜隐状态），但每年使葡萄减产 10%～50%或更多。

世界各国对葡萄病毒病都没有研究出良好的治疗方法，目前，主要是利用试管茎尖培养和热处理脱毒，建立脱毒苗繁育体系，在生产上种植脱毒苗，从而根本上消除了葡萄病毒病的扩展。

372. 问：什么是葡萄的生理病害？

答：所谓生理病，是指植物发病的原因不是受真菌、细菌和病毒的侵染，而是植物体发生生理性障碍。这种生理障碍有的是短期的、局部的，有的是长期的、整体的。发病的原因也是多种多样的。最常见的葡萄生理病有营养缺素症、日灼病、裂果病等。

葡萄容易发生营养缺素症。由于葡萄园土壤母岩的种类、土壤种类、土壤含水量、土壤酸碱度（pH 值）、土壤有机质种类等不同，在葡萄生长发育过程中满足不了对某些营养元素的需求，引起相应的营养缺素症，如缺锌、缺铁、缺硼症等，特别在沙地果园缺素症容易出现。发现缺素症应立即进行治疗，给葡萄植株补充相应的营养元素后即可得到治愈和恢复正常。

日灼病是由阳光直射果穗，温度过高伤害果皮细胞所引起的。它与品种的抗高温能力强弱有关，如红地球葡萄果穗果粒极易得此病，因而要求夏季枝蔓管理时在果穗上部留有新梢遮阴。

裂果病是在浆果成熟期雨水过多引起果粒表皮及果肉裂口。一般来说，葡萄裂果病与品种特性关系较大，有的品种成熟时易裂果，如里扎马特、乍娜等，但也受栽培技术和气候（特别是雨量分布）的影响。在浆果成熟期控制给水，套袋，设防雨罩等措施，可防止或减轻葡萄裂果病。

373. 问：葡萄灰霉病有哪些发生为害特点？如何防治该病？

答：

（1）为害症状。花序、幼果感病，先在花梗和小果梗或穗轴上产生淡褐色、水浸状病斑，后病斑变褐色并软腐，空气潮湿时，病斑上可产生鼠灰色霉状物，即病原菌的分生孢子梗与分生孢子。空气干燥时，感病的花序、幼果逐渐失水、萎缩，后干枯脱落，造成大量的落花落果，严重时，可整穗落光。

新梢及幼叶感病，产生淡褐色或红褐色、不规则的病斑，病斑多在靠近叶脉处发生，叶片上有时出现不太明显的轮纹，后期空气潮湿时病斑上也可出现灰色霉层。不充实的新梢在生长季节后期发病，皮部呈漂白色，有黑色菌核或形成孢子的灰色菌丝块。果实上浆后感病，果面上出现褐色凹陷病斑，扩展后，整个果实腐烂，并先在果皮裂缝处产生灰色孢子堆，后蔓延到整个果实，最后长出灰色霉层。有时在病部可产生黑色菌核或灰色的菌丝块。

（2）发生条件。灰霉病要求低温高湿条件，菌丝生长和孢子萌发适温 21℃。相对湿度 92%~97%，管理粗放、磷钾肥不足、机械损伤、虫伤较多的葡萄园易发病，枝梢徒长、郁闭、通风透光不足发病重。

（3）防治措施。

①加大通风，降低湿度。

②及时清除病株残体，病果、病叶等。

③喷施 50%异菌脲1 000倍液，或 50%腐霉利1 500倍液，或 25%腐霉 · 福美双可湿性粉剂 600 倍液。

374. 问：葡萄炭疽病有哪些发生为害特点？如何防治该病？

答：

（1）为害症状。主要为害接近成熟的果实，所以也称“晚腐病”病菌，侵害果梗和穗轴，近地面的果穗尖端果粒首先发病。果实受害后，先在果面产生针头大的褐色圆形小斑点，以后病斑逐渐扩大并凹陷，表面产生许多轮纹状排列的小黑点，即病菌的分生孢子盘。天气潮湿时涌出粉红色胶质的分生孢子团是其最明显的特征，严重时，病斑可以扩展到整个果面。后期感病时果粒软腐脱落，或逐渐失水干缩成僵果。果梗及穗轴发病，产生暗褐色长圆形的凹陷病斑，严重时使全穗果粒干枯或脱落。

（2）发生条件。发病适宜温度为 25~28℃，病菌借风雨传播，萌发侵染，通过果皮上的小孔侵入幼果表皮细胞导致发病。土壤黏重、湿度大、管理粗放、通风透光不良均能招致病害严重发生。

（3）防治措施。喷施 70%甲基托布津可湿性粉剂 800 倍液，或 70%代森锰锌可湿性粉剂 500 倍液，或 80%炭疽福美可湿性粉剂 500 倍液，或 25%咪鲜胺1 000倍液。

375. 问：葡萄白粉病有哪些发生为害特点？如何防治该病？

答：

（1）为害症状。果实受害：先在果粒表面产生一层灰白色粉状霉，擦去白粉，表皮呈现褐色花纹，最后表皮细胞变为暗褐色，受害幼果容易开裂；叶片受害：在叶表面产生一层灰白色粉质霉，逐渐蔓延到整个叶片，严重时叶卷缩枯萎。新枝蔓受害，初呈现灰白色小斑，后扩展蔓延使全蔓发病，病蔓由灰白色变成暗灰色，最后黑色。

（2）发生条件。该病发生的最适温度为 25~28℃，为真菌性病害，病菌靠气流传播。气候干燥，空气相对湿度较低时发病重。

（3）防治措施。

①合理浇水，增加棚室空气相对湿度。

②喷施25%吡唑醚菌酯乳油1 000倍液，或20%氟硅唑咪鲜胺2 000倍液，或30%苯醚甲环唑600倍液，或40%苯甲丙环唑1 000倍液，或25%腈菌唑1 000倍液防治。

376. 问：葡萄褐斑病有哪些发生为害特点？如何防治该病？

答：

（1）为害症状。褐斑病分为两种：大褐斑病和小褐斑病。褐斑病是由葡萄假尾孢菌侵染引起，主要为害叶片，侵染点发病初期呈淡褐色、近圆形斑点，病斑由淡褐变褐，进而变赤褐色，周缘黄绿色，严重时数斑连接成大斑，边缘清晰，叶背面周边模糊，后期病部枯死，多雨或湿度大时发生灰褐色霉状物。有时病斑带有不明显的轮纹。小褐斑病为束梗尾孢菌寄生引起，侵染点发病出现黄绿色小圆斑点并逐渐扩展圆形病斑。病斑部逐渐枯死变褐，后期叶背面病斑生出黑色霉层。

（2）发生条件。病菌在病残体上或土壤中越冬，高湿和高温条件下，病害发生严重。

（3）防治措施。喷施70%甲基托布津可湿性粉剂800倍液，或30%苯醚甲环唑600倍液。

377. 问：葡萄霜霉病有哪些发生为害特点？如何防治该病？

答：

（1）为害症状。葡萄霜霉病主要为害叶片，也能侵染新梢幼果等幼嫩组织。叶片被害，初生淡黄色水渍状边缘不清晰的小斑点，以后逐渐扩大为褐色不规则形或多角形病斑，数斑相连变成不规则形大斑。天气潮湿时，于病斑背面产生白色霜霉状物，即病菌的孢囊梗和孢子囊。发病严重时病叶早枯早落。嫩梢受害，形成水渍状斑点，后变为褐色略凹陷的病斑，潮湿时病斑也产生白色霜霉。病重时新梢扭曲，生长停止，甚至枯死。卷须、穗轴、叶柄有时也能被害，其症状与嫩梢相似。幼果被害，病部褪色，变硬下陷，上生白色霜霉，很易萎缩脱落。果粒半大时受害，病部褐色至暗色，软腐早落。果实着色后不再侵染。

（2）发生条件。发病适宜温度范围较广，13～33℃均可发病，最适宜温度25℃，相对湿度95%～100%时病害发生严重。

（3）防治措施。

①合理通风，降低湿度。

②喷施90%三乙膦酸铝可湿性粉剂400～500倍液，或38%恶霜嘧铜菌酯800倍液，或25%甲霜灵可湿性粉剂800倍液，或70%烯酰霜脲氰1 500倍液，或64%杀毒矾可湿性粉剂600倍液，或70%乙膦铝锰锌可湿性粉剂500倍液。

378. 问：什么是落花落果现象？造成葡萄落花落果的原因有哪些？如何防治？

答：

（1）发生原因。

①开花期间温度控制不合理，白天温度过高或夜间温度过低，影响花芽分化。

②不合理供水，导致营养失调，植株营养生长过旺，导致落花落果。

③开花期喷施某些杀虫剂或杀菌剂对花芽产生刺激作用而掉落。

（2）防治措施。

①多增施有机肥和微生物菌肥，培肥地力，培育壮棵。

②开花期合理控制温度，白天温度26~28℃，最高温不可高于28℃。夜间温度保持在15℃以上。

③合理浇水，在开花之前保持好土壤水分，开花时避免浇水，避免喷洒某些刺激性的杀虫剂或杀菌剂。

④如植株生长过旺，叶面喷施20%光合菌素1 000倍液。

⑤开花前喷施99%禾丰硼1 500倍液。

379. 问：葡萄经常喷施波尔多液就不再得病了吗？

答：波尔多液是一种保护剂，也是杀菌剂。此药液可预防葡萄的黑痘病、褐斑病、霜霉病、蔓割病等多种病害。

只要预防及时，喷药细致，一般可防止葡萄病害的发生和发展。但是，一旦发病后必须“因病下药”，及时喷施相应的农药进行治疗。波尔多液对有些葡萄的病害，如白腐病、毛毡病等无预防效果。

380. 问：怎样配制波尔多液？

答：波尔多液的配制比例：硫酸铜1份，生石灰0.5份，水200~240份。例如，配制200倍波尔多液100kg，首先把所需数量的水（约100kg）装在缸内，再将500g硫酸铜和250g生石灰分别装在小容器内溶化好（不能用铁制容器），然后可把两者的溶液，同时，往装好水的缸里缓慢倒入，边倒边搅拌，搅拌的速度越快越好。倒完后还需继续搅拌2~3分钟。搅拌后可利用铁条（磨掉铁锈）马上插入已配制完了的药液1~2分钟，取出后铁条上不挂铜即可使用。如发现铁条上挂有铜的颜色，此药不能用。

注意事项。

（1）使用开水分别溶化生石灰和硫酸铜，然后过滤。

（2）溶化硫酸铜切忌与金属类容器接触，可用瓷盆、塑料盆。

381. 问：怎样熬制石硫合剂的原液?

答：石硫合剂是用硫黄、生石灰和水熬成的一种枣红色透明有恶臭的液体。它不仅有杀菌作用，还有杀虫作用。

（1）配合比例。生石灰0.5kg，硫黄粉1kg，水5kg。

（2）熬制方法。

①准备铁锅两口，一口为熬硫黄水用的，另一口是烧开水用的。

②在熬制时，先按配制石硫合剂原液数量的水倒入锅里，加热再把生石灰倒进去。

③溶化开后，把硫黄粉用少量的水化开调成糊状倒进去，然后用木棒测量锅中药液高度，做好记号。

④在熬制过程中应不断地搅拌，并经常用木棒测量药液的深度，补充锅里因蒸发而减少的水（用另一个锅烧的开水加入），使锅内药液保持原来的数量。

⑤煮沸后药液由淡红色变成枣红色，即停火（新锅常会发黑，如发现开始变黑，就不要再加火）。

⑥等冷却后过滤，除去渣子即石硫合剂原液，一般可达20波美度以上。将原液装在缸里，上面少放一点豆油，加盖保存。

⑦使用时用波美比重计测定浓度，然后，按使用浓度加水稀释。

382. 问：葡萄休眠是怎么回事?

答：葡萄植株的地上部分，包括茎、枝、芽等在秋末冬初要逐渐进入休眠状态。

葡萄的茎、枝、芽等都是由一个个细胞组成的。在显微镜下观看，这些细胞如同乌龟壳上一个个六边形闭合的斑纹，内有液泡，全是水分和液体，中间细胞核贮存着有生命的物质——原生质。在生长季节里细胞和细胞之间都有一条条“胞间联丝”，它们像桥梁一样连接着每个细胞，成为营养物质和水分交换的通道，使得由细胞构成的整个树体成为具有旺盛生命力的活体。到了秋末，随外界气温逐渐下降，葡萄茎及枝芽开始作越冬抗寒锻炼，以躲避严寒的袭击。

（1）组织内水分大大减少，一般含水量由80%～90%一直减到50%～60%，这叫“细胞脱水”；

（2）细胞联丝大部分断开，中断各个细胞之间的营养和水分的相互交换，这叫“胞间分离”；

（3）多数细胞里面的原生质和细胞壁发生分离，这叫“质壁分离”，至此抗寒锻炼基本完成。

由于细胞脱水使细胞液浓度增加，冰点大大降低，不达一定的低温就不能结冰，可防止因结冰而使细胞遭受破坏。又由于质壁分离，原生质周围覆盖一层拟脂类物质，对原生质加以保护，以抵御低温的袭击，从而大大提高细胞抗低温的能力。

随外界气温的下降，各组织器官生命活动逐渐处于极微弱状态下，几乎不受外界的干扰，开始进入越冬休眠状态。所以，葡萄地上部分的越冬休眠是它适应不良环境到来的一种抗性，是葡萄在温带地区长期系统发育形成的特性。

葡萄进入休眠是从下而上逐步进行的，就一个新梢来说，是从新梢基部开始渐渐上移，这与新梢成熟是相一致的。所以生产上通过冬季修剪，把新梢前部未完成抗寒锻炼的不成熟部分剪掉，留下完成抗寒锻炼、充分成熟、进入休眠的枝芽，以度过严寒。

383. 问：葡萄到秋末为什么落叶?

答："叶落知秋"是人们对落叶果树长期物候观察后得出的科学谚语。其实叶落不单标志着深秋的来临，同时，也是落叶果树进入休眠期的一种外部形态变化的讯号。

葡萄地上部进入休眠时，各组织细胞的胞间联丝大部分已断开，叶柄与枝条连接处大量积聚脱落酸，促使产生"离层"，微风一吹叶就自然脱落。

凡是这种自然落叶的葡萄，一般抗寒能力均较强。相反，没有完成抗寒锻炼，经霜冻的破坏才被迫落叶的葡萄，抗寒能力就较差。

我们在葡萄园里常常看到，生长势很强的品种、秋季徒长的枝条，深秋季节气温已下降较低时也不落叶的现象，无疑，这种葡萄植株就容易遭受冻害。所以，葡萄秋末正常落叶，是适应外界低温变化的正常生理现象。

384. 问：葡萄植株抗低温的能力如何?

答：葡萄植株抗低温的能力，因种和品种不同而异；同一品种，不同器官的耐寒性也不同；同一器官在不同的物候期，其抗低温的能力相差很悬殊。一般来说，山葡萄最抗寒，美洲种比欧洲种抗寒；老蔓比新蔓抗寒，枝比芽抗寒，芽比根系抗寒；各器官在越冬休眠期比生长期抗寒，等等。

（1）山葡萄。在越冬休眠期间，充分成熟的枝芽可忍受−45℃的严寒；而根系因没有休眠期，只能忍受−16～−14℃的低温。

（2）美洲种葡萄。在越冬休眠期间，芽眼可忍受−23～−19℃低温，新梢可忍受−25～−24℃的低温；根系只能忍受−8～−6℃的低温。

（3）欧洲种（或欧亚种）葡萄。充分成熟的枝蔓，在越冬休眠期间，新梢可忍受−17℃的低温，老蔓经历−22～−20℃的低温后，夏季还可恢复正常生长；而芽眼只能忍受−16℃的低温。根系最不抗寒，在−4℃时就能出现轻微冻害，−7～−5℃时可冻害致死。而在生长期间，当芽刚开始萌动时，气温如降至−4～−3℃就可发生冻害；芽眼萌发后，新梢的抗寒能力又继续下降，在−1℃时即可受冻害；开花时气温出现0℃，花序就受冻不能坐果。生长后期，随着新梢和芽眼的逐渐充实成熟，抗寒能力又有增强，经过轻霜锻炼的芽眼在-5℃以下低温时才能受冻。

385. 问：葡萄埋土防寒什么时间最适宜?

答：葡萄的埋土防寒时期，总的要求是适时晚埋。因为埋土过早，会导致以下情况。

(1) 外界气温较高，微生物（特别是真菌）还处于活跃时期，附着在葡萄枝蔓上的真菌在土壤中遇到湿度大温度合适的条件，就要大量繁殖生长，破坏枝芽。

(2) 葡萄枝芽还未进入深休眠，生理活动仍在继续，呼吸产生的热量，不仅加速真菌的繁生，而且也会延缓其本身抗寒锻炼进程，推迟进入休眠期，容易受冻。

当然埋土过晚，土壤已经结冻，防寒土堆会产生很多缝隙，易透风，枝蔓和根系易受冻害。适时晚埋就是在气温已经下降到接近零度，土壤尚未结冻以前埋土。与适时晚埋土相协调就得适时“晚剪”，给植株留有充分后熟阶段，使枝梢里面的营养物质继续往根部转移，多余的水分逐渐蒸发，从而提高植株的抗寒能力。巴彦淖尔市葡萄埋土比较适宜的时期，一般在10月下旬到11月上旬，具体要根据枝蔓的成熟度、当时的气温状况而定。

386. 问：葡萄埋土防寒应注意哪些问题?

答：

(1) 葡萄植株修剪后，将枝蔓顺着行向朝一方下架，一株压一株把主蔓理直，然后一段一段用草绳或麦草把枝蔓捆绑好。个别植株由于主蔓基部没有匍匐造型，往往跷的较高，往下压时有困难，可采用基部垫土的方法或倒挂钩固定的办法，将超高部分压平，并在主蔓根茎附近垫枕（土或草），防止主蔓基部受压断裂。

(2) 葡萄自根植株的防寒土堆厚度两侧枝蔓上覆土厚度30cm左右，上部覆土厚度30cm以上。

(3) 防寒土堆要拍实封严，土壤结冻后要检查1~2次，发现冻土裂缝时要及时修补。

387. 问：葡萄嫁接植株应怎样进行防寒?

答：在越冬休眠期间，葡萄自根植株的根系最不抗寒，土温达-5℃以下即受冻害。而采用抗寒砧木进行嫁接的葡萄，因根系抗寒，抗低温能力则大大提高。所以，嫁接的葡萄植株可以防寒。

嫁接的幼树可直接往枝蔓上埋土，一般不需覆盖有机物；枝蔓较多的大树，为了防止撤防寒土时枝芽受损坏，可在枝蔓上覆一薄层有机物进行隔离。防寒土堆的底宽1.2~1.5m，枝蔓上覆土厚度20cm左右即可。在埋土时要求枝蔓的“最高点”及旁侧“突出点”埋土厚度达15cm以上，使枝芽不受冻害。

388. 问：为什么灌冻水可减轻葡萄越冬冻害？

答：葡萄越冬冻害大多数都是冻与旱相结合引起的。

由于冬季降雪很少，干旱，土壤空隙大，通气量大，易透冷风，葡萄植株容易受冻。因此，在防寒前灌1次水，增加土壤湿度；土壤结冻后在防寒沟内再灌1次冻水，利用水结冰封闭土堆侧面和防寒沟，可避免冷风透进防寒土堆，而且利用水本身的热容量和汽化潜热来提高土温，可保证葡萄枝蔓和根系安全越冬。

389. 问：什么时间葡萄解除防寒？

答：解除葡萄防寒，应当根据当地的物候期确定适宜的出土时间。出土过早，土温上升缓慢，根系一时不能吸水，枝蔓暴露空间，空气温度极低，蒸发、蒸腾量很大，得不到根系的水分补充，很容易抽干，芽眼不能萌发，会造成抽条死树。即使根系能供水，萌芽早，花序出现也早，极易受晚霜为害。

出土过晚，土温已经上升，容易发霉，使芽眼死亡。

一般当地李树开花期为葡萄解除防寒的适宜时期。葡萄撤除防寒物要求一次撤完，不要分期进行。分期撤土，枝蔓上面土层过薄，白天气温较高，容易引起过早萌芽，上架时易被碰掉，以后产生的花序也易受晚霜为害。

390. 问：如何掌握葡萄枝蔓上架的技术要领？

答：葡萄枝蔓上架时应注意的技术要领如下。

(1) 葡萄枝蔓上架的顺序正好与下架防寒时相反，在行上一头开始，先解开捆绑枝蔓的草绳，从上往下一条主蔓一条主蔓按顺序操作，防止生拉硬抽损伤枝芽。

(2) 要理顺主蔓基部原先匍匐造型的方位，不能随意改变，硬给调转方向，防止主蔓基部拧劲断裂。

(3) 对2~3年生的幼树，上架绑蔓时必须按要求采取主蔓基部匍匐造型，防止以后下架时主蔓基部跷起很高影响培土防寒。

(4) 主蔓拉上架面后要摆好蔓距，然后绑蔓使架面枝蔓摆布均衡。

(5) 主蔓在架肩处（即篱架与棚架交界处）不能拐急弯，要成自然曲线升上架面，防止急弯处新梢过旺生长。

391. 问：葡萄受冻有哪些表现？

答：

(1) 萌芽时的表现。当葡萄出土上架后，新剪口没有伤流。芽眼迟迟不萌发；

由于受冻程度不同，有的主蔓下部萌芽正常，上端迟缓，有的只在主蔓基部萌芽。

（2）展叶后的表现。受冻的植株，当水分条件满足时，前期也能萌芽，一般展3~4片叶时，主蔓前端的叶片首先开始出现不新鲜、挂灰，叶缘向叶背卷曲，不久逐渐脱落。

392. 问：葡萄植株受冻后如何补救？

答：当葡萄出土后发现没有伤流的植株，要进行扒土查根：表皮腐烂，皮层与木质部极易分离，手捋皮部即下，木质部已变成黑褐色，是冻死的根；根皮土黄色，木质部黄褐色，为半死的根；活根皮色接近土色，皮层淡黄色，木质部乳白色。

植株根系冻死量在50%以上时，一般很难恢复活力，必须在主蔓基部平茬，让其重新萌条。

植株根系冻死量在40%以下时，可采取如下措施予以补救：

（1）压蔓待根。植株暂时不上架，在架下顺着主蔓的爬行方向开30cm深的浅沟，把主蔓暂时放入沟内，培半沟土，再往沟内灌水，然后填平。灌水的作用，一是让枝蔓吸水；二是降低土温。所谓压蔓待根就是让枝蔓在土中缓慢萌芽，等待半死根恢复新根生长。为了延缓枝蔓在土中的萌芽速度，在沟的上方用席子、草袋等遮阴，避免阳光直晒。一般压蔓时间不可太久，15天后即从土中提出上架，要轻拿轻放，防止碰掉已萌发的芽眼。

（2）地下催根。把主蔓压入沟内后，立即把受冻植株根茎周围的土全部散开。散土的范围一般在架的前侧距离根颈处2m，后侧1.5m。撤土时要仔细检查，发现死根要全部剪掉，对半死的根系和活根要尽量保留。撤土深度40~50cm，然后铺上腐殖土（用柴垛的底土或阔叶树林的上层枯枝落叶腐烂土）约10cm厚，然后灌水把腐殖土湿透，并在上面扣低矮的塑料小拱棚，以利迅速提高地温，既促使半死根群恢复活力，又使下层活根充分发挥供应地上部水分和养分的作用，促进枝蔓萌芽和新梢生长。为了保持地温，晚间可在小拱棚上覆盖草帘。

通过上述催根处理，一般15~20天后半死根即可恢复活力并产生大量的新根。随着新根的大量生长，逐渐填平植株周围根系上部的土层，同时追施优质有机肥或颗粒复合肥。填平后适当灌水，以利发挥肥效。到6月上旬，可全部撤掉塑料小拱棚。

393. 问：葡萄浆果成熟有什么标准？

答：葡萄浆果的成熟，一般有外观标准和内含物标准之分。

（1）外观标准。表现出品种的固有色泽、硬度、果粉等。如有色品种龙眼葡萄充分成熟时为红紫色，有较厚的果粉，果皮韧性大大增强，手压果粒具有弹性，果实硬度明显变小。无色品种如无核白葡萄充分成熟时为黄绿色。

（2）内含物标准。表现出品种固有的含糖、含酸量以及香味和口味。如玫瑰香葡萄含糖量达20%，含酸量0.5%以下，味甜，具有浓郁的玫瑰香味。

但是，遇到生长和结果不正常的情况时，同一品种的外观标准和内含物标准两者往往不协调，并且很难表现出该品种的固有遗传特性。例如，红地球葡萄超量结果时，成熟时果实着色不良，果粉也很少，含糖量显著降低，果实硬度明显变小，手捏发软，味淡。有时遇天旱，葡萄植株严重缺水，可使浆果提前成熟，无论外观和内含物都达不到正常标准。

394. 问：葡萄采收要注意哪些问题？

答：

（1）葡萄在同株不同位置上的果穗由于大小不同，成熟度往往很不一致，应分批分级采收。一般按照运销成熟标准先采一级果，后采二级果。分级装箱。

（2）采收时应用剪子剪下果穗，留在母枝上的果柄（总果梗）应尽量短平。

（3）采收前要准备好包装用品和运输工具。

（4）病果要单放，集中烧毁。

395. 问：贮藏葡萄要求什么条件？

答：贮藏葡萄须具备一定的条件才能获得良好的贮藏效果。

（1）适宜的品种。贮藏浆果成败关键是品种。贮藏对品种的要求如下。

①晚熟品种；

②果皮较厚，果肉较硬，较耐压；

③果刷（果刷是葡萄果蒂延伸到果粒内部的输导组织，起养分和水分输送的作用）稍长能把住果肉，不会脱粒；

④无病虫为害，无机械损伤。适宜贮藏的葡萄品种有红地球、森田尼无核、克瑞森无核、意大利、瑞必尔、秋黑等。

（2）就地贮藏。贮藏的浆果最好是在当地贮藏。浆果经过运输后，如有果粒受内伤者，从外表难以观察，特别是果蒂与浆果相接处，最易受伤。当地贮藏到淡季上市时再外运，可减轻损失。

（3）贮藏。用气调库、恒温库或地下半地下窖，只要能调节温、湿度均可，贮藏温度一般在0℃左右，冬季最冷时窖温不低于-20℃。

396. 问：贮藏的葡萄什么时间采收？

答：对准备贮藏的浆果来说，采收时间是非常重要的，也是贮藏成败的关键。

（1）浆果采收的成熟度。浆果采收的成熟度因品种而异，一般在达到9~10分成熟时采收最好，少数品种在8~9分成熟贮藏最好，具体要根据品种贮藏试验之后确定。

贮藏葡萄采收时，要轻拿轻放，可随采随入窖，入窖后要快速制冷，散去果实中的田间热。如无制冷条件可先在地势较高处遮阴覆盖预冷1~2天。预贮时，温度要在10℃以下，相对湿度在80%左右。

(2) 采收时间。巴彦淖尔市以9月中旬以后至霜冻以前采收为最好。采收时，最好在无露水的早晨，一般在7：00—10：00采收。

397. 问：贮藏的葡萄怎样选果？

答：贮藏的浆果必须选择健壮植株上的果实，而且果穗果粒无病虫害，无机械损伤。如发现果穗上有破粒要及时剪掉。

果粉是浆果的外观，又是浆果的自身保护物质，因此，在采收时，要尽量少碰掉果粉。

对于有水红粒及被叶片磨破果皮的浆果，都不能进行贮藏，也必须剪掉。

398. 问：葡萄采用什么包装好？

答：贮藏用葡萄的包装最好用箱装，要求每箱7~9kg，箱内放入专用保鲜膜，若采用二氧化硫药片消毒防腐，则包装箱内要分散均匀，并采取缓慢释放的措施。采收上市的葡萄可采用木箱或特制的塑料+包装箱等。

第七节　番茄种植技术

399. 问：番茄喜欢什么样的生长环境？

答：番茄喜温暖忌高温、喜光照忌强光直射、喜干燥忌潮湿，白天适宜的温度为24~28℃，夜间15~18℃，土层深厚、疏松肥沃、保水保肥的沙壤土或壤土均可种植。河套地区充分的光照、显著的温差十分有利于番茄养分的积累和转熟，所产番茄品质好，口感佳。

400. 问：如何合理选择番茄品种？

答：以早熟和中熟品种为主，适量搭配晚熟品种，选择果实硬度好、便于运输、高产、抗病、耐贮的品种，如屯河系列、石番系列、红宝系列、新品系列等。

401. 问：如何确定番茄的播种期和播种量？

答：播种期一般要根据终霜期的早晚、地温高低及品种特性、种植区域的气候特点来确定。露地直播一般在终霜期结束前10天、膜下5cm地温稳定超过12℃时为始播期。育苗移栽以当地终霜期（番茄定植时期）往前推40~45天为适宜播种日期。

机械直播时，常规品种播量为每亩80~100g，杂交种为50~80g。人工播种时，常规品种为每亩50~80g，每穴播种子5~6粒。杂交种为每亩50g，每穴3~4粒。育苗移栽每亩用种量20~30g。

402. 问：番茄育苗一般采用什么方法？

答：河套地区番茄一般在3月20日左右育苗，采用穴盘（128孔穴盘）基质育苗，基质选用养分全面，质量安全的基质，如山东“鲁青”、宁夏“中青”、内蒙古“蒙大”牌全营养型育苗基质。

403. 问：播种前，需要对番茄种子进行哪些处理？

答：播种前需要对种子进行浸种和催芽，浸种包括温汤浸种和药剂浸种2种。

（1）温汤浸种。将种子放入55℃的恒温水中，不断搅拌，浸泡20分钟后，当水温降到30℃左右再浸泡6~8小时。

（2）药剂浸种。预防细菌性病害可用当年生产的农用链霉素1 000倍液浸种1小时，预防真菌性病害可采用2%氢氧化钠、50%多菌灵500倍液浸种20~30分钟，预防病毒病可用10%磷酸三钠浸种20~30分钟，捞出用清水搓洗种子2~3遍，用30℃温水浸种6~8小时。

浸种结束后，用干净湿棉布包住种子，为受热均匀使种子呈松散状，温度保持30℃左右，48小时即可发芽，70%露白即可播种。包衣种子不需要浸种催芽。

404. 问：如何做好番茄的苗期管理？

答：

（1）温度管理。出苗前白天温度保持在28~30℃，夜间温度保持在20~22℃，当70%~80%出苗时，及时揭去苗床地膜，出苗后适当降低温度，白天25℃左右，夜间14~16℃。苗出齐后，白天气温保持在22~26℃，夜间12~16℃，2片真叶后可加大通风量。

（2）水肥管理。出苗前保持苗床湿润，出苗后至第一片真叶出现，适当降低苗床湿度，2片真叶后根据基质含水情况适当浇水补肥。

（3）炼苗。幼苗长到35天左右开始控制水分并逐步加大通风量降低温度，进行定植前1周的低温干旱炼苗，保持与外界环境基本一致的温湿度条件。

405. 问：目前生产上推广的番茄高产栽培技术的技术要点有哪些？

答：目前生产上主要推广开沟起垄覆膜栽培技术，一般在4月10日左右用步犁或机引开沟犁开沟。开沟前深施磷酸二铵25kg/亩、硫酸钾复合肥15kg/亩或等含量的专用复合肥。按中至中170cm画线开沟，开口宽70cm，垄背宽100cm，沟深

30cm，用幅宽160cm地膜进行覆沟。

406. 问：怎样科学种植番茄?

答：采用大小行定植，大行距130cm，小行距40cm，株距35~40cm，亩留苗1 900~2 300株。

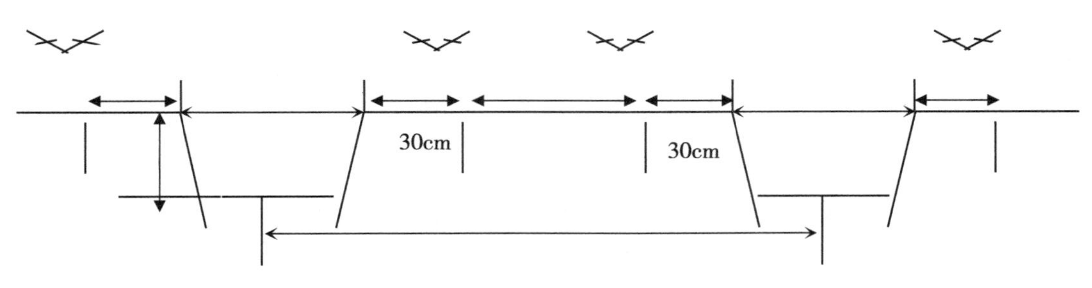

图 番茄大小行定植

407. 问：番茄壮苗有哪些标准?

答：株高20~25cm，节间较短，茎秆粗壮且上下部粗细一致；具7~8片叶，叶片掌状，叶柄短粗，叶色浓绿；普遍现大花蕾但未开花；子叶不过早脱落或变黄。

408. 问：番茄如何定植?

答：5月10日左右气温稳定通过15℃、10cm地温稳定通过10℃以上即可定植，定植最好选择无风的晴天进行，气温高，土壤水分蒸发量小，容易缓苗。定植可采用座水定植或栽后浇水两种方式。定植前用95%恶霉灵500倍液浸湿苗盘或直接将药剂加入定植后所点的水中，可预防茎基腐病及枯萎病。

409. 问：番茄定植应注意什么事项?

答：

（1）浇水要充足，浇水不足会导致秧苗缓苗慢或死亡。

（2）定植时要将根系与土壤充分接触，避免出现吊干苗。

（3）培土一定要严实，最好用细沙土，并将地膜孔全部覆盖。

410. 问：番茄定植后如何做好田间管理?

答：

（1）浇水。定植当天浇一次定植水。过5~6天。番茄心叶开始生长，新根蹬出，浇一次缓苗水。灌水量不可过大，一般水流到地头即可。番茄进入盛果期，水分需求量大，应看天、看地、看苗浇水，灌水时不得漫过畦面。采收前10~15天不宜灌水。

（2）中耕。浇定植水后进行 1 次浅中耕。开花坐果期进行中耕，耕深 7㎝以上，打碎坷垃，疏松土壤。

（3）追肥。坐果后结合浇催果水，每亩追施尿素 10kg，硫酸钾肥 10kg。

411. 问：怎样提高保护地番茄坐果率？

答：

（1）上午 10：00 之前，施用 2，4-D 喷花或蘸花，浓度一般为 10～15mg/kg。

（2）利用手持振动器，在晴天上午对已开放的花朵振动，使花粉散落到柱头上授粉。

（3）熊蜂授粉，每亩放置两箱熊蜂为番茄授粉，蜂箱高于地面 20～40cm。

412. 问：番茄的整枝方式应注意哪些事项？

答：番茄品种多为有限生长型，露地栽培一般不需要整枝，但为避免雨涝排水不畅，也可用葵花杆、细绳、废铁丝等搭简易支架。

保护地番茄整枝时要注意：一是植株的地上部与地下部有相互促进的关系，过早整枝会影响根系生长，因此，打杈不可过早，第一穗果下部的腋芽应长到 3cm 长时再摘除；二是采用单干整枝时，要保证肥水充足，必须注意上部侧枝的选留和培养，防止下部侧枝都被打掉而上部侧枝无法培养出；三是打杈时注意要不留桩，且不能带掉主轴上过多的皮，尽量减少伤口面；四是整枝打杈应在晴天 10：00—15：00进行，温度高伤口易愈合；五是整枝时对有病毒病症状的植株应单独进行，避免人为传播，要及时拔掉，洗手后再进行其他农事操作。

413. 问：冬季越冬生产如何保证番茄着色良好？

答：冬季气温低、光照差，番茄常会出现着色不良的现象。为避免低温寡照引起的着色不良，应加强棚室日常管理。

（1）加强保温增温措施。温度是保证番茄上色良好的重要因素，一般温度在 25～28℃时果实着色最佳。越冬番茄要加强保温措施，白天温度控制在 25～30℃，夜间 14～15℃。

（2）增加棚室内的光照。在温度条件允许的情况下，尽量早揭晚盖保温被，及时清洗棚膜，增加棚室透光度，外墙张挂反光幕增光。另外，要及时摘掉植株下部老叶病叶。

（3）适时补施钾肥和硼肥。钾肥有利于番茄着色，要在结果初期开始随水冲施，每次每亩施 8～10kg。缺硼会导致绿背果，应在施用基肥时每亩施入硼肥 0.8～1kg，或第一穗花开放时喷施 600 倍液硼肥 3 次。

414. 问：怎样使番茄每一穗果都均匀膨果?

答：一般番茄每一穗果留4~5个果，要保证每一果均匀膨大，关键是每一果的坐果时间不要相差太大，并保证充足的水肥供应。

(1) 摘除每一穗果的第一朵花。每一穗花的第一朵花开放时间较早，若不摘除，会影响其他花的营养供应，且第一朵花易出现畸形果。

(2) 选择开放时间接近、花型较好的花进行点花。晴好天气时大部分花可同时开放或只相差一天。在花开放的当天选择花型正、花冠开展、柱头较长的花进行点花，保留4~5朵花。

(3) 畸形果要及时摘除。一般每穗果留4~5个精品果即可，畸形果和过多的果要及时摘除，以免过多的消耗营养，造成果实不能膨大。

(4) 果实膨大期要保证温度和肥水充足。点花1周后进入果实迅速膨大期，白天温度保持在28~30℃，前半夜18~20℃，后半夜12℃左右。同时，要保证均衡的肥水供应。及时浇水，并随水冲施高钾复合肥和生物菌肥各20kg。

415. 问：番茄“尖头果”的原因及预防方法有哪些?

答：番茄尖头果的主要原因是使用生长激素时浓度过大，或者点花时处理方法不当，一般心室较多的品种发病严重。预防尖头果主要是掌握好植物生长激素的浓度，避免在温度较高的时候点花，同时，生产中尽量少用2，4-D处理而采用番茄灵进行点花。

416. 问：番茄筋腐果发生的原因及防治方法?

答：番茄筋腐果分褐色和白色两种，褐色筋腐果果面出现褐变，凹凸不平，着色不良，果实有明显的绿斑，果肉僵硬，维管束褐变坏死，主要原因是光照不足、低温高湿、缺钾或铵态氮过剩引起。白色筋腐果果皮凹凸不平，着色不良，红色减少，成熟的果实呈橙色，果实中部出现“糠心”状，病斑处较硬。主要是由于烟草花叶病毒侵染所致。

防治番茄筋腐果：一是选用抗烟草花叶病毒病的品种，做好种子处理和育苗；二是适当稀植，改善通风透光条件；三是注意氮磷钾肥配合使用，结果期叶面喷施锌肥；四是采用开沟起垄栽培，避免大水漫灌。

417. 问：番茄出现裂果的症状、原因及防治措施是什么?

答：

(1) 主要症状。裂果多发生在果实成熟期，是一种常见的生理病害。主要有环状裂果、放射状裂果、顶裂果和细碎裂纹果四种。出现裂果后不耐贮运，商品性降低，还易感染杂菌，造成烂果。

（2）发生原因。裂果虽与品种有关，一般果皮薄、果实扁圆形、大果型品种易裂果，但主要原因是水分失调。特别是在高温强光、干旱的情况下，果柄附近的果面产生木栓层，而果实内部细胞中糖分浓度提高，膨压升高，细胞吸水能力增强，这时如浇水过多或降雨过多，果实内部细胞大量吸水膨大，就会将木栓化的果皮胀破开裂。在有露水或供水不均匀的情况下，果面潮湿，老化的果皮木栓层吸水膨胀，会形成细小的裂纹。

（3）防治措施。一是选择种植不易裂果的品种；二是深翻土，多施有机肥，促进根系生长，缓冲土壤水分的剧烈变化；三是合理浇水，避免土壤忽干忽湿，特别要防止土壤久旱后过湿；四是采取高垄栽培，缓解水分急剧变化对植株产生的不良影响；五是必要时补充钙肥和硼肥。可用 0. 5%氯化钙溶液作叶面追施；六是在果实膨大期，用新鲜牛奶 10～15 倍液或丰收一号 800～1 000倍液或2 000～3 000mg/kg 的 85%比久水溶液喷洒植株，以增强番茄果面抗裂性。

418. 问：番茄果实成熟时呈黄褐色是什么原因？如何防治？

答：

（1）主要症状。这是一种生理病害，俗称果实着色不良、茶色果。果实成熟时呈黄褐色或茶褐色，表面发乌，光泽度差，商品性明显降低。

（2）发生原因。氮肥施用过多，叶绿素就会增多，分解形成番茄红素的过程就会推迟，使果实着色不好。但在缺少氮、钾肥时，叶绿素分解形成番茄红素的过程也会受到影响，使果实着色不良。温度也是影响着色不良的原因。高温也会导致着色不良，形成黄色果实。

（3）防治措施。一般在果实膨大的后期是着色期，温度必须保持在 25℃左右，要及时摘除老叶，增加采光。一般晚熟品种常发生，在生产中要选早熟或中熟品种或者提早定植。

419. 问：怎样识别与防治番茄绿肩果病？

答：

（1）主要症状。番茄萼片周围的果实呈绿色，主要是缺钾造成的，俗称“绿背病”。下部叶片出现黄褐色斑，症状从叶尖和叶尖附近开始，叶色加深，灰绿色，少光泽。小叶呈灼烧状，叶缘卷曲。老叶易脱落。果实发育缓慢，成熟不齐，着色不匀；果蒂附近转色慢，绿色斑驳其间。

（2）发生原因。番茄果实局部番茄红素的形成受到抑制所致，易在偏施氮肥，尤其在氮肥多、钾肥少、缺硼、土壤干燥时发病最为严重。

（3）防治措施。每亩施钾肥 10～20kg，分次施用；叶面喷施 0. 3%～0. 5%的硝酸钾或硫酸钾溶液；增施有机肥料；合理轮作；土壤过分干旱时要适当浇水。

420. 问：番茄脐腐病的症状、原因及防治措施是什么？

答：

（1）发病症状。脐腐病是番茄的主要生理病害，发病初期在果实脐部及周围产出水渍状黄褐色至暗绿色病斑，以后颜色逐渐变深，边缘云纹状，随病害发生，病部组织坏死，表面凹凸不平，病果提前变红。

（2）发生原因。脐腐果产生的主要原因是缺钙。土壤水分突然变化，忽干忽湿，或土壤黏重，特别是施化肥过多，土壤盐渍化，土壤浓度增大，影响对钙的吸收。

（3）防治措施。一是培育适龄壮苗，定植时不伤根，促进根系发达，提高根系对钙的吸收能力；二是合理浇水，避免土壤过干过湿，施足有机肥，增施磷钾肥，防止过量施入速效氮肥；三是坐果后及时补充钙，叶面喷施0.5%~1%的氯化钙，15天喷1次，连喷2次。

421. 问：造成番茄日烧病的原因是什么？如何防治？

答：日烧病也是番茄常见的一种生理性病害，多发生在果实膨大期，果实向阳面长时间受强光照射后，呈白色革质状，并有凹陷，失去商品价值。在结果期要保持土壤湿润，叶面喷施0.1%硫酸锌，以提高植株抗热性。

422. 问：造成番茄空洞果的原因是什么？如何防治？

答：

（1）主要症状。果实有棱沟，果实横切面多呈多角形，果皮与胎座分离，种子腔成为空腔，果肉不饱满，果味淡而无汁。

（2）发生原因。氮肥施用过多，花期受精不良，果实膨大期温度过高或过低；光照不足，肥水不足。

（3）防治方法。加强果实膨大期肥水管理，叶片喷洒促果调节剂。根据实验表明，番茄第一穗果指甲大时，隔7~10天喷洒1次促果剂，即每15kg水加入2粒宝丰灵及25g磷酸二氢钾、25g葡萄糖及50g尿素；果实长速快，结果大，早熟10天左右，无空洞现象。

423. 问：造成番茄落花落果的原因是什么？如何防治？

答：番茄落花落果的现象经常出现，是生产中十分重要的问题。

（1）引起落花落果的主要原因。一是花器发育不良。花芽分化期温度过低、光照不足、营养不良会形成有缺陷的花；二是授粉受精受阻。短柱花缺少授粉的机会，土壤和空气过于干旱，花器会出现变性、畸形、不孕或消亡。空气湿度过大，花粉吸潮膨胀，不易从花药散出。温度过高或过低，花粉不能萌发或消耗过大花粉提早死亡；三是果实发育受阻。授粉受精后，遇低温连阴天，光照不足或缺水缺肥，或者过度旺长的植株，营养生长和生殖生长失调，花器得不到营养而凋萎脱落。

（2）防治方法。一是施足底肥，合理追施磷钾肥，保证养分供应均衡；二是加强苗期管理，培育壮苗，增强植株抗性；三是适期定植，按预定苗龄进行育苗移栽，尽早定植，少伤根；四是植株生长后期，将下部的黄叶、老叶去掉，节省养分消耗，增强透光性；五是合理使用生长调节剂，如防落素、坐果乐等。

424. 问：番茄卷叶的原因是什么？如何防治？

答：卷叶常在番茄果实进入转色期前后发生，自下而上逐渐发展，严重时全株叶片卷曲，使果实暴露在阳光下，造成果实发生严重日烧病或果实着色不匀。

发生原因：一是高温、干旱、强光照条件下，土壤严重缺水引起叶片卷缩；二是施肥量过大，尤其氮肥过剩；三是品种不具抗卷叶特性。

防治方法：一是增施腐熟农家肥料，改良土质结构，提高土壤保水性；二是适当减少氮肥的施用量；三是防止土壤过于干旱，尤其在植株进入结果期后，要经常保持土壤湿润。

425. 问：番茄枯萎病病因有哪些？如何防治？

答：枯萎病是土传病害，病菌通过水流或者灌溉水传播蔓延，耕作层浅、土质黏重、土壤潮湿、排水不畅、定植或中耕伤根时易发生。发病初期，仅植株下部叶片变黄，随着病情加重，病叶自下而上逐渐变黄、变褐、坏死和枯焦，剖开病茎，维管束变褐。

防治措施：一是选用抗病品种，实行轮作倒茬；二是加强栽培管理。采用起垄栽培，增施有机肥，适当控制浇水，切忌大水漫灌。定植、施肥、中耕时避免伤根；三是化学防治。发现中心病株，喷施 50%多菌灵可湿性粉剂 800 倍液，或 3%广枯灵水剂 800 倍液、或 70%敌克松可湿性粉剂 300 倍液，灌根防治，每株用药100mL，7~8 天 1 次，连灌 2~3 次。

426. 问：番茄早疫病发病条件是什么？如何防治？

答：番茄早疫病在高温、高湿、田间结露时易发生，种植密度大、基肥不足、结果过多造成植株生长衰败、昼夜温差大、连续阴雨、通风不良是该病发生流行的主要因素。

防治上要采取农业防治和化学防治相结合。选用抗病品种、实行轮作倒茬、合理密植、加强田间管理、控制氮肥用量、适当增施磷钾肥，提高植株抗病性。发现中心病株及时拔除，并用 70%代森锰锌 200 倍液消毒病穴。可用 70%代森锰锌 500 倍液、百菌清 600 倍液、25%阿米西达悬浮剂1 500倍液、50%扑海因可湿性粉剂1 000倍液喷药防治，7~10 天 1 次，连喷 2~3 次。

427. 问：番茄晚疫病发病条件是什么？如何防治？

答：番茄晚疫病在低温、高湿条件下易发生，种植过密、阴雨天多、昼夜温差大、大水漫灌、田间管理粗放、植株长势弱等均易发生，主要为害幼苗、叶和果实。叶片发病多从中下部叶片的叶尖、叶缘部位开始，呈现暗绿色水浸状不规则病斑，然后病斑迅速扩大变成褐色。叶背面病部着生白霉，茎上病斑为黑褐色腐烂状。果实发病多在青果期，表面开始呈灰绿色油浸状硬斑，逐渐变为暗褐色或棕褐色，病斑稍凹陷，初期一般不变软，湿度大时常出现少量白霉。

番茄晚疫病防治上要采取预防为主、综合防治的措施。选用抗病耐贮品种，采用开沟起垄、轮作栽培，科学合理施肥，增强抗病虫害能力。在药剂防治上发现中心病株要立即全面喷药并将病叶、病枝、病果和重病株带出田外深埋或烧毁。主要药剂有72.2%的普力克水剂800倍液喷雾、72%霜脲·锰锌可湿性粉剂600~700倍液喷雾、72%甲霜灵锰锌可湿性粉剂600~800倍液喷雾、70%甲基托布津600倍液喷雾、烯酰吗啉可湿性粉剂800倍液喷雾、银法利悬浮剂60~75mL/亩喷雾。为了防止病菌产生抗药性，药剂应交替使用和混配使用。另外，在喷药时一定要全面，用高压喷雾器将叶片上下都喷到。

428. 问：番茄病毒病有哪些症状？如何防治？

答：常见的番茄病毒病有花叶型、条型和蕨叶型3种症状。花叶型：新叶片出现黄绿相间、颜色深浅相间的不正常现象，叶脉透明，叶片皱缩、扭曲，植株比正常略矮。蕨叶型：植株矮化，上部叶片部分或全部变成线性。条斑型：茎、叶柄表面褐色或深褐色条斑，病茎质脆易折断。果实表面各种形状褐色斑块。

防治方法：一是农业防治。选用抗病品种，种子消毒，土壤消毒处理，实行轮作，培育壮苗，及时清除病株，减少农事操作中的传染途径；二是化学防治。喷施50%抗蚜威可湿性粉剂2 000倍液及时防治蚜虫或白粉虱等刺吸式口器害虫。发病初期喷洒20%病毒A可湿性粉剂500倍液、1.5%植病灵乳剂1 000倍液，或抗毒剂1号200~300倍液，隔10天左右喷1次，连喷3~4次。

429. 问：目前番茄种植保险政策是如何实行的？

答：目前巴彦淖尔市仅磴口县番茄种植已纳入农业保险。保费24元/亩，种植农户交纳4元/亩，企业补贴10元/亩，县财政补贴10元/亩。起保时间：大田从出苗全后起保，移栽从栽地后次日起保。保险范围仅限有正式订单的番茄种植户。

第八节　黄瓜种植技术

430. 问：黄瓜有哪些生长习性和特点?

答：黄瓜属葫芦科，葫芦属，也称王瓜、胡瓜、青瓜。黄瓜喜温暖，不耐寒冷，为主要的温室产品之一。现已实现了周年生产。

431. 问：黄瓜具有哪些植物学特性?

答：

（1）根。黄瓜的根由主根和侧根两部分组成。在土层深厚、土壤结构良好、有机质丰富的条件下，主根入土较深，可达 80~100cm。侧根横向延伸，集中于植株周围 30cm 左右范围内，分布在表土以下 15~20cm 处，呈圆锥状分布。

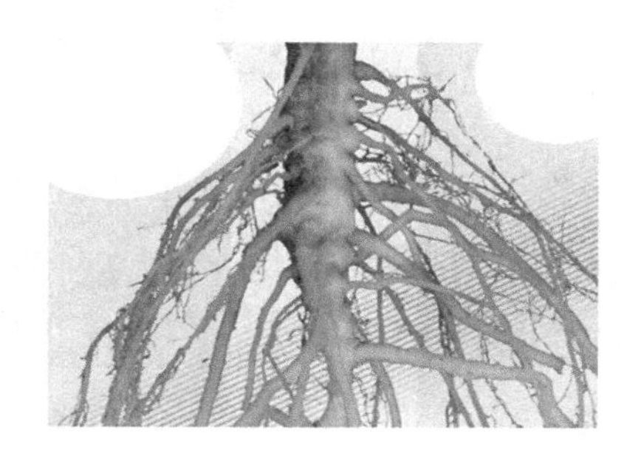

黄瓜根系

（2）茎。黄瓜的茎是蔓生性，也称茎蔓。茎的长度因品种类型而异。晚熟品种一般茎蔓长可达 3m 以上；早熟品种一般茎蔓较短，有的短到 1m 左右。长蔓品种一般侧枝较多，甚至有第二分枝；短蔓品种一般不发生侧枝。

黄瓜的茎

（3）叶。子叶对生，幼苗生长初期主要的营养来源。真叶互生，掌状全缘、两面有稀疏刺毛，叶片大而薄，故蒸腾量大。

黄瓜的叶

（4）花。黄瓜雌雄同株异花，虫媒花，异花授粉，自然杂交率可达 53%～76%，但雌花具有单性结实特性。有极少数的雌雄蕊都发育从而成为不同程度的两性花，两性花结畸形果。

黄瓜的雌花

黄瓜的雄花

（5）果实。黄瓜的果实是由子房和花托发育而成的。植物学上称作假浆果，又叫瓠果。因品种不同其果实性状差异很大，长短不一，大的长达 60～100cm，小的只有十几厘米。

黄瓜的果实

（6）种子。种子扁平、长椭圆形、黄白色，千粒重 20~40g。发芽年限 4~5 年，但 1~2 年的种子生活力高。由授粉到种瓜采收需 35~40 天，每果可结籽 100~300 粒。

黄瓜的种子

432. 问：黄瓜的生长发育过程包括哪些阶段？

答：黄瓜的生长发育过程分发芽期、幼苗期、初花期和结果期 4 个阶段。露地栽培一般在 90~120 天，而设施栽培下相对较长。

（1）发芽期。从播种至第一片真叶出现（破心）为发芽期，适宜条件下需 5~10 天，是主根下扎，下胚轴伸长和子叶展平期。创造适宜温度和湿度、促进尽快出苗；出土后则应降温以防徒长。

（2）幼苗期。从真叶出现到 4~5 片真叶展开，适宜条件下约需 20~30 天，是幼苗的形态建成和花芽分化期。管理上要促控结合，培育适龄壮苗。即采取适当措施促进各器官分化和发育，同时控制地上部生长、防止徒长。

（3）初花期。初花期又称伸蔓期，从 4~5 片真叶展开到第 1 雌花坐瓜，适宜条件下 20 天左右。初花期结束时一般株高 1.2m 左右，已有 12~13 片叶。这一时期主要是茎叶形成，其次是继续花芽分化，花数不断增加，根系进一步发育。此期内，生长中心逐渐由以营养生长为主转为营养生长和生殖生长并进阶段。管理上要协调地上部生长和地下部生长的关系、调节营养生长和生殖生长的关系。目的是既要促进根系生长，又要扩大叶面积，并保证继续分化的花芽质量和数量，还要防止徒长、促进坐瓜。

（4）结果期。由第一雌花坐住瓜到拉秧为止，是连续不断地开花结果，根系与主侧蔓继续生长，结果期的长短是产量高低的关键所在。管理上要平衡秧果关系，延长结果期，以实现丰产为目的。结果期的长短主要取决于环境条件和栽培技术。

433. 问：黄瓜花芽分化具有哪些特点？其性型决定因素有哪些？

答：花芽分化特点：两型性。黄瓜在第 1 片真叶刚出现就开始花芽分化，初期为两性花，之后分化为雌、雄花。黄瓜花的性型是可塑的，影响性型的主要是温度和光照条件，水分和营养条件也有一定影响，因此，采取如下措施能使黄瓜的雌花节位低、数目多。

（1）温度管理。低温可促进雌花分化和发育，尤以夜间温度影响最大。因此，苗期夜温不能过高，否则雄花多，雌花分化节位高；一般白天温度 25～30℃，夜间 13～15℃，有利于雌花分化。

（2）日照控制。黄瓜的性型分化与日照时间长短有密切关系，8 小时短日照对雌花分化有利，短于 8 小时更能促进雌花分化，但生长受限制，难以形成壮苗。日照对雄花分化有利，温室由于覆盖草苫，便于进行短日照处理。

（3）空气、土壤。空气、土壤湿度较大时有利于雌花分化，所以，育苗期间不宜过分控水。

（4）二氧化碳。二氧化碳含量高，提高净光合率，使雌花增加。

（5）移植、嫁接。经过缓苗和成活过程，控制了营养生长，促进生殖生长，所以，移植嫁接雌花节位低且数目多。

（6）激素控制。夏、秋黄瓜的育苗期正是高温、长日照季节，因此可采用乙烯利处理，降低雌花节位和增加雌花数目。

434. 问：如何确定黄瓜不同生育阶段的正常长势？

答：黄瓜各个生育期正常长势，参见下表。

表　黄瓜各个生育期正常长势一览

育苗期	定植期	生长前期	开花期	结果期	成熟期
苗子整齐，叶片较厚，色浓绿	茎秆粗壮，叶柄较短，叶缘缺刻深	节间适中，叶片浓绿，根系发达	伸长的雌花向下开放，花瓣大，色鲜黄	坐果率高，结成的瓜，瓜条垂直，先端稍细	瓜条生长快，采收频率高

育苗期正常长势

缓苗后正常长势

生长前期正常长势

开花期正常长势

结瓜期正常长势

盛瓜期正常长势

435. 问：黄瓜对环境条件有哪些要求？

答：喜温不耐寒，喜湿怕旱不耐涝，喜光照充足，但又比较耐弱光，喜肥而又不耐肥，黄瓜根系呼吸强度大，黄瓜栽培要求土壤通透性好，黄瓜各个生育期要求适宜温度和土壤湿度，参见下表。

表 黄瓜各个生育期要求适宜温度和土壤湿度

时期	白天温度	夜间温度	土壤湿度
播种至出土	28～32℃	18～22℃	85%
出土至分苗	25～28℃	18～20℃	70%
分苗至定植	23～25℃	13～15℃	60%
定植至缓苗	25～30℃	15～18℃	85%
缓苗至开花	26～28℃	13～15℃	55%
结果前期	25～27℃	12～15℃	80%
盛果期	26～28℃	13～16℃	60%～80%
生长后期	24～26℃	12～15℃	55%～60%

436. 问：温室栽培黄瓜应怎样合理安排茬口？

答：目前温室黄瓜栽培的主要茬口有越冬一大茬栽培和早春茬栽培。越冬一大茬栽培的定植时间一般在10月底至11月上旬，早春茬栽培的定植时间一般在2月上旬前后。

437. 问：有哪些黄瓜优良品种？

答：

津优36：植株生长势强，叶片大，主蔓结瓜为主，瓜码密，回头瓜多，瓜条生长速度快。早熟，抗霜霉病、白粉病、枯萎病，耐低温、弱光能力强。瓜条顺直，皮色深绿、有光泽，瓜把短，心腔小，刺瘤适中，腰瓜长32cm左右，畸形瓜率低，单瓜种200g左右，适宜温室越冬茬及早春茬栽培。

呱呱美：沈阳耕艺种业品牌，耐低温、耐弱光性强，早熟性号，雌花节位4~5节，瓜码密，甩瓜快，膨瓜快，密刺，把短，瓜条直，连续坐瓜能力强，丰产潜力大，商品性好。

冀美之星：河北际洲种苗有限公司育成，植株生长势快，叶片中等大小，主蔓结瓜为主，瓜码密，第一雌花节位4节左右，回头瓜多，丰产潜力大，单性结实能力强，瓜条生长速度，早熟性好，生长后期主蔓掐尖后侧枝兼具结瓜性且一般自封顶。中抗霜霉病、白粉病、枯萎病，耐低温、弱光。瓜条顺直，皮色深绿光泽度好，瓜把小于瓜长1/7，心腔小于瓜径1/2，刺密、无棱、瘤小，腰瓜长33~34cm，不弯瓜不化瓜，畸形瓜率低，单瓜重200g左右，果肉淡绿色，肉质甜脆，品质好，商品性极佳。生长期长，不易早衰，越冬及早春栽培亩产均能达到10 000kg以上。

438. 问：黄瓜嫁接的关键技术有哪些？

答：黄瓜嫁接技术是黄瓜生产栽培中克服连作障碍、提高植株抗逆性、防治黄瓜枯萎病和疫病等病害、获得高产的一项主要技术措施。嫁接后的黄瓜抗逆性增强，具有耐低温、耐高温、耐涝、耐旱等特点。嫁接苗根系发达，生长势强，侧枝发育正常，结瓜稳定，并能连茬，在黄瓜生产上使用嫁接技术可以达到增产、防病、提高黄瓜自身的抗逆性等诸多优势。

（1）砧木选择。用于黄瓜嫁接的主要砧木品种有黑籽南瓜、白籽南瓜、黄籽南瓜、荒地瓜，以及南瓜品种新土佐和白菊座等。常用的砧木是云南黑籽南瓜和白籽南瓜。黑籽南瓜在低温条件下亲和力较高，多应用于早春嫁接；白籽南瓜在高温条件下亲和力较高，多应用于夏秋黄瓜的嫁接。黑籽南瓜种子休眠约120天左右，故当年生产的种子发芽率低、出芽也不整齐，最好用隔一年的种子。初次进行嫁接时，应选用当地嫁接成功的砧木进行嫁接或进行小批量亲和力试验，以防砧木选择不当，而影响成活率和品质，降低产量。

（2）浸种、催芽。

接穗：将消毒处理后的黄瓜种子放进55℃的水中浸种，并不断搅拌至水温降到25℃，用手搓掉种子表面的黏液，再换上25℃的温水浸种6~8小时后放在25~30℃条件下催芽。待芽长0.3cm时即可播种。播种密度以每平方米2 000~2 500粒为宜。

砧木：方法与接穗相同，但浸种水温可提高到70~80℃，黑籽南瓜种子发芽要求较高的温度，通常将种子浸泡8~12小时，然后放在30~33℃的条件下催芽。24小时即可发芽，36小时出齐，当芽长0.5~1cm时即可播种。

（3）播种和嫁接的时间。黄瓜嫁接有靠接、插接等方法。嫁接方法不同，要求的适宜苗龄也不同。要依据所采用的嫁接方法，来确定黄瓜和南瓜的播种时间。黄瓜出苗后生长速度慢，黑籽南瓜苗生长速度快，要使2种苗在同一时间达到适宜嫁接，就要合理错开播种期。

插接法：一般南瓜提前2~3天或同期播种，黄瓜播种7~8天后，就可以进行嫁接。嫁接适宜形态为黄瓜苗子叶展平、南瓜苗第一片真叶长1cm左右。

靠接法：一般黄瓜播种5~7天后，再播种南瓜，在黄瓜播后10~12天，就可以进行嫁接。嫁接适宜形态为黄瓜的第一片真叶开始展开，南瓜子叶完全展开。

（4）嫁接方法。黄瓜嫁接的方法有插接法、靠接法、劈接法、拼接法等等。靠接法和插接法因操作简便、成活率高而最为常用。

嫁接工具准备：刮脸刀片、竹签，竹签用竹片自制成不同粗细（以略粗于黄瓜茎为宜），长5~10cm，一端削成刀刃状，另一端削尖，用砂纸磨光；或直接使用牙签也可。

①靠接法：

砧木　用刀片或竹签刃去掉生长点及两腋芽。在离子叶节0.5~1cm处的胚轴上，使刀片与茎成30°~40°角向下切削至茎的1/2，最多不超过2/3，切口长0.5~0.7cm（不超过1cm）。切口深度要严格把握，切口太深易折断，太浅会降低成活率。

接穗　在子叶下节下1~2cm处，自下而上呈30°角向上切削至茎的1/2深，切口长0.6~0.8cm（不切断苗且要带根），切口长与砧木切口长短相等（不超过1cm）。

砧木和接穗处理完后，一手拿砧木，一手拿接穗，将接穗舌形楔插入砧木的切口里，然后用嫁接夹夹住接口处或用塑料条带缠好，并用土埋好接穗的根，20天左右切断接穗基部。

靠接法图示如下。

南瓜苗去心

取南瓜苗

取黄瓜苗

南瓜、黄瓜苗切口

靠接

用夹子固定

靠接后栽植到营养盘

嫁接完毕后薄膜覆盖

②插接法：

斜插法　拇指和食指捏住砧木胚轴，用刀片或竹签刃去掉生长点及两腋芽，然后用竹签在苗茎的顶面紧贴一子叶基部的内侧，与茎成30°~45°角的方向，向另一片子叶的下方斜插，插入深度为5mm左右，以竹签将穿破砧木表皮而又未破为宜，暂不拔出竹签。

将黄瓜苗从子叶下1cm处切约30°角斜面（子叶着生一侧），第一刀稍平而不截断，翻过苗茎，再从背面斜削一刀，切口长0.5~0.7mm，将接穗削成楔形。随即拔出砧木上的竹签，把接穗插入南瓜斜插接孔中。使砧木与接穗两切口吻合，黄瓜子叶与南瓜子叶呈“十”字形，用嫁接夹夹上或用塑料带缠好。

直插法　用刀片或竹签刃去掉砧木的生长点及两腋芽，在生长点中心处用略比黄瓜茎粗一点的竹签（自制、与接穗胚茎同粗）垂直插入0.5cm左右，暂不拔出。在黄瓜苗生长点下1~1.5cm处切30°角切断，呈0.4~0.5cm长的椭圆形切面，拔出砧木上的竹签，插入南瓜茎插接孔中，砧木与接穗子叶方向呈“十”字形。喷雾净水后，置于保湿小拱棚内。接后3天内保持95%的湿度，白天温度25~28℃，夜间18~20℃。4天后小通风，8天后可揭膜炼苗。25天左右3叶1心时即可定植。

插接法图示如下。

南瓜苗去心

竹签插孔

插接

插接完成

439. 问：黄瓜嫁接需要注意的事项有哪些?

答：

（1）嫁接砧木的选择。不能滥用砧木，否则，会因为南瓜是不同种属而引起不亲和性，不但达不到抗病增产目的，相反还会降低品质，造成减产和引起生理病害。

（2）黄瓜嫁接育苗的砧木，早春栽培主要应用黑籽南瓜，夏秋栽培主要应用新土佐南瓜。黑籽南瓜抗低温性好，适合于早春和冬季栽培，但在低地温下，会降低吸收镁的能力，叶色变黄，在高温下会发生急性萎蔫病。高温期则采用新土佐南瓜，因其耐热耐旱性好。

（3）苗床土的配制。一般采用充分腐熟过的粪肥与土混合搅拌，比例是7：3。

（4）嫁接前应对苗床秧苗喷水，利于起苗和防止秧苗萎蔫。

（5）幼苗取出后，可用清水洗根，洗掉根系上的泥土。

（6）嫁接好的苗要立即栽植到苗床营养钵中，并盖上小拱棚。栽植嫁接苗时，应把2个根茎分开1~2cm，以利于以后的断根操作。注意保温、保湿、遮阴，刀口处不能沾上泥土。

（7）嫁接工具要用酒精或高锰酸钾进行消毒。

（8）提早播种。嫁接黄瓜有个缓苗过程，南瓜根系具耐低温性，可早定植，故一般要比不嫁接的早播10天左右，否则影响早熟。

（9）砧木与接穗的配对。若嫁接时幼苗长势差异较大，要注意选用苗茎粗细相协调的黄瓜苗和南瓜苗进行配对嫁接，黄瓜苗茎应比南瓜苗茎稍细一些。一般以黄瓜苗茎不超过南瓜苗茎粗的3/4，不小于1/2为宜。另外，还应注意苗的长度的搭配，以便于双根移植。

440. 问：如何做好黄瓜嫁接后期的管理?

答：

（1）保湿。保湿是嫁接成败的关键措施，嫁接苗移栽到营养钵后，要立即喷水。用塑料小拱棚保湿，使棚内湿度达到饱和，即在扣棚第二天膜上有水滴，3~4天后可适度通风降湿。初始通风量要小，以后逐渐加大，一般9~10天后进行大通风，若发现秧苗萎蔫，应及时遮阴喷水，停止通风。

（2）控温。嫁接后3天内是形成愈伤组织及交错结合期。小棚内温度应保持在25~30℃，不超过30℃，夜间18~20℃，不低于15℃。嫁接后3~4天开始通风，棚内白天温度25~30℃，夜温15~20℃。定植前7天，可降温至15~20℃。

遮阴：嫁接后3天内，中午温度过高、光照过强时，必须用遮阳网或草帘遮阴降温，防止接穗失水而萎蔫。早晚可去掉遮阴物，使嫁接苗见光。并注意开棚检查，切口未对上的重新对好，黄瓜苗有萎蔫的可重新补接上。嫁接第四天起可早晚各见光 1 小时左右，一般 7 天后就可全见光了。

（3）去腋芽。嫁接时，砧木生长点和腋芽没彻底去干净时，会萌出新芽，因此，在苗床开始通风后，要及时去掉，以保证嫁接苗的成活率和正常生长。

（4）断根。靠接法嫁接的黄瓜苗，在嫁接后 10~12 天，用刀片将黄瓜幼苗茎在接合处的下方切断，并拔出根茎。断根晚，黄瓜根系在土中易遭受枯萎病菌侵染，病菌可向上侵染达 1m 左右，使嫁接失败。

441. 问：种植黄瓜怎样合理施肥?

答：根据配方施肥的原则，黄瓜的底肥用量，参见下表，将以下肥料均匀撒施后深翻或旋耕。

表　黄瓜的底肥用量

用肥种类	腐熟过的粪肥	芽孢蛋白有机肥	复合肥	海洋生物活性钙	精品全微肥
亩用量	15~20m^3	200~300kg	100~150kg	50~75kg	20~30kg
效果特点	长效补充有机质	快速补充有机质、蛋白质	补充氮磷钾大量元素	补充钙镁硫中量元素	补充微量元素
注意事项	必须腐熟	撒施或包沟	选择平衡型	必须施用	必须施用

撒施肥料

442. 问：种植黄瓜宜采用哪种栽培模式?

答：目前生产上多采用起垄种植黄瓜。

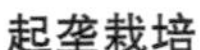

起垄栽培　　　　起好的垄

443. 问：种植黄瓜怎样合理确定株行距?

答：黄瓜行距一般是大行80cm，小行60cm。
株距为28~32cm，一般亩栽植3 300~3 600株。

444. 问：黄瓜定植的关键技术有哪些?

答：

（1）确定好株行距后，在畦面或垄上开定植穴，为快速缓苗，促进根系生长，可在定植穴内撒施有机肥料（肽素活蛋白），一亩地撒施15~20kg，撒施后与土拌匀，准备定植。

定植穴内撒施有机肥料

（2）定植前用96%恶霉灵1 000倍液配加0. 136%碧护15 000倍液蘸根消毒。

（3）选择壮苗，在晴天上午定植。

（4）定植完毕后浇大水，每亩地随水冲施em菌剂沃地菌丰10L，补充有益菌，改善土壤环境。

445. 问：黄瓜定植后如何加强管理?

答：

（1）合理控温。定植后缓苗前白天温度28~32℃，夜间18~20℃。缓苗后白天

27～30℃，夜间 13～15℃。

（2）划锄。缓苗后，开始进行中耕划锄，增加土壤透气性，促进根系深扎。

（3）划锄完毕后覆盖白色地膜，以保温保湿。

覆盖白色地膜

（4）及时防疫。为防止真细菌病害的发生，间隔 10～15 天喷施 75%百菌清 600～800 倍液配加 20%叶枯唑 600～800 倍液 2～3 次。浇第二水（缓苗水）时每亩地冲施“壳聚糖”（植物生长复壮剂）10L。有效促使根系生长，提高作物的抗病及抗逆能力。

446. 问：怎样使温室黄瓜具有发达的根系？

答：俗话说：“根深才能叶茂”，培育发达的根系是保证黄瓜高产优产的重要措施之一。首先深翻土壤、增施充分腐熟的有机肥是消除土壤板结、改良土壤结构、为黄瓜提供良好的土壤环境的基础；其次，育苗期间要培育壮苗，通过炼苗、蹲苗诱发新根的产生和深扎；在生产过程中要补充过磷酸钙和硫酸锌，促进根系的生长；同时，要避免低温、高温、积盐、肥烧及机械损伤对根系的伤害，一旦发生伤害，要通过施用生根壮苗剂等促进新根的产生，另外，日常管理中，可以使用生物菌肥或甲壳素等预防病害的发生。

447. 问：黄瓜开花期如何加强管理？

答：

（1）温度控制。开花期间白天温度 23～30℃，夜间 12～15℃。

（2）吊蔓。植株长到 30cm 左右、6～8 片真叶、黄瓜龙头向下弯时进行。吊蔓要及时进行，防治植株倒伏。吊绳选择抗老化的聚乙烯细绳。

448. 问：黄瓜结瓜期如何加强管理？

答：

（1）温度控制。结瓜期间白天温度 28～30℃，夜间 13～15℃。

（2）留瓜原则。植株长到 30cm 时开始留瓜，并把离地表 30cm 内的幼瓜及时

吊蔓后的黄瓜

摘除，从30cm往上开始留瓜，且要根据植株长势决定留瓜数量，植株较旺的适当多留，长势偏弱的则要少留。正常长势的一般有两个留瓜方式：2–0–1–0–2，也就是说从植株下部开始留2个往上疏掉1个，再往上留1个，再疏掉1个，再往上留2个。还有1个方式就是1–0–1–0–1，就是说留1个瓜疏一个瓜，以此类推。

缠蔓

（3）缠蔓。黄瓜是蔓生作物，所以，在生长过程中要不断把茎蔓缠绕在吊绳上，以防止瓜的生长点下垂或折断。

缠蔓

（4）浇水施肥。黄瓜的膨瓜浇水追肥在坐瓜以后进行，要根据长势和土壤干湿情况决定浇水的时机提前或延后。浇水追肥要注重有机肥和生物菌肥（肽素活蛋白20kg/亩），合理搭配化学肥料（斯沃氮磷钾20–20–20或13–7–40大量元素水溶肥10kg/亩或35%蔬乐丰动力钾20kg/亩），尤其在深冬期间，根系活动能力差，对养分的吸收力较弱，更要注重养护根系，冲肥时要严格控制化学肥料的用量，避免过量施用化学肥料造成伤根。

（5）落蔓。黄瓜的植株长到一定高度（生长点长到吊菜的钢丝处）时，要进

浇水追肥

行落蔓，把茎秆环形盘绕在地面上。落蔓的时候，要轻缓操作，以免折断茎秆。

落蔓

（6）打叶。落蔓之前把底部老叶合理摘除，但植株上部一定要保持足够数量（15~18 片）的大叶，以便维持正常的膨瓜和生长。

摘除底部老叶

449. 问：怎样减少黄瓜的弯瓜数量？

答：冬春季节黄瓜栽培由于光照不足、温度偏低和营养不良经常会出现弯瓜现象，弯瓜使得黄瓜的价格下降，效益降低。预防弯瓜出现的主要措施有：加强棚室日常管理，防止植株早衰，采用透光率高、无滴防雾的棚膜，如 PO 膜、EVA 膜，经常清洗棚膜；增施有机肥，结果期每周 1 次叶面喷肥，并适量补充硼肥；出现弯瓜时可以采用小砖块等拴绳坠直、开花前后用刀片在弯瓜背处浅划或者用30mg/kg的赤霉素溶液涂抹弯瓜内曲面；如若瓜纽数量较多，在不影响产量和效益的前提下，及早摘除弯瓜。

450. 问：黄瓜生长过程中出现生长点消失是什么原因？

答：黄瓜生长点消失从育苗到旺盛生长期都可能出现，其原因可能有：一是螨的为害。为害黄瓜的茶黄螨是一种身体小，肉眼不容易看见的螨类。幼螨或成螨聚集在黄瓜幼嫩的生长点周围，刺吸植物汁液，叶片伸开缓慢、变厚、皱缩，严重时叶片变小、变硬，叶背灰褐色，致使生长点枯死。二是植株严重缺硼。缺硼主要影响生长点，根尖、茎尖生长点停止生长。严重时，生长点萎缩死亡，植株变畸形，叶片由褪绿变紫色。碱性土壤易引起缺硼。三是植株生殖生长过旺。生殖生长过旺，营养生长极度衰弱的情况下，生长点消失。四是黑星病为害。由黑星病引起的生长点腐烂，造成秃顶。

451. 问：造成黄瓜子叶干缩的原因有哪些？如何防治子叶干缩？

子叶干缩

答：黄瓜子叶是反应幼苗和生长早期植株健壮程度的“晴雨表”，子叶生长不良是环境条件差、管理水平较低的一个信号。特别在低温（地温）定植后，定植操作时伤根，缓苗慢，子叶常常干缩，甚至过早脱落。

防治方法：一是进行粪肥发酵腐熟，避免施用生粪；二是合理通风，及时排除棚室内有害气体；三是加强棚室保温，10cm地温要保持在10℃以上。

452. 问：造成黄瓜黄叶的原因有哪些？如何防治黄瓜黄叶？

答：

（1）发生原因。一是地温过低，导致营养吸收受阻；二是不合理施肥导致伤根，造成营养缺乏或是偏施肥料产生拮抗；三是浇水量过大，造成沤根，影响养分吸收；四是缺镁。

（2）解决措施。一是冬季寒冷时期加强保温，种植行间铺秸秆保地温；二是合理施肥，低温时期冲施有机肥和生物菌肥为主，减少化肥用量；三是合理掌握浇水量，连续阴天不浇水；四是叶面喷施98%优果镁1 500倍+52%优果氮1 000倍液+4%海绿素1 500倍液。

453. 问：黄瓜白化叶的症状有哪些？引起白化叶的原因是什么？如何防治？

答：

（1）发病症状。黄瓜白化叶在保护地黄瓜生产中经常发生，造成叶片早枯，瓜秧早衰，影响光合作用，导致减产。叶片发病，首先是叶片主脉间叶肉褪绿、变黄，最后为白色。褪绿部分顺次向叶缘发展并扩大，直至叶片除叶缘尚保持绿色外，叶脉间的叶肉均变为黄白色，俗称"绿环叶"。发病后期，叶脉间的叶肉全部褪色，重者发白，与叶脉的绿色成鲜明对比，俗称"白化叶"。

（2）发病原因。白化叶致病原因是植株缺镁。黄瓜植株进入盛瓜期后，对镁的需求量增加，此时镁供应不足易产生缺镁症。缺镁可以是土壤中缺少镁，或土壤中本不缺镁，但由于施肥不当而引起镁吸收障碍，造成植株缺镁。在生土地上栽培黄瓜，也容易缺镁。氮、钾肥偏多将会影响植株对镁的吸收，磷缺乏也将阻碍植株对镁的吸收。此症状应区别于杀虫剂药害。

（3）防治措施。

①遵循平衡施肥原则，避免偏施肥料；

②叶面喷施98%优果镁1 500倍液+4%海绿素1 500倍液。

454. 问：如何预防温室黄瓜叶片急性凋萎？

答：温室黄瓜在栽培过程中会突然出现整株叶片萎蔫，有时茎叶会凋萎而死，死后仍然保持绿色，主要原因是由于低温连阴雨雪天气或者停电造成揭不开保温被，植株根系活动微弱，一旦揭开保温被，叶片蒸腾加大，但根系仍处于活动微弱状态，不能及时吸水补充叶片的消耗，造成叶片急性萎蔫，处理不及时，会造成茎叶凋萎。

预防方法：遇低温连阴雨雪天气后，要采取逐渐见光的方式，不要将保温被马上全部揭开；发现植株萎蔫时，要立即放下保温被，等到叶片恢复正常再卷起，反复几次；如若萎蔫比较严重，在叶片上喷水防止过度萎蔫，使叶片受害。

455. 问：怎样判断黄瓜的花器是否正常？

答：正常形态下，开花的位置距离植株茎蔓顶部40~50cm，将要采收的瓜条距离株顶70cm，其间具有展开叶6~7片，低于或者高于这个标准均属于不正常的。

正常的植株雌花大而长，向下开发，其他均是不正常的植株。

正常的花

开花节位距离顶部的距离小于40cm，采瓜部位距离顶近，则是老化型，是由于养分、水分供应不及时，或虽然养分及时，水分供应不及时，或者根系不能正常吸收，造成结瓜疲劳证的一种表现。严重的时候，开花节位达到瓜蔓顶部，表示生殖生长过旺，营养生长极度过弱。黄瓜植株雌花横向开放，说明生长比较弱。黄瓜雌花向上开放，表示植株生长十分弱。黄瓜水肥供应不足，植株老化，导致开花节位距离生长点很近。

雌花横向开放

雌花太靠上

雌花向上开

456. 问：怎样判断黄瓜卷须是否正常？

答：黄瓜卷须能表明植株的营养状态。正常的状态下卷须粗壮伸长与茎成45°角；土壤干旱缺水，卷须呈弧状下垂，卷曲；植株长势弱，营养状态不良，卷曲细而短，先端卷成圆圈，表示植株老化；卷须尖端变黄，卷须短，细，硬，没有弹力，先端卷曲，用手不易折断，咀嚼有苦味，表示表示植株弱，即将要得霜霉病。

正常卷须

卷须弧状下垂

卷须细弱下垂

457. 问：造成黄瓜“瓜打顶”的原因有哪些？如何防治？

瓜打顶

答：

（1）发生原因。

①温度过低，尤其是地温过低。

②植株带瓜太多，导致赘棵。

③伤根或根系不发达，营养吸收障碍。

（2）防治措施。

①低温时期夜间尽可能保温，夜温不低于13℃。

②合理留瓜疏瓜，如出现瓜打顶则要把植株顶部的幼瓜全部疏掉。

③合理浇水施肥，不可大水漫灌，避免冲施激素高氮肥料伤根，每亩地冲施沃地菌丰菌剂10L配加50%蔬乐丰基本型20kg。

④叶面喷施20%促丰500倍液+0.004%芸薹素内酯1 500倍液+52%优果氮1 500倍液。

458. 问：造成黄瓜“化瓜”的原因有哪些？如何防治？

化瓜

答：

（1）发生原因。

①带瓜太多，导致营养供应不足。

②生长失调，植株营养生长旺盛。

③夜温过高，营养消耗过大。

④根系不发达，影响养分吸收。

（2）防治措施。

根据植株长势合理留瓜疏瓜，如植株旺长，降低夜温，叶面喷施99%磷酸二氢钾1 500倍液，如植株偏弱，喷施52%优果氮1 500倍液+0.004%芸薹素内酯1 500倍液。合理施肥，养护好根系，可减少化瓜的发生。

459. 问：造成黄瓜出现畸形瓜的原因有哪些？如何防治？

答：生产中很容易出现畸形瓜，黄瓜的畸形瓜包括尖嘴瓜、大肚子瓜、蜂腰瓜、弯瓜等非正常形状的瓜。

大肚瓜

蜂腰瓜

尖嘴瓜

腰瓜

（1）发生原因。

①单性结实：黄瓜没有授粉也能结实，在营养条件下较好时可发育成正常瓜条，但有些单性结实能力弱的品种，在植株长势弱或已经老化，打掉的老叶过多或受病虫为害，茎叶郁闭，通风透光不良，在肥料、土壤水分等不足的情况下，也易形成尖嘴瓜。

②授粉不完全：授粉后干物质合成量少，营养物质分配不均匀而造成蜂腰瓜、大肚瓜、弯曲瓜。

③条件不良：高温干燥、生长弱或生长不良、各阶段水分供应不均，易发生蜂腰瓜、大肚瓜、弯曲瓜。缺硼会造成蜂腰瓜，缺钾容易蜂腰瓜。

④浇水过多：浇水过多，土壤湿度过大，根系呼吸作用受到抑制，通过呼吸作用释放出来的能量减少，导致根系吸收能力降低。

⑤土壤盐渍化严重：大量使用化肥，土壤含盐量过高导致土壤溶液浓度过高，抑制了根系对养分的吸收。

（2）防治措施。

①环境调控：进入结果期，做好光、肥、水、温的工作，要避免温度过高或过低，不要大水漫灌，要小水勤浇，不要1次施肥过多，要掌握少量多次的原则。结瓜期合理控制温度，正常长势下白天温度28~30℃，夜间13~15℃。

②植株调整：结果期及时绑蔓，及时摘除卷须，黄叶，老叶，根瓜，结果期最好每天摘瓜，保持植株旺盛的长势。如植株生长过旺，适当降低夜温，12~14℃，叶面喷施光合菌素1 500倍液。

③科学施肥：控制化肥使用量，增施农家肥，生产实践表明，大量使用农家肥可以表现良好的丰产特性，还能减少畸形瓜的出现。喷施99%禾丰硼1 500倍+99%果神三号花芽分化剂15 000倍液也可。

④选用单性结实能力强的品种，如密刺系列。

460. 问：造成黄瓜出现苦味瓜的原因有哪些？如何防治？

答：

（1）症状。低温季节栽培黄瓜时，植株下部常会形成苦味瓜，与正常的黄瓜相比，这种瓜味道较苦。

（2）病因。黄瓜苦味的发生是由于瓜内含有一种苦味物质-苦瓜素的缘故。一般存在部位以近果梗的肩部为多，先端较少。苦味有品种遗传性，所以，苦味的有无和轻重因品种而不同。同时，生态条件、植株营养状况、生活力的强弱均影响苦味的发生，有时，同一株上的瓜，根瓜较苦，而以后所结的瓜则不苦。如果某品种黄瓜的苦瓜素含量比较高，而在定植前后水分控制过狠，果汁浓度高，苦瓜素含量则比较高，因而吃时显得较苦。此后大量浇水，生长迅速，于是苦味变淡。另外，氮肥多，温度低，日照不足，肥料缺乏，营养不良以及植株衰弱多病等情况下，苦瓜素也易于形成和积累。

（3）防治方法。选用苦味较淡的品种。合理施用各种微量元素肥料，勤灌水，避免水分亏缺。避免低温，高温干旱及光照不足的不良影响。总体来讲，要设法使黄瓜的营养生长和生殖生长，地上部和地下部的生长平衡。

461. 问：黄瓜裂瓜有哪些症状表现？造成黄瓜裂瓜的原因是什么？如何防治？

答：

（1）症状。黄瓜裂果现象呈现逐渐增多的趋势。病果表现为果面纵向开裂，大部分是从尾端开始开裂的。

（2）病因。

①植株控长过于厉害，造成瓜条生长缓慢，瓜皮木质化严重，瓜条吸水后，果肉生长速度大于瓜皮，会造成裂瓜。

②浇水忽干忽湿，土壤长期缺水，而后突然浇水，特别是在高温季节，浇水间隔时间过长，突然浇大水，或长时间的连阴天气，阴后突晴浇水，根系大量吸水，果实内部膨大迅速，而表皮由于质地致密，膨胀速度较慢，导致果皮被涨破，都会造成裂瓜。

③在叶面上喷施农药、营养液时，近乎僵化的瓜条突然得到水分之后更容易开裂。在喷洒农药时，常加入叶面扩散剂，也会造成了裂果。特别是混掺了激素肥料，瓜条急速生长，会造成裂瓜。

④激素使用不当，例如，蘸花浓度过大，或者使用了大量的促进生长的激素型叶面肥等。

⑤植株缺乏硼钙元素。

（3）防治方法。加强温湿度管理，防止高温和过分干燥，均衡供水，防止土壤过干或过湿，蹲苗后浇水要适时适量，严禁大水漫灌。施用有机肥，促进黄瓜根系发育。

462. 问：黄瓜霜霉病有哪些发生为害特点？如何防治该病？

答：

（1）为害症状。霜霉病主要发生在叶片上。苗期发病，子叶上起初出现褪绿斑，逐渐呈黄色不规则形斑，潮湿时子叶背面产生灰黑色霉层，随着病情发展，子叶很快变黄，枯干。成株期发病，叶片上初现浅绿色水浸斑，扩大后受叶脉限制，呈多角形，黄绿色转淡褐色，后期病斑汇合成片，全叶干枯，由叶缘向上卷缩，潮湿时叶背面病斑上生出灰黑色霉层，严重时全株叶片枯死。抗病品种病斑少而小，叶背霉层也稀疏。

（2）发生条件。高温高湿。

（3）防治措施。

①加大通风，降温降湿。

②喷施90%三乙膦酸铝可湿性粉剂400~500倍液，或38%恶霜嘧铜菌酯800倍液，或25%甲霜灵可湿性粉剂800倍液，或68.75%氟菌霜霉威1 200倍液，或70%烯酰霜脲氰水分散粒剂1 500倍液，或64%杀毒矾可湿性粉剂600倍液，或70%乙膦铝锰锌可湿性粉剂500倍液。

③叶片的正反面都须喷布药液。

463. 问：黄瓜灰霉病有哪些发生为害特点？如何防治该病？

答：

（1）为害症状。黄瓜灰霉病多从开败的雌花开始侵入，初始在花蒂产生水渍状病斑，逐渐长出灰褐色霉层，引起花器变软、萎缩和腐烂，并逐步向幼瓜扩展，瓜条病部先发黄，后期产生白霉并逐渐变为淡灰色，导致病瓜生长停止，变软、腐烂和萎缩，最后腐烂脱落。叶片染病，病斑初为水渍状，后变为不规则形的淡褐色病斑，边缘明显，有时病斑长出少量灰褐色霉层。高湿条件下，病斑迅速扩展，形成直径15~20mm的大型病斑。茎蔓染病后，茎部腐烂，瓜蔓折断，引起烂秧。

（2）发生条件。低温高湿。

（3）防治措施。

①田间铺设秸秆以利于吸湿。

②及时清除病株残体，病果、病叶、病枝等。

③喷施50%腐霉利1 500倍液或50%异菌脲1 000倍液，或50%农利灵可湿性粉剂1 500倍液，50%代森锌500倍液，50%敌菌灵600倍液。

④结合烟剂烟熏，10%速克灵烟剂或20%灰核一薰净熏治，每亩用药250g。

464. 问：黄瓜靶斑病有哪些发生为害特点？如何防治该病？

答：

（1）为害症状。黄瓜靶斑病又称“黄点子病”，起初为黄色水浸状斑点，直径1mm左右。发病中期病斑扩大为圆形或不规则形，易穿孔，叶正面病斑粗糙不平，病斑整体褐色，中央灰白色、半透明。后期病斑直径可达10~15mm，病斑中央有一明显的眼状靶心，湿度大时病斑上可生有稀疏灰黑色霉状物，呈环状。

（2）发生条件。高湿或通风透气不良。

（3）防治措施。喷施25%吡唑醚菌酯乳油1 000倍液，或33.5%喹啉铜悬浮剂1 500倍液，或20%硅唑·咪鲜胺2 000倍液，或20%噻菌铜悬浮剂1 000倍液。

465. 问：黄瓜角斑病有哪些发生为害特点？如何防治该病？

答：

（1）为害症状。发病初期，在叶片上出现极小的茶色小点，小点逐步扩大，变为黄褐色，形成不规则的多角形病斑。这时，病斑周围黄变，形成黄色晕环。然后，病斑逐渐变成白色，脆而易碎。该病为细菌性病害。

（2）发生条件。湿度大。

（3）防治措施。

①加大通风，降低湿度。

②喷施3%噻霉酮可湿性粉剂1 500倍液配加70%琥胶肥酸铜可湿性粉剂1 000倍液，或47%加瑞农（春雷氧氯铜）可湿性粉剂500~800倍液。

466. 问：黄瓜白粉病有哪些发生为害特点？如何防治该病？

答：

（1）为害症状。黄瓜白粉病俗称“白毛病”，以叶片受害最重，其次是叶柄和茎，一般不为害果实。发病初期，叶片正面或背面产生白色近圆形的小粉斑，逐渐扩大成边缘不明显的大片白粉区，布满叶面，好像撒了层白粉。抹去白粉，可见叶面褪绿，枯黄变脆。发病严重时，叶面布满白粉，变成灰白色，直至整个叶片枯死。白粉病侵染叶柄和嫩茎后，症状与叶片上的相似，惟病斑较小，粉状物也少。在叶片上开始产生黄色小点，而后扩大发展成圆形或椭圆形病斑，表面生有白色粉状霉层。一般情况下部叶片比上部叶片多，叶片背面比正面多。霉斑早期单独分散，后联合成一个大霉斑，甚至可以覆盖全叶，严重影响光合作用，使正常新陈代谢受到干扰，造成早衰，产量受到损失。

（2）发生条件。高温干旱。

（3）防治措施。

①合理控制温度，发生白粉病后，尽可能降低温度。

②做到供水及时，小水勤浇。

③平常喷施5.5%壳聚糖（植物生长复壮剂）300倍液增强抗病能力，发病初期喷施25%苯甲丙环唑乳油3 000倍液或25%粉力克1 500倍液或70%硫黄·甲硫灵可湿性粉剂600倍液。

467. 问：黄瓜黑星病有哪些发生为害特点？如何防治该病？

答：

（1）为害症状。黄瓜黑星病在黄瓜整个生育期均可侵染发病，为害部位有叶片、茎、卷须、瓜条及生长点等，以植株幼嫩部分如嫩叶、嫩茎和幼果受害最重，而老叶和老瓜对病菌不敏感。

幼苗染病，子叶上产生黄白色圆形斑点，子叶腐烂，严重时幼苗整株腐烂。稍大幼苗刚露出的真叶烂掉，形成双头苗、多头苗。

侵染嫩叶时，起初在叶面呈现近圆形褪绿小斑点，进而扩大为2~5mm淡黄色病斑，边缘呈星纹状，干枯后呈黄白色，后期形成边缘有黄晕的星星状孔洞。嫩茎染病，初为水渍状暗绿色菱形形斑，后变暗色，凹陷龟裂，湿度大时病斑长出灰黑色霉层。生长点染病时，心叶枯萎，形成秃桩。卷须染病则变褐腐烂。

幼瓜和成瓜均可发病。起初为圆形或椭圆形褪绿小斑，病斑处溢出透明的黄褐色胶状物（俗称“冒油”），凝结成块。以后病斑逐渐扩大、凹陷，胶状物增多，堆积在病斑附近，最后脱落。湿度大时，病部密生黑色霉层。接近收获期，病瓜暗绿色，有凹陷疮痂斑，后期变为暗褐色．空气干燥时龟裂，病瓜一般不腐烂。幼瓜受害，病斑处组织生长受抑制，引起瓜条弯曲、畸形。

（2）发生原因。真菌病害，病菌随病残体在土壤中越冬，靠风雨、气流、农事操作传播。种子可以带菌。冷凉多雨，容易发病。一般在定植后到结瓜期发病最多，温室温室最低温度低于10℃，相对湿度高于90%时容易发生。

（3）防治措施。

①冬季做好保温排湿工作；

②发病初期喷施25%苯醚甲环唑1 500倍液或70%甲基硫菌灵800~1 000倍液。

468. 问：黄瓜病毒病有哪些发生为害特点？如何防治该病？

答：

（1）为害症状。植株上部叶片沿叶脉失绿，并出现黄绿斑点，渐渐全株黄化，叶片皱缩向下卷曲，节间短，植株矮化、枯死。后期花冠扭曲畸形，大部不能结瓜或瓜小而畸形。苗期4~5片叶时开始发病，新叶表现明脉，有褪色斑点，继而花叶，有深绿色疱斑，重病株顶叶畸形鸡爪状，病株矮化，不结瓜或瓜表面有环状斑或绿色斑驳，皱缩、畸形。

（2）发生原因。高温干旱有利于病毒发生，黄瓜自根苗发病重，苗期管理粗放，缺水，地温高，秧苗生长不良，晚定植，苗大均加重发病，水肥不足，光照强，白粉虱、烟粉虱等害虫多的地块病重。

（3）防治措施。

①培育壮苗，增强抗病力。

②尽量嫁接，以减少病毒发生率。

③及时消灭白粉虱等害虫，切断传播途径。

④发现病株及时拔除，在原地撒石灰消毒。

⑤喷施5.5%甲壳素（植物生长复壮剂）600倍液增强抗病毒能力，喷施20%盐酸吗啉胍铜1 500倍，或2%香菇多糖600倍液，或8%氨基寡糖500倍液，配加铁、锌微量元素防治。

469. 问：黄瓜闪苗有哪些发生为害特点？如何防治？

答：

（1）田间症状。由于环境的骤然变化，造成叶片萎蔫、水浸状的失绿，并伴随着出现白斑，随着病情的发展，叶片失水，干枯，整个叶片完全失去生命力，严重的时候整株枯死。

（2）发生原因。常常发生在连续阴雨天，晴天后见光通风太急造成。

（3）防治方法。在连续阴、雪后，天气骤晴，切不可同时、全部揭开草苫，应陆续间隔揭开。中午阳光强时可将部分草苫放下，菜农称这种操作为“回苫”，这样重复几次，下午阳光稍弱时再揭开。这是因为在不良天气条件下，植株处于饥寒交迫的状态，生理活动微弱，天气转晴后，植株要有一个适应过程，如果光强突然增强，叶片大量蒸腾水分，根系吸收的水分不能补充消耗，会导致植株萎蔫甚至死亡。同时，还要注意，当温度提高后要于中午适当通风，降温的同时，可释放出温室内积累的有害气体。

470. 问：黄瓜低温高湿综合症有哪些发生为害特点？如何防治？

答：

（1）受害症状。温室结构不合理，管理粗放，形成长期的低温高湿环境，在这样的温室内栽培黄瓜，会出现多种生长异常现象：如幼苗低温为害、叶片边缘黄化甚至全叶变黄、叶片小而稀少、节间变短，有时候叶片皱缩，或植株生长不整齐，有时候植株根系受害、叶片小而上卷。

（2）发生原因。根本原因在于温室的建设不合理，保温性能差，加上管理粗放，形成长期的低温高湿环境，在这样的温室内栽培黄瓜，往往出现多种生长异常现象，如幼苗受低温为害，叶片边缘黄化甚至全叶变黄；叶片小而稀少，节间变短；出现各种缺素症状；植株根系受害；有害气体为害；土壤盐渍化，等等。

（3）防治方法。

①建造高标准温室：最根本的解决措施就是严格按要求设计、建造保温性能良好的高标准冬用型日光温室，在严冬季节，在不采取任何加温措施的条件下，可生产各种果菜类蔬菜。温室过宽、后屋面过短、后屋面仰角过小、后墙过薄等均会降低温室的采光和保温性能。

②提高管理水平：进行精细管理，采用大小行栽培方式，在小行间覆盖地膜，实行膜下浇水，按要求施肥、中耕、整枝、采收，不能一味凭感觉浇大水、施大肥，为保温而不通风。

471. 问：黄瓜氨害有哪些发生为害特点？如何防治？

答：

（1）症状。由于土壤中有机肥分解产生氨气为害时，多从下部叶片显症，轻者叶缘略褪绿，叶片出现小型褪绿斑。重者叶缘焦枯，叶脉之间的叶肉形成大型白色枯斑。氨气从叶片的气孔进入，一般受害部位初期呈水浸状，干枯时是暗绿色、黄白色或淡褐色，叶缘呈“灼伤”状。由于叶缘坏死，叶片扩展受到抑制，后期容易形成匙形叶，坏死部位则变褐干枯。有些温室由于保温效果差，通风少，导致氨气积聚，容易出现脉间叶肉白化的氨害症状。

（2）病因。

①温室中使用了挥发性强的氮肥，例如碳胺，还有硫酸铵或者尿素的冲施肥或者复合肥，用肥量过大，土壤呈碱性，直接产生的氨气，为害作物。

②使用了没有充分腐熟的鸡粪，产生了氨气。

③以上的2种原因在温度较高，土壤肥沃的条件下，这一过程很快，不会造成很大的损失。根据天气情况不同，这种气害通常不是在施肥后马上出现，而是在施肥后3~5天才出现症状，晴天温度高的时候，1~2小时就会导致植株死亡，出现症状后，即使经常通风，也不能马上控制病情发展。

（3）防治方法。

①科学施肥：日光温室黄瓜施肥，应以优质的充分腐熟的有机肥为主，不要在温室内堆沤可能产生大量氨气的肥料，如生鸡粪、生饼肥等。不要将能直接或间接产生氨气的肥料撒施在地面上，追施尿素、碳酸氢铵和硫酸铵时，每次的施用量不要过大，应少施勤施，每次每亩地施肥量不应超过20kg，并应开沟深施，施后用土盖严，及时浇水。鸡粪、牛粪、饼肥等有机肥一定要充分腐熟后方可施用。适当增施磷、钾肥。

②低温季节不施用尿素和碳酸氢铵：冬季和早春不宜在棚室内施尿素和碳酸氢铵。如前所述，施入土壤中的氮肥，不论是有机态还是无机态，都需要在土壤微生物的作用下，经历一系列的转化，最终变为硝酸态供黄瓜吸收利用。尿素属于有机态氮肥，首先要在脲酶的作用于转化为碳酸氢铵，再转化为亚硝酸态，而后变为硝酸态。这一转化过程的时间长短，在很大程度上取决于温度条件，低温会严重抑制这一转化过程，所以要减少氨气为害，除了正确施肥之外，还要大量补充有益菌。

③检查氨气浓度：在早晨用pH值试纸（试剂商店有售）蘸取棚膜水滴，然后与比色卡比色，读出pH值，当pH值大于8.2时，可认为将发生氨气为害，应立即通风，排除氨气。

④补救措施：发生氨气为害后，立即通风换气。但通风并不能彻底消除氨害，有用施肥产生的氨害，大约需要经过15天的时间，才会慢慢消失。在植株受害尚未枯死时，去掉受害叶，保留尚绿的叶，放风排出有害气体后，加强肥水管理，还可慢慢恢复生长。另外，在叶的反面喷洒1%食醋溶液，均有明显效果。

472. 问：黄瓜亚硝酸为害的症状表现和发生原因有哪些？如何防治？

答：

（1）症状。主要为害叶肉，一般追肥10多天后出现为害症状。亚硝酸气体从叶片气孔侵入叶肉组织，破坏叶绿素，气孔附近的叶肉出现水浸状斑纹，经2~3天后漂白成不规则形斑点，受害部位下陷，与健康部位界限分明，以叶缘和叶脉间的叶肉受害最重。严重时，除叶脉外全部叶肉漂白致死，受害叶片一般为中部活力较强的叶片。叶片其他健康的部位会继续生长，但由于病部叶肉死亡，叶片会发生扭曲。

（2）病因。温室内积累的亚硝酸气体是从土壤中挥发出来的，出现这种现象的直接原因是土壤中施用了过量的氮肥，土壤酸化，土壤温度偏低或过高，地温急剧变化，土壤微生物活动较弱，亚硝酸转化为硝酸的过程受阻，亚硝酸态氮就会变得不稳定而释放出亚硝酸气体。如果亚硝酸气体浓度达到2微升时，黄瓜就会出现受害症状。由于连作温室的土壤里存在着大量的反硝化细菌，所以，通常在老的温室里才有亚硝酸气体为害。

（3）防治方法。

①通风换气：发现有害气体为害，要立即进行通风换气，排出有害气体，以减轻植株受害程度。通风换气的原则是放风量由小而大，并开顶窗通风，不宜使用底窗通风。切忌阴天不通风，即使是雨雪天气，中午也要稍通一会儿风。

②水肥管理：一次施氮肥不要过多，同时，要和磷、钾肥混合施用。多施充分腐熟的有机肥作底肥，并与土壤混匀。

③改良土壤：利用温室夏季空闲时间，向土壤中混入稻草和其他未腐熟的秸秆，在改良土壤，减轻土壤酸化的同时，可增加硝化细菌的数量，避免了亚硝酸在土壤中积累。连作多年的保护地土壤一般会酸化，应施用适量的石灰调节土壤酸碱度，同时，还可起到补充钙元素的作用。

473. 问：黄瓜二氧化硫为害的症状表现和发生原因有哪些？如何防治？

答：

（1）症状。结果正常，发现底部至中部叶片边缘出现褐色小点，甚至整个叶缘全部变褐，并且呈水浸状程度发展，叶脉之间的叶肉变白。

（2）病因。二氧化硫为害。二氧化硫主要为害叶片，遇水或空气湿度大时，会转化为亚硫酸及硫酸，能随空气一起从叶片的气孔进入叶肉，对植物体造成毒害。受害叶片在气孔部位呈现斑点，严重时整个叶片呈水浸状，并逐渐褪绿。二氧化硫浓度达到一定程度，敏感的蔬菜3~5天出现受害状，不很敏感的蔬菜可能7天左右出现受害症状。二氧化硫来源于生鸡粪和生饼肥分解时释放的二氧化硫。如果放风不及时，再加上适宜作物光合作用的环境条件、充足的水分供应、湿度较高有利于气孔开放及二氧化硫转化为亚硫酸和硫酸，使二氧化硫为害加重。

（3）防治方法。在第一次采摘果实时开始进行追肥，要根据蔬菜需肥特点进行追肥，并且一次性用量不能过大，且撒施均匀。及时浇水因施肥过多，造成植株烧根时，要及时适量浇水，缓解害情。松土、放风，发现棚内出现气害时，要及时松土，使有害气体尽快释放。同时，加强通风，连阴天也要放风，一是早晨揭棚时放风，棚内有害气体含量较大，通过放风，将有害气体放出，降低棚内湿度减轻病害；二是中午棚内温度高时，延长放风时间，将有害气体浓度降到最低限度。

474. 问：黄瓜叶片生理积盐的症状表现和发生原因有哪些？如何防治？

答：

（1）症状。常常发生在温室早春栽培黄瓜上，上午8：00—9：00黄瓜植株叶片表面的水膜和水珠蒸发后，叶片的边缘出现白色盐浸，盐浸呈开口向外的不规则半圆形。

（2）病因。化肥使用量过大，导致土壤的盐分浓度提高，黄瓜植株吸收后，盐分随着植株汁液流动到叶片边缘水孔处，黄瓜叶片有吐水现象，盐分随着流出叶片，日出后，温度升高，叶片表面水分蒸发，盐分沉积下来，形成白色盐浸。

（3）防治方法。科学施肥，减少化肥使用量，增施农家肥，发现症状后及时浇水缓解。

475. 问：黄瓜受百菌清烟剂药害的症状表现和发生原因有哪些？如何防治？

答：

（1）症状。主要受害部位是黄瓜的叶片，先从叶片边缘出现病斑，逐渐向内部发展，导致大叶脉间叶肉失绿、白化。

（2）病因。烟剂燃放点少或过于集中，使燃放点附近烟雾浓度过高，或烟剂用量过大，均会使黄瓜受害。

（3）防治方法。

①正确确定燃放点数量：在相同有效用药量的条件下，使用有效成分含量低（30%、20%、10%）的烟剂时，分成的燃放点可少些，一般每亩分为5~6个燃放点。使用有效成分含量高的烟雾剂时，每亩分为7~10个燃放点。

②正确确定烟剂类型：中棚、小棚因较矮小，应选择有效成分含量低的药剂。

③正确确定用药量：一般棚室使用30%的百菌清烟雾剂时，1次用量为每亩300~400g。

④正确确定用药次数：每7~10天1次，连用2~3次。如在两次使用烟剂的中间，选用另外，一种杀菌剂进行常规喷雾防治，则效果更佳。

⑤正确确定使用时期：以阴雨天以及低温的冬季使用效果最好。

476. 问：黄瓜缺钙症的症状表现和发生原因有哪些？如何防治？

答：

（1）症状。新生叶变小，也可向上卷曲呈匙或勺状。成龄叶片向内侧卷曲，呈“降落伞状”。多数叶脉间失绿，主脉尚可保持绿色。有时上位叶叶缘镶金边，叶间出现白色斑点。植株矮化，节间短，顶部节变短明显，幼叶有时枯死。严重缺钙时，叶柄变脆，易脱落。植株从上部开始死亡，死组织灰黑色。花比正常的小，果实也小，风味差。

（2）病因。

①根系发育不良：盛果期遇到寒流、阴雪天等天气，造成地温下降，根系吸收功能下降，植株蒸腾作用受到阻碍，会引发缺钙。如果根系老化，毛细根少，钙素吸收会受阻。

②激素失调：黄瓜进入开花坐果期之后，光合产物以及植株顶部生长点部位产

叶片呈勺状

生的内源激素向根部的输送量减少，根系短期生长受阻，生理活性下降，导致吸收障碍，也会导致短期的钙吸收障碍。

③土壤营养障碍：酸性土壤会缺钙，或由于土壤干燥，土壤溶液浓度高，阻碍植株对钙的吸收；空气湿度小，蒸发快，补水不足时易产生缺钙。

（3）防治方法。

①土壤补钙：通过土壤诊断可了解钙的含量，如不足，可在普施腐熟有机肥，磷、钾肥的基础上，增施海洋生物活性钙肥、过磷酸钙、硝酸钙等含钙肥料。酸性土壤宜增施石灰，每年每亩用量为3kg，石灰肥要深施，使其分布在根层内，以利吸收。

②掌握好氮钾肥用量：铵离子和钾离子两者与钙离子之间有拮抗作用，土壤中铵离子、钾离子含量过高以及“氮钙比”过高时，均会抑制钙的吸收。因此，应适当控制氮、钾肥的使用量，进行科学施肥，避免出现氮、钾肥过高的现象。

③增施有机肥：有机肥含有丰富的有机质和多种营养元素，是一种完全肥料，对改良土壤、培肥地力具有独特的作用。也可增施腐殖酸、微生物类的肥料，促根养根，增强根系活性，还可用生根剂灌根。施肥的同时，药适时灌溉，保证水分充足。

④叶面喷肥：缺钙的应急措施是用0.3%的氯化钙水溶液喷洒叶面，也可选择优果钙、糖醇钙、氨基酸钙、腐殖酸钙、生物钙肥等，在吸收钙的高峰期喷施。还可把钙肥和其他肥料复配后叶面喷施，如喷201mg/g萘乙酸+钙肥溶液+防治细菌性药剂（不要选用铜制剂），既补钙，又刺激生长，还能预防病害。适量补施硼肥，硼可促进叶片制造的碳水化合物向根中输送，促发新根，有利于钙的吸收，因此，在叶面喷钙时可掺入适量的硼肥。

在出现缺钙症状前也可补钙，增加钙素营养，能有效地预防因缺钙而引起的各种生理病害。提高产量，增进品质，钙能促进根系吸收、细胞分裂，促进碳水化合物和蛋白质的合成，因此，钙的充足供应对获得高产优质的栽培效果十分有利。

第九节　辣椒种植技术

477. 问：辣椒具有哪些生长习性和特点？

答：辣椒属于茄科，辣椒属，属于喜温性蔬菜，又叫番椒、海椒、胡地椒、辣子、辣角、秦椒、大椒、辣虎、牛角椒、红海椒等。辣椒成为一种大众化蔬菜，中国各地普遍栽培，属1年或多年生草本植物。辣椒喜温暖，怕高温和冷冻；喜阳光，怕暴晒和连雨天；喜湿润，怕雨涝和干旱；喜肥沃，怕氮素过多和地力贫瘠。生长发育最适温度为白天26~27℃，夜间16~20℃。果实通常呈圆锥形或长圆形，未成熟时呈绿色，成熟后变成鲜红色、黄色或紫色，以红色最为常见。

478. 问：辣椒具有哪些植物学特性？

答：

（1）根。辣椒属浅根性植物，根系发育较弱，木栓化程度较高，再生能力差，根量少，茎基部不易发生不定根，所以，辣椒怕旱怕涝不耐瘠薄，对氧气要求严格。

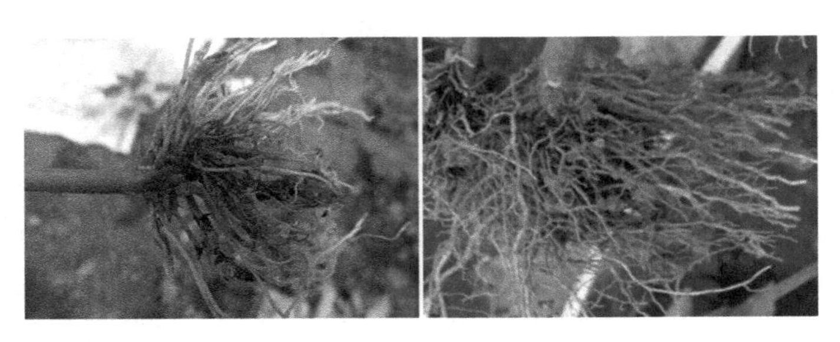

辣椒的根系

（2）茎。茎近无毛或微生柔毛，分枝稍之字形折曲，主茎较矮，有6~30节不等，多数品种主茎上分枝能力较弱，部分品种可以分枝并结果。主茎之上一般分枝2个或3个，个别多者可达8个。枝上每节可形成2个分杈，但具有4~6个主枝后一般具有较强的顶端优势。

辣椒的茎

（3）叶。叶互生，枝顶端节不伸长而成双生或簇生状，矩圆状卵形、卵形或卵状披针形，其大小和形状与果实的大小和形状有一定的相关性。

辣椒的叶

（4）花。花单生，俯垂；花萼杯状，不显著5齿；花冠白色，自花授粉，自然异交率10%左右，为常异花授粉作物。可单性结实，但一般发育不良。

辣椒的花

（5）果实。浆果，由果皮和胎座组成。细长形果多为2室，圆形或灯笼形果多为3~4室。无限分枝类型的品种多为单生花，果实多向下生长；有限分枝类型的品种多为簇生花，果实多朝上生长。果实形状有圆锥形、短锥形、牛角形、长形、圆柱形、棱柱形细长形、圆形、灯笼形等。

辣椒的果实

479. 问：辣椒的生长发育过程包括哪些阶段?

答：辣椒的生长发育过程有一定的阶段性和周期性，大致可分为发芽期、幼苗期、开花坐果期和结果期 4 个阶段。

（1）发芽期。从种子萌发——第一真叶出现。15~20 天，异养阶段。

（2）幼苗期。第一片真叶出现——现蕾（开花前）。60~90 天，营养生长为主。

（3）开花坐果期。定植——第一穗果坐住。营养生长为主，向生殖生长过渡。

（4）结果期。第一穗果坐住——拉秧。时间长短受栽培季节和栽培方式影响，管理的关键是平衡秧果关系。

480. 问：如何确定辣椒不同生育阶段的正常长势?

答：

观叶片知长势：坐果后，辣椒心叶有适量的鲜嫩部分，为生长正常；而节间短、花位高、叶片小、新叶无嫩心为生长衰弱，应当及时补肥。新叶过圆为氮肥过量，不易坐果，应当调高钾肥比例。

视长势定坐果：辣椒坐果前长势强的，可以留对椒甚至门椒，但要注意长势减弱后是否及时摘除；坐果前长势弱的，不留对椒甚至门椒，先促进营养生长。

无籽果早疏除：正确辨认授粉不良的无籽果实并疏除，以确保精品果率。

叶片调节熟期：早去除下部叶片，对根有抑制作用，可以促进果实早熟。在罢园前及需要抓紧上市时可以使用。如果保留果实周围大量叶片，果实的滞采期可延长 30~50 天。

辣椒各个生育期正常长势参见下图。

育苗期正常长势

缓苗后正常长势

生长前期正常长势

结果期正常长势

结果期正常长势

生长后期正常长势

481. 问：辣椒对环境条件有哪些要求？

答：环境条件涉及温、光、水、气、肥、土等着因素，在很多情况下，它们是不可能全部同时处于最合适的状态，我们的栽培技术就是要处理和平衡这种矛盾，使其综合起来处于合理状态。辣椒喜温暖，但不耐高温和低温；喜中光，耐弱光怕强光；根系不发达，怕旱怕涝，空气湿度大易落花落果。辣椒各个生育期要求适宜温度和土壤湿度，参见下表。

表　辣椒各个生育期要求适宜温度和土壤湿度

时期	白天温度	夜间温度	土壤湿度
播种至出土	28～32℃	18～22℃	85%
出土至分苗	25～28℃	15～18℃	70%
分苗至定植	25～27℃	13～15℃	60%
定植至缓苗	28～30℃	18～20℃	85%
缓苗至开花	26～28℃	13～15℃	55%
结果前期	28～30℃	15～17℃	80%
盛果期	28～30℃	14～16℃	60%～80%
生长后期	26～28℃	15～17℃	55%～60%

482. 问：温室栽培辣椒应怎样合理安排茬口？

答：目前温室栽培的主要茬口有越冬一大茬栽培、秋延迟栽培和早春茬栽培。越冬一大茬栽培的定植时间一般在8月底至9月上旬，秋延迟栽培的定植时间一般在7月底至8月初，早春茬栽培的定植时间一般在2月上旬前后。

483. 问：辣椒有哪些种类？

答：根据收获产品分为：菜椒品种和椒干品种。

根据辛辣程度分为：辣椒和甜椒。

根据分枝习性分为：无限生长类型、有限生长类型和部分有限生长类型。

根据果实形状分为：灯笼形、圆锥形、长果形、扁果形、樱桃果等。

根据果实颜色分为：辣椒和彩椒。

484. 问：生产上如何合理选择辣椒品种？

答：近年来温室种植较为普遍的是牛角椒和圆椒品种。选用的品种要具有以下特性：一是耐低温、耐弱光、耐湿、抗病；二是大果型、耐贮运的品种；三是株型紧凑、适合密植；四是结果期长、产量高。

加工型青红椒品种应选择茄门椒，鲜食型应选农大40、农发、农乐和北星七号等。

485. 问：如何确定辣椒的播种时间和播种量？

答：播种期一般要根据终霜期的早晚、地温高低及品种特性、种植区域的气候特点来确定。露地直播一般在终霜期结束前10天、膜下5cm地温稳定超过12℃时为始播期。育苗移栽以当地终霜期（辣椒定植时期）往前推60~70天为适宜播种日期。

育苗移栽每亩用种量35~50g，直播每亩用种量为100~150g。

486. 问：辣椒通常采用什么方式育苗？

答：河套地区辣椒一般在3月初进行育苗，采用穴盘基质育苗（采用128孔穴盘），基质选用养分全面、质量安全的基质，如山东的“鲁青”、宁夏回族自治区的“中青”、内蒙古自治区的“蒙大”牌全营养型育苗基质。

487. 问：播种前，需要对辣椒种子进行哪些处理？

答：播种前需要对种子进行浸种和催芽，浸种包括温汤浸种和药剂浸种2种。

（1）温汤浸种。将种子放入55℃的恒温水中，不断搅拌，浸泡20分钟后，当水温降到30℃左右再浸泡6~8小时。

（2）药剂浸种。预防细菌性病害可用当年生产的农用链霉素1 000倍液浸种1小时，预防真菌性病害可采用2%氢氧化钠、50%多菌灵500倍液浸种20~30分钟，预防病毒病可用10%磷酸三钠浸种20~30分钟，捞出用清水搓洗种子2~3遍，用30℃温水浸种6~8小时。

浸种结束后，用干净湿棉布包住种子，为受热均匀使种子呈松散状，温度保持30℃左右，48小时即可发芽，70%露白即可播种。包衣种子不需要浸种催芽。

488. 问：如何进行科学播种？

答：播种前将拌好的基质装入穴盘，然后用木板从穴盘的一方刮向另一方，使每个穴孔都装满基质。把装满基质的穴盘垂直摞6~8层高，再从上向下均匀用力下压，穴坑深度为1~1.5cm。当70%种子露白时即可播种，播种要选晴天上午进行。播前一天给苗盘浇足底水。人工将露白的种子播入穴盘内，一般每穴播1粒种子，播种深度1cm左右，播种后覆盖拌好的基质或蛭石，并用木板刮平，交叉码放。摆好盘喷水后晾12小时，苗盘上面再覆盖一层地膜。

489. 问：种植辣椒应怎样合理施肥？

答：定植前深翻土壤25~30cm，亩施优质腐熟有机肥5 000~10 000kg，磷酸二铵20~25kg，整地要求达到地平、土碎、墒好、无根茬、无残留地膜。

根据配方施肥的原则，辣椒的底肥用量参见下表。将以下肥料均匀撒施后深翻或旋耕，底肥中也可用银微土壤调理剂50~75kg代替海洋生物活性钙和精品全微肥。

表　辣椒的底肥用量

用肥种类	腐熟过的粪肥	肽素活蛋白	复合肥	海洋生物活性钙	精品全微肥
亩用量	15～20 m^3	100～150 kg	100～150 kg	50～75 kg	20～30 kg
效果特点	长效补充有机质	快速补充有机质、蛋白质	补充氮磷钾大量元素	补充钙镁硫中量元素	补充微量元素
注意事项	必须腐熟	撒施或包沟	选择平衡型	必须施用	必须施用

撒施肥料

旋耕

490. 问：种植辣椒宜采用哪种栽培模式？

答：目前生产上多采用起垄种植辣椒。

开沟起垄以中至中 1m 画线，沿线用双向犁或反转犁开沟起垄，沟深 25～30cm，沟口宽 40cm，垄面宽 60cm，沟底宽 30cm，播种前 1 周整好垄面并膜覆。具体模式如下图。

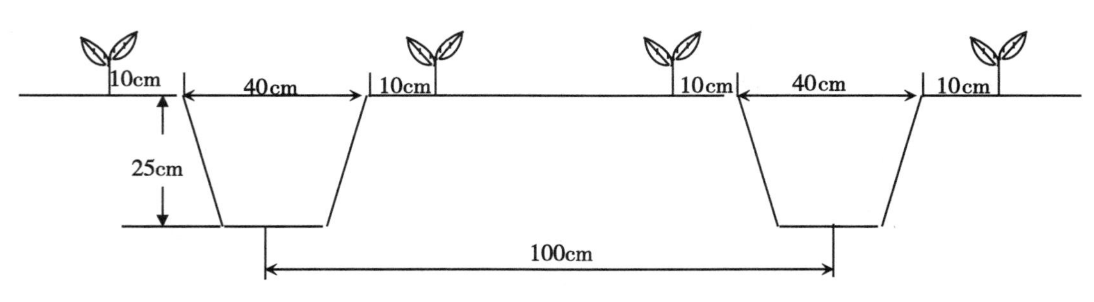

图　辣椒开沟起垄模式

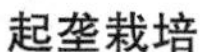

起垄栽培

好的垄

491. 问：种植辣椒怎样合理确定株行距？

答：起垄，大小行栽培。辣椒种植行距一般是大行 80cm，小行 60cm。一般亩栽植 2 500~2 700 株，株距为 35~45cm。

492. 问：辣椒定植的关键技术有哪些？

答：

（1）5 月 10 日左右气温稳定通过 15℃、10cm 地温稳定通过 10℃以上即可定植。

（2）定植前 1 周深浇 1 水，以利提墒。

定植穴内撒施有机肥料

（3）定植最好选择无风的晴天进行，气温高，土壤水分蒸发量小，容易缓苗。

（4）定植时水不宜过大，浅浇缓苗水。

（5）大行距 60cm，小行距 40cm，株距 25~30cm，定植密度4 500~5 300株。

（6）确定好株行距后，在畦面或垄上开定植穴，为快速缓苗，促进根系生长，可在定植穴内撒施肽素活蛋白有机肥料，一亩地撒施 15~20kg，撒施后与土拌匀，

定植

准备定植。

（7）定植前用 96%恶霉灵1 000倍液配加 0. 136%芸薹 · 吲乙 · 赤霉酸（碧护）15 000倍液蘸根消毒。

（8）定植完毕后浇大水，每亩地随水冲施菌剂沃地绿卫 10L，补充有益菌。

493. 问：辣椒定植后如何加强管理？

答：

（1）定植后及时浇水，5~7 天后浇缓苗水，之后进行中耕、培土和控水蹲苗，门椒坐果后开始浇水追肥，亩追尿素 5kg、硫酸钾 5kg 或腐熟的粪稀 800~1 000kg，之后每隔 7~10 天浇 1 次水，隔水追肥。

（2）合理控温。定植后缓苗前白天温度 28~32℃，夜间 18~20℃。缓苗后白天 27~30℃，夜间 15~17℃。

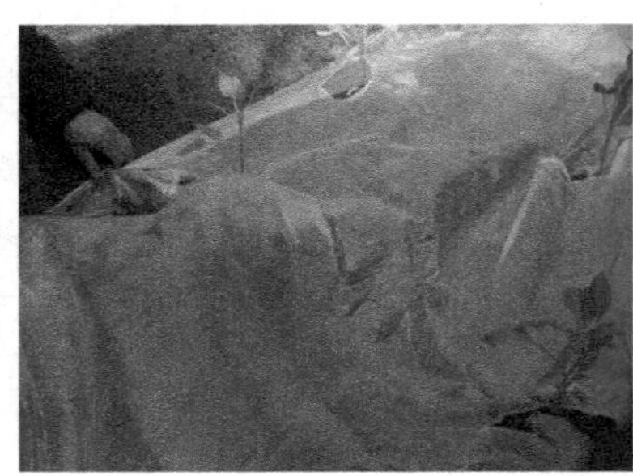

辣椒覆盖白色地膜

（3）覆盖地膜。选择白色或蓝色的透明地膜。

（4）及时防疫。为防止病害发生，间隔 10~15 天喷施 75%百菌清 600~800 倍液 2~3 次。浇第二水时每亩地冲施“壳聚糖”（植物生长复壮剂）10L。“壳聚糖”被誉为植物健康疫苗，可促使根系生长，修复栽培过程中受伤的根系组织，提高作物的抗逆能力。

（5）定植后立枯病的防治。辣椒定植后出现立枯病而死苗的现象是连作地块较为普遍的现象。为了提早预防，在浇完缓苗水以后，用56%甲硫恶霉灵1 500倍液配加72%甲霜灵锰锌600~800倍液及时灌根预防。

494. 问：如何做好辣椒的苗期温湿度管理？

答：出苗前白天温度保持在25~30℃，夜间温度保持在18~20℃左右，当70%~80%出苗时，及时揭去苗床地膜，出苗后适当降低温度，白天22~25℃，夜间14~16℃。两片真叶后可加大通风量。

495. 问：如何做好苗期水肥管理？

答：出苗前要始终保持苗床湿润，幼苗出齐后，保持苗床见干见湿。缺水时要用水壶喷洒补充水分或小水浇灌，禁止大水漫灌。苗期一般不施肥。如果发现幼苗叶片出现发黄等“脱肥”症状，可喷施1~2次0.2%的磷酸二氢钾溶液进行补肥。但浓度不能大，并且要在上午10：30之前用药，否则，会形成药害。

496. 问：怎样对幼苗进行抗逆性锻炼？

答：定植前7天停止浇水，并逐渐加大通风量降低温度，开始进行低温干旱等抗逆性锻炼。白天气温逐渐将至18~20℃，夜间气温逐渐将至12℃左右。定植前2天，使幼苗处于与露地相一致的环境。

497. 问：辣椒开花期如何加强管理？

答：

（1）温度控制。开花期间白天温度25~28℃，夜间13~15℃。

吊蔓后的辣椒

（2）开花前叶面喷施99%禾丰硼1 500倍液配加99%细胞分裂素15 000倍，促进花芽分化，提高坐果率。

（3）开花时叶面喷施3.5%果神五号坐果剂300倍液，提高坐果率高。

（4）吊蔓。辣椒在长到60~80cm高时进行吊蔓，辣椒一般留4~5根主枝，圆椒一般留3~4根主枝，每一根主枝都要分别用细绳吊起。

498. 问：辣椒结果期如何加强管理？

答：

（1）温度控制。坐果期间白天温度25~28℃，夜间13~15℃。

（2）整枝。牛角椒一般留4~5根主枝，圆椒留3~4根主枝结果，多余侧枝应摘除。等下部果实采摘后底部的侧枝和老叶片也一并摘除，以增加通风透光和减少营养消耗。

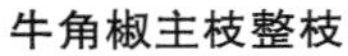

牛角椒主枝整枝

圆椒主枝整枝

（3）浇水施肥。温室辣椒栽培的浇水追肥要注重有机肥和生物菌肥，正常生长情况下，亩冲施含有有益菌的有机肥料肽素活蛋白20kg/亩，合理搭配化学肥料（斯沃氮磷钾20-20-20或13-7-40大量元素水溶肥10kg/亩），尤其在深冬低温期间，要以养护土壤和生根养根为主，并严格控制化学肥料的用量，避免施用高氮和激素类的肥料伤根而导致减产。

浇水追肥

当门椒达到采收标准，第二层和第三层果实开始膨大，第四层果开始开花坐果时，辣椒进入需水需肥高峰期。根据土壤肥力和植株生长情况，随水进行1次重追肥，称作催果肥。一般每亩追施尿素20~25kg。后期要遵循轻灌勤浇，少吃多餐的原则，一般每7~8天浇1水，每半个月追1次肥，每次每亩追施尿素15kg，促进结果，增加后期产量。在灌水上要严格控制好灌水量，每次浇水不宜超过沟深的2/3，若灌水量偏少、灌水间隔时间过长，出现土壤干旱，易造成根系死亡，植株早衰，产量下降；若灌水量过大，出现地表积水，则易产生沤根并引发病害流行，导致减产甚至绝产。

499. 问：如何进行根外追肥？

答：辣椒进入结果盛期，为补充根系吸肥的不足，防止植株因营养缺乏出现早衰，可进行叶面喷施浓度为0.3%的磷酸二氢钾或0.2%的尿素，每7~10天喷1次，连续喷2~3次。

500. 问：辣椒整枝的技术要点有哪些？

答：植株如果生长过旺，枝叶荫蔽，结果少时，在门椒采收后，将第一分枝以下的老叶、侧枝全部去掉，以利于通风透气。上部枝叶繁茂可将两行植株间向内生长并长势较弱的分枝剪掉。秋冬栽培时，从第二分枝处剪去内侧分枝，促发新枝继续结果。打顶枝时要根据生产需要，既不能全去掉也不能不去，“四门斗”辣椒成熟后要继续结果，所以，顶尖留一去一，摘一批果留一批枝。同时，摘心不宜过早，以免影响产量。打杈宜尽早进行，太晚消耗养分，影响生长发育。

501. 问：如何提高辣椒精品果率？

答：提高精品果率是增产的关键所在。一是要少留果，留精品果。一般门椒和对椒不留，第一茬果不宜超过4个，以后留果不宜超过10个。二是保证充足的营养供应，促进果实膨大。进入结果期要及时浇水追肥，每亩追施高钾复合肥20~25kg，同时，配合喷施硼等叶面肥和微量元素，避免出现缺素症。三是增加光照，促进果实着色。果实着色期要注意棚膜的清洁，增加透光率，及时摘除下部老叶、病叶、黄叶，保证通风透光良好。夏季高温季节果实周边叶片不能去掉，以免被强光灼伤。四是注意防病。辣椒易发生疫病、叶霉病、病毒病、白粉虱、蚜虫等病虫害，生产中要提前预防，综合防治。平时整枝打杈要带出棚外集中销毁，通风口设置防虫网，针对病害要及时用药剂防治。

502. 问：什么时候对辣椒采收最好？

答：青椒达到商品成熟时要及时采摘，促进后续果实的生长，提高产量。

503. 问：辣椒日灼病发生的原因是什么？如何防治？

答：由于阳光灼烧果实表皮细胞造成辣椒水分代谢失调，果实向阳面呈灰白色或微黄色。引起日灼的根本原因是叶片遮阴不好，土壤缺水，天气过度干热，土壤黏重，植株水分蒸腾不平衡，过度稀植、土壤缺钙等。

防治方法：一是合理浇水。盛果期后应小水勤浇，黏重土壤应防止浇水过多造成缺氧性干旱。二是根外施肥。结果期喷施0.1%硝酸钙或硫酸铜1 000倍液，或硫酸钠1 000倍液，10天喷1次，连喷2~3次。

504. 问：如何防治辣椒早衰？

答：辣椒早衰的症状：植株瘦弱矮小，叶片小而稀疏，叶色暗淡无光泽，果实成熟晚、产量低，严重的可使植株过早死亡。早衰主要是水肥后劲不足，营养不良，管理粗放，病虫为害和果实坠秧造成。

防治方法：一是适时整枝疏果。防止植株徒长、减少养分过多消耗和促进植株多结果。二是摘除老叶、黄叶。及时摘除植株下部老叶、枯叶和病叶，减少植株营养消耗。三是及时追肥。盛果期结合浇水追施硫酸钾复合肥20kg，或者腐熟的人粪尿800~1 000kg。四是防病治虫。及时防治疫病、炭疽病、蚜虫、潜叶蝇等病虫害。

505. 问：辣椒疫病有哪些发生为害特点？如何防治该病？

答：

（1）为害症状。辣椒疫病在苗期、成株期均可发生，茎、叶、果均可染病。果实染病始于蒂部，初生暗绿色水浸状斑，迅速变褐软腐，湿度大时长出白色霉层。茎部染病，分杈处变为黑褐色或黑色，其中茎基部为害最为严重。病斑初为水浸状，后出现环绕表皮扩展的褐色或黑色条斑，病部明显缢缩，造成地上部折倒。主要为害成株，植株急速凋萎，农民称为“死苗”。

（2）发生条件。高温高湿。

（3）防治措施。

①农业防治：实行轮作，选用抗病品种，起垄栽培，加强田间管理。全棚覆盖地膜，实行膜下浇水。加大通风，降温排湿。发现病叶病果及时摘除深埋。

②药剂防治：首先要进行种子消毒。其次在发病初期进行喷洒或灌根。可选用25%瑞毒霉可湿性粉剂750倍液，或64%杀毒矾可湿性粉剂500倍液，或90%乙膦铝800倍液加高锰酸钾1 000倍液，或77%可杀得可湿性粉剂700倍液，各种药剂交替使用，每5~7天喷1次，连喷2~3次。

506. 问：辣椒灰霉病有哪些发生为害特点？如何防治该病？

答：

（1）为害症状。苗期为害叶、茎、顶芽，发病初子叶先端变黄，后扩展到幼茎，缢缩变细，常自病部折倒而死。成株期为害叶、花、果实。叶片受害多从叶尖开始，初成淡黄褐色病斑，逐渐向上扩展成“V”形病斑。茎部发病产生水渍状病斑，病部以上枯死。花器受害，花瓣萎蔫。果实被害，多从幼果与花瓣粘连处开始，呈水渍状病斑，扩展后引起全果褐斑。病健交界明显，病部有灰褐色霉层。

（2）发生条件。低温高湿。

（3）防治措施。

①及时摘除病叶病果；

②浇水后加大通风排湿；

③喷施50%腐霉利可湿性粉剂1 500倍液，或25.5%异菌脲悬浮剂1 000倍液，或25%腐霉·福美双可湿性粉剂600倍液，或10%多氧霉素可湿性粉剂500倍液，或25%啶菌恶唑乳油1 500倍液；

10%腐霉利烟剂或20%灰核一熏净烟剂每亩地200~250g进行烟熏，烟熏时间为6~8小时。

507. 问：辣椒褐斑病有哪些发生为害特点？如何防治该病？

答：

（1）为害症状。辣椒褐斑病又叫斑点病。该病主要在叶部发生，病势扩大还会侵染叶柄和果梗。在叶片上，最初生出小白点，后逐渐形成周缘有黄褐色晕圈，边缘暗褐色的圆形成椭圆形的病斑。通常病斑从下部叶片发生，而且大量落叶。叶柄、果梗处的病斑为暗褐色，呈不规则形。

（2）发病规律。菜椒褐斑病菌以菌丝体和分生孢子在种子或病残体上越冬。靠分生孢子通过风、雨传播。发病的适宜温度为20~25℃，在高湿的条件下发病迅速。而且，在育苗期间易发生本病，苗床内会呈多发状态。

（3）防治措施。

①加大通风，降温排湿；

②喷施50%甲霜铜可湿性粉剂600倍液，或70%甲基硫菌灵600倍液，或30%苯醚甲环唑可湿性粉剂800~1 000倍液。

508. 问：辣椒斑枯病有哪些发生为害特点？如何防治该病？

答：

（1）为害症状。辣椒斑枯病主要为害叶片，在叶片上呈现白色至浅灰黄色圆形或近圆形斑点，边缘明显，病斑中央具许多小黑点，即病原菌的分生孢子器。病斑直径2~4mm。

（2）发病规律。病菌借气流传播或被滴水反溅到辣椒植株上，从气孔侵入，后在病部产生分生孢子器及分生孢子，扩大为害。病菌发育适温22~26℃。12℃以下28℃以上不易发病。适宜相对湿度92%~94%，若湿度达不到则不发病。

（3）防治措施。喷施50%甲霜铜可湿性粉剂600倍液，或72%甲霜恶霉灵600倍液，或40%乙膦铝可湿性粉剂400倍液，配加10%苯醚甲环唑600倍液防治。

509. 问：辣椒菌核病有哪些发生为害特点？如何防治该病？

答：

（1）为害症状。苗期发病在茎基部呈水渍状病斑，以后病斑变浅褐色，环绕茎一周，湿度大时病部易腐烂，无臭味，干燥条件下病部呈灰白色，病苗立枯而死。成株期发病，主要发生在主茎或侧枝的分杈处，病斑环绕分杈处，表皮呈灰，白色，从发病分杈处向上的叶片青萎，剥开分杈处，内部往往有鼠粪状的小菌核。果实染病，往往从脐部开始呈水渍状湿腐，逐步向果蒂扩展至整果腐烂，湿度大时果表长出白色菌丝团。

（2）发生条件。低温高湿。

（3）防治措施。参照灰霉病防治措施。

510. 问：辣椒软腐病有哪些发生为害特点？如何防治该病？

答：

（1）为害症状。病果初生水浸状暗绿色斑，后变褐软腐，具恶臭味，内部果肉腐烂，果皮变白，整个果实失水后干缩，挂在枝蔓上，稍遇外力即脱落。枝干发病，从枝干分叉处黑褐色腐烂，湿度大时有臭味。

（2）发生条件。低温高湿。

（3）防治措施。

①全棚覆盖地膜，加大通风，降低湿度；

②喷施3%噻霉酮可湿性粉剂1 500倍液配加70%琥珀酸铜可湿性粉剂1 000倍液或47%加瑞农（春雷氧氯铜）可湿性粉剂500~800倍液，或6%春雷霉素可湿性粉剂1 500倍液；

茎秆处发病，用刀片或竹签将腐烂处刮下，用70%琥珀酸铜可湿性粉剂或47%加瑞农（春雷氧氯铜）可湿性粉剂原药粉涂抹。

511. 问：辣椒病毒病有哪些发生为害特点？如何防治该病？

答：

（1）为害症状。辣椒病毒病有花叶型、黄化型、坏死型和畸形等。常见的有2种类型，其一为斑驳花叶型，所占比例较大，这一类型的植株矮化，叶片呈黄绿相间的斑驳花叶，叶脉上有时有褐色坏死斑点，主茎和枝条上有褐色坏死条斑。植株顶叶小，中、下部叶片易脱落。其二为黄化枯斑型，所占比例较小，植株矮化，叶片褪绿，呈黄绿色、白绿色甚至白化。

（2）发病规律。病毒通过汁液接触传染，田间农事操作过程中，人和农具与病、健植株接触传染是引起该病流行的重要因素。种子及土壤中带毒寄主的病残体可成为该病的初侵染源。辣椒病毒病的发生与环境条件关系密切。特别遇高温干旱天气，不仅可促进蚜虫、白粉虱等害虫传毒，还会降低辣椒的抗病能力。田间农事操作粗放，病株、健株混合管理，吸烟者不用肥皂洗手就接触植株等，烟草花叶病毒为害就重。阳光强烈，高温干旱，植株缺铁、锌元素，病毒病发生严重。

（3）防治措施。

①选用抗病品种，进行种子消毒、土壤消毒处理，培育壮苗，及时清除病株，减少农事操作中的传染途径。

②清洁田园，避免重茬，可与葱蒜类、豆科和十字花科蔬菜进行3~4年轮作。

③利用银灰色膜避蚜、黄板诱蚜。

④喷施50%抗蚜威可湿性粉剂2 000倍液及时防治蚜虫或白粉虱等刺吸式口器害虫。发病初期喷洒20%病毒A可湿性粉剂500倍液、1.5%植病灵乳剂1 000倍液，或抗毒剂1号200~300倍液，隔10天左右喷1次，连喷3~4次。

辣椒落花落果

512. 问：什么是“落花落果”现象？造成“落花落果”的原因有哪些？如何防治？

答：

（1）为害症状。前期有的先是花蕾脱落，有的是落花，有的是果梗与花蕾连接处变成铁锈色后落蕾或落花，有的果梗变黄后逐个脱落；有的在生长中后期落叶，使生产遭受严重损失。

（2）发生原因。

①温度不适：温度过高或过低导致花在生长发育中形成缺陷花。

②营养失调：花芽分化期，氮素过多；定植后营养过剩，植株徒长。

③水分不当：水分过多或过少。

④光照不足：花期遇连阴天或植株密度过大相互遮阴，光合作用减弱，花粉发芽率降低。

防治方法：一是采用30mg/kg萘乙酸加助壮素750倍混合喷雾，控制生长和促进保花保果。二是减少氮肥的使用量，控制植株营养生长和生殖生长。三是第一花序坐果前控制浇水，开花结果期，土壤湿度保持在田间最大持水量的75%以上，空气湿度60%左右。四是合理种植密度，及时整枝和摘除下部老叶病叶。

513. 问：造成辣椒畸形果的原因有哪些？如何防治？

辣椒畸形果

答：

（1）为害症状。辣椒畸形果与正常果实果型相比有差异，如出现扭曲、皱缩、僵小、畸形等，横剖果实可见果实里种子很少或无，有的发育受到严重影响的部位内侧变褐色，失去商品价值。

（2）发生原因。

①土壤干旱，影响花芽正常分化；

②温度不合理，温度长时间高于 35℃或长时间低于 13℃已形成畸形果。

（3）解决措施。

①合理浇水，保持土壤湿度；

②在开花前和花期，温度控制至关重要，如果在冬季低温时期，要加强保温，使夜间温度不低于 13℃，如在高温期间，则加大通风或加盖遮阳网降温；

③在上述前提下，叶面喷施 0.136%芸苔·吲乙·赤霉酸（碧护）15 000倍配加 21%优果硼1 500倍，以促进正常花芽分化，减少畸形果的发生。

514. 问：螨虫对辣椒的为害症状有哪些？如何防治？

辣椒植株受螨虫为害状

答：

（1）为害症状。螨虫以为害辣椒的中上部，尤其是生长点附近为害严重，受害的叶片边缘卷曲，扭曲变形，叶背面呈油质光泽，受害的蕾和花僵硬，不能正常开花，受害的果实僵硬直立或扭曲变形。

（2）防治措施。提前预防，在辣椒开花前就需喷药防治，喷施2%阿维菌素乳油500倍液，或22%毒死蜱吡虫啉乳油1 500倍液，或20%阿维哒螨灵1 500倍液，或3.3%阿维联苯菊酯乳油600倍液，或0.3%印楝素乳油800倍液。

515. 问：蓟马的为害症状有哪些？如何防治？

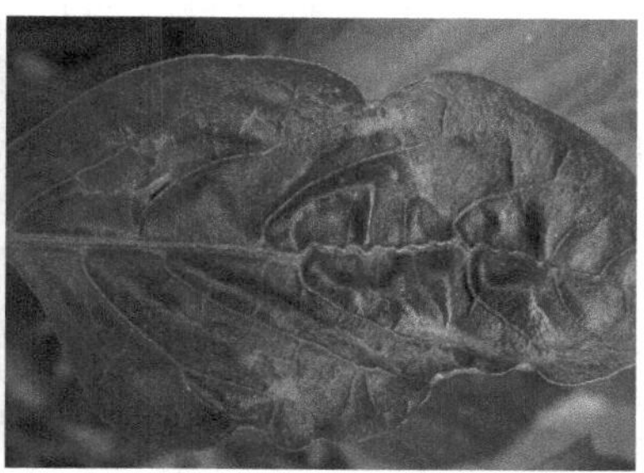

辣椒叶片受蓟马为害状

答：

（1）为害症状。成虫和若虫以吸食嫩梢嫩叶为主，被为害的嫩叶变硬，叶脉扭曲变形，叶片上出现绿黄色不规则形条形斑，这是区别螨虫为害的重要标志。严重时植株节间缩短，生长缓慢。

（2）防治措施。提前预防，喷施5%氟虫腈悬浮剂2 000倍液，或70%吡虫啉水分散剂4 000倍液，或25%噻虫嗪水分散剂5 000倍液，或2.5%多杀菌素悬浮剂1 000~1 500倍液。

516. 问：白粉虱的为害症状有哪些？如何防治？

答：

（1）为害症状。白粉虱是一种全国最为普遍的害虫，俗名又叫小白娥。辣椒受白粉虱为害后，叶片逐渐变黄，使光合作用减弱或直接失去光合作用，白粉虱繁殖快，并分泌大量蜜露，引发煤污病的发生。

（2）防治措施。

①风口处安装防虫网，防止成虫大量飞入棚室；

②棚室内吊挂黄色黏虫板，进行物理防治；

③释放丽蚜小蜂，利用天敌进行生物防治；

④药剂防治时一定要虫卵兼治，既要防治成虫，又要防治虫卵。

喷施65%噻嗪酮可湿性粉剂1 500倍液配加20%吡虫啉可溶性粉剂3 000倍液，或配加2.5%联苯菊酯乳油1 000~1 500倍液，或3%啶虫脒乳油1 500倍液；

10%异丙威烟剂或15%虱蚜蓟螨-熏落烟剂每亩地200~250g烟熏。

517. 问：蚜虫的为害症状有哪些？如何防治？

答：

（1）为害症状。蚜虫以吸食嫩茎和嫩叶为主，辣椒被为害后，茎叶卷曲，出现大量黄褐色或黑褐色的黏性物质，使植株不能正常生长，严重时枯死。

（2）防治措施。喷施4%阿维啶虫脒微乳剂800~1 000倍液，3%啶虫脒乳油1 000~1 500倍液，或10%吡虫啉可湿性粉剂1 500~2 000倍液，或5%天然除虫菊素1 000~1 500倍液。

10%异丙威烟剂或15%虱蚜蓟螨一熏落烟剂，每亩地200~250g烟熏。

第十节　茄子种植技术

518. 问：为什么茄子不能连作？

答：茄子连作易发生土传病害，如黄萎病、青枯病等。同时，连作会使土壤环境变差，产量下降。连作的为害有以下几点：一是连作会引起土壤中微生物种群的变化，使土壤中的传染病原菌不断增多、扩散；二是连作使土壤养分过度消耗而不能及时补充，导致地力下降；三是茄子本身产生的有害物质逐年增多，遗留在土壤中，不仅对作物本身产生为害，而且对根际有益微生物的活性也会产生抑制作用。

茄子不宜连作，如若必须连作时要注意增施有机肥料，合理使用化肥，选择优良品种、嫁接育苗，并采用土壤重茬剂进行土壤处理，尽量减少茄子连作所造成的为害。

519. 问：茄子灰霉病有哪些发生为害特点？如何防治该病？

果实受害状

答：

（1）为害症状。茄子苗期、成株期均可发生灰霉病。幼苗染病，子叶先端枯死。后扩展到幼茎，幼茎缢缩变细，常自病部折断枯死，真叶染病出现半圆至近圆形淡褐色轮纹斑，后期叶片或茎部均可长出灰霉，致病部腐烂。成株染病，叶缘处先形成水浸状大斑，后变褐，形成椭圆或近圆形浅黄色轮纹斑，直径 5～10mm，密布灰色霉层，严重的大斑连片，致整叶干枯。茎秆、叶柄染病也可产生褐色病斑，湿度大时长出灰霉。果实染病，幼果果蒂周围局部先产生水浸状褐色病斑，扩大后呈暗褐色，凹陷腐烂，表面产生不规则轮状灰色霉状物。

（2）发生条件。低温高湿。

（3）防治措施。加强通风，降低湿度；喷施 50%腐霉利1 500倍液或 50%异菌脲1 000倍液；喷药后夜间结合烟熏，10%腐霉利烟剂或 45%灰核–熏净烟剂，每亩 200g 熏烟；

520. 问：茄子软腐病有哪些发生为害特点？如何防该病？

茎秆受害状

答：

（1）为害症状。茄子软腐病主要为害茎秆及果实。病部初生水渍状斑，后致表皮或果肉腐烂，具恶臭，外果皮变褐。

（2）发生条件。低温高湿。

（3）防治措施。多增施钙肥，增强抗软腐病能力；喷施 3%噻霉酮干悬浮剂 1 500倍液或 47%春雷氧氯铜 600 倍液或 20%叶枯唑 500 倍液；用刀片或竹片在发病处刮下腐烂部位，用 47%春雷氧氯铜（加瑞农可湿性粉剂）或 30%琥胶肥酸铜可湿性粉剂原药涂抹。

521. 问：茄子褐色圆星病有哪些发生为害特点？如何防治该病？

答：

（1）为害症状。该病主要为害叶片，叶片病斑圆形或近圆形，直径 1～6mm，病斑初期褐色或红褐色，后期病斑中央褪为灰褐色，边缘仍为褐色或红褐色，最外面常有黄白色圈。湿度大时，病斑上可稍见淡灰色霉层，即病原菌的繁殖体。病害严重时，叶片上布满病斑，病斑汇合连片，叶片易破碎、早落，病斑中部有时破裂。

（2）防治措施。日常喷施5.5%壳聚糖（植物生长复壮剂）300倍液增强抗病力；喷施25%嘧菌脂悬浮剂1 000~1 200倍液，或50%扑海因（异菌脲）可湿性粉剂1 000~1 500倍液混加72%甲霜灵锰锌800~1 000倍液。

522. 问：茄子煤污病有哪些发生为害特点？如何防治该病？

答：

（1）为害症状。叶片上初生灰黑色至炭黑色霉污菌菌落，分布在叶面局部或在叶脉附近，严重的覆满叶面，一般都生在叶面，有时也遍布果实，不少菜农误认为是白粉虱的排泄物。

（2）发生条件。湿度大，白粉虱、蚜虫等传播媒介多。

（3）防治措施。及时消灭白粉虱、蚜虫等害虫；喷施70%甲基硫菌灵可湿性粉剂500~800倍液，或65%甲霉灵锰锌可湿性粉剂600~800倍液，或72%甲霜百菌清可湿性粉剂600~800倍液。

523. 问：茄子褐纹病有哪些发生为害特点？如何防治该病？

答：

（1）为害症状。幼苗受害，多在茎基部出现近菱形的水渍状斑，后变成黑褐色凹陷斑，环绕茎部扩展，导致幼苗猝倒。稍大的苗则呈立枯病部上密生小黑粒，成株受害，叶片上出现圆形至不规则斑，斑面轮生小黑粒，主茎或分枝受害，出现不规则灰褐色至灰白色病斑，斑面密生小黑粒；严重的茎枝皮层脱落，造成枝条或全株枯死；茄果受害，长形茄果多在中腰部或近顶部开始发病，病斑椭圆型至不规则形大斑，斑中部下陷，边缘隆起，病部明显轮纹，其上也密生小黑粒，病果易落地变软腐，挂留枝上易失水干腐成僵果。

（2）发生条件。湿度大，重茬连作地块发病率高。

（3）防治措施。夏季高温闷棚；喷施72%甲霜灵锰锌600~800倍液或40%氟硅唑乳油8000倍液，或70%代森锰锌可湿性粉剂500倍液，或64%杀毒矾可湿性粉剂600倍液。

524. 问：茄子绵疫病有哪些发生为害特点？如何防治该病？

答：

（1）为害症状。茄子绵疫病俗称“掉蛋”“水烂”，茎部受害呈水浸状缢缩，有时折断，并长有白霉。

花器受侵染后，呈褐色腐烂。果实受害最重，开始出现水浸状圆形斑点，边线

果实受害状

不明显，稍凹陷，黄褐色至黑褐色。病部果肉呈黑褐色腐烂状，在高湿条件下病部表面长有白色絮状菌丝，病果易脱落或干瘪收缩成僵果。

（2）发病规律。发育最适温度30℃，空气相对湿度95%以上菌丝体发育良好。在高温范围内，棚室内的湿度是病害发生的重要因素。此外，重茬地、排水不良、密植、通风不良，地面积水、潮湿，均易诱发本病。

（3）防治措施。喷施72%甲霜灵锰锌可湿性粉剂600倍液，或69%烯酰吗啉600倍液，或40%乙膦铝可湿性粉剂500倍液，或70%烯酰霜脲氰水分散粒剂1 000倍液配加25%异菌脲800倍液防治。

525. 问：茄子叶霉病有哪些发生为害特点？如何防治该病？

答：

（1）为害症状。主要为害茄子的叶片和果实。叶片染病初现边缘不明显的褪绿斑点，病斑背面长有榄绿色绒毛状霉，即病菌分生孢子梗和分生孢子，致病叶早期脱落。果实染病，病部呈黑色，革质，多从果柄蔓延下来，致果实现白色斑块，成熟果实病斑黄色下陷，后渐变黑色，最后成为僵果。

（2）发病规律。分生孢子通过风雨传播，在寄主表面萌发后从伤口或直接侵入，病部又产生分生孢子，借风雨传播进行再侵染。植株栽植过密，株间生长郁闭，田间湿度大或有白粉虱为害易诱发此病。

（3）防治措施。喷施30%苯醚甲环唑600倍液，或40%苯甲丙环唑1 000倍液，或25%腈菌唑1 000倍液，或70%硫黄甲硫灵可湿性粉剂800倍液防治。

526. 问：茄子斑枯病有哪些发生为害特点？如何防治该病？

答：

（1）发病症状。茄子斑枯病，是一种针对茄子发作的真菌病害。该病害主要为害叶片、叶柄、茎和果实。叶背面初生水渍状小圆斑，后扩展到叶片正面或果实上。叶斑圆形或近圆形，边缘深褐色，中间灰白色，略凹陷，病斑大小1.5～4.5mm，严重时后期斑面上散生许多黑色小粒点。

（2）发病规律。病菌随着气流传播或被棚膜滴水反溅到茄子植株上，后从气孔侵入，在病部扩大为害。病菌发育适温22~26℃，12℃以下28℃以上发育不良。高湿利于发病，适宜相对湿度92%~94%，若湿度达不到则不发病。

（3）防治措施。加大通风，降低湿度；75%丙森锌霜脲氰可湿性粉剂800倍液，或72%甲霜灵锰锌可湿性粉剂粉剂600倍液，或69%烯酰吗啉600倍液，或40%乙膦铝可湿性粉剂500倍液喷施。

527. 问：茄子菌核病有哪些发生为害特点？如何防治该病？

成株受害状

答：

（1）发病症状。成株期各部位均可发病，先从主茎基部或侧枝5~20cm处开始，初呈淡褐色水渍状病斑，稍凹陷，渐变灰白色，湿度大时也长出白色絮状菌丝，皮层霉烂，致植株枯死；叶片受害也先呈水浸状，后变为褐色圆斑，有时具轮纹，病部长出白色菌丝，干燥后病斑易破；果柄受害致果实脱落；果实受害端部或向阳面初现水渍状斑，后变褐腐，稍凹陷，斑面长出白色菌丝体，后形成菌核。

（2）发病规律。病菌喜温暖潮湿的环境，发病最适宜的条件为温度20~25℃，相对湿度85%以上。种植过密、棚内通风透光差及多年连作等的田块发病重。

（3）防治措施。喷施50%腐霉利1 500倍液，或50%异菌脲1 000倍液，或10%多氧霉素可湿性粉剂500倍液，或25%啶菌恶唑乳油1 500倍液。

528. 问：茄子叶枯病有哪些发生为害特点？如何防治该病？

答：

（1）发病症状。该病为细菌性病害。主要为害植株的中下部叶片。发病初期先在叶面出现淡黄色近圆形斑点，后扩展成不规则形或近圆形大小不等的病斑，叶片失绿变黄，叶背面出现黄褐色不规则斑块，病情严重时，叶上病斑连成大片或病斑满布，引致叶片干枯或脱落。

（2）发病规律。此病多在温暖潮湿的情况下发生，冬暖式大棚中多见于春秋季节，冬季发病较差。病菌侵染后可进行多次重复侵染，致病害不断加重。发病适温

24~28℃，相对湿度高于85%易流行。

（3）防治措施。底肥注意增施钙肥，结果期经常喷施糖醇钙1 500倍液；喷施3%噻霉酮水分散剂1 500倍液，或20%叶枯唑600倍液，或47%加瑞农（春雷氧氯铜）可湿性粉剂500~800倍液。

529. 问：茄子茎枯病有哪些发生为害特点？如何防治该病？

茎受害状

答：

（1）发病症状。该病主要为害茎和果实，有时可为害叶片和叶柄，且多在断枝、裂果上发生，造成枝、果实褐色干腐。天气潮湿时，病部组织上长出致密的黑色霉层。茎部染病，病斑初呈椭圆形，褐色凹陷溃疡状，后沿茎扩展到整株，严重的病部变为深褐色干腐状并可侵入到维管束中。叶片及叶柄染病，叶脉两侧的叶组织或叶面布满不规则褐斑，病斑继续扩展，致叶缘卷曲，最后叶片干枯或整株枯死。

（2）发病规律。病菌随病残体在土壤中越冬，第二年产生分生孢子借气流传播蔓延。孢子从伤口侵入，一般多露高湿时易发病。因其多发生在裂果、断枝上，不易引起人们的注意，等到病害发展后期，引起大量落果和病枝时，已严重影响了产量和品质。

（3）防治措施。在果实采摘后，或疏除底部老叶片后，及时喷洒75%百菌清600倍液预防病害；

发病初期，喷施72%甲霜灵锰锌可湿性粉剂600倍液，或69%烯酰吗啉600倍液，或40%乙膦铝可湿性粉剂600倍液，配加25%异菌脲1 500倍液；

72%甲霜灵锰锌可湿性粉剂配加50%腐霉利可湿性粉剂粉剂涂抹病患处。

530. 问：茄子病毒病有哪些发生为害特点？如何防治该病？

答：

（1）为害症状。病株顶部叶片明显变小、皱缩不展，色呈淡绿，有的呈斑驳花叶。老叶则色呈暗绿，叶面皱缩呈泡状突起，较正常叶细小，粗厚。有时病叶出现紫褐色坏死斑。病株结果性能差，多成畸形果。花瓣出现深紫色斑点。

（2）发生条件。高温、干旱。

（3）防治措施。培育壮棵，提高抗病毒能力；叶面喷施 20%盐酸吗啉胍乙酸铜（病毒 A）1 500倍液或 8%宁南霉素（菌克毒克）500 倍液；叶面补充铁、锌、钙元素。

531. 问：茄子的畸形果有哪些表现症状？造成茄子出现畸形果的原因有哪些？如何防治？

答：

（1）发病症状。畸形果称为僵果、石果，单性结实的畸形果，果实个小，果皮发白，有的表面隆起，果肉发硬，失去商品价值。

畸形果

（2）发病原因。茄子畸形果形成的主要原因是开花前后遇低温、高温或连阴雨雪天气，光照不足，造成花粉发育不良，影响授粉和受精。另外，花芽分化期，温度过低，肥料过多，浇水过量，使生长点营养过多，花芽营养过剩，细胞分裂过于旺盛，会造成多心皮的畸形果，即双身茄。

（3）防治措施。冬季加强保温，合理控制温度；遇连阴天坚持揭盖草帘，用散射光维持光合作用；合理供应水肥，调整好营养生长和生殖生长之间的关系；喷施 21%优果硼1 500倍液+促进花芽分化的叶面肥+果神三号 8 000~10 000倍液+碧护 15 000倍液。

532. 问：造成裂茄的原因有哪些？如何防治？

答：

（1）发病原因。裂茄现象是一种生理性病害，主要是茄子表皮和果肉的生长速度不一致造成的，导致生长不一致的原因主要有：一是坐果期间喷施过唑类控长药剂，导致果皮生长速度变慢；二是供水不均匀，忽干忽湿，使果肉快速生长，把表皮撑破；三是点花药浓度过高，使果皮生长缓慢；四是缺钙。

（2）防治措施。合理调节植株长势，喷施安全高效的生长调节剂，如光合菌

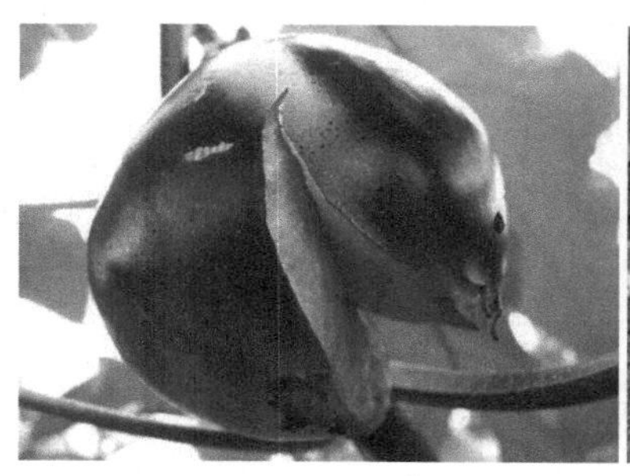

裂茄

素。做到供水均匀，不要大水漫灌，合理调整点花药浓度。喷施 16%优果钙1 500倍液配加 0.004%芸苔素内酯1 500倍液。

533. 问：茄子生长点发黄有哪些症状表现？其发生原因有哪些？如何防治？

答：

（1）发病症状。从植株上部叶片的叶脉间开始变黄，后逐渐发展，尤其生长点新生叶片严重失绿黄化，棚室中有时是零星发生，有时是成片的规模发生。

（2）发生原因。

①低温障碍：棚室内温度低，尤其是低温过低导致根系活动能力减弱，对微量元素的吸收出现障碍，尤其是铁元素的吸收；

②肥料拮抗：不科学的偏施肥料，导致土壤中某种或某几种元素严重超标，与其他微量元素产生拮抗作用而出现缺素；

③不合理浇水伤根：在低温时期浇水量过大或浇水后遇到连阴天气导致毛细根坏死，出现吸收障碍。

（3）防治措施。低温时加强保温，尽量避免低温时浇水量过大；平衡施肥、合理施肥，做到有机无机肥料相结合，大量中微量元素相结合；叶面喷施 98%禾丰铁1 500倍液+4%海绿素1 500倍液+52%优果氮1 000倍液。

534. 问：茄子紫花有哪些发生为害特点？如何防治？

答：

（1）发病症状。茄子出现花畸形，有紫色斑点，果实表面略有凸凹，果皮色暗，近表皮处果肉有坏死点。茄子花瓣上出现紫色斑点，同时，结出的果实出现僵果现象或者是果实内部出现褐变能造成果实腐烂。叶片上出现铜钱大小的环状褐色病斑，为害严重。

（2）发病规律。植株吸收性障碍缺钾、钙、镁等元素”的不良表现。壤中积累了大量的铵态氮（铵化细菌活动），硝态氮大大减少。铵态氮是金属离子，它的过量积累，抑制了钾、钙、镁、硼的吸收。由此，茄子植株严重缺少上述元素，从而致病。

另一种说法是因为病毒引起。茄子紫花病同时为害果实、叶片、花朵，而且在病斑处不会出现腐烂、霉层等真细菌病症，所以，认为茄子紫花病属于一种病毒病。

（3）防治措施。

预防措施：及时喷施优果系列叶面肥，并及时防控病毒病。

治疗措施：发病初期喷施1%毒克600倍液，可配加优果高钾型、优果钙、优果镁等系列叶面肥料，连续喷施2~3次，尽量做到一周喷施两次。

治疗效果：治愈周期15~20天，治愈率90%。

不良影响：影响茄子品质和产量。

535. 问：蓟马对茄子的为害症状有哪些？如何防治？

答：

（1）为害症状。蓟马主要在花内或幼嫩处为害，它是锯齿形口器，为害处毛糙，多成锈色，无光泽，果实失去商品价值。

（2）防治措施。使用腐熟粪肥，减少虫卵侵入；喷施2.5%多杀菌素悬浮剂2 000倍液或5%氟虫腈胶悬剂3 000倍液或26%氯氰啶虫脒水分散粒剂1 000倍液；防治蓟马时应在傍晚前用药，且不仅要喷施作物，连作物周边的地面也应喷洒药液。

536. 问：螨虫（红蜘蛛）对茄子的为害症状有哪些？如何防治？

答：

（1）为害症状。茄子被为害后，原有的颜色消失，逐渐变为深黄褐色。尤其在果实的端部更为明显。如果严重为害，果实表面变硬，随着茄子生长，果实龟裂，不能食用。茄子受害后，上部叶片僵直，叶缘向下卷曲。叶背呈褐色，具油渍状光泽。如果新芽全部受害，生育也显著衰退。

（2）防治措施。喷施73%克螨特乳油2 500倍液，或15%速螨酮乳油3 000倍液，或5%阿维哒螨灵乳油1 500倍液或1.8%阿螺螨800倍液。

第十一节　菜豆种植技术

537. 问：菜豆具有哪些生产特点？

答：菜豆属于蝶形花科菜豆属，又名豆角、四季豆、芸豆、架豆、玉豆等。菜豆既可鲜食、又可加工、速冻等。我国现在各地栽培广泛，并可利用各种设施四季生产，周年供应。

538. 问：菜豆具有哪些植物学特性？

答：

（1）根。菜豆属于浅根系作物，主要根系分布在地表下15cm的土层中，但是根系分布面积广泛，成株的根系纵向长度可达80~100cm。根系木栓化程度高，再生能力弱，根部有根瘤和根瘤菌。

菜豆的根系

（2）茎。菜豆的茎呈缠绕状，茎上有短柔毛。矮生种主茎6~8节，侧枝1~5节后封顶。蔓生种主茎生长较旺，主蔓上易分生侧枝，侧枝也开花结荚。

菜豆的茎

（3）叶。菜豆主茎第1、第2片真叶为对生单叶，心脏形，第三片真叶以后为三片复叶，互生，叶的基部呈近圆形，前端有细尖。

菜豆的叶

（4）花。菜豆的花为总状花序，蝶形花，花色有白色，淡紫色和紫色等。矮生豆侧枝上的花序多占总数的85%～89%。蔓生种主茎生花80～200朵。自花授粉为主。

菜豆的花

（5）果实。菜豆的荚果带形，稍弯曲，长10～15cm，宽1～1.5cm，略肿胀，通常无毛，顶有喙。

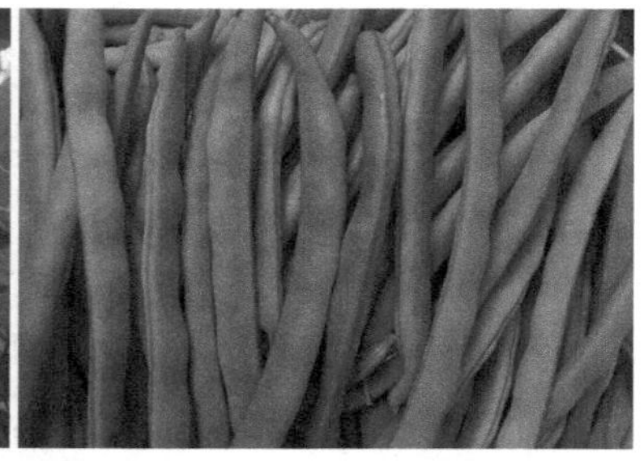

菜豆的果实

539. 问：菜豆的生长发育过程包括哪些阶段？

答：

（1）发芽期。播种到一对单生真叶出现并展开，一般10～15天。主要利用种子贮藏养分出土和生长。

（2）幼苗期。一对基生叶——抽蔓或长出3片复叶。主要进行根、茎、叶的生长，不断扩大营养体，开始花芽分化。

（3）抽蔓期。从开始抽蔓到开花前的一段时间。

（4）开花结荚期。从开始开花到结荚终止。这一时期开花结荚和茎叶生长同时并进，生长发育旺盛。

540. 问：如何确定菜豆各个生育期的正常长势？

答：菜豆各个生育期的正常长势，如下图。

育苗期正常长势

缓苗后正常长势

生长前期正常长势

开花期正常长势

结荚期正常长势

结荚期正常长势

541. 问：菜豆对环境条件有哪些要求?

答：菜豆喜温暖，不耐低温和霜冻，对日照长短反应不同，分成短日型，中间型，长日型，但以中间型品居多。光强的要求低于茄果类。菜豆有一定的耐旱力，不耐土壤过湿或积水，水多根系缺氧，生长不良。菜豆属于好气性蔬菜，排水和通气性良好的沙壤土有利于菜豆根系的生长和根瘤菌的活动。菜豆各个生育期要求适宜温度和土壤湿度，参见下表。

表 菜豆各个生育期要求适宜温度和土壤湿度

时期	白天温度	夜间温度	土壤湿度
播种至出土	28~30℃	16~20℃	85%
出土至定植	25~27℃	13~15℃	60%
定植至缓苗	25~38℃	15~18℃	85%
缓苗至开花	26~28℃	13~15℃	55%
开花期	25~28℃	13~15℃	80%
结荚期	26~28℃	13~15℃	60%~80%

542. 问：温室种植菜豆应怎样合理安排茬口?

答：温室的菜豆种植茬口一般是早春茬，早春茬栽培的定植时间一般在2月上旬前后，套作的在3月上旬。

543. 问：生产上应选用哪些菜豆品种？它们分别具有哪些特性?

答：

（1）泰国白粒架豆。生长势及分枝力均强。荚扁，长20~25cm，浅绿色，荚厚，纤维少，不易老化，种子白色。抗病性强，早熟，丰产，采收期集中，春秋两季均可栽培。

（2）特长九粒青。蔓生，株高3m左右，第一花序生于2~3节，荚长22~28cm，嫩荚近圆形，绿色，早熟，从播种到始收55天左右，亩产3 500kg左右，嫩荚肉质厚、无筋、纤维少、蛋白质含量高，品质极好。春秋均可栽培。

（3）老来少架豆。该品种属于早熟，高产品种，株高2m以上，结荚均匀而密，始花节位低，豆荚圆棍形，荚长20~25cm，嫩荚浅绿色，后变成白色，嫩荚肉质肥厚，纤维少，品质好，播种后60天左右，开始采摘嫩角，亩产2 500~4 000kg。

544. 问：生产上常采用的菜豆育苗方式有哪些?

答：菜豆育苗采用一个营养钵同时育2~3株的育苗方式，也就是说一个营养钵里同时放2~3粒种子，其他操作参照西葫芦育苗。

545. 问：如何对菜豆进行合理施肥?

答：根据配方施肥的原则，菜豆的底肥用量，参见下表。

将以下肥料均匀撒施后深翻或旋耕。

表　菜豆的底肥用量

用肥种类	腐熟过的粪肥	芽孢蛋白有机肥	复合肥	海洋生物活性钙	精品全微肥
亩用量	10~15 m^3	120~200 kg	50~75 kg	50 kg	20 kg
效果特点	长效补充有机质	快速补充有机质、蛋白质	补充氮磷钾大量元素	补充钙镁硫中量元素	补充微量元素
注意事项	必须腐熟	撒施或包沟	选择平衡型	必须施用	必须施用

撒施肥料　　深翻土壤

546. 问：种植菜豆宜采取哪种栽培模式?

答：做南北向宽 1.4m，高 10~12cm 的高畦，每畦定植双行，大行距 80cm，小行距 60cm。

整平畦面　　开定植穴

547. 问：种植菜豆如何合理确定株行距?

答：菜豆的行距一般是大行 80cm，小行 70cm。株距为 35~45cm，一般亩栽植2 300~2 600株，因菜豆是蔓生性作物，种植密度不可过大，否则，当茎蔓长高时影响田间通风透光，会直接降低坐荚率。

548. 问：定植菜豆的技术要点有哪些？

答：

（1）确定好株行距后，在畦面上开定植穴，有的是在其他作物行间套作，不论整棚栽培还是套作，为了快速缓苗，促进根系生长，在定植穴内撒施含有益菌的有机肥料（肽素活蛋白），一亩地撒施 10kg，撒施后与土拌匀，准备定植。

定植穴内撒施有机肥料

（2）选择壮苗，在晴天上午定植，每个定植穴栽植 2~3 个单株。

（3）定植完毕后浇大水，每亩地随水冲施 em 菌剂沃地菌丰 10L，促进生根，补充有益菌。

549. 问：菜豆定植后如何加强管理？

答：

（1）合理控温。定植后缓苗前白天温度 28~30℃，夜间 15~18℃。缓苗后白天 26~38℃，夜间 13~15℃。

（2）覆盖地膜。及时覆盖地膜保温、保湿。

（3）防疫。为促进植株健壮，防止病害发生，浇第二水时每亩地冲施“壳聚糖”（植物生长复壮剂）10L，以提高作物的抗逆能力。

550. 问：菜豆开花期如何加强管理？

答：

（1）温度控制。开花期间白天温度 25~28℃，夜间 13~15℃。

（2）吊蔓。植株长到 50~60cm 时，要及时进行吊蔓，防止茎蔓匍匐。

吊蔓　　　　吊蔓后长势

551. 问：菜豆结荚期如何加强管理？

答：

（1）温度控制。结荚期间白天温度26~28℃，夜间13~15℃。

（2）浇水施肥。菜豆的浇水有一个原则就是“浇荚不浇花”。如果在开花期间浇水，会造成茎蔓疯长，养分失调，导致落花落荚。所以，在开花之前合理控制好土壤水分，当第一批花成功授粉坐住荚后，嫩荚4cm左右时，根据土壤干湿情况进行浇水。此时浇水追肥1亩地冲施蔬乐丰25kg。

（3）打叶。第一茬菜豆采摘完毕后，茎蔓已长到一定高度，此时叶片多，加上分生的侧枝增多，所以为增强田间的通风透光，需要及时疏除部分叶片。打叶从下到上，稀疏去叶，感觉田间不郁闭即可，但也不可1次摘叶过度。

打叶

疏叶后田间通透

552. 问：菜豆锈病有哪些发生为害特点？如何防治该病？

答：

（1）为害症状。主要为害叶片、茎和荚，以叶片受害最重，初期为黄白色小斑点，后渐成为黄褐色凸起的小疱，病斑表皮破裂，散出铁锈色粉末。后期产生较大的黑褐色凸斑，表皮破裂，会露出黑色粉粒。

（2）发生条件。高温高湿发病严重。露水多的天气蔓延迅速。

（3）防治措施。

①加大通风，降温降湿。

②喷施25%吡唑醚菌酯乳油1 000倍液，或喹啉铜1 500倍液，或20%硅唑・咪鲜胺2 000倍液，或20%噻菌铜悬浮剂1 000倍液，或30%苯醚甲环唑600倍液，或40%苯甲丙环唑1 000倍液，或25%腈菌唑1 000倍液防治。

553. 问：菜豆灰霉病有哪些发生为害特点？如何防治该病？

答：

（1）为害症状：叶片染病，出现近圆形灰褐色病斑，周缘深褐色，中部淡棕色或浅黄色，干燥时病斑表皮破裂形成纤维状，湿度大时上生灰色霉层。有时病菌从茎蔓分枝处侵入，致病部形成凹陷水浸斑，后萎蔫。荚果染病先侵染败落的花，后扩展到荚果，病斑初淡褐至褐色后软腐，表面生灰霉。茎、叶、花及荚均可染病。

（2）发生条件。只要具备高湿和20℃左右的温度条件，此病易流行。病菌寄主较多，此菌可随病残体、水流、气流，农具及衣物传播。腐烂的病果、病叶、病卷须、败落的病花落在健部即可发病。

（3）防治措施。

①加大通风，降低湿度。

②及时清除病株残体，病果、病叶、病荚等。

③喷施50%异菌脲1 000倍液，或50%腐霉利1 500倍液，或50%农利灵可湿性粉剂1 500倍液。

④结合烟剂烟熏，速克灵烟剂或灰核一薰净熏治，每亩用药200g。

554. 问：菜豆炭疽病有哪些发生为害特点？如何防治该病？

答：

（1）为害症状。叶片病斑多叶背沿叶脉呈多形扩展，由红褐色变褐色，潮湿时病斑分泌红色黏稠物，茎部上病斑稍凹陷，褐色。果实染病，主要发生在近地面的豆荚上，起初由褐色小斑点扩大为近圆形斑，病斑中央凹陷，可穿过豆荚侵害种子，边缘同心轮纹。

（2）发生条件。炭疽病是真菌性病害。温暖、高湿、多雨、多雾、多露的环境条件有利于发病。重茬、低洼、栽植过密、黏土地、管理粗放者，发病严重。

（3）防治措施。喷施70%甲基托布津可湿性粉剂800倍液，或70%代森锰锌可湿性粉剂500倍液，或80%炭疽福美可湿性粉剂500倍液，或25%咪鲜胺1 000倍液。

555. 问：菜豆菌核病有哪些发生为害特点？如何防治该病？

答：

（1）为害症状。发病初期，病部呈水渍状，后变灰白色，皮层腐烂，仅残存纤维。高湿时，病茎生白色棉絮状菌丝及黑色鼠粪状菌核，病茎上端枝叶枯死。

（2）发生条件。在低温高湿情况下，温度20℃左右和相对湿度在85%以上的环境条件下，病害严重。此病靠气流传播，先侵染衰老叶片和残留在花器上或落在叶片上的花瓣后，再进一步侵染健壮的叶片和茎，严重时病部产生白色菌丝体。

（3）防治措施。

①加大通风，降低湿度。

②喷施50%腐霉利可湿性粉剂600倍液，或40%菌核净可湿性粉剂1 000～1 500倍液，或30%菌核利可湿性粉剂1 000倍液，或25异菌脲悬浮剂1 500倍液。

556. 问：菜豆根腐病有哪些发生为害特点？如何防治该病？

答：

（1）为害症状。菜豆根腐病俗称“红根病”，是菜豆种植中发生较为普遍的土传病害。发病后主根上部、茎地下部变褐色或黑色，病部稍凹陷，有时开裂。纵剖病根，维管束呈红褐色。主根全部染病后，地上茎叶萎蔫枯死。潮湿时，病部产生粉红色霉状物，严重时主根及毛细根腐烂。发病后植株下部叶片枯黄，叶片边缘枯萎，植株易拔除。

（2）发生条件。病菌在病残体上或土壤中越冬，可存活10年左右。病菌主要借土壤传播，通过浇水、施肥进行侵染。病菌最适宜生育温度为29～30℃，土壤湿度大，灌水多，利于该病发展。尤其是连作重茬是该病发生的重要原因。

（3）防治措施。

①实行轮作，多增施秸秆、有机肥、有益微生物以改善土壤环境。

②发病严重的棚室利用夏季高温时期进行闷棚。

③以预防为主，菜豆在定植缓苗后，大约植株长到20cm高度时，用56%甲硫恶霉灵可湿性粉剂1 500倍液+30%苯醚甲环唑可湿性粉剂1 500倍液+碧护15 000倍灌根。植株长到2m左右高度和进入盛果期时，分别用此配方灌根2次。

557. 问：什么是落花落荚现象？造成菜豆落花落荚的原因有哪些？如何防治？

答：

（1）症状。菜豆的花蕾数量很多，一般每一花序生花蕾7～13个。但从每一花序的成荚数看，多数花序结荚3～4个，少数花序结荚5～6个或1～2个，大量的花蕾或幼荚脱落了，温室栽培的越冬茬、秋冬茬和冬春茬菜豆结荚率通常在25%左右，若能使菜豆的结荚率提高到50%，其单位面积产量几乎增加1倍。

（2）发生原因。

①温度不合理，夜间温度过高或过低，影响花芽分化。

②生长失调，植株营养生长过旺，出现旺棵。

③开花期浇水，导致营养分配失衡。

落花落荚

（3）解决措施。

①开花期合理控制温度，白天温度26~28℃，尽量白天最高温度不要长时间超过28℃，夜间温度13~15℃。

②合理浇水，盛花期避免浇水，如植株生长过旺，适当降低夜温，12~14℃，叶面喷施光合菌素1 500倍液。

③开花前喷施21%优果硼1 500倍+磷酸二氢钾（磷钾动力）1 500倍液。

④花期喷施果神五号保花坐果素300倍液，喷药时叶片正反面都需喷布药液。

558. 问：菜豆高秧低产的原因是什么？怎样预防？

答：高秧低产主要是环境条件不适造成：一是温度不适。高于30℃或低于15℃易产生落花落荚现象；二是光照不足；三是水分过大；四是缺乏磷钾肥。

预防措施：一是根据菜豆不同生育期对温度的要求进行温度调节，开花结荚期温度保持在20~25℃。二是采取合理密度、及时清洁棚膜、及时摘除老病叶等来保证充足的光照。三是采用膜下暗灌、滴灌等控制空气相对湿度在65%左右，开花结荚前不要浇水，防茎叶徒长造成落花。一般掌握：苗期见干见湿，初花期适当控水，结荚期在不积水的情况下勤浇水，采摘后重浇水。四是适时追肥。播种12~15天后及早追施氮肥，结荚后追施尿素20kg，钾肥10kg，每采收1~2次追肥1次。

559. 问：什么是氨气为害？造成氨气为害的原因有哪些？如何防治？

答：

（1）主要症状。受害叶片初期呈水浸状，以后逐渐褪为淡褐色。幼芽或生长点萎蔫，严重时叶缘焦枯，全株生理失水干缩而死。

（2）发生原因。一是施用了过量的尿素、碳酸氢铵、硫酸铵等氮素肥料。二是施用了没有充分腐熟的人粪尿、厩肥等有机肥料。三是在棚内发酵饼肥或者鸡粪等肥料。四是追肥时撒施肥料于地面。据测定，棚内氨气浓度达5mg/L时，就出现为害症状。

（3）防治措施。

一是安全施肥：棚栽蔬菜无论施基肥或者追肥，都应注意如下几点。其一是施用有机肥作基肥的，一定要充分腐熟；其二是化肥和有机肥只能深施不能在地面撒施；其三是施肥不能过量，特别是追肥宜少量多次追施；其四是适墒施肥，或施后灌水，使肥料能及时分解释放。

二是检测氨气：在棚内检查气体状态，可选用医药公司出售的酸碱度试纸，测定棚膜内水珠的酸碱度，当pH值在8.2以上时，必须及时放风排气。若稍迟缓，就会发生中毒现象。

三是及时抢救：当棚内蔬菜已出现氨气中毒症状时，除放风排气外，要快速灌水，降低土壤肥料溶液浓度；要根外喷施天达2116，能较好地平衡植株体内和土壤的酸碱度；可在植株叶片背面喷施1%食用醋，可以减轻和缓解为害。

第十二节 果树种植技术

560. 问：适宜在河套地区种植的主要果树品种有哪些？

答：苹果：金冠、国光、甜黄魁、锦红、紫云、红宝、黄太平、尔其紫力蒙等。

梨：苹果梨、锦丰梨、早酥梨、南果梨、朝鲜洋梨、香水梨等。

葡萄：圆白、无核白、京早晶、巨峰、红玫瑰、玫瑰香、红提等。

核果：兰州大吉杏、青皮杏、南口大紫李、玉皇李等

561. 问：如何选择果树砧木？

答：我国果树砧木资源极其丰富，各种果树都有多种砧木。在长期的生产实践中河套地区一般用作苹果树的砧木有宁城海棠、林檎、海红、沙果子、山定子等；用作梨的砧木主要为杜梨；用作杏和李子的砧木主要是山杏；用作葡萄的砧木主要是贝它。

562. 问：果树种子为什么要进行层积处理？

答：果树种子在长时间的生长发育过程中，自然形成了一种生物学特性，即种子采收后，必须在低温湿润的条件下，经过一定时间完成后熟，才能很好地发芽生

长。为使种子充分完成后熟，发芽整齐，提高发芽率，需在播前的一定时间内进行层积处理，即层积处理是让果树种子顺利通过后熟的一种方法。一般仁果类果树种子层积时间为40~60天，核果类果树种子需70~90天。

种子层积的具体方法是：以海棠、杜梨为例，温水浸种8~12小时，以一份种子和3~5份湿沙混合，沙的湿度以手握成团、一触即散为宜，搅拌均匀，放置菜窖或背阴的室内，温度保持在0~5℃。处理的种子量多，在层积过程中要上下翻动种子1~2次，待种尖露白即可播种。

563. 问：如何播种果树种子?

答：通常在每年的春季4月上中旬进行播种，方法主要是条播。用做育苗的地首先要压足底肥，整平作畦，每畦2~3分地为宜，为方便管理采用大小行播种，大行60cm，小行40cm；播种深度为仁果类树种2~3cm，山杏、山桃等4~6cm，覆土2~3cm。播种量仁果类每亩1.5~2.5kg，山杏、山桃每亩35~45kg。

564. 问：如何管理播种苗?

答：当幼苗有2~3片真叶时，进行第一次间苗。4~5片真叶时，可进行定苗。海棠、杜梨等，株距8~10cm，桃杏等20~25cm。幼苗生长前期不宜过早浇水，以免降低地温，影响生长。一般在5月下旬至6月上旬浇第一水，结合浇水每亩追施尿素10kg，并应根据土壤板结和杂草生长情况，及时进行中耕除草。7月中下旬除苗干基部的芽或分枝，促进苗木生长粗壮。同时做好病虫害的防治工作。

565. 问：果树为什么用嫁接法繁殖?

答：一般果树都是用嫁接方法进行繁殖的。这主要是为了保持原品种的优良性状。果树嫁接用的接穗，是取自盛果期大树上的枝或芽，在阶段发育上都已经成熟，遗传性状稳定，因而嫁接繁殖的新植株一般不会发生变化和分离。如用种子直接繁殖，由于果树大都是异花授粉才结果，在自然情况下常发生杂交，种子一般不纯，播种后就很容易变异。

566. 问：果树嫁接有哪些方法?

答：果树嫁接一般分枝接和芽接两种。枝接在3月下旬至5月上旬进行，包括劈接、切接、皮下接等，操作比芽接较难，接穗用量大，但接后长得快，当年就可成苗。芽接在7—8月，桃李杏可早，苹果、梨稍晚，方法主要是丁字形芽接，操作简便，工效高，不伤砧木，省接穗，接后当年不萌发，第二年萌发。

567. 问：如何提高嫁接成活率?

答：要想使接在砧木上的枝或芽成活，在嫁接过程中必须做到壮、鲜、平、准、快、紧这6个字。壮，就是要求砧、穗生长健壮，不感染病虫害。鲜是指接穗始终要保持新鲜，不发霉、不干皱。平是指枝接接穗削面要平，只有削面平滑，接穗与砧木才能紧密结合。准是使砧木和接穗的形成层对准，保证养分和水分的沟通。快是说在保证平准的基础上，嫁接动作一定要快，减少水分蒸发和削面氧化。紧是嫁接以后捆绑要紧，防止松动，形成层错位，影响成活。

568. 问：高接在果树生产上的意义有哪些？

答：高接是将接穗嫁接在果树枝干上的一种嫁接技术，由于这种方法嫁接部位较高，所以称为高接。高接果树抗寒力提高2~4℃，对果树越冬十分有利。高接还具有抗病、抗涝、抗盐碱的能力。如苹果梨高接在杜梨上，可提高抗腐烂病的能力。利用高接可更换品种，2~3年即可开花结果，4~6年就可恢复到原来的产量。此外，在果园缺少授粉树的情况下，可在结果树上高接授粉品种的枝条来解决授粉问题。

569. 问：建园时为什么要营造防护林？

答：在建立果园的时候，一般都要考虑建立防护林，特别是风大的地区。这是因为防护林不仅能够降低风速防止风害，而且能保持空气湿度，减少土壤水分蒸发，防止流沙移动、土壤风蚀和冲刷，保持水土，调节温度，防止和减少旱、沙的为害和侵袭。巴彦淖尔市地区西北风较多，所以，要加强西北方向的林带建设。

570. 问：果树生长对土壤有哪些要求？

答：果树是多年生作物，一旦定植，终生难以搬动。良好的土质是果树根深叶茂，生长健壮，长寿、高产、优质的根本条件，是百年之计。一般应选择土壤肥沃，耕作层下有30~50cm的黏土层，俗话说的沙盖楼土壤种植果树最好。土质差的庭院要挖大坑换土栽植。新开的沙荒地，要先种一两年农作物，待土壤熟化后再种植果树，要多施有机肥。

571. 问：怎样栽植才能成活？

答：

（1）保证苗木质量。选生长健壮，芽饱满，无病虫害和伤口的苗木。起苗时尽量少伤根系，当地育的苗最好随起随栽，从外地运苗，一定要打包好，防止水分蒸发影响成活。

（2）掌握好栽植时期。栽树一般在春秋两季。根据多年的实践，果树在春季栽植容易成活。因为河套地区冬季寒冷时间长，春季风大温度升降剧烈，秋季栽的果树往往由于冻旱抽干而死亡。春天栽植果树一般在清明以后谷雨以前进行。

（3）注意栽植技术。要挖大坑，特别是土质差的地块，挖坑要在$1m^3$，并要换上好土。挖出的熟土和生土分开放，坑内施10~25kg腐熟的粪肥和土拌匀。苗木放入坑内时根系要摆顺，深度以根颈与地表平为宜，先填熟土，后填生土，踏实浇水。

（4）加强栽后管理。由于河套地区气候干燥，温度变化大，缓苗时间长，栽植前期生长很弱，因此要加强管理保护。间作物要离开果树1m左右，最好间作与果树浇水不矛盾的低秆作物，禁止间作高秆作物、攀延作物和大秋作物，要及时清除杂草、疏松土壤，做好夏季修剪，促使枝条充分木质化，以利安全越冬。

572. 问：为什么说果树不易栽的过深？

答：果树栽的深了，主要表现为生长衰弱不旺盛，这首先与果树的根茎有关。果树的根茎是指果树地上部分树干与地下部分根的交接处。果树根颈部位的机能比较活跃，初冬停止活动最晚，最迟进入休眠，而在春季最早解除休眠开始活动。如埋土过深，则呼吸机能减弱，对果树生长发育很不利。同时，果树栽的深了，根系所在土壤中的氧气较少，也影响果树的正常生长发育。

573. 问：有些果树为什么要配制授粉树？

答：在果树中如桃、葡萄的大部分品种是可以自花授粉的，即同一品种的花粉落到柱头上能够结实。而像苹果、梨等果树的大部分品种不能自花授粉，这就是我们平时所说的“自花不孕”和“自花不结实”现象。这些品种必须是用不同品种的花粉授粉才能结果，而且异花授粉产量更高。因此，我们在建苹果、梨等果园时，要配制一定数量的授粉树。但必须说明，配制授粉树并不是把任何两个以上的品种栽在一起就行，必须选择花期、寿命与主栽品种授粉亲和力强以及经济性状较好的品种。

574. 问：为什么说有机肥是果树的主要肥料？

答：果树正常生长与结果，特别是要获得高产、优质，需要从土壤中吸收很多的营养元素。有的需要量大，如氮、磷、钾等，因此，把这些元素叫“大量元素”，在土壤中比较缺，是我们重点考虑的重要元素。需要量小的有铁、铜、锰、锌、硼等，一般把这些叫做“微量元素”。果树对各种营养元素的需要量虽大小不一，但各有各的作用，而且相互间不能代替，缺少哪种元素对果树生长都不利。有机肥如厩肥、粪肥等含有上述十多种元素，它是一种完全肥料，分解慢，适合多年生果树的长期施用。有机肥不但能给果树提供各种营养，使果树生长好，产量高，品质优，不出现缺素症，而且还能改良土壤，使黏土果园土壤疏松，沙土果园可胶结沙粒，还可促进微生物的活动，活化土壤，提高土壤肥力和保肥保水的能力，所以，是果树的主要肥料。

575. 问：怎样给果树施肥？

答：果树施肥的方法有环状沟施（适于幼树）和放射状穴施、条状沟施和全园撒施（适于成年树），以上4种施肥方法以前3种为好，肥料施在树冠外围。施肥量应根据树龄、不同生育期及土壤性质、肥料的种类和质量而定。一般大树要多施，地力瘠薄和沙土地要多施，肥料质量差也应多施。区外很多丰产园的经验证明，有机肥的施用量应掌握在斤果斤肥或斤果双斤肥的水平上。

576. 问：为什么说有机肥以秋施为好？

答：果树是多年生作物，第二年春天萌芽、开花、坐果和生长的好坏，与头年贮藏的营养物质的多少密切相关。头年贮藏养分丰富，就可提高花的质量和坐果率，枝叶生长也健壮，如头年积存的营养少，花的质量就下降，坐果率就低，枝条生长也不良。果树秋施基肥后，因当时土温还较高，土壤湿度也较大，因而肥料分解快，加之秋季正是果树根系进入第二次或第三次生长高峰时期，吸收根多，且伤根容易愈合，肥料施下后很快就被根系吸收利用，从而提高秋季叶片的光合效能，制造大量的有机物质贮藏于树体内，对来年果树生长及开花结果十分有利。关于秋施有机肥的时间，应在果实采收后进行，总的说来宜早不宜晚。

577. 问：什么是绿肥？果园种绿肥有哪些好处？

答：绿肥是用绿色植物体制成的肥料。果园种绿肥能够增加土壤有机质，改良果园土壤，提高果树的氮素营养水平，促进优质高产。一般新鲜绿肥中，约含有机质10%~15%，如果亩施1 000~1 500kg绿肥鲜草，可使土壤有机质提高0.1%~0.5%。500kg豆科绿肥鲜草，含氮量相当于12.5kg硫酸铵。绿肥除提供肥分外，还可防止水土流失，增加果园覆盖，减少水分蒸发，在雨季绿肥还可吸收多余水分，防止内涝，有利于果树生长充实。各地大量的事实说明，翻压绿肥的果树根系增加，春梢加长，叶片肥厚，花芽增多，坐果率高，果实品质好，冻害明显减轻。据测定，每施2.5~4kg绿肥，可增产0.5kg水果，百果增重0.5~1.75kg。

578. 问：果树怎样进行合理灌溉？

答：水是果树的血液。俗话说“无水不长树，无肥不丰产”。在果树生长发育过程中，养分的吸收与运转，光合作用的进行，有机物质的合成与利用，树体温度的调节等重要的生命活动和新陈代谢作用，都是在水的参与下进行的。水分过多或过少，都不利于果树的生长，所以，合理灌水是很重要的。

果树在萌芽期，新梢迅速生长期和果实膨大期（4月下旬至7月上旬），需水量最大，应及时灌溉，才能保证果树的正常生长和结果。而7月中下旬至9月正值雨季，视情况可少灌或不灌，防止果树狂长，促进枝条充实。采收后的封冻水，既可提高果树的越冬性，又有利于来年开花坐果，因而是必须的。一般果树全年浇灌4~5 水即可。

579. 问：果树整形修剪的目的和原则是什么？

答：果树整形的目的在于根据不同果树的生长结果习性和具体栽培条件，通过修剪将其培养成高产、稳产、优质、长寿的树体结构。正确的整形修剪可以使果树生长快，早成形，早结果，骨架牢固，枝条分布合理，通风透光，减少病虫害，高产稳产优质，合理密植，方便管理，降低成本，老树更新，恢复产量，延长经济结果年限。

整形修剪的基本原则是：因树修剪，随枝作形，有形不死，无形不乱，长远规划，全面安排，均衡树势，主从分明，幼树轻剪，老树重剪，以轻为主，轻重结合，因树制宜。

580. 问：不同年龄阶段果树的修剪重点有哪些？

答：

（1）幼树的整形修剪。幼树整形修剪是果树生产中一项重要的基础工作。必须考虑建造良好的树体结构。还应兼顾早结果问题。修剪的基本特点是轻剪长放，多留枝，促进花芽形成，短截各级骨干枝，结合夏剪，利用撑、拉、坠等方法开张角度。注意枝组的培养，利用剪口芽调节主枝方向。

（2）盛果前期的修剪。这一时期果树生长旺盛，树冠不断扩大，结果量逐年增多。修剪的主要措施是继续调整各级骨干枝的方位和角度。均衡树势，控制中心干的极性生长，加强枝组培养，利用各部位的结果量来均衡树势，强枝多留果缓和生长，弱枝少留果促生长。大型辅养枝要给各级骨干枝让路。

（3）盛果期的修剪。这时果树骨架已建成，树冠体基本稳定，产量达到一生中的最高峰，果枝显著增加。要求精细修剪结果枝组，更新保健，交替结果，要合理负载量，中心干要落头开心，疏除树冠外围过密的营养枝，改善内膛光照，对衰老枝组进行回缩更新复壮。

（4）放任树的修剪。首先要确定永久性枝按各级骨干枝的修剪方法进行修剪。对于临时性枝条用疏、压、缩、控等措施加以改造利用，要逐年进行，不可操之过急，防止因改造树形而影响产量。树高超过 5m 要落头开天窗，改善光照条件。

581. 问：果树主要病虫害有哪些？如何防治？

答：

（1）梨树腐烂病，为真菌性病害，主要为害果树的枝干，病菌在病疤上越冬。防治应以综合防治为主，要合理负载量，增强树势，防止冻害和机械损伤。药物防治的关键时期是萌芽展叶期，刮除病斑，用 40%的福美砷或果树康复剂等 50 倍液，涂抹病斑进行杀菌消毒。

（2）梨黑星病，为真菌性病害，在叶、果、芽、梢上越冬，以预防为主。清除病叶、树梢，集中烧毁，果园要经常喷撒波尔多液保护剂。发病期可喷洒多菌灵、代森锰锌等1 500~2 000倍液。

（3）红蜘蛛，主要为害叶片，在树皮裂缝及枝条或芽痕上以成虫和卵越冬。防治的关键时期是萌芽期，此时红蜘蛛越冬成虫大量出蛰，卵开始孵化。防治方法有刮除树皮烧毁，萌芽初期喷波美5度的石硫合剂，生长季可喷2 000倍液灭扫利等。

（4）山楂粉蝶，为暴食性食叶害虫，以幼虫结网于叶片挂在树枝上越冬。防治的关键时期为春季幼虫开始出蛰至大量分散取食前，喷2 000倍液敌杀死等农药。

（5）食心虫类，据调查，食心虫类的害虫主要有以下几种：一是桃小食心虫，以幼虫作茧在树冠下的土壤中越冬，只为害果实；二是梨小食心虫，以幼虫作茧在树皮裂缝中越冬，为害嫩梢和果实；三是梨大食心虫，以幼虫在被害芽内作茧越冬，为害芽和果实。对于食心虫，防治的关键时期是在越冬虫出茧转芽或转梢为害时，喷2 000倍液灭扫利，此外还可利用刮树皮和修剪来消灭越冬幼虫。

（6）梨二叉蚜，也就是通常所说的“油汗”。主要为害嫩芽和叶片，卵在芽鳞、果台、短枝叶痕间越冬。防治的关键时期在梨芽开绽时至5月中下旬为害卷叶前，喷乐果或灭扫利2 000倍液。

（7）大青叶蝉，俗称“浮尘子”，为害1~3年生嫩枝，以卵在嫩枝皮下越冬。防治的关键时期在秋季成虫大量上树产卵（9月上旬），喷洒2 000倍的敌杀死等农药。另外，不要在果园间作深秋作物，及早清园根除杂草。

582. 问：果树在冬季为什么要涂白？

答：在冬季由于气温的冷热骤变，使果树的主干和大枝的向阳面，白天受太阳直射，温度上升，树体细胞呈活跃状态，而夜间温度急剧下降，使树皮组织来不及适应而受冻死亡，发生所谓“日灼”。果树涂白以后，利用白色反射日光，树体温度不会很快上升，温度变化相对稳定，就可减少或避免冬春日灼。

白涂剂的配制方法：生石灰6kg、石硫合剂1~2.5kg、食盐0.5~1kg、黏土1kg、水15kg左右，配成涂液在涂刷时不流为宜。

第十三节 牧草种植技术

583. 问：当前巴彦淖尔市主要种植什么牧草？

答：按照为养而种的原则，多年生牧草以紫花苜蓿为主，一年生牧草有专用青贮玉米、湖南稷子、燕麦草、草谷子等。

584. 问：种植紫花苜蓿补贴政策有哪些？补贴额度是多少？

答：国家政策有“振兴奶业，苜蓿发展行动”项目，每亩补贴600元，要求3 000亩连片种植。生态补偿机制牧草良种补贴政策，每亩补贴50元。国家京津风沙源治理项目，每亩补贴200元，种子田每亩补贴1 200元。自治区补贴政策有“高产优质苜蓿生产示范”项目，每亩补贴600元，种子田每亩补贴1 200元，要求500亩以上连片。

585. 问：苜蓿什么时候刈割最合适？

答：苜蓿刈割作业宜在现蕾初期到初花期进行。

586. 问：苜蓿收割的留茬高度应为多少？

答：刈割苜蓿高度为5~8cm为宜，最后一次刈割留茬在10cm以上。

587. 问：苜蓿什么时候打捆最合适？

答：含水量为16%~20%时打捆最合适。

588. 问：苜蓿商品草的主要产品类型是什么？

答：草捆是苜蓿产品的主要产品类型，可最大限度保留苜蓿干草的营养成分，也便于运输和贮存。

589. 问：苜蓿常见的根茎部病害有哪些？

答：一是苜蓿根腐病；二是苜蓿炭疽病；三是苜蓿菌核病。

590. 问：怎样掌握苜蓿施肥期？

答：苜蓿返青期，越冬前和刈割后再生时期要适当施肥。

591. 问：苜蓿施肥的肥料种类有哪些？

答：氮肥、磷肥、钾肥、微量元素叶面肥。

592. 问：如何掌握苜蓿的灌溉时间？

答：种植当年、分枝期、第一茬刈割后、入冬前应各浇水1次，种植第二年及以后，每年入冬前和返青后浇水，每次刈割后浇水。

593. 问：苜蓿主要采取什么样的播种方式？

答：主要方式为条播，一般行距在20~30cm。

594. 问：苜蓿的播种量是多少?

答：根据种子质量，草田一般在0.8~1.1kg/亩，种子田在0.2~0.3kg/亩。

595. 问：禾本科牧草和豆科牧草对肥料要求有什么不同?

答：禾本科牧草对氮肥的反应最为敏感，豆科牧草对磷、钾、钙肥料的反应最为敏感。

596. 问：机械收获苜蓿压扁草茎的作用是什么?

答：苜蓿经过草茎压扁后，茎中水分蒸发速度加快，加快了茎的干燥速度，可加速苜蓿的整个干燥过程，同时，减少因茎叶干燥不一致导致的叶片脱落。

597. 问：如何感官判断干草的含水量。

答：将干草束握紧或揉搓时无干裂声，干草拧成草辫松开时草束松开缓慢，并且不完全散开，弯曲茎不易折断为适宜的含水量（16%~18%）。

598. 问：为什么牧草收获时要避免叶片脱落?

答：因为叶片中营养成分高、蛋白含量高，叶片的多少是衡量干草质量的重要指标。

599. 问：苜蓿刈割后自然干燥需多长时间?

答：36~48小时。

600. 问：冬季残留在地面的枯草，其营养含量较夏季牧草损失多少?

答：60%左右。

601. 问：多年生牧草的最后一次利用为什么不能过晚?

答：多年生牧草在越冬前必须有营养物质的贮藏过程，一是满足休眠时期的微弱消耗，提高植物的抗旱力和耐旱力；二是供给植物休眠后萌芽的需要。

602. 问：如何确定多年生牧草的适宜播种时期?

答：主要考虑以下几点：一是水热条件有利于牧草种子的萌发及定植；二是杂草病害较轻，在播种前有足够的时间消除杂草；三是有利于牧草安全越冬。

603. 问：牧草的适宜收割期及所考虑的因素是什么?

答：综合考虑牧草的产量、质量及对当年再生和来年返青的影响。牧草的适宜刈割时期应在抽穗期到开花期，或初花期。

604. 问：干草调制过程中养分的损失与哪些因素有关？

答：一是机械作用引起的损失；二是雨淋造成的损失；三是微生物活动引起的损失；四是光化学作用引起的损失。

605. 问：牧草的根系类型有哪些？

答：一是根茎型；二是轴根型；三是疏丛型；四是匍匐茎型。

606. 问：苜蓿高产包括哪些技术环节？

答：一是选择优良品种；二是适时播种、施肥、整地；三是合理密植；四是合理施肥、灌溉；五是加强病虫害防治；六是适时刈割、打捆。

607. 问：青贮料调制有哪些技术步骤？

答：一是青贮牧草适时刈割，随割随贮；二是切碎青贮牧草便于压实；三是装填与镇压；四是密封；五是管理。

608. 问：如何通过感官判断干草品质？

答：一是颜色气味：优质干草呈绿色，芳香气味；二是叶片含量：优质牧草叶片多，营养价值高；三是牧草形态：优质牧草应适期刈割，干草中含有花蕾、未结实花序、秸秆叶量多、茎秆质地柔软、适口性好；四是含水量：干草的含水量应在16%至18%，如果含水量超过20%时，不易贮藏。

609. 问：多年生牧草越冬与品种什么特性有关？

答：与休眠指数有关，休眠性能越高，越冬能力越好。

610. 问：一个牧草品种是否适合于某一地区生产种子，首先考虑的条件是什么？

答：气候条件。

611. 问：为了避免牧草干草叶量的损失，搂草和集草作业应该在牧草水分什么状况下进行？

答：不低于35%~40%的含水量。

612. 问：牧草生长后期适口性降低的原因是什么？

答：因蛋白质的减少和纤维素木质化增加，使牧草的适口性降低、消化率降低。

613. 问：牧草播种方法有哪些?

答：点播、条播、撒播。

614. 问：怎样对牧草进行合理施肥?

答：

（1）基肥。播种前，结合耕翻土地时施用优质农家肥如厩肥、堆肥，或缓效性化肥，用来满足牧草整个生长期的需要，一般每亩施用有机肥1 000~2 500kg，过磷酸钙 10~20kg 或钙镁磷肥 20~50kg，氯化钾 8~10kg。耕前撒施，撒后耕翻。

（2）种肥。播种时与种子同时施入肥料，以满足牧草幼苗生长的需要，种肥可施在播种沟内或穴内，盖在种子上，或用作浸种、拌种，所用肥料，不管是农家肥，还是化学肥料，都不能影响种子出苗。

（3）追肥。牧草出苗后，在其生长期内，根据牧草的长势进行追肥。追肥以化肥为主，追施方法可以撒施、条施、穴施、灌溉施肥或叶面喷施等。追施的时间一般在禾本科牧草的分蘖、拔节期；豆科牧草的分枝、现蕾期。为了提高牧草产草率每次收割后也应追肥。多年生牧草，每年春季要追 1 次肥，促其早发快长。秋季追肥以磷、钾肥为主，以便牧草能安全越冬。禾本科牧草追肥以氮肥为主，配施一定量的磷、钾肥。豆科牧草除苗期追氮肥外，其他时间主要以磷、钾肥为主。

615. 问：草地喷灌的形式有哪些?

答：固定式、移动式、半移动式。

616. 问：专用青贮玉米的优点有哪些?

答：专用青贮玉米较粮食玉米相比，它的优点在于：一是生物产量高，一般为粮食玉米的两倍左右；二是专用青贮玉米全株高营养（果穗和秸秆）；三是专用青贮玉米有高蛋白、高脂肪的特点。

617. 问：制作青贮必备的条件有哪些?

答：一是创造厌氧条件；二是青贮原料中必须有充足的含糖量；三是青贮原料中必须有适当的水分；四是适宜的湿度条件。

第四章　畜牧养殖技术

第一节　肉羊养殖技术

618. 问：建肉羊场应如何选择场址?

答：羊舍应选在地势高燥、排水良好，向阳的地方。

619. 问：肉羊场的规划建设有什么要求?

答：建筑材料应就地取材。总的要求是坚固、保暖和通风良好。

620. 问：对于肉羊场的设计和规划有什么依据?

答：依据养殖数量和六远离原则（即“远离村庄、远离水源保护区、远离交通要道、远离屠宰畜产品加工厂、远离学校医院等公共场所、远离旅游景区”）。

621. 问：对肉羊场的场区应怎样进行合理布局?

答：对肉羊场的场区应依照下图进行合理布局。

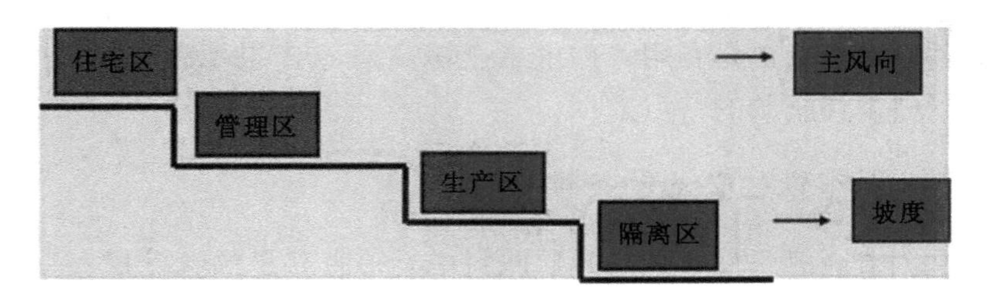

图　肉羊场的场区布局

622. 问：羊舍有哪些类型?

答：羊舍类型主要分为：封闭式、开放式、半开放式。

623. 问：肉羊舍的建筑要求有哪些？

答：羊舍应封闭或半封闭，并设通风口，即每圈在脊上设一可开关风帽，每圈设2~3个后窗，起到防止羊氨气中毒和夏季降温的作用。窗的高度、宽度要考虑阳光照射的面积，门应朝外开，大小根据羊的多少确定。

624. 问：肉羊场应当具备哪些主要的设施设备？它们各自有什么用途？

答：

羊舍：给羊创造一个适宜的环境，免受不良气候的影响，便于日常管理。

饲槽和饲草架：主要用于饲喂饲草、饲料或青贮饲料，要求能保护饲草饲料不受污染和减少浪费，有移动式、悬挂式、固定式和结合式4种。

饮水槽：饮水槽可用铁皮或水泥做成，要便于加水，清洗。

母仔栏：用于母羊产羔和瘦弱羊隔离。

羔羊补饲栏：将多个栅栏、栅板或网栏在羊舍或补饲场靠墙围成足够面积的围栏，在栏间插入一个大羊不能入内羔羊能自由出入的栅门，内放食槽等。

堆草圈：通常在羊舍外面用栅栏或丝网建成一个堆草圈子，以堆存补饲或备用的干草。

青贮窖：主要用于制作青贮饲料。

饲草料加工设备：主要用于饲草料的切割、粉碎、压块等加工作业。

兽医室：规模较大的肉羊场应建立兽医室。兽医室应建在行政办公区附近，离羊舍较远的地方。配备常用的消毒、诊断、手术、注射、喷雾器械和药品。

饲料仓库：用于贮存精饲料原料、混合精饲料、预混料和添加剂，要求仓内通风性能好，防鼠防雀，保持清洁干燥。

干草棚：用于贮存干饲料，应建在高燥的地方，远离居民。

青贮池：是青贮饲料存放发酵的地方，可以长期贮存青饲料。青贮能有效地保存青饲料的养分，改善饲料的适口性，解决冬春草料的不足，取用饲喂方便。

消毒室：通常建在生产区门口，对进出生产区的人员进行消毒。根据需要，消毒室内可设超声波雾化消毒设施、淋浴更衣设施或紫外灯等。消毒室必须两侧留门，一侧通往管理区、一侧通往生产区，不能走回头路。

运动场：养母羊和种公羊的羊舍应在羊圈后设（3~6）m×（3~3.5）m的运动场，运动场墙高1~1.5m。

档案室：通过建档对羊的生产和管理事项进行记录。

其他：饲草料投喂机具、运输机具、疫病防治器械等。

625. 问：我国有哪些主要的代表性肉羊品种？它们具有哪些优良特性？巴彦淖尔市的肉羊品种主要有哪些？它们又有哪些优良特性呢？

答：

我国主要的肉羊品种有小尾寒羊、湖羊、南江黄羊等，优良特性：多胎性、四季发情、早熟等。

巴彦淖尔市的肉羊品种主要有：巴美肉羊、苏尼特羊、乌珠穆沁羊，其优良特性为产肉性能指标高，肉品质好。

626. 问：我国从国外引进的主要肉羊品种有哪些？它们具有哪些优良特性？

答：

从国外引进的主要品种有：杜泊羊、无角道赛特羊、萨福克羊、德克赛尔羊、波尔山羊等；

优良特性：体格大、生长速度快、抗病力强、产肉率高等。

627. 问：什么是杂交优势和杂种优势？

答：在生物界，2 种遗传基础不同的植物或动物进行杂交，其杂交后代所表现出的各种性状均优于杂交双亲，比如抗逆性强、早熟高产、品质优良等，这称之为杂交优势。

杂种往往在生活力、生长势和生产性能等方面表现在一定程度上优于其亲本纯繁群体的现象叫杂种优势。

628. 问：如何选择杂交亲本？

答：杂交亲本的亲缘关系越远越好，即杂种优势越高。

629. 问：如何选择适宜的杂交模式与杂交组合？

答：母本选择当地羊，父本选择符合性状要求的国内外优良品种。

630. 问：对肉羊我们该如何选种？

答：选择多胎性、早熟、生长速度快的羊留作种用，及时淘汰劣质羊。

631. 问：怎样挑选种公羊和种母羊？

答：种羊的优劣，对后代品质有重大影响，而种公羊对整个羊群的影响最大，选择时更要慎重，具体做法如下。

（1）看祖先。祖先品质的好坏能直接遗传给后代。故选种时要对它上几代的生产性能（如体重、泌乳量、产毛（肉）量、繁殖等）和体形外貌进行系统考察。选留小种羊时，应有计划地用最好的公羊与优良母羊交配，并注意加强对怀孕母羊的饲养管理，让胎儿充分发育，以便羔羊出生后供选择种羊之用。

（2）看本身。种羊的体形外貌和生产性能，应根据不同品种的特点及育种的要求来选留。选留一头种羊，一般要经过多次鉴定才能最后确定，如初生、断乳、周岁及在生后代以后进行鉴定。

（3）看后代。种羊的好坏，最终是看其后代来断定的。优良的种羊，不仅本身的生产性能高，品质优，而且能将其遗传给后代。如果它的后代不理想，就不能作种用，特别是种公羊更严格要求。对于后代品质不佳的母羊，应选用性能优良的种公羊交配，以提高后代品质。

632. 问：母羊是如何完成生殖的？

答：适配母羊→发情→配种→受孕→分娩→发情

633. 问：什么是人工授精？为什么要进行人工授精？

答：人工授精（AI）是指在人工条件下采集公羊的精液，经过适当处理后，再将精液输送到发情母羊的生殖道内使其受孕的一种配种方法。

人工授精技术的优点。

一是提高公羊的配种能力；二是加速羊的品种改良；三是可以预防疾病；四是减少公羊的饲养数量，节约费用；五是公母羊配种不受时间和地点的限制。

634. 问：如何鉴定母羊发情？

答：母羊有异常行为表现，如鸣叫不安，兴奋活跃；食欲减退，反刍和采食时间明显减少；排尿，并不时地摇摆尾巴；母羊间相互爬跨等；接受抚摸按压及其他羊的爬跨，表现静立不动，对人表现温顺。

635. 问：怎样为羊进行人工授精？

答：种公羊采精调教→成功采精并精液品质合格→发情母羊鉴定→种公羊精液采集→精液镜检→精液稀释→发情母羊保定→输精。

636. 问：根据什么判断母羊临近生产？

答：母羊分娩症状主要表现为：掉群、独处、频繁起卧、羊膜破裂尾部潮湿。

637. 问：如果母羊在产羔过程中遇到难产，该怎么处理？

答：先将手指甲剪短，洗净消毒后，涂上少量菜油，轻轻伸入阴道至子宫内，仔细摸清胎儿的情况，如因胎位不正而难以产出时，可将胎儿推回子宫腔，矫正后即可顺利拉出来，如因胎儿过大，可在产道涂菜油后用消毒过的绳索吊住胎儿头部，向后下方倾斜，趁母羊阵缩时用力拉出。

638. 问：肉羊有哪些繁殖新技术?

答：同期发情、人工授精、超数排卵、胚胎移植和早期妊娠诊断技术。

639. 问：提高肉羊繁殖力的措施有哪些?

答：提高种公羊和繁殖母羊的饲养水平；选留来自多胎的绵羊作种用；增加适龄繁殖母羊比例；实行早期断奶和密集产羔技术；运用繁殖新技术等。

640. 问：羊具有哪些消化生理特点?

答：复胃、小肠长、反刍、瘤胃微生物的消化作用。

641. 问：肉羊对饲料有哪些基本要求?

答：羊对粗饲料有较强的消化能力，饲养上要求以粗料为主，精料为辅。

642. 问：肉羊日粮配制有哪些基本原则?

答：营养性原则、安全性原则、经济性原则。

643. 问：什么是全混合日粮（TMR）? 全混合日粮具有哪些饲喂特点?

答：全混合日粮是根据家畜在不同生长发育和生产阶段的营养需要，按营养专家设计的日粮配方，用特制的搅拌机对日粮各组成分进行搅拌、切割、混合和饲喂的一种先进的饲养工艺。

饲喂特点：一是精粗饲料均匀混合，防止瘤胃酸中毒；二是营养物质均衡；三是增加采食量，提高饲料转化效率；四是充分利用农副产品，降低饲料成本；五是有效利用非粗饲料的 NDF（中性洗涤纤维）；六是简化饲喂程序；七是便于机械饲喂，提高劳产率，提高生产的专业化程度。

644. 问：青贮饲料的发酵原理是什么?

答：在适宜的条件下通过乳酸菌厌氧发酵产生酸性环境，抑制和杀死各种微生物的繁衍，从而达到保存饲料的目的。

645. 问：种公羊在营养需求方面具有哪些特点?

答：根据种公羊的体重、膘情、采精次数、饲料品质和种类灵活掌握日粮配合，饲料要求多样化。配种期添加胡萝卜 0.5kg/日或鸡蛋 1~2 枚/日。

646. 问：如何饲养管理种公羊？

答：种公羊应与其他羊分开饲养。常年保持健壮的体况，膘情好，但不肥胖。饲喂程序是先水后料，先粗料后精料，先干后湿；秸秆等粗料要铡短（1.5～2.0cm），籽实料要破碎，喂前除去各种异物；块根料要洗净切碎（1cm），鸡蛋连壳弄碎拌入精料内；严禁喂发霉变质饲料。

647. 问：怎样合理利用种公羊？

答：本交公母比例1∶30，人工授精时，公羊的采精一般限制每天1次，如果1天采2次则应隔天再采，每周采精不超过5次。

648. 问：在不同的生理阶段母羊有哪些相应的营养需求？对此，我们应如何做好饲养管理？

答：

（1）空怀母羊。

①日饲喂精料0.2kg，青干草1.5～2.0kg，青贮料1.0kg多汁饲料0.2kg；

②精料配合比例：玉米42%、麸皮10%、葵饼13%、葵盘粉21.5%、苜蓿干粉10%、骨粉2.5%、食盐0.5%、含硒矿物质添加剂0.25%、维生素添加剂0.25%。

（2）怀孕母羊。

①每只每日能量供给1.3～1.5个饲料单位，粗蛋白150～160g，具体补给精料0.5～0.7kg，青贮料1.0kg，青干草0.5～1.0kg，多汁饲料0.3kg；

②精料配合比例为：玉米45%、麸皮10%、葵饼15%、苜蓿干草10%、葵盘粉16.5%、骨粉2.5%、食盐0.5%、含硒矿物质添加剂0.25%、多维添加剂0.25%。

在妊娠母羊管理上，前期要防止发生早期流产，后期要防止母羊由于意外伤害而发生早产。

（3）哺乳母羊。

①日饲喂精料0.6kg，青干草10kg，青贮和多汁饲料2.0kg，食盐8g，骨粉10～15g；

②精料配方同怀孕母羊。

产后母羊的管理：应注意保暖，防潮，避免贼风，预防感冒，并使母羊安静休息。

649. 问：怎样做好繁殖母羊的饲养管理？

答：饲喂中要做到“六净”（料净、草净、水净、槽净、圈净、羊净），饲料种类力求多样。配种1个月后不发情的母羊视为已怀孕，应按怀孕母羊的饲养标准分群饲喂。

650. 问：羔羊有哪些生长发育特点？

答：羔羊体质较弱，适应能力低，抵抗力差，容易发病；生长发育迅速，所需要的营养物质多，特别是对蛋白质的要求高。

651. 问：对初生及哺乳期间的羔羊应怎样护理？

答：早补初乳、早补草料、注意饮水。

652. 问：代乳品对羔羊培养具有哪些作用？

答：弥补母乳的不足。

653. 问：如何进行人工哺乳？

答：注意配乳的浓度，严格消毒，定时、定量、定温，一般多采用少量多次的喂法。

654. 问：怎样合理使用代乳品？

答：购买真货，按说明使用。

655. 问：怎样进行羔羊早期补饲和早期断奶？

答：7日龄喂料，10日龄喂草，2~2.5月龄断奶。

656. 问：如何对羔羊进行快速育肥？

答：防疫、健胃、驱虫→合理分群、控制饲养密度→逐渐提高日粮营养水平→达到出栏体重、适时出栏。

657. 问：育成羊具有哪些生理特征？

答：育成羊是指羔羊从断奶后到第一次配种的公、母羊，多在3~18月龄，其特点是生长发育较快，营养物质需要量大。

658. 问：育成羊在营养需求方面具有哪些特点？

答：育成母羊正值生长发育旺盛时期，应依据日增重及体重状况及时补饲，以满足生长发育的营养需要。

659. 问：如何饲养管理育成羊？

答：日粮配合：每日饲喂精料0.4kg、青饲料（多汁、青草、青贮）4.0kg，干草0.5kg，骨粉15g，食盐10g。精料比例为玉米52%、葵盘粉15%、葵饼10%、苜蓿干粉 13%、麸皮 8%、骨粉 1%、食盐 1%。

饲喂方法：

（1）日喂两次，精料在早晚各喂日喂量的 40%和 60%；

（2）先粗后精，精料：粗料 = 40：60；

（3）不喂发霉变质饲草料。

660. 问：肉羊农区育肥具有哪些优势？

答：丰富的农作物秸秆和农副产品，饲草料资源丰富，可以减轻牧区冬春季草场压力等。

661. 问：如何进行肉羊异地育肥？

答：牧区繁育，农区育肥，即牧繁农育方式，具体来说，是利用牧区放牧繁育成本低的特点繁育羔羊，断奶后运输到农区集中育肥，育肥 2 个月出栏。

662. 问：肉羊常用的疫苗有哪些？

答：羊快疫、猝狙、肠毒血症三联活疫苗、布氏杆菌疫苗、羊痘疫苗、口蹄疫疫苗等。

663. 问：如何有效预防羊病？

答：坚持预防为主、治疗为辅的原则；加强饲养管理；搞好环境卫生、做好防疫、检疫工作；坚持定期驱虫和预防中毒等综合防治措施。

664. 问：什么是肉羊的标准化生产？

答：统一规划设计、统一圈舍建设、统一技术服务、统一疫病防治、统一饲草料、统一经营管理（分户经营）“六统一/（六统一分）”。

665. 问：为什么要进行肉羊的标准化规模养殖？

答：近年来，随着羊肉价格稳步增长，肉羊养殖效益也明显提高，但草原禁牧严重制约着肉羊的发展速度。肉羊标准化规模养殖采取全舍饲方式、优良肉羊品种、综合的疫病防控、科学的日粮配比以及分群饲养等技术，实现了养殖数量、质量、效益的全面提升。

666. 问：肉羊生产有哪些技术指标？

答：初配时间、受胎率、哺乳期、产羔率、羔羊初生重、羔羊成活率、羔羊断奶重、育肥日增重、成年羊利用年限、成年母羊淘汰率、饲料消耗定额等。

667. 问：肉羊市场营销有哪些策略？

答：了解并分析市场行情以及价格变动影响因素；充分利用各种新闻媒介及电子商务平台，拓宽销售渠道；发挥养殖协会作用。

第二节　奶牛养殖技术

668. 问：如何选择牛场场址？

答：为适应现代养牛生产的发展，场址要有发展余地。位置应选在离饲料生产基地或放牧场地较近；供电、交通比较方便的地方。为了防疫的需要，从环境卫生考虑，也不要太靠近住宅区、铁路、公路道边。另外还应考虑水源问题。水源应充足、干净、取用方便。井水、泉水等地下水质好；河水、湖水等地面水应尽可能经过净化处理，并保持水源清洁卫生，防止污染。

669. 问：场地、牛舍如何合理布局？

答：牛舍要修建在地势高，背风向阳，空气流通，土质坚实，地下水位低，排水好，有缓坡较平坦的地方。低洼地、潮湿阴冷不利于牛健康和正常作业。山顶风大，气温变化剧烈，不宜建牛场和牛舍。

（1）牛舍。在建场之中心。便于饲养管理，缩短运输路线。修建数栋牛舍，应平行修建，如修建两栋牛舍，可前后对齐，相距10m左右。牛舍建筑应包括：值班室、工具室等。没有设置水塔和饲料调制间的小型牛场，还应在牛舍内设水井、水箱（或贮水槽）及精、粗饲料调制间。在牛舍四周和场内舍与舍之间要规划好道路。道路两旁和牛场各建筑物四周均应绿化、种植树木，夏季可以遮阴和调节小气候，美化环境。

（2）饲料调制间、贮奶间。设在牛舍中央或靠近大门和水塔附近，距离各牛舍较近。同时也应考虑运送饲料比较方便。奶牛场牛舍还应有贮奶间和挤奶机器房以及人工授精室等。

（3）饲料库、草垛、青贮窖。靠近饲料调制间，运送方便，车辆可以直接到达饲料库门口。草垛距离房舍50m以外，最好在下风口。青贮窖或青贮塔、氨化池等可设在牛舍附近，便于取用和运送。

（4）办公和管理人员宿舍。设在牛场大门口和场外，为防疫卫生需要，外边人员不许随意进入场内。每栋牛舍应设有值班室。职工住宅区可在场外上风向，应相隔200m以上。

（5）贮粪场。设在牛舍下风向，地势可低一些。

（6）兽医室和病牛舍。应修在下风向，距牛舍200m，以免疫病传播。

670. 问：建设牛舍应遵循什么原则？

答：修建牛舍的目的是为了给奶牛创造适宜的生活环境，保证牛的健康和生产的正常运行。为此，设计牛舍应掌握以下原则：一是创造适宜的环境。包括温度、湿度、通风、光照等，为家畜创造适宜的环境。二是符合生产工艺要求，保证生产的顺利进行和畜牧兽医技术措施的实施。三是严格卫生防疫，防止疫病传播。通过修建规范牛舍，为家畜创造良好环境，会防止和减少疫病发生。要根据防疫要求合理进行场地规划和建筑物布局，确定畜舍的朝向和间距，设置消毒设施，合理安置污物处理设施等。四是要做到经济合理，技术可行。

671. 问：奶农在配种上能做什么？

答：作为奶农，应注意做好以下几方面的工作：一是通晓奶牛的生理性能，学好奶牛发情的认定工作；二是选择一个技术水平高、责任心强的配种员；三是无论是自购冻精，还是由配种员提供，一定要选择最优秀种公牛的优质冻精；四是无论何种情况，都不要选择本交来进行配种，因为种公牛站中最差的公牛的生产性能也要比养殖户自养的公牛强百倍。

672. 问：奶牛的性成熟和初配年龄是多少？

答：性成熟是指奶牛的性器官和第二性特征发育完善，母牛的卵巢能产生成熟的卵子；公牛的睾丸能产生成熟的精子，并有了正常的性行为。交配后母牛能够受精，并能完成妊娠和胚胎发育的过程。奶牛的性成熟的年龄一般在 8～12 月龄。但性成熟后牛不能马上配种，因它自身尚处在生长发育中，此时配种不仅影响牛自身的生长发育和以后生产性能的发挥，而且还影响到犊牛的健康成长，要等到牛体成熟后方可配种。

体成熟是指公母牛的骨骼、肌肉和内脏器官已基本发育完成，而且具备了成熟时应有的形态和结构。体成熟晚于性成熟，当母牛的体重达到成年母牛体重的 70% 左右时，达到体成熟，可以开始配种。牛的性成熟和体成熟与年龄、品种、饲养管理、气候条件、性别、个体发育情况有关，一般小型品种早于大型品种，饲养管理条件好的早于差的；气候温暖地区早于寒冷地区。奶牛的初配年龄，一般在 15～18 月龄，但配种也不能过迟，过迟往往造成以后配种困难，又影响了生产。

673. 问：奶牛的发情有什么表现和规律？

答：母牛在性成熟后，开始周期性发生一系列的性活动现象，如生殖道黏膜充血、水肿、排出黏液、精神兴奋、出现性欲、接受其他牛的爬跨、卵巢有卵泡发育和排出卵等。上述的内外生理活动称为发情；把集中表现发情征候的阶段称为发情期。由一个发情期开始至下一个发情期开始的期间，称为一个发情周期。

母牛的发情周期变动范围为17~25天，平均为21天，分为发情前期、发情期、发情后期和休情期。

发情前期是发情的准备期，阴道的分泌物由干粘状态逐渐变成稀薄，分泌物增加，生殖器官开始充血，但不接受别的牛爬跨，此期持续时间为4~7天。

发情期是母牛性欲旺盛期，表现为食欲减退，精神兴奋，时常哞叫，尾根举起，愿意接受其他牛的爬跨。外阴部红肿，从阴门流出大量黏性的透明液，阴道黏膜潮红而有光泽，黏液分泌增多。在牛群内常有些牛嗅发情牛的外阴部。

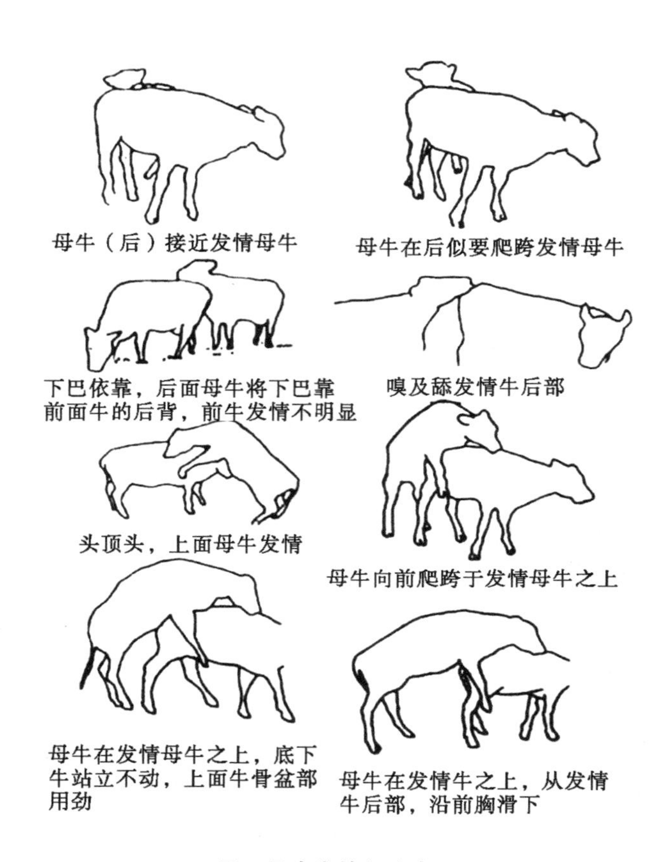

图　母牛发情行为表现

发情持续的时间是指母牛接受爬跨到回避爬跨的时间。母牛发情的持续时间短，一般平均为18小时，范围是6~36小时，个别牛长达48小时。因母牛发情持续时间短，现在又是人工授精。因此，要注意观察牛的发情，以免错过发情期而失去配种的时机，母牛的排卵以在夜间居多。

发情后期是发情现象逐渐消失的时期。母牛性欲消失，拒绝爬跨。阴道的分泌物减少，阴道黏膜充血肿胀状态逐渐消退，发情后期的持续时间为5~7天。

母牛在发情后的2~3天从阴道内流出血液或混血的黏液，若出血量少，颜色正常，对牛妊娠没有不良影响；若出血量多，色泽暗红或是黑紫色，是患子宫疾病的症状，要仔细检查，抓紧时间治疗，如治疗不及时，往往会造成母牛的不孕。

休情期也称为母牛的间情期，此期黄体逐渐消失，卵泡逐渐发育到下一次性周期。母牛的休情期的持续时间为6~14天，配种后母牛怀孕，这个时期称为怀孕期，周期黄体转为妊娠黄体，直到下犊前不再出现发情。

674. 问：如何判断母牛发情？

答：母牛发情时出现站立不安，哞叫，常弓腰举尾，检查者用手举其尾无抗力，频频排尿。食欲下降，反应减少，产奶量下降。这些表现随发情期的进展，由弱到强，发情快结束时又减弱。

母牛发情，阴唇稍肿大、湿润，从阴户流出黏液。根据流出的黏液性状，能较准确地判断出发情母牛。发情早期的母牛流出透明如蛋清样，不呈牵丝的黏液；发情盛期黏液呈半透明、乳白色或夹有白色碎片，呈牵丝状，有些母牛从阴道中流出血液或混血黏液，是发情结束的表现。但有的母牛此时配种还能怀孕，如排出的黏液呈半透明的乳胶状，挂于阴门或黏附在母牛臀部和尾根上，并有较强的韧性，为母牛怀孕的排出物。

在运动场可观察母牛的发情表现，如母牛抬头远望，精神兴奋，东游西走，嗅其他母牛，相互爬跨，被爬母牛安静不动，后肢叉开和举尾，这时称为稳栏期，为发情盛期；只爬跨其他母牛而不接受其他母牛的爬跨，此牛没有发情。在稳栏期过后，发情母牛逃避爬跨，但追随的牛不离开，这是发情末期。

675. 问：什么是隐性发情？

答：隐性发情又称为潜伏发情或安静发情，指母牛发情的外部表现不明显，缺乏性欲的表现。但卵巢有卵泡发育并排卵。这种情况在奶牛中比例较高，一般出现在年老体弱，营养不良，日照少，阴雨季节运动不足，或产奶量较高的母牛。主要原因是内分泌紊乱，引起雌激素分泌不足，或是母牛对雌激素反应不敏感而造成发情症状不明显，这类牛发情时间短，又不易观察，很容易漏情失配，造成生产的损失。对隐性发情的牛，除加强仔细观察外，直肠检查卵巢胞发育情况，可帮助做出准确的判断。

676. 问：什么是假发情？

答：牛只有发情的外部表现，但无卵泡发育，不排卵称为假发情。假发情在妊娠母牛和育成母牛中较为多见，母牛在妊娠4~5个月，也有的在临产前的1~2个月，突然有性欲表现，爬跨其他牛，特别是接受爬跨。但阴道检查，子宫颈口收缩，无发情黏液；直肠检查可摸到胎儿。在育成牛中，母牛具备发情的各种外部表现，但卵巢内无发育的卵泡，也不排卵。

677. 问：什么时间配种最好?

答：对于后备牛，必须把握好初配年龄。第一次初配年龄不仅影响首胎产奶量，而且影响终身奶量。不少奶牛户在犊牛出生不到15月龄，体重仅有250kg左右时就配种，常常导致难产。因此，养牛户不能急于求成，应当加强饲养管理，在15~18个月龄，当牛体重达到370kg时进行初配。

对于经产奶牛，最理想的产犊间隔是365天，即产奶期305天，干奶期60天，做到一年一胎。为了能达到牛每年一胎，就必须在产后的85天内受胎。在产后20天内恢复发情和配种的少数母牛，配种的受胎率只有25%；产后40~60天配种的平均受胎率为50%；产后在60天以上配种的受胎率约稳定在60%。实行产后的早期配种，虽然增加了精液的消耗，但对缩短产间隔更有保证，能提高生产率。一般来说，在奶牛产后的60~75天配种，这样胎间距可控制在410天左右。

678. 问：如何进行奶牛的人工授精?

答：母牛有以下一种或几种表现即可进行输精。

（1）母牛发情的中后期，即母牛从接受爬跨“站立”不动的末期，大约在排卵前的6~8小时。通常早上见到母牛站立发情当天下午配，下午见到站立发情翌日早上配。

（2）直肠检查卵泡发育已成熟，胞壁变薄，有一触即破之感。

（3）阴户红肿，黏液透明流出呈棒状。

（4）用酶免疫盒测定脱脂奶，孕酮含量低于1.2ng/mL。

输精部位一般要求将输精管插入子宫颈深部输精，约在子宫颈的5~8cm处，但观察发现子宫颈深部、子宫体或排卵侧子宫角输精的受胎率没有显著差别。目前，奶牛场一般采用上午发情的母牛，在下午14：00—15：00进行第一次输精，第二天上午根据排卵情况决定是否再次输精。如果母牛是在下午发情，则在第二天清晨第一次输精，下午根据情况考虑进行第二次输精。现在大多数奶牛场只输精一次。

679. 问：如何进行母牛的妊娠诊断?

答：

（1）妊娠诊断。母牛从输精、妊娠到干奶应进行3次妊娠诊断：第一次为输精后20~30天，观察有无返情症状，有条件的可测定血清或乳汁中的孕酮含量；第二次为配种后50~70天，直肠检查，确定本次受胎的时间；第三次为干奶前1周内必须进行的常规操作，以直肠检查为主，有经验的配种员可用腹壁触诊。

每次妊娠检查都必须做好记录，内容包括检查日期、操作人员、检查结果、干奶日期及预产期。

（2）妊娠记录。第二次查出未孕牛应作未受胎牛处理，如发现有胚胎死亡现象，应如实做好记录。第三次检查为无胎牛应作流产牛处理。凡在第二和第三次检查中发现任何流产迹象都应及时做好发生时间、排泄物颜色、数量、地点、天气及饲料等情况的记录。未发现流产迹象，则第三次检查后应及时找出原因。流产牛应及时检查子宫的康复和卵巢变化情况。

680. 问：如何进行母牛的接产？

答：荷斯坦牛的平均妊娠期为280天。孕牛应在预产前15天进入产房，产后10~15天出产房。产房要光线充足、通风、干燥，牛床应每天清扫，保持干燥并铺以清洁的垫草或木屑。产房每周消毒1次。

当发现孕牛有初乳（汁）排出、荐坐韧带凹下、阴户水肿等临产征兆，应尽快做好接产准备。奶牛以自然分娩为主。

对头产牛，胎儿过大、努责时间过长、产牛体弱的要做好助产准备，所有助产器械应严格消毒。产牛外阴部周围用消毒水清洗，助产应在三露（唇、两前蹄）及尿膜破裂之后进行。产下的犊牛要立即擦干其周身黏液，用3%~5%的碘酊消毒脐带，称重，并作记录。母犊按规定进行统一编号，产后2小时内喂初乳，1周内去角。

681. 问：牛产后如何护理？

答：

（1）母牛产后立即饲喂热水拌麸皮盐水（麸皮1~1.5kg、食盐100g、热水10~15kg）或喂益母草红糖水8~10kg（红糖300~500g，益母草500g加水煎）。

（2）母牛产后12小时内，要留意阴道流血情况和努责状态，以防产道出血和子宫外翻。如母牛努责强烈，应检查产道有无异常。若无异常，可注射安定针剂。

（3）产后3天内观察胎衣排出情况及产道和外阴部有无感染，胎衣超过24小时不能排出或排出不完整的，应及时处理。同时，注意观察有无产后瘫痪症状。

（4）产后7天内，注意观察恶露的变化；产后14天进行产科检查，主要观察阴道黏液的洁净度；20天后直肠检查子宫收缩和卵巢变化情况，如有卵巢静止、子宫炎等应及时治疗，并注意有无发情反应。

682. 问：奶牛的消化道构造具有哪些特点？

答：奶牛有4个胃，包括瘤胃、网胃、瓣胃和真胃，奶牛之所以能消化大量的粗饲料，与这4个胃的特殊功能有关。

683. 问：奶牛的消化生理有什么特点？

答：牛的口腔是吞噬、咀嚼、混涎和进行反刍的器官。奶牛利用舌头把草料勾卷进入口腔，经口腔的咀嚼及混拌入分泌的唾液，之后食团通过食道进入瘤胃，瘤胃内容物又定期经过食道逆呕返送到口腔，再咀嚼，混入唾液，再吞咽即反刍，这是奶牛等反刍动物共有的特点。

684. 问：奶牛采食有什么特点?

答：牛的采食很粗糙，采食速度快且量大，能大量采食青草、干草、秸秆一类的粗饲料。所以，饲养奶牛应尽可能利用粗饲料，这样既有利于奶牛的消化，也可节省饲养成本。

奶牛的采食速度快且咀嚼很不充分，常将饲料和唾液混合成大小和密度适宜的食团后便匆匆咽下，经过一段时间后再将未嚼细的食物逆呕回口腔，重新咀嚼，和唾液混合后再吞下。由于牛的咀嚼不充分，因此，饲养上应防止奶牛食入过大的块根、块茎饲料，以防食道梗阻；要避免混有铁丝、铁钉等尖锐异物的饲料，以免发生创伤性心包炎，甚至导致牛的死亡。为了避免发生这些问题，常在饲喂前，用带磁铁的筛过滤，或用磁笼导入瘤胃的办法来吸取尖锐物。

牛喜欢吃青绿多汁饲料，其次是优质青干草，再次是低水分青贮料，最不爱吃未加工的秸秆粗饲料和粉状料（一般指粗料）。所以，干草最好切短后喂牛；对于干草制成的草粉，最好制成草粉颗粒料。

牛爱吃新鲜饲料，而不愿吃被拱食过的剩余料。因此，奶牛的饲料应尽可能保持新鲜。

牛也爱吃精饲料，但同样不喜欢加工得过细的粉料。此外，牛采食过量的精饲料也易发生消化与代谢疾病。

牛在自由采食的情况下，全天的采食时间为6~8 小时，放牧牛比舍饲牛采食时间长。所以，应给奶牛充足的采食和休息时间。

685. 问：奶牛的营养物质需要有哪些?

答：奶牛营养需要总共分为 5 个大类：能量需要、蛋白质需要、矿物质需要、维生素需要和水需要。其中能量需要主要是由饲料中的碳水化合物（包括淀粉、糖等）和脂肪来供应。矿物质、维生素需要，通常需要使用专门的矿物质补充料和维生素补充料及青绿饲料来满足。

686. 问：奶牛日粮配合的原则是什么?

答：

（1）以饲养标准为依据，并针对具体条件（如环境温度、饲养方式、饲料品质、加工条件等），进行必要的调整。

（2）要充分利用当地饲料资源，合理搭配饲料。例如，可以利用麦芽根、玉米胚芽饼、酒糟、米糠等替代部分玉米等能量饲料；利用脱毒棉籽饼、菜籽饼、芝麻饼、苜蓿草粉等替代部分大豆饼等蛋白质饲料。这些饲料的合理搭配利用，对降低饲养成本、节约精料有很好的效果。

（3）要注意营养的全面平衡，根据饲料的质量、价格或季节、饲养方式，适当调整饲料配方中相关原料的配比或某一指标的含量。

此外，还要注意选择体积适当、适口性好的原料。

687. 问：奶牛日粮供给时应注意哪些问题？

答：

（1）日粮中不宜添加过多谷物，并不是日粮中添加的谷物类饲料越多越好，过多的谷物会破坏瘤胃的酸碱平衡，甚至导致酸中毒。

（2）纯秸秆不能喂好奶牛。秸秆属于营养价值较低的粗饲料，奶牛对其消化和吸收都较差，而且它的适口性也不好。单纯用秸秆饲喂奶牛是不能满足奶牛营养需要的。在饲喂时，应注意添加青饲料或蛋白质饲料。

（3）第一次泌乳的头胎奶牛（24～26月龄）需要增加营养，饲喂优质饲料，以满足其生长需要。

（4）牛在妊娠、泌乳等时期，除了要保证较高的营养水平外，还应注意保持各种营养成分的均衡。除了满足纤维、能量和蛋白质的需要外，还应注意矿物元素、微量元素和维生素的补充。

（5）对粗饲料选择，应注意下列几点：一是作物成熟期：成熟程度影响粗饲料的营养价值；二是纤维颗粒的物理特征：纤维长影响反刍时间；三是贮存时间长短：时间长短对某些维生素的残留量有影响，贮存时间越长，维生素的破坏越多。

688. 问：什么是青贮饲料？

答：青贮饲料是指青绿多汁饲料在收获后，直接切碎，贮存于密封的青贮容器（窖、池）内，在厌氧环境中，通过乳酸菌的发酵作用而调制成能长期贮存的饲料。青贮玉米适于各生长阶段以及不同泌乳阶段的奶牛，尤其是带棒玉米青贮，提高了营养成分的利用率，是奶牛最好的粗饲料。

689. 问：哪些植物适合制作青贮饲料？

适合制作青贮饲料的原料范围十分广泛。玉米、高粱、黑麦、燕麦等禾谷类饲料作物、野生及栽培牧草、甘薯、甜菜、芜菁等茎叶及甘蓝、牛皮菜、苦荬菜、猪苋菜、聚合菜等叶菜类饲料作物，树叶和小灌木的嫩枝等均可用于调制青贮饲料。

根据含糖量的多少，青贮原料可分为以下三类：

（1）易青贮的原料。玉米、高粱、禾本科牧草、芜菁、甘蓝等，这些饲料中含有适量或较多的可溶性碳水化合物，青贮较易成功。

（2）不易青贮的原料。苜蓿、三叶草、草木樨、大豆、紫云英等豆科牧草和饲料作物含可溶性碳水化合物较少，需与第一类原料混贮才能成功。

（3）不能单独青贮的原料。南瓜蔓、甘薯藤等含糖量极低，单独青贮不易成功，只有和其他易于青贮的原料混贮或者添加富含碳水化合物或者加酸青贮才能成功。

690. 问：如何制作与应用青贮饲料？

答：一般是将新鲜的青绿饲料，如青刈玉米、牧草、蔬菜等在含水率60%~70%时切短，装填入窖（池、塔），压紧、密封，经过40~50天发酵而成。制作青贮时，最重要的两点是：一是青贮原料必须切短、压实。一般青贮玉米切成5cm长短；不管采取什么青贮方法，都要必须保持密封、不渗漏水；二是用含水分高、含糖量低的青饲料制作青贮，需要将原料适当晾晒，且最好与含糖量高的原料混合青贮。

青贮饲料较多地保存了原料的营养成分，柔嫩多汁，芳香可口，是奶牛冬春缺青季节提高产奶量和维持健康的重要粗饲料。青贮饲料一旦制成，即处于厌氧和酸性环境中，可长期保存，一般不足6个月的犊牛需制备专用的优质青贮饲料，6个月以上的牛即采食为成年牛制备的青贮饲料。

青贮饲料饲喂量：犊牛出生后第一个月末开始饲喂，喂量为每天每头100~200g，逐步增至5~6月龄时的8~15kg。每头犊牛在整个冬季要制备600~700kg专用青贮饲料；成年牛每天每100kg体重的理论饲喂量为8kg，生产中常按每天每头15~20kg的量饲喂，最大量每天每头可达60kg；妊娠最后1个月的母牛每天每头不应超过10~12kg。临产前10~12天停喂青贮饲料，产后10~15天日粮中开始添加青贮饲料。每头成牛冬季需制备5~6t青贮饲料。

691. 问：如何鉴定青贮饲料品质？

答：

（1）颜色。因原料与调制方法不同而有差异，但越接近原料颜色，说明青贮过程越好。品质良好一般呈黄绿色，中等呈黄褐色或褐绿色，劣等的为褐色或黑色。

（2）气味。正常青贮有酸香味，略带水果香味者为佳；凡有刺鼻的酸味，品质较次；霉烂腐败并带有丁酸味（臭）者为劣等，不宜喂家畜。换言之，酸而好闻者为上等，酸而刺鼻者为中等，臭而难闻者为劣等。

（3）质地。品质好的青贮饲料在窖里压得非常紧实，拿到手里却是松散柔软，略带潮湿，不粘手，茎、叶、花仍能辨认清楚。若结成一团，发黏，分不清原有结构或过于干硬，都为劣等青贮料。

692. 问：如何利用农作物秸秆？

答：

（1）物理处理法。切短、揉碎和粉碎，这是处理秸秆饲料最简单而又重要的方法之一。处理后可提高采食量，并减少饲喂过程中的饲料浪费。此外，比较常用的还有浸泡、制粒压块等方法。

（2）化学处理法地。主要有碱化处理、氨化处理。

碱化处理：有氢氧化钠、氢氧化钙（石灰水）2种处理方法。但这两种方法处理后的秸秆适口性较差，生产上用得不多。

氨化处理：常用尿素、碳酸氢铵、氨水、液氨等作氨源处理秸秆。处理后，要待氨（气）散发净后，才可用以饲喂牛，以防止氨中毒。

（3）生物处理法。生物处理法的实质是利用微生物的处理方法，包括青贮、发酵处理和酶解处理。

青贮：将青绿秸秆新鲜时储存起来，长期保持其青绿多汁状况。这是一种较好保持秸秆营养成分和适口性的方法。

发酵处理：即通过有益微生物的作用，软化秸秆，改善适口性，并提高饲料利用率。

酶解处理：是将纤维素分解酶溶于水后喷洒秸秆，以提高其消化率。

目前，应用广泛、效果较好的秸秆处理方法是青贮和氨化。

693. 问：奶牛的饲料可分为哪几类？

答：生产上，奶牛的饲料通常分为青、粗饲料与精料补充料两大类。

694. 问：哪些饲料可以饲喂奶牛？

答：适合饲喂奶牛的饲料很多，包括粗饲料（干草、秸秆等）、青绿饲料（牧草、蔬菜、块根块茎类）、青贮饲料、能量饲料（玉米、麸皮、小麦、大麦、燕麦、高粱、米糠、次粉等）、蛋白质饲料（豆饼、豆粕、菜籽饼、棉籽粕、花生粕、向日葵粕、胡麻粕等）、矿物质饲料（主要补充一般饲料原料含量不足的常量元素和微量元素）和添加剂等。

695. 问：什么是粗饲料？饲喂奶牛的优质粗饲料有哪些？

答：粗饲料是指含有高纤维的牧草或豆科植物的茎叶部分，粗饲料粗糙的物理形状（碎片尺寸长于2.5cm）有助于瘤胃功能，是奶牛日粮中不可缺少的部分。

粗饲料包括草、豆科植物、作物秸秆（玉米秸秆、麦秸等）和工业副产品。豆科牧草如苜蓿是提供奶牛更多蛋白质和能量的优质牧草。

从营养角度看，粗饲料可粗略划分为优质粗饲料（多汁的嫩草，成熟期的豆科植物茎叶）和劣质的粗饲料（玉米秸秆、麦秸）。青贮饲料和苜蓿干草是喂奶牛的两种最常用的优质粗饲料。

696. 问：牧草什么时间收获最佳？

答：用于饲喂奶牛的牧草应当在其早期成熟阶段收割或放牧，用以作为青贮饲料的玉米和高粱宜在种子形成期收获。

697. 问：一头奶牛一年准备多少粗饲料？

答：

（1）成年母牛粗饲料用量计算。干草和秸秆每天不少于5kg，一年1 800kg以上；青贮和青绿饲料每天20kg，一年8 000kg。实际计算量应在此基础上增加10%左右的贮备损失。

（2）后备母牛粗饲料用量计算。后备母牛的粗饲料需要量折合成成年母牛计算，折合比例为：犊牛（0~6月龄）4头折1头，育成牛（6~18月龄）2头折1头，青年牛（18月龄~初产）1头折1头。按正常的牛群结构，犊牛头数占全群9%、育成牛占18%、青年牛占13%、成年母牛占60%，总体可按全群头数的84%折合成母牛头数后来计算用量。

698. 问：饲喂多汁饲料要注意哪些问题？

答：

（1）含水量高，用量要适中。如青菜、甘蓝、萝卜叶、苦荬菜、聚合草、杂交酸模（鲁梅克斯）等水分含量常超过90%，干物质含量低，不宜用量过多。利用时要与其他含水分较少、能量较高的饲料搭配饲喂，以满足奶牛生产对能量和蛋白质的需要。

（2）叶菜类饲料含氮量较高，堆放容易腐烂产生有害健康的亚硝酸盐类，应随割随喂。

（3）高粱和苏丹草幼嫩时含有为害奶牛健康的物质，不宜割得太嫩，应在株高1.0~1.5m以后刈割利用。

（4）根菜类和薯类如胡萝卜、芜菁（大头菜）、甘薯等应切碎饲喂，以防奶牛吞食堵塞气管。

（5）水生饲料如水花生、水葫芦等需冲洗干净后饲喂，并定期用药以预防寄生虫病。

699. 问：犊牛饲养管理有哪些关键点？

答：犊牛期是指出生到6月龄阶段的牛。在此阶段的饲养管理上要特别注意以下3点。

（1）出生后第一小时。一是确保犊牛呼吸；二是肚脐消毒；三是小牛登记；四是饲喂初乳；五是小牛与母牛隔离。

（2）出生后第一周。一是培养良好的卫生习惯；二是观察疾病；三是小牛去角；四是哺乳：犊牛出生后1周内，应当饲喂母牛产后7天所分泌的乳；在奶源不足时，连续饲喂初乳5天以后，也可饲喂代乳品。

(3) 犊牛断乳和断奶后的饲喂。

①断奶。现在，虽然大多数奶牛场犊牛采取60天断奶，但对于初生重低于30kg的弱小犊牛，仍采用70~90天喂奶的办法，可以弥补其前期生长发育不良的缺陷，使其在以后的生长赶上正常的牛。犊牛60日龄断奶的喂奶方案，见下表。

表　犊牛60日龄断奶的喂奶方案

日龄	日喂奶量（kg）	饲喂方法
出生后两小时内	喂母牛第一次挤出的初乳	直接饲喂
1~7	8	分3次喂
8~35	6	分2次喂
36~50	5	分2次喂
51~56	4	分2次喂
57~60	3	在夜间一次喂下
合计喂奶量	300~320	

②断奶后饲喂。犊牛出生后5~7天内喂初乳。此后，用常乳代替初乳，一直到60日龄。同时，从出生后的第七天开始，饲喂由玉米、大麦、（熟）豆粕、少量花生粕、鱼粉、磷酸氢钙、添加剂等组成的开食料、干草和水。开食料的粗蛋白含量一般高于21%，粗纤维为15%以下，粗脂肪8%左右。犊牛的开食料最好制成颗粒料。开食料的喂量可随需增加，当犊牛一天能吃到1kg左右的开食料时即可断奶。2月龄断奶有利于控制犊牛拉稀，能促进瘤胃更早发育，有利于提高对粗饲料的消化和利用率，降低饲养成本，为成年后采食大量饲料奠定基础。

犊牛断奶后，继续喂开食料到4月龄，日食精料应在1.8~2.5kg，以减少断奶应激。4月龄后方可换成育成牛或青年牛精料，以确保其正常生长发育。

700. 问：育成牛如何饲喂？

答：育成牛是指7月龄至初次配种阶段的牛只。荷斯坦牛3~9月龄，体重72~229kg是一个关键阶段，因为在此期间乳腺的生长发育最为迅速。奶牛性成熟前的生长速度目标是日增重600g左右，而性成熟后日增重的指标为800~825g。

对6月龄至1周岁的育成牛，在饲养上要供给足够的营养物质，除给予优良牧草、干草和多汁饲料外，还必须适当补充一些精饲料。从9~10月龄开始，可掺喂一些秸秆和谷糠类饲料，其重量约占粗饲料的30%~40%，以刺激瘤胃发育。

在12~18月龄，奶牛消化器官容积更加增大。训练青年母牛大量采食绿饲料，以促进消化器官和体格发育，为成年后能采食大量青粗饲料，提高产乳量创造条件。日粮应以粗饲料和多汁饲料为主，其重量约占日粮总量的75%，其余的25%为混合精料，以补充能量和蛋白质的不足。为此，青贮以及青绿饲料的比例要占日粮的 85%~90%，精料的日喂量保持在 2~2. 5kg。

18~24 月龄为奶牛交配受胎阶段，其自身的生长发育逐渐变得缓慢。这一阶段应以喂给品质优良的干草、青绿饲料、青贮饲料和块根类饲料为主，精料为辅。到妊娠后期，适当增加精料喂量，每天可喂 2~3kg，以满足胎儿生长发育的需要。育成母牛的饲喂方案，见下表。

表 育成母牛的饲喂方案（每天每头） （单位：kg）

月龄	精料	玉米青贮	羊草
7~8	2	10. 8	0. 5
9~10	2. 3	11	1. 4
11~12	2. 5	12	2
12~14	2. 5	12. 5	3
15~16	2. 5	13	4
17~18	2. 5	13. 5	4. 5
19~20	3	16	2. 5
21~22	4	11	3
23~26	4. 5	6	5

701. 问：育成牛如何管理？

答：要及时分群。犊牛满 6 月龄后转入育成牛舍时，公、母应分群饲养，应尽量把年龄体重相近的牛分在一起。

在育成阶段，应对牛乳房按摩，一般从育成牛受孕后开始，用湿热的湿毛巾擦洗按摩乳房，按摩部位为乳房的底部中沟和两侧，最好每天在上、下午各按摩 1 次，至少每天按摩 1 次，每次按摩 1~3 分钟，预产期前 1 个月停止按摩。

此外，还要定期测量体尺和称重，及时了解牛的生长发育情况（后备母牛各阶段的理想体高和体况，见下表），纠正饲养不当；每天可刷拭 1~2 次，每次 5~8 分钟，加强牛的运动。在舍饲期间，应注意保持环境清洁。晴天要多让其接受日光照射，以促进机体吸收钙质和促进骨骼生长，但严禁烈日下长时间暴晒。

表 后备母牛各阶段的理想体高和体况

月龄	3	6	9	12	15	18	21	24
体高（cm）	92	104~105	112~123	118~120	124~126	129~132	134~137	138~141
体况评分	2. 2	2. 3	2. 4	2. 8	2. 9	3. 2	3. 4	3. 5

如有条件放牧，无论是育成母牛还是青年母牛，都可以采取放牧饲养。但应充

分估计食入的草量，营养不足的部分由精料补充。如草地质量不好，则不能减少精料用量。对于放牧的奶牛，回舍后，如有未吃的迹象，应补喂干草或多汁料。

702. 问：青年牛如何饲喂？

答：青年牛是指配种至产犊阶段（一般在24~28月龄）的牛只。

育成牛配种后一般仍可按配种前日粮进行饲养。当青年牛怀孕至分娩前3个月，由于胚胎的迅速发育以及自身的生长，需要额外增加0.5~1.0kg的精料。如果在这一阶段营养不足，将影响青年牛的体格以及胚胎的发育，但营养过于丰富，将导致过肥，引起难产、产后综合征等。

青年牛怀孕后的180~220天，每日可增加精料喂量，最大量为5.0kg。此时，增加精料主要用来增加母牛自身的体重，而该阶段胎儿的发育速度并不很快。

怀孕220天以后，胎儿的发育速度迅速加快，此时精料量必须减到3.0kg以下。应根据母牛的膘情，严格控制精料的摄入。

产前20~30天，要求将妊娠青年牛移至清洁、干燥的环境饲养，以防疾病和乳腺炎。此阶段可以用泌乳牛的日粮进行饲养，精料每日喂给2.5~3.0kg，并逐渐增加精料喂量，以适应产后高精料的日粮；食盐和矿物质的喂量应进行控制，以防乳房水肿；并注意在产前2周降低日粮含钙量（降低到0.45%），以防产后瘫痪。

703. 问：奶牛干奶有哪些方法？

答：干奶是指奶牛在产犊前的一段时间内停止挤奶，使乳房、机体得到休整的过程，这个时期称为干奶期。

奶牛的干奶期应根据其体质、体况等因素来确定，通常为45~75天，平均为60天。对初产牛、高产牛及瘦牛可适当延长干奶期（65~75天）；对体况较好、产奶量低的牛，可缩短为45天。

给奶牛干奶的方法常见的有3种，即逐渐干奶、快速干奶和骤然干奶，具体操作方法如下：

（1）逐渐干奶。用1~2周的时间使牛泌乳停止。一般采用减少青草、块根、块茎等多汁饲料的喂量，限制饮水，减少精料的喂量，增加干草喂量，增加运动和停止按摩乳房，改变挤奶时间和挤奶次数，打乱牛的生活习性，挤奶次数由3次逐渐减少到1次，最后，迫使奶牛停奶。这种方法一般用于高产牛。

（2）快速干奶。在5~7天内将奶干完。一般采用停喂多汁料，减少精料喂量，以青干草为主，控制饮水，加强运动，使其生活规律巨变。在停奶的第一天，由3次挤奶改为2次，第二天改为1次。当日产奶量下降到5~8kg时，就可停止挤奶。最后一次挤奶要挤净，然后用抗生素油剂或青、链霉素注入4个乳区，再用抗生素油膏封闭乳头孔，也可用其他商用干奶药剂一次性封闭乳头。该法适用于中、低产牛。

（3）骤然干奶。在预定干奶日突然停止挤奶，依靠乳房的内压减少泌乳，最后干奶。一般经过3~5天，乳房的乳汁逐步被吸收，约10天乳房收缩松软。对高产牛应在停奶后的1周再挤1次，挤净奶后注入抗生素，封闭乳头，或用其他干奶药剂注入乳头并封闭。

无论采用哪种干奶方法，都应观察乳房情况，发现乳房肿胀变硬，奶牛烦躁不安，应把奶挤出去，重新干奶；如乳房有炎症，应及时治疗，待炎症消失后，再进行干奶。

704. 问：奶牛干奶期如何饲养？

答：

（1）干奶前期的饲喂。干奶前期奶牛指分娩前21~60天的奶牛。干奶前期奶牛消耗的干物质预计占体重的1.8%~2.0%（650kg的奶牛约消耗干物质11.5~13kg）。应给干奶前期奶牛饲喂含粗蛋白11%~12%、低钙（≤0.7%）、低磷（≤0.15%）的禾本科长干草，饲喂优质矿物质，硒、维生素E的日饲喂量应分别达到4~6mg/头及500~1 000国际单位/头。

单一的玉米青贮因能量太高，不是干奶前期奶牛的理想草料。如果必须饲喂玉米青贮（含35%干物质），应将饲喂量限制在5~7kg湿重（2~2.5kg干重），防止采食玉米青贮的干奶牛发生肥料综合征。给干奶牛饲喂大量精料及（或）玉米青贮，可能会引发皱胃移位。

此外，限制玉米青贮的用量，还有助于调节干奶日粮中的钙、钾及蛋白质水平，有利于瘦干奶牛的饲喂。豆科低水分青贮料也不是干奶前期奶牛理想的草料。如果必须饲喂低水分青贮料（含干物质45%），应将饲喂量限制在3~5kg湿重（1.5~2.0kg干重）。

不要给干奶牛饲喂发霉干草（或饲料）。真菌能降低奶牛的抗病力，采食发霉饲料的干奶牛较容易发生乳腺炎。

（2）干奶末期的饲喂。干奶末期奶牛指分娩前21天以内的奶牛。与干奶前期奶牛相比，干奶末期奶牛的采食总量下降15%（即一头650kg奶牛的干物质摄入量减少10~11kg），干奶末期奶牛的干物质平均采食量为体重的1.5%~1.7%。干奶牛在分娩前2~3周的干物质摄入量估计每周下降5%，在分娩前3~5天内，最多可下降30%。研究表明，分娩前2~3周，奶牛的采食量约为11.4kg，但在分娩前1周，其采食量可能下降30%，每天每头为8~9kg。实践中，在分娩前3~5天，奶牛干物质摄入量的下降率更可能为10%~20%。干奶末期奶牛饲喂要特别注意以下几点。

①应仔细地计算干奶末期奶牛的钙摄入量，以防发生瘫痪。即使是无明显临床症状的产后瘫痪，也可能引发许多其他代谢问题。对草料及饲料进行挑选，以使钙的总供应量为100g或100g以下（日粮干物质含钙量低于0.7%）。磷的供应量为45~50g（日粮干物质含磷量低于0.35%），钙磷比保持在2：1或更低。限制苜蓿

草的用量，以防产后瘫痪。这是因为苜蓿含钙量太高，通过采食苜蓿，奶牛对钙的日摄入量可能超过100g/头。

②使干奶末期奶牛适应采食泌乳日粮的基础草料。这一阶段使用玉米青贮及（或）低水分青贮料，不提倡给干奶末期奶牛饲喂泌乳期全混合日粮，因为可能引起奶牛过量采食钙、磷、食盐及（或）碳酸氢盐。也不要给干奶末期奶牛饲喂碳酸氢钠。饲喂“干奶末期奶牛专用全混合日粮”，可以确保在干物质摄入量发生剧烈波动时，粗、精料比仍保持固定。

③在饲高钙日粮（含钙超过0.8%干物质）及（或）高钾日粮（含钾超过1.2%干物质或每头每天100g）的同时，饲喂阴离子盐。如果饲喂了阴离子盐，钙的摄入量可增加到每头每天150～180g（增加采食含钙1.5%～1.9%的日粮8～11kg）。

④给干奶末期奶牛饲喂全谷物日粮，而给新产牛饲喂精料，这样能使瘤胃（包括瘤胃壁及瘤胃菌群）适应分娩后所喂的高谷物日粮。

⑤对于体况良好的奶牛，谷物的饲喂量可高达体重的0.5%（每头每天3～3.5kg），对于非最佳体况的奶牛，谷物的饲喂量最多占体重的0.75%（每头每天4.5～5kg）。精料的饲喂量限制在干奶末期奶牛日粮干物质的50%，或者最多每头每天饲喂5kg。

⑥良好的通风对于保持奶牛舒适十分重要，但应注意防止奶牛受凉。奶牛的气候适应区为8～18℃，气候适应区以外的气温下，会耗费日粮能量。

⑦干奶牛在干奶期，尤其在分娩前最后10～14天，不应减轻体重。在此阶段减轻体重的奶牛，会在肝脏中过度积累脂肪，出现脂肪肝综合征。

⑧注意保持奶牛舒适，注意干奶末期奶牛的通风及饲槽管理。只要有可能，应使奶牛适应产后环境。分娩前减轻应激意味着产后能更多地采食。

705. 问：干奶牛如何管理？

答：

（1）确保奶牛得到锻炼。锻炼能使奶牛保持良好的体况。未经锻炼的奶牛，分娩相关疾病、乳腺炎、腿部疾病的发病率要高于经过锻炼的奶牛。

（2）始终做到分槽饲喂干奶牛。干奶牛与其他奶牛同槽采食时，因竞争力差，而限制了其在干奶期这一关键时期的采食量，从而增加了发生代谢问题的危险性。

（3）保持奶牛在整个干奶期直至分娩的体况，防止出现肥胖干奶牛。

（4）将瘦干奶牛的增重率限制在0.45kg/日。给瘦干奶牛饲喂2～5kg含14%谷物的混合日粮（最多占体重的0.75%）及低钙禾本科干草，并提供足量的钙、磷、维生素E和硒。

706. 问：奶牛围产期如何饲养管理？

答：奶牛围产期一般指产前15天和产后15天这一段时间。围产期的饲养对泌乳牛的健康和整个泌乳期的产奶量、牛奶的质量及经济效益起着重要的作用。

（1）产前管理，在产前应做到以下几点。

①从进入围产期就需增加精料，由原来的每天每头4kg，按每天每头0.3kg递增。精饲料可在产前15天起每天逐渐增加，但最大量不宜超过体重的1%。干草喂量应占体重的0.5%以上。日粮中的精、粗比例为40：60，粗蛋白质为13%，粗纤维为20%左右。

②喂给优质干草，喂量不低于体重的0.5%，且长度在5cm以上的干草占一半以上。

③对有酮病前兆的牛应及时添加烟酸（每天每头6g）。

④分娩前30天，开始喂低钙日粮（钙占日粮干物质的0.3%~0.4%，总钙量为每天每头50~90g），钙磷比为1：1。分娩后使用高钙日粮（钙占日粮干物质的0.7%，钙磷比为1.5：1或2：1）。分娩前10天开始喂阴离子盐。

⑤分娩前7天和分娩后20天不要突然改变饲料。

（2）产后管理。奶牛分娩后，要注意以下几点。

①分娩时，用麸皮（500g）、食盐（50g）、石粉（50g）、水（10kg）混合后喂牛，或喂给益母草膏糖水（250g益母草加1 500g水煎熬成益母膏，再加红糖1kg，加水3kg，预热到40℃左右，每天1次，连服3天），以利于牛恢复体力和胎衣排出，也可促使排净恶露和恢复子宫。

②奶牛产后1周内，由于机体较弱，消化机能减退，食欲下降。因此，只能饲喂少量的稀精料，加少许食盐，增加其适口性。应多喂些优质牧草或干草，促进其消化吸收。喂干草时，务必多饮水。

③产后1周后，多数奶牛乳房水肿消退，恶露基本排干净，食欲良好，消化机能正常。此时，可逐渐增加精料，多喂优质干草。对青绿多汁饲料要控制饲喂，泌乳初期切忌过早加料催奶，以免引起体重下降（营养负平衡），代谢失调。在此阶段，每天日粮可增加0.3kg精料（直至6.5~7kg），粗饲料按青贮玉米每天每头15kg，块根料为每天每头3kg以内，自由采食干草，最低饲喂量为每天每头3kg。每天日粮干物质的进食量占体重的2.5%~3%。

④产后15天以后，可根据牛的食欲和日产奶量（按奶料比2.5：1）投放精料、直到顶峰，但日喂量不要超过10kg。同时，要保证优质粗饲料的供应，精粗比例为60：40，以保证瘤胃的正常发酵，避免瘤胃酸中毒、真胃变位以及乳脂率下降。

日粮中精料的用量应适量，如奶牛体况较差可喂给浓度较高的日粮，以确保90天内发情、配种、受胎。在精粗料的干物质比应调整到（40~45）：（60~55）。

在奶牛围产期的管理上，要注意保胎，防止流产。防止母牛饮冰水和吃霜冻饲料，不要让母牛突然遭受惊吓、狂奔乱跳，保持牛舍（产房）安静，避免一切干扰和刺激。注意临产征兆，做好助产与接产准备。母牛分娩后1~2小时，第一次挤奶不宜挤得太多，大约挤 1kg 即可，以后每次挤奶量逐步增加，第三天或第四天后才可挤干净，这样可以防止由于血钙含量一时过低而发生产后瘫痪。

707. 问：产奶牛如何饲养管理?

答：

（1）泌乳前期的饲养管理。泌乳前期应注意以下几点。

①采用“预付”饲养：从产后 10~15 天开始，除按饲养标准给予饲料外，每天额外多给 1~2kg 精料，以满足产奶量继续提高的需要。只要奶量能随精料增加而上升，就应继续增加精料喂量。待到增料而奶量不再上升时，才将多余的精料降下来。“预付”饲养对一般产奶牛增奶效果比较明显。

②采用“引导”饲养：从产前 2 周开始加料，母牛产犊后，继续按每天增加 450g 精料，直到产奶高峰。待泌乳高峰过后，奶量不再上升时，按产奶量、体重、体况等情况调整精料喂量。“引导”饲养对高产奶牛效果较好，低产奶牛采用“引导”饲养容易过肥。

③分群饲养：在生产上，按泌乳的不同阶段对奶牛进行分群饲养，可做到按奶牛生理状态科学配方、合理投料，而且日常管理方便，可操作性强。对于奶牛未能达到预期的产奶高峰，应检查日粮的蛋白质水平。

④适当增加挤奶次数：有条件的牛场，对高产奶牛，可改变原日挤 3 次为 4 次，有利于提高整个泌乳期的奶量。

⑤在日粮中的精、粗料干物质比不超过 60：40、粗纤维含量不低于 15%的前提下，积极投入精料，并以每天增加 0. 3kg（必要时可 0. 35kg）精料喂量逐日递增，直至达到泌乳高峰的日产奶量不再上升为止。

⑥供给优质干草如苜蓿等粗饲料。

⑦添加非降解蛋白量高的饲料，如增喂棉籽（1. 5kg/头/天）。

⑧添加脂肪以提高日粮能量浓度：在泌乳高峰日粮中，可添加占日粮干物质 3%~5%（高者可达 5%~7%）的脂肪或 200~500g 脂肪酸钙，以满足日粮中能量的需要。

⑨在高产奶牛日粮精料中每天每头添加氧化镁 50g 和碳酸氢钠 100g 组成的缓冲剂或其他缓冲剂。

⑩日粮营养水平原则上控制在干物质进食量（DMI）占体重的 2. 5%~3. 5%，精粗料比 60：40。

⑪及时配种：一般奶牛产后 30~45 天，生殖器官已逐步复原，有的开始有发情表现，这时可进行直肠检查，及早配种。

（2）泌乳中期的饲养管理。泌乳中期奶牛食欲最旺，日粮干物质进食量达到最高（尔后稍有下降），泌乳量由高峰逐渐下降。为了使奶牛泌乳量维持在一个较高水平而不致下降过快，使体重逐步恢复而不致增重太多，在饲养上应做到以下几点。

①按“料跟着奶牛”的原则，即随着泌乳量的减少而逐步减少精料用量。

②喂给多样化、适口性好的全价日粮。在精料逐渐减少的同时，尽可能增加粗饲料用量，以满足奶牛的营养需要。

③对瘦弱牛要稍增加精料，以利于恢复体况；对中等偏上体况的牛，要适当减少精料，以免出现过度肥胖。

（3）泌乳后期的饲养管理。泌乳后期奶牛对营养物质的利用效率比干奶期高，因此要利用此期调节牛的膘情。

泌乳 200 天到干奶期间奶牛因早已怀孕，这一阶段比泌乳 200 天之内体脂沉积效率要高。如果这一阶段奶牛膘情变化较大，则最好分群饲养以便根据膘情饲喂。应为泌乳后期的奶牛单独配制日粮。

泌乳后期日泌乳量明显下降到最低水平，摄入营养主要用于维持、泌乳、修补体组织、胎儿生长和妊娠沉积等方面。所以，该阶段应以粗饲料为主，防止牛过度肥胖。

708. 问：如何搞好奶牛场（舍）的消毒工作?

答：牛场应建立规范的消毒方法。牛场大门、生产区入口，要建宽于门口、长于汽车轮 1.5 周的消毒池（可以用2%氢氧化钠消毒液），牛舍入口建宽于门口、长 1.5m 的消毒池，生产区门口须建更衣室、消毒室和消毒池，以便车辆和工作人员更换作业衣、鞋后进行消毒。对人员入口处常设紫外灯照射，可以起到一定的杀菌效果。应选择对人、牛和环境安全、没有残留毒性，对设备没有破坏，在牛体内不产生有害积累的消毒剂。

场内应建立必要的清洁、消毒制度。经常保持牛舍通风良好、光线充足，每天打扫卫生保持清洁，每月 1 次牛槽消毒，1 次牛舍消毒，每季 1 次全场消毒。饲养场的金属设施、设备等可采取火焰、熏蒸等方式消毒；圈舍、场地、车辆等可选用2%氢氧化钠溶液、1%～2%甲醛溶液、10%漂白粉、10%～30%生石灰、1%～3%来苏儿、0.3%新诺灵等消毒药喷洒消毒；墙壁可用 20%生石灰粉刷；对饲养用具、牛栏等用 3%氢氧化钠溶液、3%～5%来苏儿溶液进行洗刷消毒 2～6 小时；运动场在除去杂草后用 2%氢氧化钠溶液或 20%生石灰消毒。助产、配种、注射治疗及任何对牛进行接触性操作前，应先将牛有关部位如颈部、阴道口和后躯等进行消毒擦拭，降低细菌感染牛体的机会，保证牛健康。

牛粪中常含有大量细菌和虫卵，应在粪便中掺入消毒药消毒。当然也可以采用发酵法，将粪便堆沤发酵产热，经过一段时间，可以杀死病原体。堆粪法也是一种有效消毒措施，在距离牛场 100m 以外的地方设一个堆粪场，在地面挖一个深约 20cm、宽约 1m 的沟，长度随粪便多少而定，先将秸秆堆至 25cm 厚，上面堆放粪便、垫草及污物等，堆积 1m 后在上面再铺 10cm 厚谷草，并覆盖 10cm 厚的沙子或土，堆放 3 周后即可用做肥料。

为了防止动物疫病传播，牛场内禁止屠宰和解剖牛，对病死牛和流产胎儿，采取焚烧、深埋等无害化措施处理。

709. 问：常用无公害消毒药有哪些？

答：

（1）草木灰。配制成 30%水溶液，用于牛舍和地面消毒。

（2）生石灰水。用于粪便和墙壁的消毒，以及圈舍、地面的消毒。配制成 10%～20%的石灰乳液，配后应立即使用；也可以将 1kg 生石灰加 350mL 水化开成粉末撒在阴湿地面、粪池进行消毒。

（3）来苏儿。常用 3%～5%的溶液对牛舍、地面、用具、食槽进行消毒。

（4）福尔马林。1%～5%的福尔马林溶液可用于圈舍、地面、用具的消毒，消毒作用很强。

（5）漂白粉。3%～5%的水溶液可用牛舍、地面、水沟、粪便、车船、水井等的消毒，是一种广泛应用的消毒剂。但它对金属和纺织品有较强腐蚀力，使用时应多加注意。

（6）过氧乙酸。0. 5%的水溶液可对牛舍、地面、墙壁、食槽等物品进行消毒，效果很好，可以杀死多种病原体，因其低浓度水溶液易分解，要现配现用。该消毒液对金属和橡胶制品有腐蚀性，使用时应注意。

（7）烧碱。常用 1%～2%的氢氧化钠水溶液对牛舍、地面、粪便等消毒，该消毒液对细菌和病毒有很强大的杀灭力，但对皮肤和黏膜有刺激性，对金属物品有腐蚀性，消毒完后一定要用净水冲洗干净。

710. 问：如何搞好奶牛场的程序化免疫？

答：免疫接种是给牛接种各种免疫制剂（菌苗、疫苗以及免疫血清等），使奶牛产生对各种传染病的特异性免疫力，免疫接种是使易感牛群转化为非易感牛群的唯一办法，牛场的程序化免疫是牛群健康的重要保障。

（1）注意事项。坚持自繁自养原则，加强牛群饲养管理，增强牛体抗病力，减少疾病发生；制定并严格执行定期疫苗预防接种计划，按时进行免疫，防止疫病传播；做好疫病监测工作，依法进行牛群重要疫病的定期检疫，防止疫病传入；周围发生较大疫病如口蹄疫、炭疽等时应配合政府加强疫情监测，做好强制免疫工作；定期做好牛场消毒和杀虫灭鼠工作，进行粪便无害化处理；做好兽医记录，包括疫病档案、免疫记录和免疫抗体监测记录等，这些记录应长期保存，清群后也要保存 2 年以上。

（2）免疫接种种类和方法。根据免疫接种时机不同，可分为预防和紧急免疫接种两类。

预防性接种：就是为了预防传染病的发生、流行，有计划地按照免疫程序给健康牛群进行免疫接种，我们平时所说的程序化免疫主要就是预防性免疫接种。在预防接种后，要观察被接种牛的局部和全身反应。局部反应是接种局部出现一般炎症变化（红、肿、热、痛）。全身反应则呈现牛体温升高、精神不振、食欲减少、产奶减少等。这些都属于正常现象，只要给予适当休息和加强饲养管理，很快或几天后即可恢复正常，但如果反应严重，则应进行适当的对症治疗。

紧急接种：是指周围环境发生传染病时，为了控制和扑灭疫病的流行，对疫区和受威胁区尚未发病的牛进行紧急性免疫接种。应用疫（菌）苗进行接种时，必须先对牛群逐头进行临床检查，只能对无任何临床症状的牛进行接种，对患病和处于潜伏期的不能免疫接种，应立即扑杀或隔离治疗。当然，临床检查健康的牛，可能有些是处于疫病潜伏期，紧急接种反而会促进其发病，造成一定损失，这是不可避免的，但对整个牛群来说，疫情会很快得到控制、多数牛得到保护。

711. 问：奶牛乳房炎有哪些症状？

答：

（1）超急性乳房炎：发病突然，发展迅速。乳房高度肿大，皮肤发紫，肿、热、痛，难挤出奶，奶汁如水。病重，食欲废绝，体温升高，心跳、呼吸增加。如24 小时不治，愈后不良。

（2）急性乳房炎：病较重，精神尚好，食欲正常或减少，体温正常或稍升高。乳房呈红色、肿大，有热、痛感。乳房内可摸到硬块，奶汁呈灰白色，内有奶块状物。

（3）亚急性乳房炎：无全身临床症状。触诊乳房无红、肿、热、痛。但奶中凝块或絮状物，体细胞数量增高、pH 值偏酸。

（4）慢性乳房炎：病反复发生，病程长。乳汁有块状物，以后无。重者乳汁中有脓汁，pH 值偏碱。触诊乳房有硬性肿块，如卵石，有的乳房萎缩，或呈坏疽性乳房炎。

（5）隐性乳房炎：无全身症状。乳房和乳汁无肉眼可见异常，但乳汁 pH 值高于正常值，体细胞数偏高。

712. 问：奶牛乳房炎治疗与预防措施有哪些？

答：

（1）预防。应加强饲养管理，保证牛舍、牛体和榨奶器械的卫生，定期消毒；按正确方法进行挤乳，无论手工挤奶或机器榨乳，均要严格执行挤奶操作规程，避免损伤乳头；挤乳前用温消毒水清洗乳房，挤完后应对乳头施行药浴。一般常用的浸浴药液有 0.5%碘溶液、0.1%新洁尔灭、0.5%洗必泰溶液。刚挤完奶后不超过 1 分钟，立即进行乳头药浴；干乳期向乳房内注入抗生素 1~2 次；保护好乳房，使其免受机械性损伤。

（2）治疗。对乳房炎的治疗，应根据炎症类型、性质和病性，分别采取相应的治疗措施。

①改善饲养管理：注意乳房卫生，增加挤乳次数，及时排出乳房内容物。减少多汁饲料的饲喂量，适当限制饮水，每次挤乳时要按摩乳房15~20分钟，浆液性乳房炎时，自下而上按摩。卡他性和化脓性乳房炎、乳房脓肿、乳房蜂窝织炎、出血性乳房炎时不要按摩。

②乳房内注药法：先将患病乳房内的乳汁及分泌物挤净，用消毒液消毒乳头，将乳导管插入乳房，然后再慢慢地通过注射器将抗生素溶液注入，注完后用双手从乳头基部向上顺序按摩，使药液逐渐扩散到整个乳房内，一般每天1~3次，常用80万单位的青霉素，溶于100mL的蒸馏水中作乳房注射。

③乳房封闭疗法：

静脉封闭　静脉注射用生理盐水配制的0.5%的普鲁卡因溶液200~300mL。

会阴神经封闭　在坐骨弓上方正中的凹陷处，消毒后，右手持封闭针头向患侧刺入2cm，然后注入0.25%的盐酸普鲁卡因溶液20mL，其中可加入80万单位青霉素，若两侧乳房均患病，可向两侧注射。

乳房基部封闭　在乳房前叶或后叶基部的上方，紧贴腹壁刺入8~10cm，每个乳叶的基部可注0.5%的普鲁卡因100mL，且在其中加入80万单位的青霉素，以提高疗效。

④物理疗法：在炎症的初期，处于浆液性渗出的阶段时，可采用冷敷，以制止渗出，当炎症于2~3天后，渗出停止时，再改用热敷或紫外线照射疗法，以促进吸收。

⑤全身疗法：当出现明显的全身症状时，可用青霉素、链霉素混合肌内注射，或用磺胺类药物及其抗生素药物进行静脉注射等。

713. 问：什么是胎衣不下？胎衣不下的症状有哪些？

答：牛分娩后胎衣排出正常时间为3~8小时。一旦超过12小时以上胎衣仍不能完全排出，即为病理现象，称为胎衣不下或胎衣停滞。一般发病率为3%~12%，有的高达30%~50%。

胎衣不下主要有以下症状。

（1）胎衣全部不下。仅见一部分胎衣悬吊于阴门之外。颜色为土红色，表面有许多大小不等的胎儿子叶。通过阴道检查，可发现子宫内还有胎衣。

（2）胎衣部分不下。大部分胎衣悬垂于阴门外，有小部分滞留子宫内。露于体外的胎衣初为土红色，而后因污染而腐败，变松软呈浅灰色。不久阴道内不断地流出恶臭的褐色分泌物。

（3）全身症状。胎衣滞留子宫过久，胎衣腐败，恶露排出不畅，引起炎症和中毒。表现体温升高，精神沉郁，食欲和泌乳量均下降，最终继发急性子宫内膜炎和毒血症。

714. 问：如何治疗胎衣不下？

答：

（1）促进子宫收缩。最好在产后12小时内，肌注或皮下注射催产素50~100国际单位，2小时后可重复注射1次。或皮下注射1~2mg麦角新碱，或灌服300mL羊水。

（2）促进胎儿胎盘与母体胎盘分离：向子宫内注入5%~10%高渗盐水1~5L，常于灌药后3~5日，胎衣脱落，其作用是促使胎盘绒毛脱水收缩，而从子宫阜中脱落。

（3）防止胎衣腐败和子宫感染。子宫黏膜和胎衣之间放置粉剂土霉素2g或水溶剂隔日一次，共用2~3次。若子宫颈口已缩小，先注射雌激素，开张宫颈口，排出积液及放置药物。

（4）全身疗法。一次静注20%葡萄糖酸钙和25%葡萄糖液各500mL，1次/日；或1次肌注氢化可的松125~150mg，隔日一次，共2~3次。

（5）剥离胎衣。遵守的原则是易剥则剥，不可强剥，剥时一定要剥净，否则，与不剥无异。剥前注意母牛外阴部和术者手臂消毒。由近及远逐个进行。严禁硬揪下母子胎盘。胎衣全部剥脱后，用土霉素3~4g溶于蒸馏水100~200mL，灌入子宫内，隔日1次，直到分泌物清亮。

（6）预防。怀孕母畜要饲喂含钙及维生素丰富的饲料，或预产前1~2周内，给予亚硒酸钠、维生素E、维生素A、维生素D；或在产后2小时，静脉注射10%葡萄糖酸钙或5%氯化钙。

舍饲牛要适当增加运动时间，最好在产前1周，每日自由运动2小时以上。在产后12小时内，肌注催产素、饮用羊水、颈部皮下注射初乳，或口服红糠益母草汤。

715. 问：如何防治奶牛产后瘫痪？

答：产后瘫痪又称产乳热病，是产后母牛突然发生的一种急性低血钙症。主要是由于饲料日粮中高钙、低磷，缺乏维生素D及分娩后立即大量泌乳，而使过多血钙丧失引起。一般多发生于产后12~72小时，4~5胎以上的高产牛易发生。

产后瘫痪的症状有：病初不安，站立时两后肢频繁交换；对外界反应敏感，竖耳，睁眼呈发怒状；大便量少但次数多；行走时，步态不稳，可撞墙壁或人；有时全身出汗，体温偏低0.5℃；3~4小时后出现精神沉郁，卧地，头偏向一侧，强行拉直头颈，松手后则迅速偏回原处；从后背向前看，颈部呈“S”形弯曲，对外界反应淡漠，耳尖及四肢端发凉。随病情的延长，四肢伸直横卧，舌伸至口外，对光反应消失，用针刺全身无反应，呼吸浅而慢，如不及时抢救，易发生死亡。

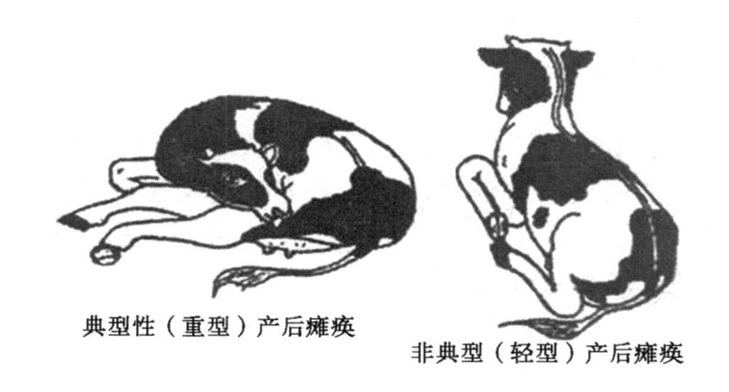

图　奶牛产后瘫痪表现

对产后瘫痪的牛，应采取以下防治措施。

（1）妊娠后期，要注意日粮中钙、磷的供应及比例。有材料认为，日粮钙磷的比例为 1∶1 可预防本病。要给牛适当运动及日光照射。

（2）对有产后瘫痪病史的牛，产前 5～10 天，每天注射 1 次维生素 $D_3$1 000mg，可预防本病的发生。

（3）病牛用 10%葡萄糖酸钙注射液 800～1 000mL 或 50%氯化钙注射液 400～600mL，混合于 5%葡萄糖溶液1 000～2 000mL 中缓慢静脉注射。如心力衰竭，在注射前 15 分钟左右，先肌肉注射 15%苯甲酸钠咖啡因注射液 20mL。

（4）乳房送风。用乳房送风器向乳房内送风，直至乳房及皮肤胀平为止。然后，用皮筋或绳索扎紧乳头（15 分钟松开 1 次）。一般在送风后 0.5～1 小时后牛可站立。

（5）同时治疗各种并发症，如低磷酸盐血症、低钾血症等。

716. 问：如何防治奶牛瘤胃酸中毒？

答：瘤胃酸中毒是瘤胃中乳酸蓄积过多而引起代谢紊乱，多发生于奶牛，死亡率高。

（1）病因。采食大量富含碳水化合物的谷物饲料，长期过量饲喂块根类饲料，饲喂酸度过高的青贮饲料等，都可促使本病的发生。

（2）症状。最急性的病例，常在采食谷物饲料后 3～5 小时内突然发病死亡。亚急性病牛，精神沉郁，食欲废绝，流涎。

（3）防治措施。治疗可用 20%葡萄糖酸钙和 25%葡萄糖各 500mL，一次静脉注射，每天 2～3 次，直到牛能站立为止。如多次使用钙剂仍不能站立的，可用 20%磷酸二氢钠 500mL，一次静脉注射。

预防方法有下列几种：一是产前饲喂低钙饲料，钙、磷比为 1∶1～3 为宜；二是增加阴离子饲料喂量，产前21天，每头牛补食50g的氯化铵；三是产前5~7天，每头牛每天注射维生素$D_3$2 000单位；静脉注射20%葡萄糖酸钙液500mL，每天1次，连用3天。

717. 问：如何防治布氏杆菌病?

答：布氏杆菌病是由布氏杆菌引起的一种人畜共患的慢性传染病。传染途径是病牛或带菌牛，特别是在流产或分娩时，大量布氏杆菌随胎儿、胎水和胎衣排出，偶尔在乳、粪、尿以及阴道流出的恶露内发现。通过消化道、损伤的皮肤、黏膜、结膜和交配而互相感染。病牛的临床特点是发生流产、胎衣滞留、子宫炎、不孕症、乳房炎、关节炎等，孕牛在7~8小时流产，公牛发生睾丸炎和附睾炎。人可通过与病牛的频繁接触及食入未严格杀菌的病牛乳、肉而感染。人患病的主要症状是呈波浪热，关节炎和睾丸肿胀，头和全身疼痛，有的发生骨质变形、流产等。

（1）治疗。尚无理想的治疗方法，一般采用检疫、淘汰病畜来防止本病的流行和扩散。

（2）预防。

①平时防疫措施：最好的方法是“自繁自养”；若需引种时，对引进牛隔离2个月，在此期间检疫2次，如均为阴性方可混群；对农区以舍饲为主的清净牛群应定期检疫，一年至少1次，一经检出阳性牛，应及时送隔离区饲养或淘汰；对牧区的牛群如没有隔离条件，则不检疫，一律应用猪布氏杆菌2号弱毒疫苗（S2）或马耳他布氏杆菌5号弱毒疫苗（M5），进行免疫接种。

②发病后扑灭措施：发病时，应及时隔离或淘汰流产母牛，彻底消毒产房和周围环境，流产胎儿和胎衣深埋或烧毁处理；对发病牛群每隔2~3个月进行1次检疫，将检出的阳性牛应隔离饲养或淘汰，直至全群连续两次为阴性结果后，在6个月内再检疫两次均为阴性结果，而且牛群中不再发生流产，方可认为已清除本病；牛群经过多次检疫，隔离病畜后，仍不断出现阳性牛，可应用疫苗进行免疫接种；培育健康牛群，也是根除本病的一种很好的措施，即病牛新生犊牛立即隔离，以母牛初乳人工哺乳5~10日后，喂以健康牛乳或灭菌乳，待5月龄和9月龄时，各检疫1次，全部阴性时即可认为健康犊牛。

718. 问：牛病临床用药有哪些误区?

答：一是选用低价兽药；二是盲目使用新兽药；三是盲目加大药量，缺乏安全意识；四是用药疗程不确实，剂量不准确；五是药物配伍不当，随便混用；六是用药方法不妥；七是一成不变地使用某种兽药，使细菌或寄生虫产生耐药性；八是平时不预防，有病乱用药。

719. 问：牛奶污染的途径有哪些？怎样预防?

答：牛奶中的微生物污染主要来源于以下几个方面。

（1）来源于乳房。最初挤出的奶，细菌含量比较高，随着挤奶的进行，奶中细菌含量逐渐减少。挤奶时，最初挤出的奶应单独存放，另行处理。

（2）来源于牛体。挤奶时，必须用温水严格清洗牛乳房和腹部，并用清洁的毛巾擦干。

（3）来源于牛舍空气。保持牛舍空气的清洁，鲜奶挤出来后及时盖上奶桶的盖子，并从牛舍中拿出来，是保持鲜奶卫生的一个重要措施。

（4）来源于挤奶工具和奶桶。凡是与奶接触的用具都必须清洗消毒。

（5）其他来源。如挤奶员的手不洁净，或者混入头发、苍蝇及其他昆虫等都是污染的来源。所以挤奶员的手在挤奶前应进行清洗，不能留长指甲或戴戒指等装饰品，并需戴帽子和口罩。

720. 问：挤奶时要注意哪些问题？

答：

（1）在无挤奶机及挤奶间的条件下。一是牛舍必须保持清洁卫生。二是牛体要经常洗刷，冬季干刷，夏季用水刷，尤其是刷洗体躯后部。三是挤奶用具要保持清洁卫生，挤奶桶、大奶桶使用后先用凉水冲洗净，然后用热水洗，再用清水洗净，倒置待内部干燥后方可使用。有条件的地方，还可用蒸汽消毒。四是挤出后的牛奶尽量减少与空气接触的机会。

（2）在使用挤奶机的条件下。一是要保证挤奶机和管道的清洁卫生，每次挤奶后均须按挤奶机说明书的规定步骤，用洗涤剂及清水冲洗。二是保持牛体卫生，尤其是乳房及后躯部位的卫生。三是挤出的奶均由管道直接流入贮存罐中，不与空气接触，可减少细菌量。

（3）无论是机械挤奶还是手工挤奶，挤奶员在挤奶前应剪短指甲，摘下套在手上的首饰，以免操作时损伤乳头及乳房或影响工作。穿好工作服，备好消毒药水及用具，洗净双手。

（4）挤奶前须准备擦拭乳房用的毛巾，一牛一块，不可连用混杂。使用的毛巾如回收，须消毒。使用时须半干状态，决不允许滴水。但最好使用消毒纸，一牛一张，不可重复使用。药浴的消毒液要常换，切忌长期使用一种，以防微生物产生抗药性。药浴杯中的消毒液每天挤奶结束后要废弃，以保持有效浓度。对于患有乳腺炎的牛，最好在最后挤或用备用的设备挤，挤完后须严格清洗消毒，挤出的牛奶不能混入大桶，不能食用，要单独处理。

（5）冷却牛奶。挤出的牛奶必须立即冷却。一般是使用冷排冷却，如果使用有冷却装置的贮存罐，挤出的牛奶通过管道直接流入冷罐中，可以不进行冷排冷却，但需使牛奶温度从33℃左右快速降到10℃以下。牛奶保存温度最好在4℃左右，以抑制细菌繁殖。冷却后的牛奶应在设有自动搅拌器及冷却装置的不锈钢制奶槽中贮存。贮存时间根据每日牛群产量、运出间隔时间的长短而定，但越短越好。

（6）保持良好的挤奶环境。挤奶时要集中精力，禁止喧哗、嘈杂声或特殊声响，也勿让生人靠近，以防奶牛受惊影响产奶。同时，不能在挤奶时饲喂带有灰尘的饲料。

（7）严格执行每天的挤奶时间，不要打乱已形成的规律。对于每头牛每天挤奶的时间要基本固定，不可随意更改。变更挤奶时间或颠倒挤奶顺序或粗暴对待牛，都会引起奶牛不安，这不仅造成挤奶困难，还会降低产奶量。

（8）做好产奶记录。在逢测定个体牛的产奶记录的当天，应做好每头牛该天的产奶量记录，并做好牛房每天的产奶量合计，以便于管理人员掌握生产动态。

721. 问：鲜奶在运输过程中应注意哪些问题？

答：鲜奶运输是乳产品生产上重要的一环，运输不妥，往往会造成牛奶的污染、变质，导致无法加工利用。目前我国乳源分散的地方，多采用乳桶运输；乳源集中的地方，采用乳槽车运输。

如用汽车或马车等运输时必须注意下列几点。

（1）防止奶在途中温度升高。特别在夏季，运输途中往往使温度很快升高，因此，运输时最好安排在夜间或早晨，或用隔热材料遮盖奶桶。

（2）保持清洁。运输所用的容器必须保持清洁卫生，并加以严格杀菌，奶桶盖应有特殊的闭锁，盖内应有橡皮衬垫物。

（3）防止震荡。容器内必须装满盖严，以防止震荡。

（4）严格执行责任制，按途程计算时间，尽量缩短途中停留时间，以免鲜奶变质。

为了保证牛奶新鲜不变质，运送牛奶时最好采用奶槽车。

第三节　鸡的养殖技术

722. 问：鸡容易得大肠杆菌的原因？

答：鸡大肠杆菌病是由某些致病性血清型大肠埃希氏杆菌引起的鸡的不同类型疾病的总称。特征是引起鸡的心包炎、肝周炎、气囊炎、腹膜炎、眼球炎、关节炎及滑膜炎、输卵管炎、大肠杆菌性肠炎、肉芽肿、败血症等。近年来，大肠杆菌病在许多养鸡场广泛流行，发病率和死亡率居高不下，加上大肠杆菌极易产生耐药性，使治疗费用上升，严重威胁着养禽业的健康发展，给养禽业造成巨大的经济损失。

（1）抗菌药物的不正确使用。养殖户往往把使用药物当做控制大肠杆菌的主要手段，但药敏试验普及率低，用药盲目性大，且在实际生产中有时用药不合理，如随意加大剂量，或低剂量长时间使用，投药途径不当，不注意轮换用药，造成大肠杆菌产生耐药性，导致药效下降甚至无效，药物控制难度增大。另外药物的滥用造成机体内微生物菌群的失调，也是大肠杆菌病一个常见的诱发因素。

（2）免疫抑制性疾病影响。我国家禽免疫抑制性疾病感染非常普遍，免疫抑制性疾病会造成机体整个防御系统体液免疫、细胞免疫、非特异性免疫、局部免疫受损，导致免疫抑制或低下，增加了对大肠杆菌的易感性。

（3）种鸡群的净化水平低。导致鸡传染性贫血病毒（CIAV）亚群禽骨髓性白血病病毒（ALV-J）、网状内皮组织增生症病毒（REV）和呼肠孤病毒免疫抑制性疾病，经种蛋垂直传播给雏鸡。

（4）传染性法氏囊病病毒。传染性法氏囊病病毒（IBDV）感染或使用毒力偏强的传染性法氏囊病疫苗，造成法氏囊的损伤，淋巴细胞减少，分化成熟受阻，导致免疫抑制。

（5）免疫抑制。我国除三黄鸡以外的肉鸡群均不使用马立克疫苗，使我国大多数肉鸡群都存在由强毒马立克病毒感染造成的免疫抑制。

（6）血清型众多。由于不同血清型之间的抗原交叉保护力较弱，所以，不可能制备一种能够覆盖所有血清型的超广谱疫苗。而且大肠杆菌的免疫原性不强，因此，即使是菌苗质量良好，血清型对应的灭活菌苗，在生产中实际应用时，免疫效果也并不十分理想。

（7）大肠杆菌垂直传播。垂直传播有两种途径：一种是大肠杆菌引起的败血症、腹膜炎涉及的母鸡卵巢及输卵管的感染，从而引起卵内污染，传给下一代雏鸡；另一种是种蛋本来不带菌，但蛋壳表面污染有大肠杆菌的粪便，在种蛋保存期或孵化期侵入蛋内部，也可引起死胎、爆蛋或出壳后成为感染雏鸡，这种情况下如果孵化和出雏过程消毒不严造成感染会更严重。

（8）支原体的感染。尤其是鸡毒支原体的感染，与大肠杆菌有协同致病作用，也是大肠杆菌病的常见诱因之一。支原体除了水平传播外，还可因种鸡群的净化水平低，导致支原体经种蛋垂直传播给雏鸡和使用带有支原体的非鸡胚制造的活疫苗造成感染，也是支原体传播不可忽视的途径。

（9）继发感染。继发感染主要是由鸡新城疫病毒、禽流感病毒、鸡传染性支气管炎病毒的感染造成。其中一些高致病力的毒株，因可引起死亡，往往容易确诊，但那些非高致病力的毒株，往往不容易被发现和分辨。正是这些目前仍广泛存在于家禽环境中的非高致病力毒株，往往会破坏呼吸道和消化道的黏膜屏障系统的完整性，致使被感染禽不同程度地出现免疫抑制等，从而为大肠杆菌的侵入打开了门户。

（10）饲养管理差，环境污染严重，应激因素长期存在。鸡大肠杆菌病是一种条件性疾病，恶劣的外界环境条件和各种应激因素都能促进该病的发生和流行。如气候突变、寒冷、闷热、通风换气不良、氨味过浓等应激因素，使鸡群抗病力减弱，各种病原微生物乘机侵入，引起机体发病。卫生条件差，粪便、污水、病死鸡等不能无害化处理，从而造成了鸡场环境污染严重，细菌、病毒大量存在。对消毒工作不重视或不严格，密度过大，潮湿的环境又为大肠杆菌及其他致病性微生物的滋生创造了条件。

（11）其他原因。饲料营养缺乏，维生素等含量不足、饲料霉变等，导致鸡抵抗力下降，对大肠杆菌易感性增加，引起大肠杆菌病的发生。

723. 问：鸡新城疾如何防治?

答：鸡新城疫又叫亚洲鸡瘟，是由一种副黏病毒引起的高度接触性传染病。主要临床症状是突然发病，传播迅速，呼吸困难，排绿色稀便，鸡冠呈紫红色，死亡较快。如果病程稍长，则出现神经失调等一些症状。

鸡新城疫的主要病理变化表现为全身败血症，以消化道及呼吸道最为严重。腺胃出血，尤其是腺胃乳头出血或出现溃疡病灶。有的在腺胃和肌胃交界处有条纹状出血，角质膜下有条状出血。肠黏膜有出血性炎症，严重的出现溃疡。有呼吸道症状的病死鸡喉头、气管内有黏液，气管黏膜粗糙、肥厚，肺部及脑有出血点。

鸡场里一旦发生本病，第一，应采取隔离饲养。第二，应采取紧急消毒，以消灭传染源，切断传染途径。第三，及时用新城疫疫苗进行紧急接种，可有效地保护未感染鸡；当然也可以先用高免卵黄抗体进行注射，3 天后再用疫苗接种，这样可有效地减少死亡。与此同时，应在鸡的饮水中加入多种维生素及一些抗生素药物以预防或治疗继发感染的细菌病。

724. 问：禽流感如何防治?

答：由于人们普遍对禽流感进行了免疫，所以发生典型的病例很少，基本可以控制典型禽流感的发生。但在一些环境污染严重的地区或免疫不确实的鸡场也有发生。禽流感现在主要流行弱毒（h9n2）和强毒（h5n1）2 种，现简单介绍其发病特点。

弱毒禽流感（h9n2）：一是典型：多发生在未免疫或免疫不确实的鸡场，主要发生在产蛋鸡群，发病鸡群采食饮水下降严重，大群精神不振，张口伸颈喘、呼噜、咳嗽、甩鼻，部分发病鸡肿头、肿脸、鸡冠发紫，拉黄绿色稀粪，产蛋率下降 30%~90%不等，蛋壳发白，软皮蛋、畸形蛋增多。解剖死鸡腺胃乳头化脓出血、肠道出血、脂肪出血、输卵管有白色脓性分泌物，气管充出血。二是非典型：发生于免疫过的鸡群，主要发生在 200~300 日龄的鸡群，发病鸡群采食饮水下降，有呼吸道症状，个别鸡只表现伸颈、张口喘，病鸡拉黄绿色稀粪，病鸡精神不振；产蛋率下降 10%~30%，有少量死亡，死亡率在 1%~10%不等。

强毒禽流感（h5n1）：一是典型：各种日龄的鸡群均可感染，发病鸡群大群精神、采食、饮水正常，产蛋和蛋壳质量基本正常，突然出现较高的死亡率，死亡快，死亡的数量迅速增加，死亡的鸡冠、肉垂发紫，肿头、肿脸（肿胀部位发紫）。二是非典型：鸡群初期大群精神尚可，中后期大群精神不振。发病2~4天后，采食量和产蛋率开始下降，产蛋下降幅度从10%~50%不等，蛋壳质量整体褪色，质量变差。每天出现一定的死亡，死亡率在5%~30%不等。病程的长短与其免疫状况及饲养管理等有密切相关，产蛋一般在10~20天后逐渐开始恢复，可回升到原先产蛋率的80%~85%左右。

725. 问：传染性支气管炎如何防治?

答：传染性支气管炎是由冠状病毒引起的一种急性、高度接触性呼吸道疾病。它有多种类型，临床上常分为呼吸型传支、肾型传支、腺胃型传支等多种类型。病鸡常表现为伸颈、张口呼吸、打喷嚏、咳嗽、甩头、呼吸时有啰音，流黏液性鼻液，眼泪多。若肾型毒株感染，呼吸道轻微，病鸡沉郁，持续排白色和水样稀粪。

剖检可见：病鸡的气管、鼻窦有黏液，病程稍长的变为干酪样；气囊混浊，有的可见黄色干酪样渗出物，肺部有炎症出血。肾型传支的病鸡，见到肾脏苍白、肿大，输尿管内有尿酸盐沉积，使肾脏呈花斑状。

726. 问：鸡白痢如何防治?

答：鸡白痢是由鸡白痢沙门氏菌引起的传染病，主要侵害2~3周的雏鸡。主要临床症状是排白色稀粪，黏附于肛门周围，有时堵塞肛门，脱水，多呈败血症经过，死亡率一般在30%左右，病雏表现精神萎靡，两翅下垂，怕冷，无食欲，羽毛倒立，常堆挤在一起或单个呆立一旁。有的出现呼吸困难、气喘症状。成年鸡以慢性感染较为常见。

剖检可见：肝大、充血，或有条状出血，肝脏有的可见针尖状的黄白色坏死灶，卵黄吸收不良，内容物呈油脂状或硬化。心肌、肝脏、肺、盲肠、大肠、肌胃有坏死结节，有的鸡有心包炎，盲肠中可见干酪样物，脾脏肿大，肾脏呈暗红色，肠壁增厚，常有腹膜炎。

治疗：临床上可选择的药较多，如氯霉素类、蒽诺沙星、氟哌酸、氧氟沙星、痢特灵、强力霉素、土霉素、磺胺类药等。

727. 问：鸡霍乱如何防治?

答：鸡霍乱是由多杀性巴氏杆菌引起的一种急性败血性传染病。主要临床特征是腹泻，排黄绿色稀便，发病突然，精神不振，气喘，咳嗽，缩颈闭眼，鸡冠和肉髯发绀呈黑紫色，肉髯常发生水肿。

（1）剖检。病鸡以全身出血、败血症为特征。肝脏显著肿大呈棕黄色、质脆，色泽变浅，表面有弥散性灰黄色针尖大小的坏死灶；脾脏稍有肿大，质地变软；心包液混浊，呈淡黄色，在心外膜和心冠脂肪上有散在出血点；在胸膜、肺膜、腹膜和肠系膜上常有出血斑点。

（2）治疗。多种抗菌类药物对本病均有良好的治疗效果。如青霉素、链霉素、土霉素、金霉素、氯霉素类、庆大霉素、氟哌酸等。但要注意尽量避开常用药或近期用药进行治疗。

728. 问：鸡大肠杆菌病如何防治？

答：鸡大肠杆菌病是由致病性大肠埃希氏杆菌引起的传染病。主要临床特征是引发急性败血症和气囊炎、脐炎、关节炎、卵黄性腹膜炎、肠炎和全眼球炎等。病鸡表现精神萎靡，无食欲，羽毛松乱，缩颈呆立，有的出现呼吸困难，下痢或腹泻，粪便呈黄绿色或灰白色。眼睛肿胀、流泪，有黏液性分泌物。

剖检病变主要是内脏实质器官充血、淤血和变性。常附有一层白色纤维素膜；脾脏肿大，呈紫红色；纤维素性心包炎，心包膜增厚，心包液混浊，常混有纤维性渗出物；腹膜发炎，膜腔内和肠系膜上附有纤维性渗出物。有些鸡关节肿胀，关节液浑浊，关节腔内有黏液或脓性分泌物。

治疗：大肠杆菌对药物容易产生耐药性，所以，要选择敏感药物进行治疗。可选用的药物有：氯霉素、庆大霉素、氟哌酸、四环素、土霉素、环丙沙星等。

729. 问：鸡大肠杆菌病如何防治？

答：鸡大肠杆菌病是由致病性大肠埃希氏杆菌引起的传染病。主要临床特征是引发急性败血症和气囊炎、脐炎、关节炎、卵黄性腹膜炎、肠炎和全眼球炎等。病鸡表现精神萎靡，无食欲，羽毛松乱，缩颈呆立，有的出现呼吸困难，下痢或腹泻，粪便呈黄绿色或灰白色。眼睛肿胀、流泪，有黏液性分泌物。

剖检病变主要是内脏实质器官充血、淤血和变性。常附有一层白色纤维素膜；脾脏肿大，呈紫红色；纤维素性心包炎，心包膜增厚，心包液混浊，常混有纤维性渗出物；腹膜发炎，膜腔内和肠系膜上附有纤维性渗出物。有些鸡关节肿胀，关节液浑浊，关节腔内有黏液或脓性分泌物。

治疗：大肠杆菌对药物容易产生耐药性，所以，要选择敏感药物进行治疗。可选用的药物有：氯霉素、庆大霉素、氟哌酸、四环素、土霉素、环丙沙星等。

730. 问：维生素如何提高蛋鸡产蛋量？

维生素 C 参与鸡体内氧化还原反应，保护酶系中活性巯基，起到体内解毒作用；参与细胞间质的合成，降低毛细血管通透性，促进伤口愈合，促进叶酸形成氢叶酸，保护亚铁离子，起到防止贫血的作用，增强机体免疫力，缓解应激反应。缺乏维生素 C 时，鸡易患坏血病，生长停滞，体重减轻，关节变软，身体各部出现贫血。

夏天给鸡补喂维生素 C，可使鸡多产蛋。在一般温度下，维生素可以由鸡体自行合成，不需补喂。但夏季温度高，鸡体合成维生素 C 的机能降低，造成鸡缺乏维生素 C。

其补喂方法如下。

（1）将维生素 C 粉（或片剂捣成粉末），按比例拌入料中喂鸡。

（2）将维生素 C 弄碎，放在水中，然后将这种维生素 C 溶液作为鸡的饮水。

（3）天热时，补喂维生素 C，蛋壳的质量会明显改善。

731. 问：将红糖运用到养鸡过程中有什么益处？

答：红糖在养鸡过程中会起到很多很好的作用，比如将红糖用在雏鸡出壳后，给雏鸡饮用 5~8 的红糖水加维生素 C 饮水，再开食，连续饮用 3 天，可在雏鸡从雏室转入育雏室的时候，促进卵黄吸收，减少雏鸡发病，提高雏鸡饲料转化率。

红糖用在雏（种）鸡的长途运输中使用，5~10 的红糖水在长途运输前使用可避免或减少雏（种）鸡出现脱水，精神沉郁等不良反应，在后使用可让雏（种）鸡快速恢复体力，提高防御能力，减少死亡率。

在鸡转舍，变换饲料，断喙时可给鸡饮用 10 的红糖水 2~3 天，可预防鸡由应激造成的免疫机能下降，抗应激，并起到调节体液平衡，刺激食欲，补充营养，加速鸡康复，提高生产性能等作用。在寒冷的冬季使用 5~10 红糖水给鸡饮用可起到驱寒，化淤、健胃的作用。

在治疗像球虫病、大肠杆菌病及鸡白痢等传染性疾病时，可随药饮用 5~10 的红糖水，连续 3~5 天，会在鸡肠道内形成保护膜，减少有毒物质对肠道的刺激，减少死亡。在治疗鸡肾肿或鸡肾炎时，饮用 5~10 的红糖水，能起到辅助药物治疗的作用。

红糖还是一种非特异性免疫调节剂，可加强鸡体防御机能，配合抗生素药物作用更好。

鸡发生药物中毒或饲料添加剂中毒时，给鸡饮用 10 的红糖水，连续饮用 3~5 天，可有效缓解中毒症状，配合应用维生素 C 效果更佳。

732. 问：鸡互啄、鸡吃鸡蛋是为什么？

答：鸡互啄的原因。鸡群互相啄毛的影响因素比较多，饲养密度大，饲喂不及时，鸡群没吃饱饭或者没喝够水，鸡舍光照太强或者湿度太大等，都会造成鸡群互相啄毛。另外，如果养鸡户饲喂给鸡群的饲料中，长期缺乏充足的蛋白质、钙、盐以及矿物质等，也会引发鸡群互啄。还有就是，鸡群受到外界寄生虫病侵扰的时候，发生皮炎的时候，患有慢性肠炎而导致吸收营养差的时候，都会引发鸡群互啄。

一般情况下，蛋鸡养殖饲喂饲料，要保持钙磷比例合理，蛋鸡缺钙或者钙磷比例不合理都容易引起蛋鸡啄蛋。养鸡户可以在饲料中增加钙磷的比例，同时，可以考虑加入鱼粉饲喂鸡群小半个月。

733. 问：鸡球虫病如何治疗？

答：

（1）圈舍、食具、用具用20%石灰水或30%的草木灰水或百毒杀消毒液（按说明用量对水）泼洒或喷洒消毒。保持适宜的温、湿度和饲养密度。

（2）本病流行季节投喂维生素A、维生素K以增强机体免疫能力，提高抗体水平。

（3）雏禽期可用抗球虫类药物按最佳剂量拌料投喂3~5天。

（4）群体暴发球虫病时，常用下列药物予以治疗。

①氯苯胍为广谱抗球虫药，疗效高，毒副反应轻，适口性好，当使用其他球虫药无效时，改用本药可以奏效。每100kg饲料用3~5g拌料，连用3~5天。

用氯苯胍1.5g，丙二醇20mL，土温80~00mL，加热至70℃溶解后，配成30mL/L浓度的水溶液，供鸡群饮用。长期使用可能会使鸡肉（蛋）产生药味。

②10%盐霉素钠：每100kg饲料用5~7g拌料投喂，连用3~5天。

③磺胺二甲氧嘧啶：每100kg饲料拌药50g，连用3天，停3天再用3天（预防剂量减半）。

④青霉素按每千克体重2万~3万单位配合Vk3针剂0.2mg混合肌注，每天1次，连用3天。

⑤30%磺胺氯吡嗪钠粉（水溶性）：广谱高效抗球虫药，对各种球虫治疗效果显著。治疗用量按每千克鸡1g饮水3天。预防或一般性治疗按每千克水加1g供其自由饮用；严重感染时每千克水2~3g药粉对水饮之。也可按每100kg饲料用药25~30g拌料投喂。

⑥硫酸钠辅助治疗法：本方法适用于小肠球虫病的后期，肠腔内充满脓血时，此法优于单一使用抗球虫药治疗。用法：每1 000羽鸡用硫酸钠500g饮水3~5天，重症者可口灌服2次。目的是迅速将肠内脓血排除，以利药物被充分吸收而发挥疗效。

734. 问：哪些原因会导致鸡生病？

答：影响鸡健康的主要原因有以下几点。

（1）水中如果铅、汞、砷等超标，或者水受到一些病原的污染，都会对鸡群健康造成致命影响。所以，保证水质健康对于养鸡至关重要。

（2）人生存需要良好的空气，所以大家都讨厌雾霾，鸡也是一样。通常，养鸡户都比较纠结鸡舍内的氨气问题，事实上养鸡场不仅要防范氨气，还有小心硫化氢等其他有害气体。尤其是在冬季，养鸡场为了保温，鸡舍比较密闭，此时，会导致有害气体大量聚集。冬季鸡群常发呼吸道疾病，有时候就是有害气体导致的。

（3）任何动植物，生存都有一个温度的要求，鸡尤为如此。温差大，鸡受不了，然后各种拉稀、感冒、应激等就在鸡群中爆发了。温度问题可以直接造成鸡发病，也可以在鸡发病之后影响其康复，甚至可能直接造成鸡群因应激而成批死亡。虽然每个养鸡户都知道温度的重要性，但它却经常被忽略。

（4）关于养鸡场选址的问题，我们之前介绍过。在一个合适的地方建养鸡场，是养鸡成功的基础。这里我们强调两点，一是不能离村庄太近；二是不能离别的养鸡场太近。不然容易出现问题，比如疫病流行与交叉感染，人的活动对鸡群造成影响等。

除了水、气、温度和厂址因素，养鸡户还应该注意光照、噪音和风速等环境问题对于鸡群健康的影响。总之，鸡群发病，大多因环境因素而起，只有解决了这个根源因素，才能保障鸡群健康。

735. 问：冬季养鸡如何预防软骨病?

答：鸡在生长发育过程中，尤其是冬季，若体内矿物质特别是钙、磷不足或代谢遭到破坏，便会引起骨骼组织生长异常而形成一种营养性疾病，成年鸡通常称作软骨病，雏鸡通常叫做佝偻病。

（1）发病症状。病鸡主要表现为发育不良，食欲缺乏，羽毛蓬乱，骨软变曲，软肋和硬肋骨接合处有圆珠样硬节，胸平而扁，并向两侧突出。重者嘴软如橡皮，啄食困难，两肢疼痛不能站立，多数伏卧。雏鸡两胫弯曲呈弧形或“X”形，脊柱弯曲，鸣叫无力。蛋鸡产蛋率下降。

（2）预防措施。

①在日粮中要给鸡添加充足的钙、磷和维生素 D 粉，最好喂给全价配合饲料。

②每天给予不少于 6 小时的光照，同时，补喂沙粒，以提高鸡对饲料的消化率。

③适量补喂一些青绿饲料。

（3）治疗方法。

①发现病鸡，应及时增加日粮中钙、磷的比例。一般情况下钙、磷在日粮中的含量：雏鸡 0.9%，生长期的鸡 1.1%，蛋鸡 3%～3.5%，肉用鸡 1%左右。钙、磷的比例：雏鸡 2∶1，生长期的鸡 2.5∶1，产蛋期的鸡 1.5∶1。特别要注意补充维生素 D 或鱼肝油，以促进鸡对钙、磷的吸收。一般情况下，每千克饲料中加入维生素 D 2 000国际单位，鱼肝油每只鸡每天用 1～2mL。

②在日粮中添加骨粉等物质。骨粉可占日粮的 1%。

736. 问：用什么方法防治鸡安卡拉病最有效?

答：安卡拉病由安卡拉病毒引起的一种由腺病毒传播的传染病性疾病。安卡拉病首先发现在巴基斯坦，卡拉奇附近的安卡拉地区，由此而得名。安卡拉病早期主要发生肉用鸡的发病与感染，造成巨大的经济损失。近1~2年，此病在中国的江苏、湖北、北方地区蛋鸡也有感染并造成不同程度的死亡，给养户带来很大的经济损失。临床表现：精神萎靡，卧地不起，羽毛松乱，吃料减少，伴随着出现不同程度的死亡。

该病流行与发病无明显季节性，4周龄左右的鸡群最容易感染，可造成较为严重的死亡，5~6周龄进入死亡高峰，笔者亲自目睹看到死亡率高达70%~80%，7周以后死亡率慢慢降下来了。通常在20%~80%这样的死亡区间内。

比较有效的方法是。

（1）该病的发生与流行肯定存在其诱发的条件，要进行认识的分析与调研，剔除诱因是非常重要。

（2）安卡拉病在有些方面与法氏囊病很相似，要加以鉴别诊断。不要误诊。

（3）如果用有效的疫苗（包括灭活苗或弱毒活疫苗）予以预防免疫我肯定会有效。

737. 问：夏天如何管理种鸡?

答：夏季气候炎热、多雨、潮湿，鸡群食欲减退，产蛋量开始下降。饲养管理的中心任务是如何防暑降温，保持环境干燥卫生，以维持鸡群食欲和产蛋量。在这个季节里要加强鸡舍通风，前后窗户及天窗应昼夜打开，舍内勤垫干土。同时，还要贮存干土或干砂，以备下雨天用。没有树荫的运动场必须搭凉棚。水盆应放在荫凉处，勤换饮水，使鸡随时能喝到清凉的水，有利鸡体散热。

每天应早放鸡，晚圈鸡，利用早晚凉快时多喂饲料，并要现拌现喂，促进鸡的食欲，维持每天的吃料量。

春末夏初，母鸡容易抱窝。抱窝时，要尽快促其醒窝，办法有2种。

（1）改变环境。将抱窝鸡放入筐里，上面盖好，置于阴凉通风处。也可以将其放在一个泼水盆里，水没至鸡腿略骨部，鸡在水盆里只能站着。用这种方法3~4天即可醒窝。

（2）药物注射。按抱窝鸡的体重，每千克胸肌注射12.5mg丙酸宰丸素，4小时左右即停止抱窝，效果较好。还有用乙届酚注射的，每只胸肌注射15mg，也有效果。

738. 问：鸡气囊炎的综合防治措施?

答：鸡气囊炎是一种临床症状，一般来说它是由大肠杆菌、病毒、支原体等病原所引起的。由于气囊炎的病因相对比较多，同时，病原之间又能够相互的继发，所以，一般来说很难完全治愈。气囊炎一年多个时候均有可能发生，但是一般以冬季时病情高发。而目前现在的市场上该病也大量的流行，给中国的养鸡业带来非常大的经济损失。患病的鸡，呼吸道的症状比较明显。不仅气喘甩鼻、呼噜、肿头肿眼、张口呼吸、流泪，精神萎靡、食欲减退，个别鸡肉髯肿胀，甚至废绝。呈黄白色下痢、羽毛松乱、渴欲增加、无光泽，冠爪干燥无光。

鸡气囊炎的防治措施。

（1）鸡舍必须严格消毒。（空舍消毒、带鸡消毒、饮水消毒）

（2）为鸡群选择最好的免疫方法。

（3）加强饲养管理。（降低饲养密度、避免使用带有真菌毒素的饲料）

（4）呼吸道疾病的治疗要对症查因。

（5）喷雾给药。

（6）积极配合治疗。（用药时改变鸡舍的大环境，修复损伤的黏膜）

739. 问：鸡日粮中为什么加盐？

答：食盐能改善日粮的适口性，促进食欲，提高饲料利用率。如果鸡的日粮中食盐不足，会引起食欲缺乏和消化障碍，雏鸡发育迟缓，出现啄癖，产蛋母鸡的体重、蛋重减轻，产蛋率下降。鸡的日粮中食盐含量以0.37%~0.5%为宜，用量必须准确。

在配合日粮时应考虑动物性饲料的含盐量，然后确定补充食盐的用量。如在日粮中使用咸鱼粉时，必须先分析它的含盐量，否则，往往因咸鱼粉用量过多引起食盐中毒。氯和钠元素存在于鸡体的体液、软组织和鸡蛋中，可维持鸡体的酸碱平衡，保持细胞与血液间渗透压的平衡，使鸡体组织保持一定的水分。

740. 问：如何预防鸡感冒？

答：感冒是鸡常见多发病，特别是舍饲养鸡，放风稍有不慎，鸡就容易患感冒。冬季是鸡感冒的多发季节，因此，养殖场应留意鸡感冒的发生。

日常管理：注意防寒保暖。冬季气温较低，不利于养鸡。因此，要采取措施防寒保温，使室内温度不低于3℃。适当增加饲养密度、煤炉管道送温、修缮鸡舍门窗和屋顶、墙壁要粉刷和堵缝、防止漏雨和贼风入舍、大风和降温天气关好门窗。

饲养管理：早晚补充光照，保持光照时间14~17小时，每$4m^2$鸡舍装1个离地2m、有反射罩的40W白炽灯即可；适当增加饲料中的蛋白质和能量水平，加大玉米、鱼粉、饼粕和细糠的配比；保持环境安静。注意饮水，最好给温水，在水中添加维生素E、维生素C和糖多维。也可在饲料中添加小苏打，蛋鸡料加5%~6%、肉鸡料加0.5%~0.8%。

预防措施：一是实现全进全出，进行定期消毒。鸡苗用氧氟沙星加多糖饮水，在成鸡饮水中加百毒杀、3%漂白粉等药物、每周1次，鸡舍地面喷撒生石灰粉，或先用3%烧碱溶液消毒、1日后再用1∶25的菌毒敌消毒，每周1次。二是空舍期间勤打扫卫生并消毒3~5次，鸡粪集中堆积发酵处理。三是平时勤观察，发现病鸡及时治疗。四是按程序抓好预防。特别是禽流感、新城疫、传染性支气管炎等传染病的疫苗注射，应在饲料中加0.1%百球消等药物预防球虫病。

741. 问：鸡肠道疾病的成因？

答：小肠球虫感染小肠球虫主要寄生于肠黏膜上皮细胞中，当其大量生长繁殖时，必然导致肠黏膜增厚，水肿，严重脱落及出血等病变，使饲料不能完全被消化吸收，同时，对水分的吸收也明显减少。尽管鸡大量饮水，也会引起脱水现象，所以发病鸡所排粪便很稀薄且不成形，内含有没有被消化的饲料。

细菌感染细菌能引起肠炎，也是肉鸡肠毒综合征病因之一。如沙门氏菌、产气夹膜梭菌等，通过刺激破坏肠道黏膜，引起炎症使肠蠕动速度加快，消化液排泄过多，饲料通过消化道的时间缩短，导致消化不良。

病毒感染病毒也是引起肠毒综合征的诱因之一，如呼肠弧病毒引起肠炎，损害肠道的吸收功能。

肠道内的酸碱平衡失调由于季节、饲料、病原微生物等原因引起肠道菌群失调，产生大量乳酸，使肠道内pH值严重降低，肠道内环境发生改变，有益菌减少有害菌大量繁殖，又由于此时肠道处于厌氧环境，魏氏梭菌、肠梭菌等厌氧菌会大量繁殖，有害菌与球虫相互协调而加强了致病性。这样就会造成有益菌减少，而有害菌大量生长繁殖，特别是大肠杆菌、沙门氏菌能加重致病性。菌群所分泌的毒素增多，刺激肠道黏膜使肠蠕动加快，消化液排出增多，饲料通过肠道的时间缩短，形成消化不良。未消化的饲料随同脱落的黏膜一起排出体外，形成西红柿样或鱼肠样粪便。

电解质大量流失由于球虫和有害菌大量生长繁殖导致消化不良和肠道吸收障碍，使电解质吸收减少。同时，由于大量的肠黏膜细胞迅速破裂崩解，使电解质大量流失，出现生理生化障碍，特别是钾离子的大量流失，会导致心脏的兴奋性过度增强，这也是肉鸡猝死症明显增多的主要原因之一。

自体中毒在发病过程中，大量肠道上皮细胞破裂，在细菌的作用下，发生腐败分解，以及脱落的肠黏膜、死亡的虫体等在体内发酵分解产生大量有毒物质。同时，肠道内异常菌群分泌的毒素均会被机体吸收后发生自体中毒，出现兴奋不安、尖叫、瘫痪而衰竭死亡等症状。

饲料因素饲料中大量的能量、蛋白质和部分维生素能促进细菌与球虫的大量繁殖，加重症状。所以，营养越丰富，发病率就越高，症状就越严重。而饲喂品质较低的饲料相对发病较低，霉变饲料也能加重病情。

742. 问：鸡肠道疾病如何防治?

答：应加强饲养管理，勤换垫料，减低饲养密度，减少各种应激因素的刺激和防止并发症的发生。保持鸡舍的清洁卫生，特别是饲槽、饮水器要定期消毒。保持鸡舍内通风良好，空气新鲜。光照强度、时间、温度、湿度，应符合科学管理的技术要求。

禁止使用霉变饲料，科学添加饲料蛋白和维生素。酶制剂可提高饲料养分的消化吸收率，导致可被细菌利用的养分减少以及菌体生态所依赖的条件变差，使病原微生物数量下降，导致炎症反应减轻。肠道黏膜屏障对蛋白起到一定的改善，即酶制剂通过影响肠道微生物来维护肠道健康。精油对微生物的作用效果与其浓度有关，高浓度精油对病原微生物（沙门菌、大肠杆菌、产气荚膜梭菌等）有直接的杀灭作用；低浓度精油可促进机体免疫功能。精油包括天然和化学合成两类，化学合成的精油为亲脂性、易挥发且具有臭味。

合理运用药物预防，给予适量的维生素、鱼肝油等营养产品，有助于鸡的生长发育，增强抗病力。

743. 问：鸡肝脏病变会引起哪些疾病?

答：

（1）肝脏肿大的疾病。巴氏杆菌病、各种中毒病。

（2）肝脏坏死的疾病。组织滴虫病、巴氏杆菌病、结核病、单核细胞增多症。

（3）肝脏脂肪变性。脂肪肝出血症、法氏囊炎、鸡白痢。

（4）肝脏硬化。腹水综合征、黄曲霉菌素中毒、痢特灵中毒。

（5）肝脏肿瘤。马立克病、淋巴细胞白血病、网状内皮增殖症。

（6）肝周炎。大肠杆菌病。

（7）肝脏出血。热应激、脂肪肝出血、包涵体肝炎。

（8）尿酸盐沉积。各种原因引起的痛风。

744. 问：鸡滴虫病如何驱虫?

答：滴虫病是一种原虫，虫体小，主要是鸡吞入异刺线虫，经过消化道而感染，以夏季多雨潮湿季节多发，3~12 周龄雏鸡、幼鸡最易感染，成年鸡感染症状很轻，但粪便带虫，成为传染源。

症状：此病埋伏期长，一般为 8~12 天，最短 3 天，病程 1~3 周，发病后精神食欲降落，行动僵滞，排淡黄色淡棕色稀粪，继而粪便带血。防治方法：加强鸡舍卫生消毒，维持干燥。

医治：灭滴灵（甲硝唑）按 0.04%~0.08%添加饲料中，连喂 5 天，停药 1~2 天后再喂 5 天。

745. 问：鸡球虫病如何驱虫？

答：该病原体是原虫，虫体很小，在显微镜下能看到球虫生活史一共有7天，主要发生于3月龄以下是小鸡，主要损伤15~45日龄的雏鸡，该病一般在气象阴雨潮湿的4—8月最风行，病鸡排出的带虫卵的粪便污染了饲料、饮水、土壤等本病的传染媒介。

症状：一般分急性型、慢性型。急性型表现为食欲降落，双翅下垂，眼半闭，缩戏要呆立，继而下痢，稀粪带血。慢性型表现为消瘦、贫血，间歇性下痢，有时粪便中带血，但死亡率低。

防治方法：一是加强饲料管理，鸡舍常常消毒，维持鸡舍干燥，常常通风换气，避免粪便污染，及时处置病死鸡，严厉杜绝传染病。二是目前上市球虫苗均为活苗，使用后可刺激机体产生坚强免疫力，因肉鸡出产周期短，所以球虫苗主要用于种鸡。三是预防鸡球虫病必需早期投药，雏鸡从1日起投药至60日龄为止，医治成年鸡可按每千克饲料添加氯苯胍（罗本尼丁）50~60mg，拌平均连喂7~10天。肉鸡于上市前7天停药。

746. 问：鸡蛔虫病如何驱虫？

答：鸡蛔虫病是鸡体内最大的一种线虫，呈淡黄白色或乳白色，头端有3片唇旋绕，唇片的游离缘布有小白齿，雄虫长26~27mm，雌虫长7~11mm，虫卵呈椭圆形，外表光滑内含有一个卵细胞。鸡蛔虫主要寄生于鸡小肠内，损伤雏幼鸡。

症状：生长不良，消瘦，贫血，翅膀下垂，羽毛松乱，下痢，有时粪便中混有带血的黏液，成虫大批寄生时，引起肠阻塞，甚至肠破裂，有时粪便中有成虫排出。

防治方法：一是因成年鸡多是带虫卵者，所以，应将雏鸡、中雏鸡、成年鸡分群饲养。二是按期驱虫，每年驱虫两次，在第一次50~60日龄，第二次在产蛋前，第二年的鸡也可在换羽时驱虫。三是给驱虫期间，对鸡的粪便要及时清除，沉积发酵，以杀死虫卵，同时，要对鸡舍、用具、场地彻底清扫、消毒。

医治：蛔虫及线虫病，用左旋咪唑，按每千克体重30mg，平均地混于饲料服用，或用驱虫净按每千克体重0.04~0.05g，研碎拌料喂服。

为了预防鸡寄生虫病的发生，一定要留意鸡舍环境卫生的管理，用药时还要选择驱虫领域广的药物，尽量采用小剂量且有得于集体驱虫，可避免虫体产生耐药性，进步杀虫效果。

747. 鸡蛔虫病如何防治？

答：

（1）病原。鸡蛔虫是鸡体内最大的一种线虫，主要寄生于小肠内。

（2）症状。生长不良，消瘦，贫血，翅膀下垂，羽毛松乱，下痢，有时粪便中混有带血的黏液。成虫大批寄生时，引起肠阻塞，甚至肠破裂，有时粪便中有成虫排出。

（3）防治。

①因成年鸡多是带虫者，所以，应将雏鸡、成年鸡分群饲养。

②按期驱虫，每年驱虫两次，2 月龄第一次，第二次在冬季进行。对患鸡进行治疗性驱虫。

③驱虫期间，鸡舍、用具、场地要彻底清扫消毒，鸡的粪便及时堆积发酵。左旋咪唑按每千克体重 30mg 拌料，或驱虫净按每千克体重 0.05g，研碎拌料。

748. 问：鸡组织滴虫病有何流行特点？

答：宿主对感染因素的反应是不同的，它受易感性和感染方法及感染量的影响。死亡率常在感染后大约第 17 天达到高峰，然后在第 4 周末下降。有人报道，火鸡饲养在受鸡污染的地区时，曾有 89%的发病率和 70%的死亡率。易感火鸡的人工感染的死亡率可达 90%。虽然鸡的组织滴虫病的死亡率一般较低，但也有死亡率超过 30%的报道。在我国关于鸡组织滴虫病呈零星散发，但却是各地普遍发生的、常见的原虫病。

本病是由于组织滴虫钻入盲肠壁繁殖后进入血流和寄生于肝脏所引起的。组织滴虫病的潜伏期为 7~12 天，最短为 5 天，最常发生在第 11 天。病鸡表现精神不振，食欲减少以致废绝，羽毛蓬松，翅膀下垂，闭眼，畏寒，下痢。排淡黄色或淡绿色粪便，严重者粪中带血，甚至排出大量血液。病的末期，有的病鸡因血液循环障碍，鸡冠发绀，因而有“黑头病”之称。病程通常为 1~3 周。病愈康复鸡的体内仍有组织滴虫，带虫者可长达数周或数月。成年鸡很少出现症状。

749. 问：鸡胃线虫病有哪些特点？

答：鸡胃线虫病是由小钩锐形线虫（斧钩华首线虫）寄生在鸡的肌胃，以蚱蜢、蝗虫、象鼻虫、甲壳虫等作中间宿主、旋锐形线虫（旋形华首线虫）寄生在鸡的腺胃，以鼠妇为中间宿主和美洲四棱线虫寄生于禽胃、食道和小肠内引起的寄生虫病。

（1）流行病学。生活史胃线虫的生活史自鸡吞食含感染期幼虫的中间宿主开始，幼虫在鸡体内经过蜕皮发育为成虫，雌雄成虫交配后产下虫卵随粪便排出，虫卵被中间宿主吞食后在其体内孵化，并发育到感染期幼虫。

（2）病理学。旋形华首线虫感染时，病变主要在腺胃，表现为腺胃充血或出血，严重时黏膜形成椰菜花样溃疡，虫体前端深埋在溃疡中，病灶周围的腺体乳头变平。斧钩华首线虫感染时病变主要在肌胃，表现为肌胃黏膜（撕去鸡内金后的白色部分）有出血性炎症。在肌胃的肌肉内有包有寄生虫的软结节。严重感染时引起肌胃损伤，影响肌胃机能。

750. 问：鸡 VE 和硒缺乏症的诊断及治疗方法?

答：VE 是畜禽机体重要脂溶性维生素，可称生育酚，具有抗氧化、调节免疫力和生殖机能，抑制血小板增殖、凝集和血细胞黏附等生物学功能。大家畜 VE 和硒缺乏时主要表现为出现白肌病、生殖障碍和免疫力降低，患病家禽表现为繁殖功能紊乱、溶血、血浆蛋白质减少、肾退化、脂肪组织褪色、肌肉营养障碍以及免疫力下降。所以，一般所说的 VE 缺乏症，实际上是 VE-硒缺乏症。本病主要见于 20~50 日龄仔鸡。

日粮供应量不足或饲料贮存时间过长是诱发本病的主要原因。

（1）家禽日粮中缺乏 VE，可出现渗出性素质，在鸡的胸腹部皮下可见蓝绿色液体，出现水肿，另外，在家禽还可出现小脑软化症，解剖可见小脑增生出血或水肿，使雏鸡出现头颈后仰，严重时伏地不起甚至麻痹死亡。缺乏 VE，可使母鸡的产蛋率、种蛋孵化率降低。

（2）3~6 周龄雏鸡缺硒患“渗出性素质病”，症状为胸腹部皮下有蓝绿色的液体聚集，皮下脂肪变黄，心包积水。此外，缺硒还明显影响繁殖性能，母鸡缺硒，产蛋率、种蛋孵化率下降。

防治方法：饲料储存时间不可过长，以免受到无机盐和不饱和脂肪酸氧化或拮抗物质（酵母曲、硫酸铵制剂）的破坏。日粮中要保证供给足量的含硒 VE 添加剂。

751. 问：鸡酸中毒解救措施是什么?

答：鸡发生酸中毒后一般表现为鸡冠发紫，离群呆立，翅膀下垂，羽毛蓬松，食量大减，甚至拒食。用手压嗉囊，有的空虚，有的布满液体，将鸡倒提，则会从其口中淌出泡沫状酸臭的液体，病情严重的鸡还会发生昏厥或死亡。

每次配制或购进的饲料不宜太多，避免饲料霉变。习惯拌湿料喂鸡的农户最好改喂干粉料，可在食槽边放置净水，让鸡自由饮用。鸡一旦发生酸中毒，应立即停喂发热变质的饲料，对酸中毒较轻的鸡，配制 2%的小苏打水，让其自由饮用；给酸中毒较重的鸡投喂小苏打粉，每天 2 次，每次 5g；对酸中毒严重的鸡应实施小手术，切开嗉囊，清除内容物，再用 2%的小苏打水冲洗 2~3 次，缝合后 6~12 小时喂少许葡萄糖粉。

752. 问：鸡饲料的配制原则。

答：在为鸡设计配合饲料时，要把握以下几个原则。

（1）营养性。一般首先要把营养成分作为优先条件考虑。配制时考虑鸡对主要营养物质的需求，结合鸡群生产水平和生产实践经验进行配制。

肉鸡的饲料配制时，常分为肉小鸡、肉中鸡和肉大鸡料。

蛋鸡划分为育雏期、育成期和产蛋期料。产蛋期又可进一步分为产蛋高峰期、产蛋后期料。

所以设计配料时，对饲料营养成分含量及营养价值必须作出正确的评估。选择饲料原料时要注意原料的规格、等级和品质特性。如果条件允许，在设计饲料时，最好对重要原料的指标进行实际测定，以便提供准确参考依据。

（2）安全性。所配制的饲料，必须符合饲料卫生标准等国家或行业相关标准、法规、条例等。选用饲料原料时，必须安全当先，慎重选择。

（3）实用性和经济性。畜牧生产经济中的饲料费用往往占很大比例，所以，在制作饲料配方时，必须考虑其合理的经济效益。

753. 问：如何治疗腹水鸡?

答：一般在肉鸡饲养过程中，对发病早、体重小、没有商品价值的腹水鸡及早淘汰为上策。达到上市体重的鸡又不好出售的可采用下列方法治疗。

（1）用碘酊消毒病鸡腹后下部，手术刀切一小口放腹水，切口不缝合，让其自愈。限食不限水，水中加多维抗生素。

（2）三磷酸腺苷针 1 支肌苷针 1 支速尿针 1 支混合胸肌注射 3~5 只鸡，每天 2 次，连用 2~3 天。

（3）双氢克尿噻片 1 片、感冒清片 2 片、三黄片 2 片经口填服，每天 1~2 次，连用 2~3 天。

总之，肉鸡腹水症原因复杂，治疗困难，应及早动手，从多方面、综合性进行预防，才能把腹水症控制在最低限度，相应地减少经济损失，提高养鸡效益。

754. 问：如何防止良种鸡退化?

答：

（1）合理选配。有了优良的鸡群，而不进行合理的选配，任其乱交乱配，那么，所产生的后代就不会好。因此，在同一品种的鸡群中，每 8~10 只母鸡挑选 1 只特别优秀的公鸡，并具有独特的优良性能，如受精率、孵化率、抗病力强或外貌上具有某一特色的优点，利用这一公鸡，选择相似优良性状的母鸡进行交配繁殖。这样选配结果会使后代的生产性能显著提高。

（2）提纯选优。鸡的优良品种很多，在一个地区选择适应当地的自然条件、生产性能和经济价值高，受群众欢迎的品种鸡。实践证明，在一个地区推广一个品种为好，这样发展速度快，效果显著，也不容易混杂。同时，对于毛色杂乱、换羽特别早、产蛋过迟、鸡蛋特别小的鸡，一旦发现，应立即转群或淘汰。

（3）建好孵化育雏点。在品种鸡推广的地区，各重点场要兴办孵化育雏点，把引进的良种鸡蛋在孵化育雏点上进行孵化，集中养 10 天左右再卖给农民喂养。同时，还应向他们传授品种鸡的科学管理和疫病防治技术。

（4）严格选留种鸡。当引进的良种鸡达到一定数量时，应该把当地的劣种鸡逐渐淘汰，由少到多，从公鸡到母鸡，最后全部被良种鸡取代。在实现良种化的过程中，还要注意选留种鸡，特别要加强对种公鸡的选留和培育，并开展良种的鉴定工作，逐步建立良种鸡雏繁育体系，使优良的高产鸡群持久地保持下去。

755. 问：为什么微量元素铜对鸡的生长有重要的作用？

答：铜是鸡所必需的微量元素之一。铜在鸡体内主要分布于肝、脑、肾、心、眼和羽毛中。铜是多种酶的组成成分和激活剂，如铁氧化酶、酪氨酸酶、过氧化物歧化酶和细胞色素氧化酶等，因此，铜的功能很多，红细胞的生成、骨骼的构成、羽毛色素沉着及脑细胞的质化，均需铜的参与。

铜对鸡体的作用。

（1）铜还与维持鸡的神经机能、促进骨骼发育和羽毛色素有着密切关系，鸡缺铜时可导致佝偻症、心力衰竭、有色羽毛褪色等。

（2）铜是某些酶类的组成成分和活化剂，对维持鸡的血管弹性起重要作用，缺铜时易导致鸡动脉血管破裂。

（3）铜在鸡体内的作用是很广泛的。虽然铜本身不是鸡血血红素的成分，但它能促进铁进入血液以合成血红素，而且铜是红细胞的成分，并能促进红细胞的成熟，因此，鸡缺铜时，影响铁的吸收，红细胞的生成及成熟受到限制，结果导致鸡贫血。

（4）鸡体缺铜的表现。鸡缺铜时表现为贫血，骨骼发育异常、畸形，有色鸡品种的羽毛色素沉积不良。产蛋母鸡缺铜时产蛋量下降，蛋重量减轻，产薄壳鸡、无壳蛋、畸形蛋和沙皮蛋等，种蛋在孵化过程中胚胎常发生死亡。

756. 问：鸡产蛋下降的因素？

答：

（1）鸡群患病。急慢性传染病会使鸡群的产蛋量突然下降。如鸡群受强毒型新城疫侵袭，常使产蛋量下降50%以上；感染减蛋综合征能使产蛋率下降20%～40%，如混合感染其他疾病，产蛋率下降20%以上。另外，鸡群感染传染性支气管炎、传染性喉气管炎、霍乱、球虫病、大肠杆菌病、禽流感等，都会使产蛋率大幅度下降。

（2）饲料因素。日粮中饲料成分发生显著变化或质量有问题，可引起产蛋变化。如日粮中的原料种类突然改变、饲料搅拌不均匀、饲料发霉变质、更换鱼粉及酵母粉、食盐含量高、石粉添加量偏高、将熟豆饼换成生豆饼、饲料中忘记加盐等，降低了鸡的采食量，引起消化不良。产蛋率正常，鸡的体重不减轻，说明给料量和提供的营养标准符合鸡的生理需要，没有必要更换饲料配方。

（3）环境因素。

①长时间断水：因供水系统发生故障或忘记打开开关，造成长时间供水不足或断水。

②自然恶劣天气的袭击：未提前做好准备或预防，突然遭到热浪、台风或寒流的袭击。

③通风严重不足，长时间不通风等。

④光照程序或光照强度的变化：如随时改变光线颜色，突然停止光照，光照时间缩短，光照强度减弱，光照时间不规律，忽长忽短，忽早忽晚，忽照忽停，晚间忘记关灯等。

757. 问：怎样把锯末制成鸡饲料？

答：把锯末制作成鸡饲料，需要经过消毒、发酵、配料 3 个过程。

（1）消毒。筛去锯末中夹杂的刨花、小木棍、铁钉等杂物，同时用小孔筛去泥土，用 0.05% 的高锰酸钾溶液消毒。方法是：将预先配好的高锰酸钾溶液倒入装有锯末的缸内，使溶液没过锯末 10～15cm，搅拌 5 分钟左右后将锯末取出、沥干。

（2）发酵。消毒后的锯末装入池或缸内，分层压实，每装 15～20cm 用喷壶喷洒 30～40℃ 的温水 1 次，每 10kg 锯末需喷水 12～14kg，池或缸内装满后上压重物，3～5 天后可打开使用。冬季发酵要保证室温不低于 15℃。

（3）配料。发酵好的锯末使用前需先用锅煮 40～50 分钟，滤去水后每 10kg 锯末加植物油 200g、食盐 150g、味精 15g 和 30%～50% 的能量饲料，拌匀即可。

758. 问：如何让鸡在夏季多产蛋？

答：

（1）降低密度。蛋鸡特别怕热，因此，入夏后，应根据气温的上升情况，及时降低鸡群饲养密度。圈养蛋鸡入夏时，每平方米饲养 5 只为宜；入伏以后，可减少到 4 只。

（2）开窗搭棚。当气温上升到 25℃ 以上时，要及时打开窗户，安装通气纱窗；气温高于 30℃ 时，在离鸡较近的活动场地上搭一凉棚遮阴，凉棚应高于鸡舍 50cm 左右。

（3）早放晚圈。夏季天一亮，就应该把鸡放到活动场地上喂第一遍食，天黑后再圈鸡。尽量减少蛋鸡在鸡舍里停留的时间。入伏以后，也可以在凉棚下搭一些木架供鸡栖息，让鸡在凉棚下过夜。

（4）科学饲喂。夏季日照时间长，应增加饲喂次数，最好间隔 3～4 小时喂 1 次。早晚多喂，中午少喂，每顿料分 2 次添喂，中间隔半小时，以诱导蛋鸡增加食欲。夏季蛋鸡的饲料中要降低玉米和高粱的比例，玉米控制在45%以内，高粱不得超过5%，也可不喂高粱，适当提高麸皮、鱼粉、豆饼或花生饼的比例。

（5）搞好防疫。夏季蚊蝇滋生，容易传播疾病。因此，要认真搞好鸡舍的消毒防疫工作，预防疾病发生。鸡舍内每天要打扫1次，并且要勤垫沙土；下雨后要及时排除鸡活动场地上的积水，切勿让蛋鸡喝脏水；料槽要常清洗，在阳光下暴晒消毒，每隔半个月左右用2%的烧碱水喷雾消毒1次，发现臭虫，用500倍敌敌畏稀释喷洒到墙缝内进行杀灭。由于蛋鸡对敌敌畏较为敏感，因此，喷药前一定要把鸡赶到舍外。夏季也可以把大蒜捣烂，拌入饲料中，每隔3~5天喂1次，也可达到一定的防疫效果。

759. 问：什么是劣质鸡饲料？

答：劣质鸡饲料是指不按要求配方生产，料中含有大量的劣质饼粕、石粉、石屑等矿物质，营养含量不足或不合理的饲料，当前常见的劣质饲料如下。

（1）维生素不平衡。饲料中维生素添加量不足，长期使用导致雏鸡患维生素B_1缺乏症，成年鸡患维生素B_2缺乏症，产蛋率下降；还可导致成年鸡维生素B_2缺乏，蛋鸡呈现贫血症状。

（2）矿物质添加过多。饲料中过量添加石屑、石粉，长时间喂这样的饲料可使母鸡开产后下软皮蛋，出现佝偻病，严重者可引起痛风等矿物质代谢紊乱性病症。

（3）能量成分过多。能量原料过多，而含蛋白高的鱼粉减少，两者搭配不合理，该种饲料可导致鸡体内脂肪过度沉积，患脂肪肝综合征。

（4）配方不稳定。个体户生产饲料及养鸡户自配料，由于就地取材，原料品种少，饲料成分变动大，用这种料喂鸡，会产生应激反应，致使产蛋率高低不稳定，高峰期短或不明显。

（5）用棉籽饼代替优质豆粕。有些饲料中棉籽饼添加过多或用其完全取代豆粕，结果使饲料品质明显下降，同时，还会对蛋鸡产生毒副作用。

（6）含盐量不稳定。使用次鱼粉太多而使盐含量增加，导致鸡过量饮水而出现消化不良，使产蛋明显减少，还有的饲料含盐过低，引起鸡啄羽、啄肛。

760. 问：鸡呼吸系统病发病的原因是什么？

答：鸡呼吸系统的感染很容易扩散至鸡腹腔脏器甚至全身，一旦气管、支气管的黏膜、纤毛系统、肺泡的巨噬细胞吞噬系统受到损害，鸡呼吸系统疾病便会发生。

（1）生物因素。生物因素包括病毒、细菌、真菌、寄生虫等，如禽流感病毒、新城疫病毒、传染性支气管炎病毒、传染性喉气管炎病毒、大肠杆菌、支原体、真菌和某些寄生虫等。

（2）环境因素。主要指禽合的卫生状况，禽合通风良好，空气新鲜，发病的几率较少。空气污浊，有害气体（氨、硫化氢等）含量高，容易诱发呼吸道疾病。空气中粉尘是携带病原体的载体，粉尘主要有灰尘、鸡体脱落的皮屑等。

（3）饲养管理因素。鸡群密度过大、营养不良等也可引起呼吸道疾病。

（4）气候因素。气候突变、大风、降温等常诱发呼吸道疾病。

（5）鸡的呼吸系统的解剖学特点也是导致发病的重要因素，病原微生物可经气管、肺直接进入气囊，这就是鸡的气囊炎、肝周炎、腹膜炎和心包炎特别多和严重的原因。

761. 问：鸡为啥夏季常产软壳蛋?

答：进入夏季后，有的鸡常产软壳蛋，鸡群虽然产蛋率不低，软壳蛋的数量却增多。出现这种情况的原因有 2 个：一是鸡大量产蛋，饲料中的钙磷满足不了蛋壳形成的需要；二是鸡因大量产蛋和天气逐渐炎热，体质明显下降，鸡的胃肠对钙、磷消化吸收利用率大大减弱。那么，怎样才能解决这个问题呢?

夏季必须在饲料中添加足够的骨粉、石粉、贝壳粉等矿物质饲料，并将其进行特殊的加工调制。方法是：把骨粉等放入锅内，然后加入适量的食醋（3%左右）加热翻炒后，再添加到饲料中拌匀喂给。这样处理后，醋与骨粉等中的钙起化学作用，生成较易溶解的醋酸钙，醋酸钙极易被鸡的胃肠和机体消化、吸收利用，其效果既快又显著。

762. 问：夏季鸡白冠病如何防治?

答：鸡白冠病又叫卡氏住白细胞原虫病，发病鸡在临床上以贫血、消瘦、鸡冠苍白为主要特征。雏鸡、育成鸡死亡率可高达 91%，成年鸡发病后可使产蛋率下降 30%~50%。该病多发生于高温多湿的 6—10 月，呈明显的季节性流行。

发病原因：夏秋季节高温多湿，河沟水库存水较多，对蠓、蚋大量繁殖十分有利，而蠓、蚋就是本病的传播媒介，并且各个年龄的鸡都能感染，成年鸡比雏鸡更易感，但雏鸡发病率比成年鸡高。因此极易引起本病的大面积流行。

临床症状：发病鸡精神萎靡，闭目呆立，羽毛散乱，步态不稳，食欲降低或废绝；粪便稀薄，呈黄绿色，常有血便发生；鸡体贫血、消瘦，冠及肉垂苍白；大多病鸡死前抽搐和痉挛，个别鸡死亡前后口鼻出血；产蛋鸡产蛋率急剧下降，薄壳蛋、软壳蛋增多。后期个别鸡出现瘫痪。

防治措施：该病确诊后，应立即进行治疗。可用氯喹按每千克拌料 200mg，连喂 3 天，隔 2 天，再喂 3 天。也可用复方泰灭净，前 3 天用 0.8%，后 7 天用 0.2% 拌料喂服，疗效很好。如病鸡食欲减退或废绝，可用盐酸二奎宁，每支 1mL（含药

0.25g)，每只鸡胸肌注射0.25mL，每天1次，连用4～5天。也可用白冠红、鸡球净等进行治疗。同时，应防止禽类宿主与媒介昆虫的接触。在鸡舍内外应用溴氰菊酯或戊酸氰醚脂等杀虫剂消灭蠓、蚋等有害昆虫，并在鸡舍的门窗上钉上纱网，减少昆虫的袭击。

第四节　淡水池塘养鱼技术

763. 问：生产无公害淡水鱼有哪些要求?

答：第一，养殖基地必须经过有关部门的认定，其中，最主要的是空气、土壤、水质必须符合国家有关标准要求；第二，必须按照无公害水产品的生产技术操作规程进行养殖，从苗种放养到饲料、肥料、渔药等一切投入品的使用，再到产品的捕捞、贮运、质检、包装、上市的各个环节均需符合相关标准或规范的要求；第三，产品必须经过政府指定的权威质检机构的抽检、完全合格并颁证后方能进入市场销售。

764. 问：通过哪些方法我们可以成功养殖无公害淡水鱼?

答：

(1) 人工生态环境养殖法。也就是人工创造一个符合无公害淡水鱼生产环境条件的水域，然后选择合适的鱼类品种进行无公害养殖。这里主要介绍鱼、畜、禽、草（菜）有机结合养殖法，即把畜、禽、水产养殖与饲草种植结合在一起，用无公害商品饲料养畜、禽、鱼，池埂边坡种饲草饲养鱼类和畜禽，畜禽粪肥经沼气池发酵后作饲草和培育水质的肥料。冬季清塘的鱼池肥泥又可以作种草的基肥，从而形成良性循环，这是最常见的人工生态系统养殖法，也是无公害水产养殖很有发展潜力的一种形式。

(2) 多品种立体养殖法。对于这种养殖法，我们举例来说明。以草鱼（或鳊）为主养鱼、同池混放一定数量的鲢、鳙、鲤、鲫等。用草料（或部分商品料）喂养草鱼（或鳊），他们排出的粪便可以肥水，有利于培养浮游生物，鲢、鳙滤食浮游生物降低了水质的肥度，而鲤、鲫又以草鱼吃剩的残料、碎屑和底栖生物为食，起到打扫环境卫生的作用。经过鲢、鳙、鲤、鲫的共同作用，既净化了水域环境，又促进主养品种草鱼（或鳊）的生长。如果在该系统中适当搭配一点凶猛的肉食性鱼类（如鳢、鲇、鳜、鲈等），利用他们吃掉养殖水体中的野杂鱼和体质较差或生病的鱼体，不仅可防止主养品种的发病以及疾病蔓延，还能降本增收。

(3) 开放式流水或微流水养殖法。这种方法主要是利用河流及湖泊水库水体的自然落差进行流水养殖。由于水质好、环境优，配套使用无公害饲料，主养名优鱼类，只要饲养密度适当，一般很少生病，因此，不需用药或很少用药，产品通常能达到无公害水产品的标准。

(4) 自然生态系统养殖法。利用无污染的天然水域（如湖泊、水库、江河等）及其天然饵料，按照特定的养殖模式进行增殖、养殖，基本上不投饲，也不施肥、洒药，目标是生产绿色食品和有机食品。这是今后获取高品位水产品的一个重要手段。

765. 问：影响养殖水体透明度变化的因素有哪些？在这些因素作用下透明度是如何变化的？

答：在正常情况下，养殖水体中的泥沙含量少，其透明度的高低主要取决于水中的悬浮物的多少。

透明度有季节变化、水平变化和日变化。养殖水体小，水质肥，浮游生物量大，这种变化更为显著。精养鱼池，在夏秋季节，池水浮游生物和有机物多，透明度小；冬季水温低，池水浮游生物量少，水质清，透明度大。早晨浮游植物在池中的垂直分布基本均匀，其透明度大；午后因浮游植物趋于上层，水的透明度变小。上午（8：00）和下午（14：00）池水同一测点的透明度可相差5～15cm。由于风力的影响，将水中浮游植物和悬浮有机物吹向池塘下风处，故下风池水浓，透明度小；而上风水浮游植物量少，池水较清，透明度相对较大。在风力3～4级时，池水上下风处的透明度可相差5～20cm。

766. 问：透明度的不同变化意味着什么？

答：养殖水体透明度的大小不仅直接影响水中浮游植物的光合作用，而且还能大致反映水中浮游生物的丰歉和水质的肥度。

在精养鱼池，肥水池日变化以及水平变化（上下风变化）大，表明水中溶解氧条件适中，鱼类易消化的藻类多。透明度过大，表示水中浮游生物量少，水质清瘦，有利于非滤食性鱼类的生长，但不利于滤食性鱼类生长；透明度过小，表明水中有机物过多，池水耗氧因子过多，上下水层的水温和溶氧差距大，水质容易恶化。

767. 问：养殖水体中的溶解氧有哪些变化规律？

答：溶解氧具有以下变化规律。

(1) 水平变化。由于风力的作用，池塘下风处浮游生物和有机物比上风处多，因此，白天下风处浮游植物产氧和大气溶入的氧气都比上风处高。但夜间溶氧的水平分布恰恰与白天相反，是上风处大于下风处。这是由于集中在下风处浮游生物和有机物在夜间的耗氧比上风处高，下风处的耗氧速度比上风处快。

(2) 垂直变化。池水溶氧有明显的垂直变化。白天上层浮游植物数量多，光合作用产氧量多；下层正相反，产氧少而有机物耗氧量大（特别是塘泥）。夜间，溶氧的垂直变化并不显著。

（3）昼夜变化。主要原因是白天浮游植物光合作用产氧量高，往往在晴天下午溶氧超过饱和度；到夜间浮游植物光合作用停止，池中只进行各种生物的呼吸作用，而大气溶入表层水的氧气又不多，致使池水溶氧明显下降，至黎明前下降到最低，此时就容易引起鱼类因缺氧而浮头。

768. 问：溶解氧对鱼类有哪些影响？

答：氧气是鱼类赖以生存的首要条件。对于精养小水体，由于放养密度高，有机物（生物、残饵、粪便等）耗氧量大，溶氧供不应求，必须通过换水、机械增氧等方法加以补充。池塘属于静水水体，换水量少，水体小，载鱼量高，而且受天气变化的影响很大，在这种特定的条件下，池塘溶氧的高低往往是鱼类生长季节衡量水质优劣的重要标志。

我国主要养殖鱼类溶氧保持在4~5.5mg/L以上，才能正常生长。溶氧低于此水平，鱼类生长就会受到不同程度的抑制。长期生活在低含氧量水中的鱼类，其饵料利用率、摄食率和鱼体增重率均有很大影响。

769. 问：如何改良池塘中的氧气条件？

答：改善池塘溶氧条件应从增加溶氧和降低有机物耗氧两个方面着手，应采取以下措施。

（1）在增加池塘溶氧条件方面。一是保持池面良好的日照和通风条件；二是适当扩大池塘面积，以增加空气和水的接触面积；三是施用无机肥料，特别是施用磷肥，以改善池水氮磷比，促进浮游植物生长；四是及时加注新水，以增加池水透明度和补偿深度；五是合理使用增氧机，特别是应抓住每一个晴天，在中午将上层过饱和氧气输送至下层，以保持溶氧平衡。

（2）在降低池塘有机物耗氧方面。一是根据季节、天气合理投饵施肥，防止鱼类浮头；二是根据鱼类生长，及时轮捕出一部分达到商品规格的成鱼，以降低池塘载鱼量；三是每年需清除含有大量有机物的塘泥；四是采用水质改良机在晴天中午将池底塘泥吸出作为池边饲料地的肥料，既降低了池塘有机物耗氧，又充分利用了塘泥；五是有机肥料需经发酵后在晴天施用。

770. 问：盐度对鱼类有哪些影响？

答：从养鱼用水角度看，含盐度过低（如小于0.2g/L），水的碱度、硬度都达不到基本要求，鱼类生长就会受到影响。盐度过高，对许多淡水鱼生长不利，甚至危及鱼类生存。各种鱼类都有一定的耐盐限度，如鲢鱼的耐盐限度，鱼种期为5~6，成鱼期为8~10；草鱼鱼种期为6~8，成鱼为10~12。但大多数淡水鱼和饵料生物在盐度为5的水中都可正常生活，因此，含盐量稍高一些的微咸水（盐度为3）

仍然可以作为养鱼池的水源，但是这种水的碱度和 pH 值不宜过高。

771. 问：pH 值对鱼类有哪些影响？

答：pH 值表示酸碱度。pH 值分为 0~14 范围，一般从 0~7 属酸性，从 7~14 属碱性，7 为中性。鱼类存活的 pH 值范围一般在 4.4~10.2，多适应中性或弱碱性环境，在 pH 值为 7~8.5 范围水中生长良好。巴彦淖尔市各水体的 pH 值变化幅度在 7.4~10.4，绝大部分水体适宜主要淡水鱼类的生存和生长。

772. 问：池塘水域生物的特点有哪些？

答：精养鱼池由于大量投饵施肥后，其生物的种类组成和数量变化与天然池塘有显著的区别，其主要特点如下。

（1）细菌数量多，以异养菌为主。

（2）水体中以浮游生物为主，池塘中高等水生植物和底栖生物很少。

（3）在浮游生物中又以浮游植物为主。

（4）浮游植物的优势种极为显著，其种类少、生物量大，并在夏秋季节往往形成水华。

（5）生物的变动量大。

773. 问：河套地区有哪些池塘养鱼模式？

答：河套地区池塘养鱼模式如下。

（1）单养。单养是指同一池塘只养一种鱼类。

（2）混养。混养是池塘养鱼稳产高产的重要技术措施。包括：一是在同一养殖池内混养多种不同的养殖鱼类，且可达到共生互利的目的；二是同一种养殖鱼类不同年龄、不同规格同池混养；三是多种鱼类及其不同年龄、不同规格同池混养。

（3）轮捕轮放。轮捕轮放就是分期捕鱼和适当补放鱼种，即在密养的池塘水体中，根据鱼类生长情况，到一定时间捕出一部分达到商品规格的成鱼，再适当补放鱼种，以提高池塘经济效益和单位面积鱼产量。概括地说，轮捕轮放就是“一次放足，分期捕捞，捕大留小，去大补小”。

（4）80∶20 模式。该模式是指利用淡水池塘养鱼，其中，80%左右的产量是由一种摄食人工颗粒饲料，受消费者欢迎的高价值鱼组成，也称之为主养鱼，如草鱼、鲤、鲫、团头鲂、斑点叉尾鮰等，其余 20%左右的产量是由服务性鱼所能成，也称之为搭配鱼，如鲢、鳙（可摄食池中浮游生物，净化水质）、鲶鱼、鳜鱼（肉食性鱼类可清除池中的野杂鱼）。此技术适合鱼种养殖和成鱼养殖。

774. 问：根据巴彦淖尔市的生态与气候条件，我们应当选择什么样的养殖模式？

答：根据巴彦淖尔市的生态和气候条件，在池塘养殖中鱼苗至夏花培养阶段和一些特种水产品养殖（如乌鳢、虾类等）采取单养模式，在商品鱼养殖阶段选择混养、轮捕、80∶20 养殖模式。

775. 问：巴彦淖尔市主推哪种养殖模式？如何应用该模式？

答：淡水池塘 80∶20 养鱼技术是巴彦淖尔市池塘养殖的主推模式。应用淡水池塘 80∶20 养鱼技术的基本方法可以概括为以下 5 点。

第一，准备高标准的养鱼池塘。成鱼养殖池以 10～30 亩为宜。水源充足、水质良好、溶氧量高、符合国家渔业用水标准。池塘周围不应有高大的树林和房屋。池塘坡度以 1∶2.5 或 1∶3 为好。沙土或沙壤土可适当将坡度放大些，以减少塘埂倒塌的可能性；第二，将规格整齐能摄食颗粒饲料的鱼类（如鲫鱼）的鱼种和滤食性鱼类（如鲢鱼）的鱼种放养到已经准备好的池塘中，使这些鱼类在收获时，大致分别占总产量的 80% 和 20%；第三，以一种营养完全、物理性状好的颗粒饲料，按规定的计划和方法饲喂 80% 组的鱼类；第四，在整个养殖周期内，始终将池塘水质维持在一个不会引起鱼类应激反应的水平，采用标准的方法管理池塘；第五，在养殖周期结束时，能一次性收获所有的鱼类。主养鱼的个体应该是大小均匀、市场适销。

776. 问：怎样进行清塘消毒？

答：冬季或早春排水、清污，白天让阳光曝晒，晚上冰冻一星期左右，同时清除池边滩脚上的杂草，以减少水生昆虫等产卵场所。每亩用生石灰 50～60kg 均匀遍洒全池消毒。清塘后 7～8 天即可放鱼；也可带水清塘，每亩水深 1m 用生石灰 120kg 左右全池泼洒，或用漂白粉 20mg/L 消毒。

777. 问：如何选择和放养鱼种？

答：选择体格健壮、无病、规格整齐的大规格鱼种，通常在春节前后放养，最晚应在水温 6℃左右时放养完毕。放养鱼种应选择在晴天进行，以免冻伤鱼种。

778. 问：在 80∶20 养鱼模式中，对饵料有哪些要求？

答：该模式中主养鱼类对饵料的需求较高，要保证饵料的营养及质量应做到以下几点：

一是按质量要求对原料精心挑选；二是原料粉碎度应在 60 目以上，仔细地加以熟化使消化率、吸收率提高而不破坏营养成分；三是不含过多水分；四是无微生物及污染物；五是充分地均匀混合，使每一颗料所含的营养成分尽可能一致；六是在水中稳定时间至少要 10 分钟以上。

779. 问：对鱼池如何做好日常管理？

答：主要是水质监测与管理。定期使用水质测定仪（或采用化学方法）测定池水相关指标的含量，以便采取相应的对策。

池塘最好能配备增氧机，并合理使用。4 月中旬开始，晴天中午开增氧机 1~2 小时，6—9 月每天后半夜开机至黎明。合理开增氧机，能预防浮头，防止泛塘，有利于防病治病，提高饲料利用率，降低饵料系数，达到稳产、高产的效果。定期排放池塘内老水，加注新水，每次换水量为池塘总水量的 1/4~1/3。每年的 6 月、7 月、8 月、9 月的 4 个月中，每月每亩（按 1m 水深计）施用生石灰 20kg。

780. 问：各地区条件不一，我们应当如何选择适合当地生态条件、养殖模式与市场需求的鱼类品种?

答：

（1）以生产的整体效益为目标，为发展生态渔业创造条件。

①经济效益：生产出来的鱼产品是否有市场，即养殖鱼类的价格和销路，是选择养殖鱼类的首要依据。被选择的养殖对象必须是能产生较高经济效益的鱼类。

②社会效益：被选择的养殖对象不仅能高产、优质，而且是能为均衡上市创造条件（如容易捕捞、运输不易死亡等）的鱼类。

③生态效益：选择的养殖对象在生物学上具有能充分利用自然资源，节约能源，循环利用废物，提高水体利用率和生产力，改善水环境等特性。被选择的养殖对象通过混养搭配、提供合适的饲料等措施，保持养殖水体和养殖企业的生态平衡，提高生态效益，促使水产养殖生产的持续稳定发展。

（2）具有良好的生长性能。

①生长快，在较短时期内能达到食用规格。

②食物链短。

③食性或食谱范围广，饲料容易获得。

④苗种容易获得。

⑤对环境的适应性强。

781. 问：鱼类的生长具有哪些特性?

答：鱼类生长包括体长和体重两方面的增加。各种鱼类都有自己的生长特性，但鱼类生长也有其固有的特性。

（1）鱼类生长的阶段性。生命在不同时期表现为不同的生长速度，称生长的阶段性。一般说来，鱼类首次性成熟之前的阶段，生长最快，该阶段称青春阶段；性成熟后生长速度明显缓慢，并且在若干年内变化不大，该阶段称成年阶段；最后阶段称衰老阶段，进入本阶段后，生长率明显下降直到老死。通常凡是性成熟越早的鱼类，个体越小。反则反之。此外，雄鱼比雌鱼先成熟。因此，雄鱼的生长速度提早下降，造成多数鱼类同年龄的雄鱼个体比雌鱼小一些。为提高鱼产量和经济效益，在生产上都将生长最快的阶段作为养殖周期，将鱼养到性成熟以前捕出，使其在有限的投入中取得最大的体重。

（2）鱼类生长的季节性。不同季节，水温差异很大，而饵料的丰歉又与季节有密切联系，因此鱼类生长一般以一年为1个周期。

从鱼类生长的适温范围看，可分为冷水性鱼类（生长的水温范围为3~25℃）、温水性鱼类（生长的水温范围为20~32℃）和暖水性鱼类（生长的水温范围为25~35℃）三大类。

（3）鱼类生长的群体性。鱼类常有集群的行为。

782. 问：养殖鱼类具有哪些生活习性?

答：

（1）栖息水层和活动场所。养殖鱼类的栖居水层是与其食性相适应的。鲢、鳙鱼以食浮游生物为主，它们通常在水的中上层活动。鲢、鳙平时栖息在江河干流及其附属水体中摄食肥育。刚孵出的鱼苗随水漂流。幼鱼主动游入河湾或湖泊中索食。产卵群体每年在生殖期前开始集群，溯河洄游至产卵场。产卵后通常进入湖泊食物丰富处肥育。冬季，湖水降落，成熟个体又到干流河床深处越冬，未成熟个体多数仍然在湖泊等附属水体深处越冬。

草鱼在水的中下层及岸边摄食水草，主要在水体中下层活动。通常在被淹没的浅滩草地和泛水区域以及干支流附属水体（湖泊、小河等水草丛生地带）摄食肥育。青鱼以底栖生物为食，经常在水的下层活动，一般不游到水面。通常集中在江河湾道、沿江湖泊及附属水体多螺蚬等底栖动物地带肥育。冬季在河床或湖泊深水处越冬。草鱼、青鱼和鲢、鳙一样，也有产卵洄游和不同发育阶段更换栖息场所的现象。

鲤、鲫鱼食底栖生物和腐屑，是底栖性鱼类，一般喜欢在水体下层活动，很少到水面。它们对外界环境适应性较强，可以生活在各种水体中，但比较喜欢栖息在水草丛生的浅水处。春季生殖后大量摄食肥育，冬季在深水处或水草多的深水湖槽中越冬。

团头鲂是草食性鱼类，喜欢在水体的中下层活动。特别适合于湖泊静水水体、有沉水植物的敞水区的中下层栖息。生殖季节集群于有水流的场所进行产卵。冬季则在深水处的泥坑中越冬。三角鲂和长春鳊也都是中下层鱼类，栖息习性与团头鲂相似，不同的是长春鳊一般在江河流水中产卵。

（2）生活习性。实际上养殖鱼类的生活习性是鱼类的本能。如鲢性急躁，行动敏捷，活泼而善跳跃，能跳出水面1m多高，网捕时，常跳出网外；遇水流容易逆水潜逃，不易捕捞。素有“急躁白鲢之称”。

鳙性温和，行动迟缓，捕捞时不跳跃，遇水流也不易潜逃，易捕获。其抢食远逊于鲢。素有“好人花鲢”之称。故湖泊、水库等大水面养殖，鳙比鲢放养多，其回捕率高是一个重要原因。

草鱼性活泼，行动迅速，游泳快；其食量大，抢食凶，素有“强盗草鱼”之称。

青鱼性胆怯，行动迟缓；吃食斯文，摄食螺蚬时，先用咽喉齿将螺、蚬咬碎，再吐出，挑肉吃；抢食能力差，咬碎的螺、蚬肉常被鲤、鲂鱼抢食；如螺蚬变质，青鱼会拒食；又因它们在二龄鱼种阶段食性转化，饲养较困难，如无适口饵料，容易得病，成活率低。渔民称其为“秀才青鱼”。

鲤、鲫鱼对外界环境的适应性强，食性杂；对饵料的要求不严，寻食能力强；能清扫食场残饵，防止其腐烂变质。故渔民称其为“清洁工”。

团头鲂鱼性情温驯，易捕捞，抗病率较强。鳊鱼性胆怯，不易捕捞。在苗种阶段体单薄，较娇嫩，操作时鳞片容易脱落，且耐低氧能力较差。

783. 问：新建池塘如何科学选址？应考虑哪些因素？

答：

（1）水源、水质条件。新建池塘要充分考虑养殖用水的水源、水质条件。一般应选择在水量丰足，水质良好的地区建场。水产养殖场的规模和养殖品种要结合水源情况来决定。采用河水或水库水作为养殖水源，要考虑设置防止野生鱼类进入的设施以及周边水环境污染可能带来的影响。使用地下水作为水源时，要考虑供水量是否满足养殖需求，一般要求在10天左右能够把池塘注满。

选择养殖水源时，还应考虑工程施工等方面的问题，利用河流作为水源时需要考虑是否筑坝拦水，利用山溪水流时要考虑是否建造沉砂排淤等设施。水产养殖场的取水口应建到上游部位，排水口建在下游部位，防止养殖场排放水流入进水口。

水质对于养殖生产影响很大，养殖用水的水质必须符合《渔业水质标准（GB 11607—1989）》规定。对于部分指标或阶段性指标不符合规定的养殖水源，应考虑建设源水处理设施，并计算相应设施设备的建设和运行成本。

（2）土壤、土质。在规划建设养殖场时，要充分调查了解当地的土壤、土质状况，不同的土壤和土质对养殖场的建设成本和养殖效果影响很大。

池塘土壤要求保水力强，最好选择黏质土或壤土、沙壤土的场地建设池塘，这些土壤建塘不易透水渗漏，筑基后也不易坍塌。

沙质土或含腐殖质较多的土壤，保水力差，做池埂时容易渗漏、崩塌，不宜建塘。含铁质过多的赤褐色土壤，浸水后会不断释放出赤色浸出物，对鱼类生长不利，也不适宜建设池塘。pH值低于5或高于9.5的土壤地区不适宜挖塘。

（3）电力、交通、通信。水产养殖场需要有良好的道路、交通、电力、通信、供水等基础条件。新建、改建养殖场最好选择在“三通一平”的地方建场，如果不具备以上基础条件，应考虑这些基础条件的建设成本，避免因基础条件不足影响到养殖场的生产发展。

784. 问：应按照哪些原则和方式对鱼池进行合理布局?

答：

（1）场地布局。水产养殖场应本着“以渔为主、合理利用”的原则来规划和布局，养殖场的规划建设既要考虑近期需要，又要考虑到今后发展。

（2）基本原则。水产养殖场的规划建设应遵循以下原则。

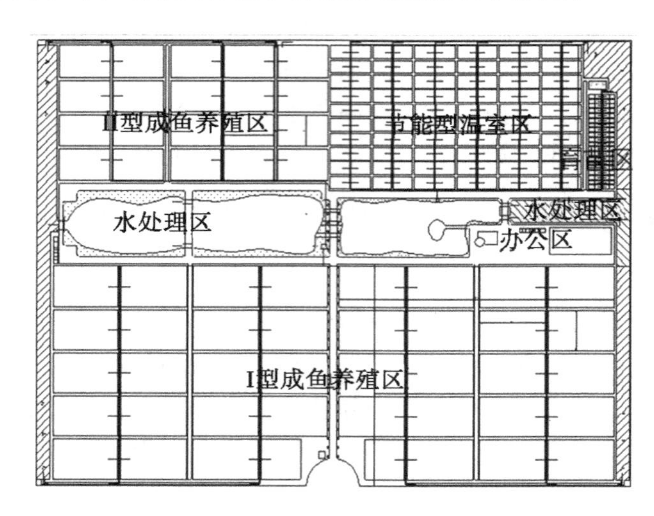

图　一种水产养殖场布局

①合理布局：根据养殖场规划要求合理安排各功能区，做到布局协调、结构合理，既满足生产管理需要，又适合长期发展需要。

②利用地形结构：充分利用地形结构规划建设养殖设施，做到施工经济、进排水合理、管理方便。

③就地取材，因地制宜：在养殖场设计建设中，要优先考虑选用当地建材，做到取材方便、经济可靠。

④搞好土地和水面规划：养殖场规划建设要充分考虑养殖场土地的综合利用问题，利用好沟渠、塘埂等土地资源，实现养殖生产的循环发展。

（3）布局形式。养殖场的布局结构，一般分为池塘养殖区、办公生活区、水处理区等。

养殖场的池塘布局一般由场地地形所决定，狭长形场地内的池塘排列一般为“非”字形。地势平坦场区的池塘排列一般采用“围”字形布局。

785. 问：养殖池塘的类型有哪些?

答：池塘是养殖场的主体部分。按照养殖功能分，有亲鱼池、鱼苗池、鱼种池和成鱼池等。池塘面积一般占养殖场面积的65%～75%。各类池塘所占的比例一般按照养殖模式、养殖特点、品种等来确定。

786. 问：如何合理确定养殖池塘的形状？

答：池塘形状主要取决于地形、品种等要求。一般为长方形，也有圆形、正方形、多角形的池塘。长方形池塘的长宽比一般为（2~4）：1。

长宽比大的池塘水流状态较好，管理操作方便；长宽比小的池塘，池内水流状态较差，存在较大死角和死区，不利于养殖生产。

787. 问：如何选择养殖池塘的朝向？

答：池塘的朝向应结合场地的地形、水文、风向等因素，尽量使池面充分接受阳光照射，满足水中天然饵料的生长需要。池塘朝向也要考虑是否有利于风力搅动水面，增加溶氧。在山区建造养殖场，应根据地形选择背山向阳的位置。

788. 问：如何合理确定不同类型池塘的规格？

答：

（1）面积。池塘的面积取决于养殖模式、品种、池塘类型、结构等。面积较大的池塘建设成本低，但不利于生产操作，进排水也不方便。面积较小的池塘建设成本高，便于操作，但水面小，风力增氧、水层交换差。大宗鱼类养殖池塘按养殖功能不同，其面积不同。在南方地区，成鱼池一般5~15亩，鱼种池一般2~5亩，鱼苗池一般1~2亩；在北方地区养鱼池的面积有所增加。另外，养殖品种不同，池塘的面积也不同，淡水虾蟹养殖池塘的面积一般在10~30亩，太小的池塘不符合虾、蟹的生活习性，也不利于水质管理。特色品种的池塘面积一般应根据品种的生活特性和生产操作需要来确定。

（2）水深。池塘水深是指池底至水面的垂直距离，池深是指池底至池堤顶的垂直距离。养鱼池塘有效水深不低于1.5m，一般成鱼池的深度在2.5~3.0m，鱼种池在2.0~2.5m；虾蟹池塘的水深一般在1.5~2.0m。北方越冬池塘的水深应达到2.5m以上。池埂顶面一般要高出池中水面0.5m左右。

水源季节性变化较大的地区，在设计建造池塘时应适当考虑加深池塘，维持水源缺水时池塘有足够水量。

深水池塘一般是指水深超过3.0m以上的池塘，深水池塘可以增加单位面积的产量，节约土地，但需要解决水层交换、增氧等问题。

表　不同类型池塘规格参考

项目类型	面积（m^2）	池深（m）	长：宽	备注
鱼苗池	600~1 300	1.5~2.0	2：1	可兼作鱼种池
鱼种池	1 300~3 000	2.0~2.5	2~3：1	

（续表）

项目类型	面积（m^2）	池深（m）	长：宽	备注
成鱼池	3 000~10 000	2.5~3.5	3~4：1	
亲鱼池	2 000~4 000	2.5~3.5	2~3：1	应接近产卵池
越冬池	1 300~6 600	3.0~4.0	2~4：1	应靠近水源

789. 问：怎样建筑池塘的池埂、护坡和池底？

答：

（1）池埂。池埂是池塘的轮廓基础，池埂结构对于维持池塘的形状、方便生产以及提高养殖效果等有很大的影响。

池塘塘埂一般用匀质土筑成，埂顶的宽度应满足拉网、交通等需要，一般主干道 8~10m，池间隔堤宽 4~5m。

池埂的坡度大小取决于池塘土质、池深、护坡和养殖方式等。一般池塘的坡比为 1：(1.5~3)，若池塘的土质是重壤土或黏土，可根据土质状况及护坡工艺适当调整坡比，池塘较浅时坡比可以为 1：(1~1.5)。下图所示为坡比示意图。

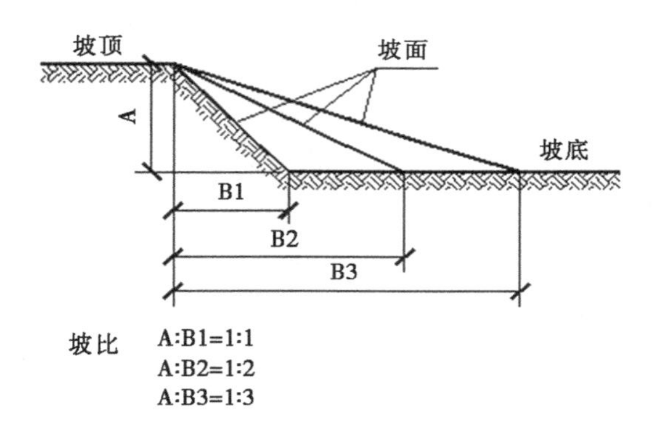

图　坡比示意图

（2）护坡。护坡具有保护池形结构和塘埂的作用，但也会影响到池塘的自净能力。一般根据池塘条件不同，池塘进排水等易受水流冲击的部位应采取护坡措施，常用的护坡材料有水泥预制板、混凝土、防渗膜等。采用水泥预制板、混凝土护坡的厚度应不低于 5cm、防渗膜或石砌坝应铺设到池底。

（3）池底。池塘底部要平坦，为了方便池塘排水、水体交换和捕鱼，池底应有相应的坡度，并开挖相应的排水沟和集水坑。池塘底部的坡度一般为 1：(200~500)。在池塘宽度方向，应使两侧向池中心倾斜。

面积较大的池塘可按照回形鱼池建设，池塘底部建设有台地和沟槽。台地及沟槽应平整，台面应倾斜于沟，坡降为 1：(1 000～2 000)，沟、台面积比一般为 1：(4～5)，沟深一般为 0.2～0.5m。

在较大的长方形池塘内坡上，为了投饵和拉网方便，一般应修建一条宽度约 0.5m 平台，平台应高出水面。

790. 问：怎样设计进排水系统?

答：水产养殖场的进排水渠道一般是利用场地沟渠建设而成，在规划建设时应做到进排水渠道独立，严禁进排水交叉污染，防止鱼病传播。设计规划养殖场的进排水系统还应充分考虑场地的具体地形条件，尽可能采取一级动力取水或排水，合理利用地势条件设计进排水自流形式，降低养殖成本。

养殖场的进排水渠道一般应与池塘交替排列，池塘的一侧进水另一侧排水，使得新水在池塘内有较长的流动混合时间。

791. 问：如何做好池塘的进排水系统?

答：

(1) 进水闸门、管道。池塘进水一般是通过分水闸门控制水流通过输水管道进入池塘，分水闸门一般为凹槽插板的方式，很多地方采用预埋 PVC 弯头拔管方式控制池塘进水，这种方式防渗漏性能好，操作简单。

池塘进水管道一般用水泥预制管或 PVC 波纹管，较小的池塘也可以用 PVC 管或陶瓷管。池塘进水管的长度应根据护坡情况和养殖特点决定，一般在 0.5～3m。进水管太短，容易冲蚀塘埂；进水管太长，又不利于生产操作和成本控制。

池塘进水管的底部一般应与进水渠道底部平齐，渠道底部较高或池塘较低时，进水管可以低于进水渠道底部。进水管中心高度应高于池塘水面，以不超过池塘最高水位为好。进水管末端应安装口袋网，防止池塘鱼类进入水管和杂物进入池塘。

(2) 排水井、闸门。每个池塘一般设有一个排水井。排水井采用闸板控制水流排放，也可采用闸门或拔管方式进行控制。拔管排水方式易操作，防渗漏效果好。排水井一般水泥砖砌结构，有拦网、闸板等凹槽。池塘排水通过排水井和排水管进入排水渠，若干排水渠汇集到排水总渠，排水总渠的末端应建设排水闸。

排水井的深度一般应到池塘的底部，可排干池塘全部水为好。有的地区由于外部水位较高或建设成本等问题，排水井建在池塘的中间部位，只排放池塘 50%左右的水，其余的水需要靠动力提升，排水井的深度一般不应高于池塘中间部位。

792. 问：如何计算进水渠道的流量?

答：各类进水渠道的大小应根据池塘用水量、地形条件等进行设计。渠道过大会造成浪费，渠道过小会出现溢水冲损等现象。

渠道水流速度一般采取不冲不淤流速，进水渠的湿周高度应在 60%～80%，进水干渠的宽在 0.5~0.8m，进水渠道的安全超高一般在 0.2~0.3m。

进水渠道所需满足的流量计算方法如下：

流量（立方米/小时）= 池塘总面积（平方米）×平均水深（米）/计划注水时数（小时）。

793. 问：鱼苗、鱼种在不同阶段有哪些术语？

答：鱼苗、鱼种的培育，就是从孵化后 3~4 天的鱼苗，养成供食用鱼池塘、湖泊、水库、河沟等水体放养的鱼种。一般分两个阶段：鱼苗经 18~22 天培养，养成 3cm 左右的稚鱼，此时正值夏季，故通称夏花（又称火片、寸片）；夏花再经 3~5 个月的饲养，养成 8~20cm 长的鱼种，此时正值冬季，故通称冬花（又称冬片），北方鱼种秋季出塘称秋花（秋片），经越冬后称春花（春片）。也有分 3 个阶段培育的：鱼苗经 10~15 天饲养，养成 1.5~2.0cm 的稚鱼，称为乌仔；乌仔再经过 10~15 天饲养，养成 3~5cm 的夏花；再由夏花养成 10~20cm 的鱼种。对青鱼、草鱼的 1 龄鱼种（冬花或秋花）应再养一年，养成 2 龄鱼种，然后到第三年再养成成鱼（食用鱼）上市。这种鱼种通称为过池鱼种或老口鱼种。

794. 问：怎样对鱼苗、夏花进行质量鉴定？

答：

（1）鱼苗质量优劣鉴别。

优质苗：群体色素相同，无白色死苗，身体清洁，略带微黄色或稍红；在容器内，将水搅动产生漩涡，鱼苗在漩涡边缘逆水游泳；在白瓷盆中，口吹水面，鱼苗逆水游泳。倒掉水后，鱼苗在盆底剧烈挣扎，头尾弯曲成圆圈状。

劣质苗：群体色素不一，为“花色苗”，具白色死苗。鱼体拖带污泥，体色发黑带灰；鱼苗大部分被卷入漩涡；在白瓷盆中，口吹水面，鱼苗顺水游泳。倒掉水后，鱼苗在盆底挣扎力弱，仅头尾能扭动。

（2）夏花鱼种质量优劣鉴别。

优质夏花：同种鱼出塘规格整齐，体色鲜艳，有光泽；行动活泼，集群游动，受惊后迅速潜入水底，不常在水面停留，抢食能力强；鱼在白瓷盆中狂跳，身体肥壮，头小、背厚，鳞鳍完整，无异常现象。

劣质夏花：同种鱼出塘个体大小不一，体色暗淡无光，变黑或变白；行动迟缓，不集群，在水面漫游，抢食能力弱，鱼在白瓷盆中很少跳动，身体瘦弱，背薄，俗语称“瘪子”，鳞鳍残缺，有充血现象或异物附着。

795. 问：怎样对鱼苗和夏花进行计数？

答：

（1）鱼苗计数。最常用的是干容量计数法，该法是在鱼苗捆箱中，将鱼苗集中到箱的一端，尽可能将水滤到箱外，然后利用容量100~200mL的小鱼盘，数出盘数，再量出20mL，数出鱼苗数，最后计算出100~200mL鱼盘中鱼苗的总数。

（2）夏花计数。夏花鱼种出塘销售或分塘饲养，都涉及数量问题。目前生产上常用的计数方法，多采用体积法和重量法2种。

①体积法：该法用适当大小的鱼盘或类似鱼盘形状、大小的其他器具（塑料碗或搪瓷碗），有的还用微型捞海，量出夏花鱼种盘数（碗数、捞海数），再数出一盘中的夏花鱼种的尾数，最后计算总尾数。

操作时，先提起箱底，将鱼群赶到网箱一端或网箱一格中，然后收缩箱衣，漏出池水，计数时，用夏花捞海捞取夏花鱼种迅速装满量鱼杯，立即倒入空网箱内。任意抽查一量鱼杯的夏花鱼种数量，根据倒入鱼种的总杯数和每杯鱼种数推算出全部夏花鱼种的总数。

为了消除计数误差，要求先在网箱中用鱼筛进行夏花规格分类，以便计数取样均匀一致。

②重量法：该法是在体积法的基础上，改计体积为称其体重，并计数单位体重的尾数，然后计算总尾数。

操作时，先用鱼桶加少许清水，并称其重量（皮重），然后将网箱中的夏花鱼种集中，用捞海快速捞出鱼种放入桶内，称其重量，然后减去皮重即为鱼种净重，最后通过单位重量的尾数计算总尾数。

消除计数误差的方法与体积法相同。

796. 问：如何做好鱼苗培育工作？其技术要点有哪些？

答：所谓鱼苗培育，就是将鱼苗养成夏花鱼种。其技术要点如下：一是要选择良好的池塘条件；二是要重视整塘，彻底清塘；三是确保鱼苗在轮虫高峰期下塘；四是做好鱼苗接运工作；五是对运输来的鱼苗进行暂养，调节温差，饱食下塘。

797. 问：鱼苗的培育方法有哪些？

答：有机肥料与豆浆混合饲养法；大草（泛指绿肥）饲养法；豆浆饲养法；粪肥培育法；化肥饲养法；草浆饲养法。

798. 问：如何正确进行并塘越冬操作？

答：秋末冬初，水温降至10℃以下，鱼种已不甚摄食，即可开始拉网、并塘。

（1）并塘注意事项。

①并塘时应在水温5~10℃的晴天拉网捕鱼、分类归并。

②拉网前鱼种应停食3~5天。拉网、捕鱼、选鱼、运输等工作应小心细致，避免鱼体受伤。

③应选择背风向阳、面积2~3亩、水深2m以上的鱼池作为越冬池。通常规格

为10~13cm的鱼种每亩可囤养5万~6万尾。

（2）并塘管理。越冬池的水质应保持一定的肥度，并及时做好投饵、施肥（北方冰封的越冬池在越冬前通常施无机肥料）工作。一般每周投饵1~2次，保证越冬鱼种不落膘。

北方冬季冰封季节长，应采取增氧措施，防止鱼种缺氧。加注新水，防止渗漏。加注新水不仅可以增加溶氧，而且还可以提高水位，稳定水温，改善水质。此外，应加强越冬池的巡视，发现池埂有渗漏要及时修补。

799. 问：成鱼池套养的关键技术有哪些？如何对其进行管理？

答：

（1）切实抓好鱼苗和1龄鱼种的培育，培育出规格大的1龄鱼种，其中，草鱼和鲤鱼鱼种全长必须达到13cm以上，团头鲂全长10cm以上。

（2）食用鱼池年底出塘的鱼种数量应等于或略多于来年该鱼池中大规格鱼种的放养量。

（3）必须保证食用鱼池有80%以上的食用鱼上市。

（4）及时稀疏鱼类密度使其正常生长。

（5）轮捕的网目适当放大，避免小规格鱼种挂网受伤。

（6）加强饲养管理，对套养的鱼种在摄食方面应给予特殊照顾。例如，通过增加适口饵料的供应量，开辟鱼种食场，先投颗粒饲料喂大鱼、后投粉状饲料喂小鱼等方法促进套养鱼种的生长。

800. 问：常用的苗种运输方法有哪些？

答：活鱼运输的方法，可归纳为两大类型，即封闭式运输和开放式运输。此外，无水湿法运输及药物麻醉运输属特殊运输方法，但也属于上述两大类。

（1）封闭式运输。封闭式运输法是将鱼和水置于密闭充氧的容器中进行运输。

（2）开放式运输。开放式运输是鱼和水置于非密封的敞开式容器中进行运输。

（3）无水湿法运输。大多数鱼类的皮肤呼吸作用很小，不能进行无水湿法运输。只有那些具有较大皮肤呼吸量的鱼，如鳗鲡、鲶鱼、鲤、鲫鱼等有较大的皮肤呼吸量，其皮肤呼吸量超过总呼吸量的8%~10%。

鲤、鲫、鳗鲡等鱼的皮肤呼吸量较大，一般均可进行无水湿法运输。黄鳝、乌鳢、斑鳢、泥鳅等都具有辅助呼吸器官，能呼吸空气中的氧，只要体表和鳃部保持一定湿度，仍可较长时间存活，故这些鱼类也可进行无水湿法运输。

无水湿法运输的技术关键是必须使鱼体皮肤保持湿润。为此应经常对鱼体淋水或采用水草裹住鱼体等方法以维持潮湿的环境。一般运输时间不宜过长（通常不超过12小时），有条件可配以低温。

（4）麻醉运输。用麻醉剂或镇静剂注射鱼体或在水中配成一定浓度，使鱼体在运输过程中处于昏迷或安定状态。此时，鱼的呼吸频率大大下降，耗氧率低，鱼也不易受伤，因而有利于运输。

801. 问：如何做好苗种运输?

答：苗种运输包括合理装鱼、防治病害和酌情换水。

运输途中应经常检查鱼苗、鱼种的活动情况，如发现鱼浮头，应及时换水，换水量一般为1/3~1/2。换水操作应仔细，用勺将水舀出，再加入新水，切忌将新水直接冲入，以免造成鱼体受伤或死亡，换入的水必须清新，换入的新水温度与运鱼容器中水温不宜相差过大，鱼苗不能超过2℃，鱼种不能超过5℃。鱼苗、鱼种在长途运输时可适当投喂，以补充鱼体能量消耗。但也不宜投喂太多，以免恶化水质。此外，还应及时清除沉积于容器底部的死鱼、粪便及其他有机污物，以减少耗氧量。

802. 问：食用鱼养殖的技术经济考核指标有哪些?

答：当前养饲鱼食用鱼的技术经济考核指标通常有以下几个。

（1）单位水体产量。表示单位养殖水体提供食用鱼的能力。

（2）上市规格。指符合当地食用习惯的各种食用鱼类的最小规格。在这种规格以下的鱼类，不应计入上市量。

（3）均衡上市百分比。表示生长季节食用鱼供应水平。

（4）优质鱼比例。鱼产品中，价格较高，群众喜爱的鱼类所占的比例。该比例越高，越能满足消费者的要求，并能间接地反映产量与产值的高低。

（5）饵料系数。表示鱼类对饵料利用情况，可衡量养鱼的技术水平和饵料的质量。

（6）鱼种自给率。表示鱼种的自给水平，衡量能否高产稳产和降低成本。

（7）成本和利润。表示需要的投资数量和获得的盈利值。

（8）成本利润率。表示利润和成本的比例。

（9）单位面积（网箱、工厂化养鱼以单位体积计）纯收入。表示单位面积（网箱、工厂化养鱼以单位体积计）鱼产品的经济效益。

（10）劳动生产率。表示每个劳动力（将所有劳动力折算成整劳动力）一年内所生产的实物量和价值量。

803. 问：成鱼混养具有哪些优点?

答：成鱼混养具有以下优点。

第一，合理和充分利用饵料。在投喂人工精饲料时，主要为个体大的鱼类（鲤鱼、草鱼等）所吞食，但也有一部分细小颗粒散落而被鲫鱼、鲂鱼和各种小规格鱼种所吞食，使全部精饲料得到有效的利用，不至于浪费。

第二，合理利用水体。主要养殖鱼类的栖息水层是不同的。鲢、鳙栖息在水体上层，草鱼、团头鲂喜欢在水体中下层活动，鲤鱼、鲫鱼等栖息在水体底层。将这些鱼类混养在一起，可充分利用池塘的各个水层。与单养一种鱼类相比，增加了池塘单位面积放养量，提高了鱼产量。

第三，发挥养殖鱼类之间的互利作用。混养的积极意义不仅在于配养鱼本身提供一部分鱼产量，并且还在于发挥各种鱼类之间的某些互利作用，因而能使各种鱼的产量均有所增产。

第四，获得食用鱼和鱼种双丰收。在成鱼池混养各种规格的鱼种，既能取得成鱼高产，又能解决第二年放养大规格鱼种的需要。

第五，提高社会效益和经济效益。通过混养，不仅提高了产量，降低了成本，而且在同一池塘中生产出各种食用鱼。特别是可以全年向市场提供活鱼，满足了消费者的不同要求，这对繁荣市场、稳定价格、提高经济效益有重大作用。

804. 问：成鱼混养模式设计的原则有哪些？

答：在设计成鱼混养模式时，应遵循以下原则。

（1）每一种混养模式均有 1~2 种鱼类为主养鱼，同时，适当混养搭配一些其他鱼类。

（2）为充分利用饵料，提高池塘生产力和经济效益，滤食性鱼类与“非滤食性鱼类”（俗称吃食鱼）之间要有合适的比例。在亩净产 500~1 000kg 的情况下，前者与后者的比例以 40%：60%为妥。鲢鱼、鳙鱼的净产量不会随“非滤食性鱼类”产量的增加而同步上升。一般鲢鱼、鳙鱼的亩净产为 250~350kg，鲢鱼、鳙鱼之间的放养比例为（3~5）：1。

（3）一般上层鱼、中层鱼和底层鱼之间的比例以 40%~45%：30%~35%：25%~30%为妥。

（4）采用“老口小规格、仔口大规格”的放养方式，可减少放养量，发挥鱼种的生产潜力，缩短养殖周期，增加鱼产量。

（5）鲤鱼、鲫鱼、团头鲂的生产潜力很大，因放养规格间距较小，其净产量的增加，首先与放养尾数有关。故在出塘规格允许的情况下，可相应增加放养尾数。

（6）同样的放养量，混养种类多（包括同种不同规格）比混养种类少的类型，其系统弹性强，缓冲力大，互补作用好，稳产高产的把握性更大。

（7）放养密度应根据当地饵、肥料供应情况、池塘条件、鱼种条件、水质条件、渔机配套、轮捕轮放情况和管理措施而定。

（8）为使商品鱼均衡上市，提高社会效益和经济效益，应配备足够数量的大规格鱼种，供年初放养和生长期轮捕轮放用，并适当提前轮捕季节和增加轮捕轮放次数，使池塘载鱼量始终保持在最佳状态。

（9）成鱼池套养鱼种是解决大规格鱼种的重要措施。套养鱼种的出塘规格应和其年初放养的规格相似，其数量应等于或稍大于年初该鱼种的放养量。

805. 问：成鱼混养类型有哪些?

答：

（1）以草鱼为主养鱼的混养类型。这种混养类型，主要对草鱼（包括团头鲂）投喂草类，利用草鱼、鲂鱼的粪便肥水，产生大量腐屑和浮游生物，养殖鲢鱼、鳙鱼。由于青饲料较容易解决，成本较低，已成为我国最普遍的混养类型。

（2）以鲢鱼、鳙鱼为主养鱼的混养类型。以滤食性鱼类鲢鱼、鳙鱼为主养鱼，适当混养其他鱼类，特别重视混养食有机腐屑的鱼类（如罗非鱼、银鲴等）。饲养过程中主要采取施有机肥料的方法。由于养殖周期短，有机肥来源方便，故成本较低，但这种养殖模式优质鱼的比例偏低。目前该类型的优质鱼的放养量已有逐步增加的趋势。

（3）以鲤鱼为主养鱼的混养类型。我国北方地区的人民喜食鲤鱼，加以鲤鱼鱼种来源远比草鱼、鲢鱼、鳙鱼容易解决，故多采用以鲤鱼为主养鱼的混养类型。

806. 问：什么是轮捕轮放?

答：轮捕轮放就是分期捕鱼和适当补放鱼种。即在密养的水体中，根据鱼类生长情况，到一定时间捕出一部分达到商品规格的成鱼，再适当补放鱼种，以提高池塘经济效益和单位面积鱼产量。概括地说，轮捕轮放就是“一次放足，分期捕捞，捕大留小，去大补小”。

807. 问：轮捕轮放具有哪些优点?

答：

（1）有利于活鱼均衡上市，提高社会效益和经济效益。

（2）有利于加速资金周转，减少流动资金的数量。

（3）有利于鱼类生长。

（4）有利于提高饵料、肥料的利用率。

（5）有利于培育量多质好的大规格鱼种，为稳产、高效奠定基础。

808. 问：进行轮捕轮放需具备哪些条件?

答：

（1）年初放养数量充足的大规格鱼种。

（2）各类鱼种规格齐全，数量充足。

（3）同种不同规格的鱼种个体之间的差距要大。

（4）饵料、肥料充足，管理水平跟上。

（5）改革捕捞网具。

（6）捕捞技术要熟练、细致和正确。

809. 问：轮捕轮放的主要对象有哪些？

答：轮捕轮放的对象主要是放养较大的鲢、鳙和养殖后期不耐肥水的草鱼。罗非鱼只要达到商品规格也可作为轮捕的对象。鲤、鲫因捕捞困难，难以轮捕。

810. 问：应在什么时间进行轮捕轮放？

答：一般在6月以前由于鱼种放养时间不长，水温较低，鱼增重不多，这时一般不能捕。如放养密度不太大，不至于超过最大容纳量，就不一定要轮捕，除非要提早供应市场。6—9月水温较高，鱼生长快，如不通过轮捕稀疏，将因饵料不足和水中溶氧降低而影响总鱼产量。10月以后水温日渐降低，鱼生长转慢，除捕出符合商品规格的鲢、鳙、团头鲂和草鱼外，还应捕出容易低温致死的罗非鱼。为了掌握轮捕时间及数量，除经常观察池鱼浮头、摄食和生长情况外，还要了解不同水温条件下几种主要养殖鱼类的净产量和各饲养阶段的增重比例，以此推断池鱼最大容纳量的出现时间，作为适时轮捕套养的依据。

811. 问：如何进行轮捕轮放？

答：轮捕轮放采取的原则是捕大留小、捕大补小。其技术要点如下。

在天气炎热的夏秋季节捕鱼，渔民称为捕“热水鱼”。

捕捞时要求在水温较低，池水溶氧较高时进行。一般多在下半夜、黎明捕鱼，以供应早市。如鱼有浮头征兆或正在浮头，则严禁拉网捕鱼。傍晚不能拉网，以免引起上下水层提早对流，加速池水溶氧消耗，容易造成池鱼浮头。

捕捞后，鱼体分泌大量黏液，同时池水混浊，耗氧增加。因此必须立即加注新水或开动增氧机，使鱼有一段顶水时间，以冲洗过多黏液，增加溶氧，防止浮头。在白天捕热水鱼，一般加水或开增氧机2小时左右即可；在夜间捕热水鱼，加水或开动增氧机一般要待日出后才能停泵停机。

812. 问：养鱼肥料有哪些种类？

答：

（1）有机肥料的种类。有机肥科是指含有大量有机物的肥料。池塘施用的有机肥料主要包括绿肥、粪肥、混合堆肥、厩肥、生活污水及无毒的食品加工厂（场）废水等。有机肥料是我国池塘施肥至今为止使用的主要肥料。

（2）无机肥料的种类。池塘施用的无机肥料根据其所含肥分，主要有氮磷肥、钾肥、钙肥等。

813. 问：如何在鱼池中正确施用肥料？

答：

（1）施基肥。将有机肥料施于池底或积水区边缘，经日光曝晒数天，适当分解矿化后，翻动肥料，再曝晒数日，即可注水。基肥的施肥量往往较大，1 次施足。肥水池塘和养鱼多年的池塘，池塘淤泥较多，一般施基肥量少甚至不施。

（2）追肥。施追肥应掌握及时、均匀和量少次多的原则。施肥量不宜过多，以防止水质突变。在鱼类主要生长季节，不必施用耗氧量高的有机肥料，而应施无机磷肥，以保持池水“肥、活、爽”。

（3）施肥方法。

①以有机肥料为主，无机肥料为辅，“抓两头、带中间”的施肥原则。

②有机肥料必须发酵腐熟。

③追肥要量少次多，勤施少施。

④巧施磷肥，以磷促氮。

上述池塘为精养鱼池，池水含有大量有效氮。如果是粗养鱼池或瘦水塘，池水有效氮和有效磷均很低，则无机氮肥和无机磷肥应同时施用。一般无机氮肥和磷肥的比例以 1：1 为宜。

814. 问：如何做好全年投饵计划和各月饲料分配？

答：

（1）根据饵料系数或综合饵肥料系数计算出全年投饵量。例如，有一口 6 667 m^2 的成鱼池，主养鲤鱼。每 666.7m^2 放养鲤 80kg，计划净增肉倍数为 7。即每 666.7m^2 净产鲤为：80kg×7＝560kg，全池净产鲤为：560kg×（6 667m^2÷666.7m^2）＝5 600kg。该池投喂鲤鱼颗粒饲料，其饵料系数为 2。则全年该池计划投喂颗粒饲料量为 5 600kg×2＝11 200kg（注：666.7m^2 约等于 1 亩）。

（2）根据月投饵百分比，制定每月的计划投饵量。以天然饵料和精饲料为主的投喂方式，根据当地水温、季节、鱼类生长以及饵料肥料供应等情况制定出各月饵料分配百分比。

表　鲤成鱼投饵量月份分配及日投饵次数

月份	5 月	6 月	7 月	8 月	9 月
月份占全年比例（%）	10	15	30	30	15
日投喂次数	2~3	4	4	4	1~3

一般培育鱼种主养鲤鱼的池塘饲料月分配比例为：6 月占 8%，7 月占 38%~39%，8 月占 38%~39%，9 月占 10%，10 月上旬占 5%。

815. 问：不同季节对投饵技术有哪些要求？

答：鱼类的摄食量及其代谢强度是随着水温的变化而变化的，养鱼四季投饵技术是依据吃食鱼而言，应根据鱼类品种、生长状况、季节变化、病害流行等情况灵活掌握。一年中投饵应坚持掌握“早开食、抓中间、晚停食”的投喂原则，具体要求如下：

（1）早开食。秋末初春季节，气温水温较低，鱼类基本上不吃食，可以不投饵。但是，在无风的晴天，当水温升高到15℃时，应及时投喂适量饵料，这就是早开食的投喂原则。谷雨季节（4月中下旬），水温逐渐升高，鱼类摄食量增大，投饵量随之增加。

（2）抓中间。盛夏季节（6月、7月、8月），水温常达25~30℃，在天气晴朗、水质保证的情况下，可大量投饵，尤其是草食性鱼类需增投喜食的植物性饵料，它能以廉价的植物蛋白换取优质的鱼肉蛋白，生产成本低、经济效益好。此期间既是鱼类快速生长期，又是鱼病蔓延季节，当天气变化、预测病害将要发生或鱼类浮头时，应控制投喂量或停止投喂，并加注新水，以改良调节水质，这就是抓中间的投喂原则。

（3）晚停食。秋爽季节（9月上旬），水温逐渐降低，但仍保持在15~20℃，这时，生活环境对鱼类生长适宜，且生长速度快，可继续加大投喂量，让其吃饱吃好，快速生长。秋分以后（9月中下旬），水温渐降，但鱼类仍需少量摄食，还应抓住晴天中午适量投饵，以确保鱼体长鳔，增加产量，提高越冬成活率，这就是晚停食的投喂原则。

816. 问：如何合理确定养殖鱼类的投饲率？

答：投饲率亦称日投饲率，是指每天所投饲料量占吃食鱼体重的百分数。一般认为，主要养殖鱼类的投饲率应掌握在3%~6%为宜。当水温在15~20℃时，投饲率为1%~2%；水温在20~25℃时，投饲率为3%~4%；水温在25℃以上时，投饲率可在4%~6%。

817. 问：如何根据“四看”原则确定鱼池每天实际的投饵量？

答：每日的实际投饵量主要根据当地的水温、水色、天气和鱼类吃食情况（即群众称为“四看”）而定。

一看季节。一般春季少投，秋夏季多投。

二看天气。天气晴好，溶氧高时多投，连续阴雨天、闷热、有雷阵雨、溶氧低时少投，天气变化大，鱼食欲减退，应减少投喂数量。

三看水温。水温10℃以上即可开食，一般水温低于20℃或高于32℃时少投，在25~30℃时多投。

四看鱼群活动情况。鱼群活动正常，会定时定点找食，无病，水质状态良好时多投，反之少投。

818. 问：常用的投喂方法有哪些？

答：配合饲料的投饲方式，有人工手撒投饲、饲料台投饲和投饲机投饲 3 种。

819. 问：影响投饲数量的因素有哪些？

答：投饲数量的多少受诸多因素的影响，主要有鱼的种类、规格大小、水温、水质和饲料质量等因素。

（1）鱼的种类。不同鱼类对投饲量的要求不一样。草食性鱼类摄食量为最高，杂食性鱼类居中，肉食性鱼类为最低。同样投饲量也如此，如草鱼的投饲率为 5%，而鲤鱼为 3%左右。

（2）鱼的体重。在养殖生产过程中，鱼种阶段的投饲率比成鱼阶段的投饲率高，如鲤鱼在 28℃水温下，体重为 2~5g 时，投饲率为 11.6%；而体重为 800~900g 时，投饲率为 1.9%。

（3）水温。在适温范围内，鱼的摄食量随温度的升高而增加，如鲤鱼（50~100g）的摄食率在水温 15℃时为 2.4%，20℃时为 3.4%，25℃时为 4.8%，30℃时为 6.8%。为满足鱼类生长的营养需要，应根据不同水温确定投饲率。在一年当中，各月水温不同，其投饲量的比例也有变化。

（4）水质。水质的好坏对鱼类摄食、生长影响很大，尤其是溶氧的含量显得更为重要。一般说来，水中溶氧含量高，鱼类新陈代谢旺盛，饲料消化率高，摄食量大，鱼生长快，饲料系数低；相反，水中溶氧含量低，鱼类生理不太适应，使摄食量和消化率降低，呼吸活动加强消耗较多的能量，因而生长缓慢，饲料效率低下，饲料系数高。如草鱼在水中溶氧 2.5~3.4mg/L 比 5~7mg/L 时，饲料系数要增加 1.34 倍，摄食量下降 35.9%，饲料消化率下降 61.2%，生长率下降 64.4%。

（5）饲料品质与营养。饲料品质低劣，霉烂变质，影响鱼类摄食，甚至鱼类拒食。饲料料营养价值高，投饲量低；饲料营养价值低，投饲量则需提高。特别是饲料蛋白质含量，对投饲量影响最大。如鲤鱼，在不同饲料蛋白质含量下的投饲率就不同。

表　鲤鱼饲料蛋白质与投饲率的关系

饲料蛋白质含量（5）	投饲率（占鱼体重%）
60~65	2.0
48~52	2.5
40~43	3.0
34~37	3.5
30~32	4.0

820. 问：如何运用“四定”投饵原则进行精准投喂？

答：在投饵技术上，饲料投喂原则为了使水生动物吃饱吃好，生长迅速，饲料系数低，投喂饲料时必须坚持“四定”原则。

①定时：即天气正常时，每天投喂的时间应相对地固定，从而使养殖鱼类养成按时来摄食的习惯。

②定质：投喂的配合饲料必须做到新鲜、安全卫生、适口、水中稳定性好、营养全面、价值高。发霉、腐败变质的饲料不能投喂，以免发生疾病及其他不良影响。

③定量：投喂的饲料一定要做到均衡适量，防止过多或过少，以免饥饱失常，影响消化和生长。定量投喂，对降低饲料的消耗（浪费），提高饲料消化率，减少对水质污染、减轻鱼病和促进鱼类正常生长都有良好的效果。

④定位：投喂的饲料必须有固定的食场，使池鱼养成在固定的地点吃食的习惯。投喂的饲料不可堆积，要均匀地撒开在食场范围内，或采用固定的投饵机进行投喂，便于各种鱼类都能摄到饲料。

821. 问：池塘管理有哪些基本要求？

答：池塘日常管理的基本要求如下。

水质保持“肥、活、爽”，投饵保持“匀、好、足”。

肥：表示水中浮游生物量多，有机物与营养盐类丰富。

活：表示水色经常在变化。水色有月变化和日变化（即上、下午和上、下风的变化）。表明浮游植物优势种交替出现，特别是鱼类容易消化的浮游植物数量多，质量好，且出现频率高。

爽：表示池水透明度适中（25~40cm），水中溶氧条件好。

匀：表示一年中应连续不断地投以足够数量的饵料。在正常情况下，前后2次投饵量应相差不大。

好：表示饵、肥料的质量好。

足：表示施肥投饵量适当，在规定的时间内鱼将饲料吃完，不使鱼过饥过饱。

822. 问：池塘管理包括哪些主要内容？

答：池塘日常管理应做好以下工作。

（1）经常巡视池塘，观察鱼类动态。

（2）做好鱼池清洁卫生工作。

（3）根据天气、水温、季节、水质、鱼类生长和吃食情况确定投饵、施肥的种类和数量，并及时做好鱼病防治工作。

（4）掌握好池水的注排，保持适当的水位，做好防旱、防涝、防逃工作。

（5）做好全年饲料、肥料需求量的测算和分配工作。

（6）种好池边（或饲料地）的青饲料。

（7）合理使用渔业机械，搞好渔机设备的维修保养和用电安全。

（8）做好池塘管理记录和统计分析。

823. 问：池塘水质管理

答：渔谚有“养好一池鱼，首先要管好一池水”的说法，这是渔民的经验总结。

池塘水质管理，除了前述的施肥、投饵培育和控制水外，还应及时加注新水，并防止鱼类浮头和泛池。

824. 问：什么是浮头现象，如何防止鱼类浮头？

答：精养鱼池由于池水有机物多，故耗氧量大，当水中溶氧降低到一定程度时（一般1mg/L左右），鱼类就会因水中缺氧便浮到水面，将空气和水一起吞入口内，这种现象称为浮头。

发现鱼类有浮头预兆，可采取以下方法预防。

（1）在夏季如果气象预报傍晚有雷阵雨，则可在晴天中午开增氧机。

（2）如果天气连绵阴雨，则应根据预测浮头技术，在鱼类浮头之前开动增氧机，改善溶氧条件，防止鱼类浮头。

（3）如发现水质过浓，应及时加注新水，以增大透明度，改善水质，增加溶氧。

（4）估计鱼类可能浮头时，根据具体情况，控制吃食量。

825. 问：什么是泛池现象？当鱼类发生泛池时应如何应对？

答：泛池又叫翻池，是因为水中溶解氧低而引起的。如果水中溶解氧降到不能满足鱼类生理上最低需要的限度时，便可使鱼窒息死亡。发生鱼类泛池时应采取如下措施。

（1）当发生泛池时，池边严禁喧哗，人不要走近池边，也不必去捞取死鱼，以防浮头鱼受惊死亡。只有待开机开泵后，才能捞取个别未被流水收集而即将死亡的鱼，可将它们放在溶氧较高的清水中抢救。

（2）通常池鱼窒息死亡后，浮在水面的时间不长，即沉于池底。根据渔民经验，泛池后一般捞到的死鱼数仅为整个死鱼数的一半左右，即还有一半死鱼已沉于池底。为此，应待浮头停止后，及时拉网捞取死鱼或人下水摸取死鱼。

（3）渔场发生泛池时，应立即组织两支队伍：一部分人专门负责增氧、救鱼和捞取死鱼等工作；另一部分人负责鱼货销售，准备好交通工具等，及时将鱼货处理好，以挽回一部分损失。

826. 问：好的池塘水质标准（肥、活、嫩、爽）具有哪些生物学意义？

答：

（1）“肥”指水色浓，浮游植物量大并形成水华（淡水水体中藻类大量繁殖的一种自然生态现象，是水体富营养化的一种特征）。渔农常用水的透明度大小来衡量水的肥度，或一人站在上风头的池埂上能看到浅滩13~16cm水底处的贝壳物为度；或以手臂伸入水中16~20cm处弯曲手腕时五指若隐若现作为肥度适当的指标。

（2）“活”指水色和透明度常有变化。所谓“早青晚绿”或“早红晚绿”以及“半塘红半塘绿”等都是这个意思。有的渔农特别强调活，认为什么水色关系不大，“活”的就是好水。

（3）“嫩”指水肥而不老。所谓水老主要有两种征象：一是水色发黄或发褐色；二是水色发白。水色发白或发褐色的情况就是藻类细胞老化现象，渔农所谓的老茶水（黄褐色）和黄蜡水（枯黄带绿）也属此类。

（4）“爽”是指水质清爽，水色不太浓，透明度不低于25cm或20cm。渔农所谓“爽”的肥水，浮游植物量一般在100mg/L以内。

实践证明合乎这四项条件的是好水，但不完全具备这四项条件的也可能是好水。比如螺旋鱼腥草和拟鱼腥草的水华都是较好的水，但这类水华只是“肥”的一项标志。有些鱼池常施化学肥料，硅藻和绿藻较多，水色“肥”“爽”，但不“活”，也是较好的水。

池塘的水色往往是多种藻类或优势藻类表现出来的综合颜色。在池塘管理中，如果完全通过水色判断水质，往往存在很大的片面性。养殖者在长期的实践中总结出优良水质应具有“肥、活、嫩、爽”的特点，这4个字综合反映了水质的生物学、生态学特性，比单纯从水色上观察水质要更全面。

827. 问：如何在养殖生产中使用增氧机等措施合理调节水质？

答：增氧机目前已在全国各地的精养鱼池中普及推广，但不少单位在增氧机的使用上还很不合理，还是采用“不见浮头不开机”的方法，增氧机变成了“救鱼机”，只能处于消极被动的地位，每年使用时间短，增氧机的生产潜力没有充分发挥出来。为使增氧机从“救鱼机”变成“增产机”，应采取如下方法。

（1）必须针对不同天气引起缺氧的主要原因，根据增氧机的作用原理，有的放矢地使用增氧机。

（2）必须结合当时养鱼的具体情况，运用预测浮头的技术，合理使用增氧机。

根据上述要求，最适开机时间可采取：晴天中午开，阴天清晨开，连绵阴雨半夜开，傍晚不开，浮头早开，鱼类主要生长季节坚持每天开为原则。运转时间可采取：半夜开机时间长，中午开机时间短；天气炎热、面积大或负荷水面大，开机时间长，天气凉爽、面积小或负荷水面小、开机时间短等措施。根据具体情况，灵活应用。

828. 问：你有写养殖日志的习惯吗？如何做好养殖日志？

答：养殖生产过程形成坚持写养殖日志的习惯，对养鱼措施和池鱼情况进行记录，包括放养和捕捞、水质管理、投饵施肥、鱼病防治、养殖设施购置和维护等。

完善的生产记录便于追溯和总结，一般应包括以下内容。

苗种采购：单位、时间、地点、数量、质量、规格、成活率等。

苗种培育：池塘面积、水深、水质、放养量、投饵施肥、生长、病害及日常管理等。

成鱼养殖：池塘面积、水深、水质、放养量、投饵施肥、生长、病害、日常管理、转池和捕捞等。

饲料投喂：饲料来源、质量标准、颗粒大小、投喂时间、投喂量、摄食情况等。

鱼药使用：水质情况、病症诊断、鱼药种类、用药时间、用药量、治疗效果等。

生产记录表：表式统一制定，生产记录员应及时、准确记录、定期汇总归档，并接受监督检查。

资料管理：水产养殖场应建立生产技术资料保存制度，利用资料分析总结生产中存在的问题，为制订工作计划提供参考。

829. 问：造成鱼类在越冬期死亡的主要原因有哪些？

答：一是越冬鱼塘严重缺氧，造成鱼类死亡；二是鱼类营养不良；三是机械损伤；四是寄生虫病；五是管理不善。

830. 问：活鱼运输需要哪些主要设备？

答：增氧设备、循环水泵、降温和保温设备、塑料袋、橡胶袋、活鱼箱、活鱼船等。

831. 问：在运输中影响活鱼成活率的主要因素有哪些？

答：影响活鱼运输成活率的主要因素有：鱼的体质、水温、水质、装运密度、运输时间以及运输管理等。

832. 问：在运输前应做好哪些准备工作？

答：运输前的准备工作主要有以下几个方面。

（1）运输计划。根据运输鱼类的数量、规格、种类和运输的里程等情况，确定运输工具和方法，并与交通部门洽谈有关运输事宜。

（2）准备好运输工具。主要是交通工具、装运工具及增氧换水设备。检查运输工具和充气装置，以免运输途中发生故障。

（3）了解途中换水水质。调查了解运输途中各站的水质情况，联系并确定好沿途的换水地点。

（4）运输前的苗种处理。要选择规格整齐、身体健壮、体色鲜艳、游动活泼的鱼苗进行运输。待运鱼苗应先放到网箱中暂养，使其能适应静水和波动，并在暂养期间换箱 1~2 次，使鱼苗得到锻炼。鱼种起运前要拉网锻炼 2~3 次。起运前 1 天停止投饵，使其排空粪便。

833. 问：商品鱼运输主要有哪些方法？

答：商品鱼运输主要有活鱼运输车、麻醉运输等方式。

活鱼车运输前先向水箱加水，一般加水 40~50cm，所用水最好采用地下井水，如夏天运输最好在加注地下水同时加注 1/5 原池水，避免水箱水与原池水差别过大，装完鱼后要求水箱内水面基本接近箱顶，减少运输过程中的水体震荡，从而减少鱼体损伤。

装鱼操作时动作不宜过大，以免鱼体受伤，长途运输前 1~2 天要对所运输的鱼停食，排空消化道，避免在运输过程中污染水质。

装完鱼后要盖好顶盖，运输过程中每 3 小时检查 1 次，如发现鱼有浮头现象，应打开增氧设备，及时充氧。

麻醉运输法是指在活鱼运输中施用麻醉剂，能够降低耗氧量，减少二氧化碳和氨气的排放量，防止水质污染，同时，还可以控制鱼的过度活动，防止鱼在容器中激烈活动而造成伤害，减少死亡。

834. 问：自然灾害对水产养殖业会造成哪些为害？如何对自然灾害进行预防和应对？

答：巴彦淖尔市属中温带大陆性季风气候，光照充足、热量丰富、降水量少、蒸发量大、风大多沙、无霜期短、温差大、四季分明，这种气候条件对渔业生产会造成以下几种潜在为害。

（1）大风和气温骤变影响鱼苗下塘。5—6 月是培育鱼苗的最佳时期，但是这个时期正处于春末夏初，大风降温天气有可能造成初下塘的鱼苗成活率低，甚至出现大批死亡的现象。所以，养殖户在春季鱼苗下塘时要做到以下几点，才能有效提高鱼苗成活率：一是要注意天气变化，避免在大风降温的气候条件下投放鱼苗；二是投放鱼苗时注意调节温差，要将充氧的鱼苗袋放到池塘中，待温差缩小后再将鱼苗下塘；三是注意鱼苗的选择，要选择体格健壮、规格整齐，健康无病的鱼苗；四是注意鱼苗下塘时机，鱼苗下塘一般应选择在晴天的下午，这时水温高、溶氧充足，有利于鱼苗下塘后迅速恢复正常活动。

（2）夏季气温骤降可能造成鱼类浮头，甚至全池死亡。夏季总体雨量很少，但是7—8月经常会有几次集中的大的降水，降雨造成气温骤降，池塘上下水层急剧对流，短时间内增大池塘生物耗氧量，造成池塘溶氧降低，引起养殖鱼类浮头，甚至泛塘。对于这种情况要通过加强日常养殖管理来进行预防：一是春季要彻底清塘，清除底部杂质过多的淤泥，减少底泥耗氧量；二是密切观察池塘水质变化情况，适时补水（要边排边补）或使用水质调节剂，防止水质过肥，控制水生物耗氧量；三是密切注意天气预报，合理使用增氧机，做到“三开两不开”，即晴天中午开，阴天次日清晨开，连绵阴雨半夜开，傍晚不开，阴雨天中午不开；四是合理投喂饲料，每日投喂量满足80%的鱼类吃饱即可，避免过度投喂污染水质。浮头发生后应及早开增氧机增氧，并加注新水、使用增氧剂和净水剂来缓解浮头症状，并及时捞出死鱼，防止污染池水。

（3）冬季降雪易造成越冬鱼类死亡。冬季降雪会降低鱼池冰层透光率，而且近年来冬季气温偏高，冰雪融化后易结成乌冰，造成鱼类缺氧死亡。所以，冬季降雪后要及时扫除积雪，如遇乌冰要及时破坏乌冰，重新结成明冰，保证冰层透光率，如池塘缺水应及时补水。

835. 问：鱼类饲料原料有哪些种类？

答：饲料原料可以分成八大类：粗饲料、青绿饲料、青贮饲料、能量饲料、蛋白质饲料、无机盐饲料、维生素饲料、非营养性饲料。

836. 问：什么是鱼用配合饲料？鱼用配合饲料有哪些种类？

答：所谓鱼用配合饲料，是指根据鱼类营养需要，将多种原料按一定比例均匀混合，经加工而成一定形状的饲料产品。

依照饲料的形态可分为粉状饲料、面团状饲料、碎粒状饲料、饼干状饲料、颗粒状饲料和微型饲料等六种。颗粒饲料中依照含水量与密度可分为硬颗粒饲料、软颗粒饲料、膨化颗粒饲料和微型颗粒饲料4种。

依照饲料在水中的沉浮分为浮饲料、半浮性饲料和沉性饲料3种。

依照饲料的营养成分可分为全价饲料、浓缩饲料、预混合加剂饲料和添加剂4种。

依照养殖对象可分为鱼苗开口料、鱼种饲料、成鱼饲料和亲鱼饲料4种。

837. 问：配合饲料常用的添加剂有哪些？它们各自有哪些作用？

答：

（1）营养添加剂。包括氨基酸添加剂和矿物质添加剂，主要作为配合饲料的重要营养平衡物质，能完善配合饲料的营养成分。

（2）保健助长添加剂。属非营养性添加剂，其主要作用是刺激水生动物生长，提高对渔用饲料的利用率，防治疾病。

（3）激素。水生动物分泌器官直接分泌到血液中去的对机体有特殊效应的物质。

（4）酶制剂类。酶亦称为酵素，对渔用饲料中营养物质的消化吸收起着催化作用。

（5）饲料保存添加剂。用以防止渔用饲料在保存期间变质、影响适口性、营养价值降低，保障渔用饲料的安全和卫生。

（6）抗氧化剂。防止渔用饲料中油脂和脂溶性维生素的氧化分解。

（7）防霉剂。防止渔用饲料发霉变质的制剂。

（8）增进食欲、改良品质添加剂。这类添加剂能使渔用饲料具有香甜味，增进食欲。

838. 问：饲料原料的选择有哪些基本因素？

答：一是营养价值；二是新鲜度；三是原料掺假因素；四是原料的养殖效果。

839. 问：鱼类配合饲料的配制原则及其配方设计方法有哪些？

答：

（1）配合饲料的配制原则。

①符合养殖鱼类营养需要；

②注重适口性和可消化性；

③平衡配方中蛋白质与氨基酸；

④降低原料成本。

（2）配合饲料配方的设计方法。饲料配方设计需要计算，方法很多，使用最多的是方块法，又叫对角线法，如要用蛋白质含量分别为17%、40%的次粉和豆饼，配方为蛋白质含量为30%的日粮，则计算方法如下：

次粉：40－30＝10，豆饼：30－17＝13，次粉应占比例为：10/（13＋10）＝43.48%。豆饼应占比例为：13/（13+10）＝56.52%。

验算：43.48%×17%+56.52%×40%＝30%

840. 问：在配合饲料贮藏中可能发生哪些质量变化？其影响因素是什么？

答：配合饲料贮藏过程中可能发生物理性状变化（外观变化）、营养素的变化、霉变和虫害鼠害等质量变化。影响配合饲料贮藏的因素主要有水分、温度、湿度、虫害、鼠害、微生物等因素。

841. 问：如何在生产实践中做好配合饲料的储藏和保管？

答：在生产中根据饲料的储藏特性，对不同饲料产品应根据其特性进行分类储藏。储藏技术主要有干燥储藏、通风储藏、低温储藏、缺氧储藏和化学储藏。

（1）干燥储藏。一方面是储藏的饲料要干燥；另一方面储藏的仓库也要干燥。这样，才能实现储藏期内饲料干燥。

（2）通风储藏。常见的一种是自然通风。这种方法经济有效，简便易行，但空气交换率小，且受温度和风压的限制；另一种是机械通风。机械通风强，效果好，但要消耗一定能源。

（3）低温储藏。低温储藏是将饲料在低温环境中保存，使饲料长期处于低温状况，减弱饲料的化学变化，保证储藏品质，达到安全储藏的一项较好的储藏措施。

（4）缺氧储藏。饲料在密封条件下，造成一定的缺氧状态，降低饲料生理活动，抑制微生物和害虫的生长，延缓品质的劣变，保证饲料质量的稳定性。

（5）化学储藏。化学储藏是在饲料中加入一定量的化学药品，以防治饲料的虫害、霉变和氧化酸败等。

饲料的储藏，除了要防止营养成分损失外，还须防止彼此之间混杂引起的物料之间的交叉污染，特别是毒性原料及含药成品的堆放，必须严格分类存放和储藏。此外，为了减少饲料营养成分的损失，确保饲料储藏安全，必须制订好储藏计划，使原料和成品能在最短的时间内用完和售完。

842. 问：影响配合饲料质量安全的主要因素有哪些？

答：影响饲料安全的因素包括人为因素和自然因素 2 个方面。具体来说，有以下几点。

（1）滥用违禁药物或不按规定使用药物添加剂；

（2）过量添加微量元素；

（3）环境污染物对饲料原料的污染；

（4）饲料原料中天然存在的有毒有害物质；

（5）饲料霉变或被致病微生物污染；

（6）转基因饲料原料引发的食品安全性问题。

843. 问：如何识别配合饲料质量的优劣？

答：

（1）观察颜色。配合饲料一般呈深黄褐色或褐色。若鱼粉、豆粕较多，料色就稍黄，杂粕较多时料色暗红。有的渔民认为饵料的颜色越深越好，部分生产企业为此采取提高制粒温度的方法来满足渔民的消费心理。但制粒温度过高，饲料中各种营养因子会发生分解、散失，从而导致饲料营养不足。

（2）试耐水性。抓一把饲料放入水中，观察饲料散开的时间，并检查饲料的粗细程度、均匀度。有些渔民认为：耐水时间长，可减少鱼饵料的浪费。其实我们北方常见的青、草、鳙、鲫、鲤等鱼类没有胃，需要经常摄食，经过驯化后，摄食剧烈，只要增加投喂次数即可达到不浪费饲料的目的。饲料的耐水性一般在3~6分钟。

（3）闻饲料散发的味道。一般的鱼饲料具有豆粕的香味、鱼粉的鱼腥味，如果添加抗生素药物，就有药物的味道了。添加了抗菌类药物大蒜素的饲料具有大蒜味。有的添加鱼腥宝、鱼香精等香味剂，以假乱真，就有呛鼻子的鱼腥味。

（4）感觉口感，鱼类摄食饲料虽然是吞食，但口感的好坏则是影响其摄食行为的主要因素。通过我们用口腔的触觉、味觉感受一下颗粒的硬度、杂质（如有沙粒、泥土）程度及有无异味。若有碜牙的感觉或有泥土味，则证明饲料中含有砂粒、泥土等杂质；若有苦、酸、涩等异味，说明饲料原料或成品料有霉变现象。

844. 问：如何合理选择和购买优质的配合饲料?

答：一是应选择知名企业生产的品牌饲料；二是注意饲料包装上的标签内容。饲料标签上应有产品名称、产品标准编号、生产日期、保质期、原料成分等内容。我们要买有合格证的饲料，没合格证的饲料、过期的饲料不能买；三是根据养殖品种和生长阶段选购饲料；四是看颗粒料的光滑度、均匀度等指标；五是通过闻气味、看颜色辨别饲料质量。

845. 问：精准投喂的目的是什么？怎样做才算是精准投喂?

答：准确掌握饲料投喂量，实施精准投喂是养鱼成功的保证，它既能使鱼吃饱吃好，又提高饲料的利用率，降低饲料系数，不至于造成饲料浪费和饲料对水体的污染。

投喂饲料时必须坚持四定原则，即定时、定量、定质、定位，这样才可以做到精准投喂。

846. 问：如何合理确定投喂量?

答：

（1）以鱼净增重倍数和饲料系数计算年投喂量、月投喂量、日投喂量。

①年投喂量：根据鱼净增重倍数和饲料系数来进行推算，即鱼种放养量×净增重倍数×饲料系数。鱼净增重倍数一般为4~5倍，全价配合饲料的饲料系数一般为2~2.5倍，混合性饲料则为3~3.5倍。如果是几种饲料交替使用，则分别以各自的饲料系数计算出使用量，然后相加即为年投喂量。

②月投喂量：即年投喂量×当月饲料分配百分比。一般3月投喂年投喂量的1%，4月投喂年投喂量的4%，5月投喂年投喂量的8%，6月投喂年投喂量的15%，

7月、8月、9月均投喂年投喂量的20%，10月投喂年投喂量的9%，11月投喂年投喂量的3%。

③日投喂量：根据月投喂量分上、中、下旬安排，3—8月上旬日投喂量为当月投喂量日平均数的80%，中旬为日平均数，下旬为日平均数的120%。从9月开始，上旬为当月投喂量日平均数的120%，中旬为日平均数，下旬为日平均数的80%。

（2）根据鱼的存塘数，确定日投喂量。水温在15~20℃时，日投喂量为鱼体重的1%~3%。水温在20℃以上时，日投喂量为鱼体重的3%~5%。

（3）观察鱼摄食情况，确定日投喂量。此方法操作方便，简单易行。饲料投喂后，一般以鱼2~3小时吃完为度或以80%的鱼吃完游走为标准，此方法也可与方法（2）结合使用，即以方法（2）计算出当日投喂量，投喂后，根据鱼吃完时间和鱼离开情况，酌情增减，以达到最适投喂量。

除按上述方法掌握外，还需要做到均匀投饵，不宜忽多忽少，以免鱼类时饱时饥，影响消化吸收和生长，同时，也易引起鱼病。投饵均匀也能提高饲料的利用率，降低饲料系数。最好根据鱼的生长和水温情况，计算出日投饵率表，再根据天气和水温情况，决定每天的投饵具体数量。另外，一定要根据自己的养殖模式、养殖水平、水质条件等，灵活投料，做到发挥饲料的最大效益。

投喂数量要坚持“两头少，中间多”的原则。喂第一餐时，水温相对较低，浮游植物光合作用不强，水中溶氧量相对较少，不宜多喂；最后一餐喂完后，太阳即将落山，水中溶氧量逐渐减少，鱼吃得越多，消化时耗氧越多，易造成浮头，甚至泛池现象，不宜多喂。中间1~2餐，水中溶氧量高，可适当多喂。

847. 问：怎样确定投喂次数？

答：日投喂次数取决于鱼类的摄食习性和消化特征，与水温和鱼体规格大小有关。水温低时，每日1~2次；水温高时，每日3~4次。鱼体规格小时，投喂次数多；规格大时投喂次数少，如鱼苗阶段每天投喂4~5次，鱼种阶段每天3~4次，成鱼阶段每天2~3次。

848. 问：怎样合理掌握投喂时间？

答：应掌握每天日出后2小时至日落前2小时之间投喂的原则，夜间不宜投喂。每2次投喂时间间隔控制在3~4小时。如8：00、11：00、14：00、17：00（每日4次）；8：00、12：00、16：00（每日3次）；10：00、15：00（每日2次）。

849. 问：投喂方法得当是获得好效益的重要因素，科学投喂的技巧有哪些？

答：一是限量投喂，让鱼吃7~8成饱；二是均匀投喂；三是投喂新鲜饲料；四是认真观察，做好记录。

850. 问：如何进行驯化投喂?

答：驯化投喂是使用颗粒饲料饲养吃食性鱼类的关键技术，其方式是在池边上风向阳处，向池内搭一跳板作为固定投饵台，鱼种下塘第二天开始投喂，每次投喂前人在跳板上先敲击铁桶，然后每隔 10 分钟撒一小把饲料，无论吃食与否，如此坚持数天，每天投喂 4 次，一般 7 天内能使鱼类集中上浮吃食，为节约颗粒饲料，也可用米糠、次面粉等漂浮饵料代替颗粒饲料进行驯化。通过驯化，使吃食性鱼类形成上浮争食的条件反射，不仅能最大程度低减少颗粒饲料的散失，而且促进鱼种白天基本在池水上层活动，由于上层水温高、溶氧足，能刺激鱼的食欲，提高饲料消化率。

851. 问：常见的鱼的疾病有哪些?如何防治?

答：随着渔业不断发展，高密度集约化养殖不断提高，鱼类的疾病越来越多，特别是近几年鱼类的肝胆综合征、细菌性并发症（赤皮、烂鳃、肠炎）、病毒性出血病是鱼类的三大常见病害。

鱼病以防为主，防重于治。在养殖过程中，要做到及时清塘消毒，加强饲养管理、及早发现病情，合理混养、科学密养，科学投饵等工作。在需要用药时，要使用无公害、残留低、刺激性小、药效好的绿色鱼药。使用时严格按照使用说明用药，切不可随意加大药量或延长用药时间。水是鱼类的生存与生长环境，养鱼先养水，根据鱼的产量、品种、水源、水质情况调节好水质，必要时适当使用一些微生物制剂如光合细菌、EM 原露等。正确使用增氧机等渔机设备，投喂优质的全价饲料，并根据鱼类的品种、规格、气候、水温、水质以及鱼类的健康状况等情况酌情确定投喂量，使鱼类能保持一个良好的体质，并生长在一个良好的水体环境中，生产出高效健康的鱼。

852. 问：池塘生态系统养殖病害发生的内在因素和外在因素有哪些?

答：内在因素：主要受遗传品质、免疫、生理状态、年龄和营养条件等因素影响。同种或不同种的鱼类，由于它们的生物学特性、年龄、性别、机体结构的不同，其抗病和免疫能力有很大差异，如白鲢不易感染或较少感染细菌性肠炎，其鳃上可大量寄生鳃隐鞭虫而不发病，而草鱼恰恰相反，极易感染此虫而患病，因此水生动物对病原的敏感性强弱，与其自身的生物学特征及免疫力有关。

（1）外在因素。自然条件因素。

①水温：鱼是冷血动物，体温随外界环境条件的变化而变化，如果水温急剧升降，鱼体不易适应，可能导致各种疾病的发生，鱼类在不同的发育阶段，对水温也有一定的要求，鱼苗下塘时要求池水温度不超过 2℃，鱼种不超过 4℃，温差过大就会引起鱼苗大量死亡。

②水质：水质不良不利于鱼的生长，却有利于病原微生物的繁殖，提高了发病率。而且鱼对水体pH值也有一个适应范围，以7~8.5为适宜，如果pH值低于4.5或高于9.5，就会引起鱼类发生不良或死亡。

③溶解氧：水中溶解氧过低鱼就会浮头、泛池而死，过高又会引起幼鱼患气泡病。

（2）人为操作因素。

①清塘消毒不彻底，池内存有病菌、寄生虫；

②鱼种体质差，抗病能力弱；

③操作不当。如拉网运输过程中操作不当使鱼体掉鳞、断翅、受伤，体表溃烂而易感染水真菌。鱼体受伤，细菌侵入；

④放养密度不当或混养比例不合理。如果放养密度过大或上下层鱼类搭配不当，超过了一般饵料基础与饲养条件，导致产生饵料不足、营养不良和抵抗力减弱，为流行病创造了有利条件；

⑤饲养管理不当。投饵不足，不均匀，时饥时饱，大量投放过多未经发酵的粪肥，易使水质恶化诱发暴发性传染病，投喂不清洁或腐烂变质带有病菌的饵料；

⑥养鱼工具、吃鱼的鸟、兽带入病菌和寄生虫；

⑦乱丢病鱼、死鱼；

⑧水质恶化，遇高温、天气突变时，鱼类缺氧泛塘；

⑨池水污染或相互污染，引起中毒或鱼病流行。

（3）生物因素。一般多数鱼病都是由各种微生物感染或侵袭鱼体而致病，这些微生物称为病原体，主要包括细菌、病毒、真菌、寄生虫等。另外，还有一些鱼的敌害生物，像水鸟、水鼠、水蛇、凶猛鱼类、水生昆虫、青泥苔等。

853. 问：池塘鱼病是如何发生的？

答：在养殖池塘中，由于放养密度的提高（较自然水域增大几倍甚至几十倍），人工投饵量的增大，鱼类的排泄量对水体的污染程度增大，使得环境极易恶化，同时，疾病的传染机会增大。当环境的恶化、病原体的侵害超过了鱼体的内在免疫能力时，就导致了鱼病的发生。

854. 问：预防鱼病应从哪方面着手？

答：鱼病预防是一项经常性、综合性的工作。可从控制病原、增强鱼类体质、水体消毒、内服药物预防等方面着手。

855. 问：为什么要进行池塘养殖生态控病？生态控病的目标是什么？

答：因为养殖池塘是一定程度的人工生态系统，养殖生物与水环境密切相关，调控好养殖池塘的生态平衡是养殖池塘取得健康高效养殖的关键。有了良好、稳定的水环境可以抑制病原的滋生，增强鱼类抗病能力，才能达到健康养殖的目标。在实施池塘健康生态养殖时，核心是加强生产管理，改善和优化养殖环境，降低自身污染，达到良性循环的效果，减少水产养殖病害发生，提高水产品质量，增加养殖经济效益，保障池塘养殖可持续发展。

利用生态养殖控病技术控制和消灭病原体，切断传播途径；调控养殖环境条件，改善和优化水体生态系统；提高养殖群体的免疫力和抵抗力等，才能达到预防和减少水生动物疫病的目的。

856. 问：为什么要进行池塘、工具、饵料、水体消毒？如何进行消毒？

答：因为池塘及其养殖环境是鱼类及水生动物生活栖息的地方，也是病原微生物的繁衍场所，养殖环境的清洁与否，直接影响到水生动物的健康和饲养效果，所以，一定要做好池塘、工具、饲料、水体等的消毒处理，切断病原体感染传入途径。

（1）彻底清塘。包括干池清塘和药物清塘。

干池清塘：利用每年冬春季捕鱼或并塘后，把塘水抽干或排干，除去一层底泥，然后曝晒和冰冻（天数多些较好），以达到清除病原生物的目的。同时，还要清除池塘堤埂上的杂草，以减少昆虫等产卵的场所。

药物清塘：是利用药物杀灭池中为害饲养鱼的各种野杂鱼等敌害生物和消灭病原微生物，为饲养鱼创造一个安全的环境条件。清塘药物和种类繁多，生产中常用的并对水体环境、水产品安全不会构成为害和效果较好的有生石灰和漂白粉。无论何种药物鱼的耐受程度不同，放养前必须用“试水鱼”检验药效消失情况，方可放养。

（2）鱼体消毒。清塘消毒过的池塘，若放养未经消毒处理的鱼种，仍会把病原体带入塘中，留下疾病发生流行的隐患。在鱼体消毒前，应认真做好鱼体病原体的检查工作，根据病原体的不同种类，有针对性地采用不同的药物进行鱼体处理，鱼体的消毒一般采用药物浸洗法（或药浴）。

（3）饵料消毒。病原体往往能随饵料带入池中，因此，投放的饲料必须是清洁新鲜的，最好能经过消毒处理。如在商品饲料中可投入少量土霉素残渣（按饲料量的5%比例混合），既可起到抑菌消毒作用，又可增加营养，加速鱼类生长。

（4）工具消毒。养殖过程中使用的各种工具，往往是病原微生物传播疾病的媒介，一方面要尽可能使工具专池专用；另一方面做好工具的消毒工作。尤其是发病池所用的工具，应与其他池塘使用的工具分开，避免病原体从一个池塘带到另一个池塘。若工具缺乏，无法做到分开使用时，应将发病池用过的工具消毒处理后再行使用。一般网具可用硫酸铜溶液10~20mg/L浸洗消毒20分钟，晒干后再使用，也可用50mg/L高锰酸钾溶液或100mg/L的福尔马林溶液浸泡消毒0.5~1小时，洗净后再用。木制工具可用5%漂白粉溶液消毒处理后，在清水中洗净再使用。

（5）食场消毒。食场内常有残余饲料，残饲腐败除恶化水质外还为病原微生物繁殖提供了有利条件。因此，在水温较高的疫病流行季节，应每隔1~2周，在鱼类吃食以后，对食场进行消毒，通常使用漂白粉或其他的消毒剂进行食台消毒。

（6）水体消毒与药物预防。应根据当地养殖防病经验，在疫病流行季节选择适当的药物进行全池遍洒，防病效果较好。药物预防包括外用药物预防（全池遍洒与食场药浴）和内服药物预防（药饵）。

857. 问：如何进行池塘消毒和苗种药浴？

答：

（1）池塘消毒。一是将生石灰加水融化，不待冷却即向池中遍洒，遍洒时需加水100~150mm，每亩用生石灰75~100kg（干池清塘）。如池塘排水不便，可带水清塘。带水清塘水深1m，亩用量125~150kg。二是用强氯精（三氯异氰尿酸）、漂白精和漂白粉清塘的效果和生石灰基本相同。用上述两种方法清塘，在水温15~18℃时，7~10天后即可放鱼种。

（2）苗种药浴（浸洗法）。预防鱼病常用的一种方法。一是鱼种放养时，宜选用20mg/L高锰酸钾溶液，浸洗20~30分钟。二是用3%的食盐浸洗15~30分钟。三是用聚维酮碘溶液50ppm浸洗15~30分钟。

药浴要注意三点：一是盛鱼容器体积、药量计算准确，否则，药效达不到。二是浸洗药物浓度、时间长短和温度高低密切关联，并视鱼对各种药物的耐药性灵活掌握，发现异常应立即将鱼放回鱼池，且有些药物不宜用热水溶解，有些切忌用金属容器存放，如漂白粉等。

858. 问：鱼类疾病诊断的主要步骤有哪些？

答：一是现场调查；二是水质检测；三是饲养管理调查：回顾饲养管理情况，观察鱼类在池中活动情况；四是鱼体症状检查诊断。

859. 问：鱼类疾病常用的诊断方法有哪些？

答：一是肉眼检查；二是显微镜检查；三是实验室诊断。

860. 问：鱼类疾病应主要诊断哪些部位？

答：一是眼睛；二是鳃；三是体表（包括鳞片）；四是肠道；五是脑部。

861. 问：无公害水产养殖常用的渔药有哪几类？

答：

（1）抗菌类药物。

①抗生素类：常用药有土霉素、青霉素、强力霉素、金霉素、甲砜霉素、氟苯尼考等。

②喹诺酮类：有氟哌酸（诺氟沙星）、氟嗪酸（氧氟沙星）、吡哌酸等。

此类药物抗菌效果普遍较好，具有抗菌范围广，杀菌能力强等优点，是防止水生动物细菌病的有效药物。

（2）水体消毒剂。

①卤素类：氯乙氰尿酸、溴氯海因、二溴海因、二氧化碳、漂白粉等。

②碱类：生石灰、氨水等。

③氧化剂：高锰酸钾、过氧化钙、过氧化酸等。

④重金属盐类：螯合酮、硫酸铜等。高浓度的重金属盐有杀菌作用，低浓度的具有抑菌作用。

⑤燃料类：甲紫、亚甲基蓝等。燃料可分为碱性和酸性两大类。

（3）抗寄生虫药物。

①燃料类药物：亚甲基蓝，可防止鱼卵的水霉病、幼鱼和成鱼的小瓜虫病、车轮虫病、斜管虫病等。

②重金属类：硫酸铜、硫酸亚铁合剂。

③有机磷杀虫剂：敌百虫。

④咪唑类杀虫剂：甲苯咪唑、丙硫咪唑等。

应注意过量的铜可能造成鱼体内重金属积累，而敌百虫在碱性条件下形成敌敌畏，对人的为害极大。

（4）抗真菌药物。抗真菌药物有制霉菌素、克霉唑等。另外，食盐、亚甲基蓝等也具有抗真菌作用。

（5）生物制品和免疫激活剂。生物制品包括各类菌苗、疫苗，如光合细菌、EM 菌、草鱼灭活疫苗等，具有杀虫作用的苏云金杆菌、阿维菌素等。

（6）环境改良剂。益生素、沸石、麦饭石、三氧化二铁、过氧化钙等，主要作用是改善水质、底质以及对微生态平衡、生物指标的调控。

（7）中草药。中草药包括大蒜、大黄、五倍子、黄芩、苦参等，可以防治鱼类细菌和寄生虫等疾病，中草药相对其他药物安全环保，品种功能多样化，应作为防治鱼病的首选。

862. 问：无公害水产养殖禁用的渔药有哪几类？

答：

（1）抗菌类药物。

①抗生素类：红霉素、氯霉素、泰乐菌素、杆菌肽锌；

②磺胺类：磺胺嘧啶、磺胺甲基嘧啶、磺胺间甲氧嘧啶、甲氧苄胺嘧啶磺胺噻唑、磺胺咪；

③喹诺酮类：环丙沙星；

④硝基呋喃类：呋喃唑酮（痢特灵）、呋喃西林、呋喃它酮、呋喃那斯、呋喃丹。

（2）抗寄生虫药物。孔雀石绿、汞制剂、地虫硫磷、六六六、滴滴涕、林丹、氟氯氰戊菊酯等。

（3）清塘药物。五氯酚钠。

863. 问：无公害水产品渔药的使用原则有哪些？

答：一是正确选择药物；二是科学合理用药；三是防止药物残留；四是杜绝禁用渔药。

第五章　设施农业生产技术

第一节　设施结构和类型

864. 问：设施农业的主要类型有哪些？

答：设施农业是用人工技术手段，改变自然光温条件，创造优化植物生长的环境因子，使之能够全天候生长的现代农业生产方式。设施农业按技术类别可分为连栋温室、日光温室、塑料大棚、小拱棚（遮阳棚）等类型。

865. 问：日光温室的主要结构类型有几种？

答：日光温室从建筑材料上可分为砖钢温室和土钢温室两大类，目前主要的结构模式有五种，分别是普通砖墙温室、草泥墙温室、机械土打墙温室、半地下冬暖式温室、砖混结构温室。

866. 问：普通日光温室的主要结构参数是什么？

答：目前，巴彦淖尔市推广的日光温室除半地下冬暖式日光温室外，大部分跨度为 8m，长度 80~100m，温室脊高 4. 4m 左右，后墙高 3. 2m。钢架为上下弦结构，间距为 1m，上弦为 6 分厚壁钢管，下弦为 Ø12~14 的钢筋，拉花为 Ø10 的钢筋，横拉筋采用 4 分钢管或者 Ø12~14 的钢筋，用 Ø10 的钢筋呈八字焊接。

867. 问：半地下冬暖式温室的主要结构参数是什么？

答：半地下冬暖式温室跨度为 10~11m，长度为 80~100m，温室脊高 5. 5m 左右，后墙高 4. 3m。钢架为上下弦结构，间距为 1m，上弦为 6 分厚壁钢管，下弦为 Ø12~14 的钢筋，拉花为 Ø10 的钢筋，横拉筋采用 4 分钢管，用 Ø10 的钢筋呈八字焊接。距后墙 1m 左右设置 Ø50 的钢管支撑，每隔 3m 设置 1 根。

868. 问：砖钢结构温室建造注意事项有哪些？

答：

（1）砖钢温室墙体一般采用多孔空心砖建造，厚度为 60cm，可分为中间夹聚苯板和外贴聚苯板两种类型。

（2）为了温室的稳固性，后墙和山墙每 50cm 高度要设置 1 层水平南北纵向拉筋，拉筋长 44cm，两头分别弯曲 90°弯头长 5cm。

（3）山墙与后墙的衔接处水平设置角筋，每 50cm 设 1 层，后墙角筋长 1.5m，山墙角筋长 20cm，角筋弯钩 5cm，采用 Ø6.5 的钢筋两根；

（4）后墙每隔 50m 留 1 条伸缩缝；

（5）中间夹聚苯板温室，中间的聚苯板要放平整，尽可能减少缝隙；

（6）后墙贴聚苯板要挂网抹灰。

869. 问：草泥墙温室建造注意事项有哪些？

答：

（1）墙根基要先经过碾压坚实后，底层铺上塑料薄膜后再和泥砌墙，以防地下水阴渗。

（2）草泥墙的泥要和成硬泥上墙，每次上泥的厚度不超过 50cm 厚。

（3）草泥墙的泥和草要和的均匀，并保持一定数量的麦草或稻草，每亩不少于 4t。

（4）草泥上墙后，第一层草泥必须干透后再上第二层泥，以保证草泥墙体干燥。

（5）墙体上的每一层泥必须用挖掘机铲土压瓷实，并干燥后再上泥，以保证墙体质量。

（6）草泥墙的高度和厚度要严格按设计要求施工，不能随意改变。

（7）墙体建成完工后，不能急于上棚膜，要等墙体完全干燥后再上棚膜，以免影响墙体质量。

870. 问：机械厚墙体温室建造注意事项有哪些？

答：

（1）建造墙体之前要将墙基反复碾压 4～6 遍，并在墙底铺一层塑料膜以防潮防碱。

（2）表层熟土挖离取土区堆好等待建好之后回填温室用于生产。

（3）建造时用挖土机按照大于墙体厚度宽度上土，每次上虚土的高度不超过 1m，上齐后推平，反复碾压至少 4 遍后再次上土，保证土方完全压实。

（4）后墙上放置钢架部位必须打混凝土垫层，垫层厚度 12～15cm，宽度 40～50cm，加 4～6 根冷拔筋，增加强度。并每隔 1m 埋设预埋件，用来固定钢架。

（5）前地梁每隔 1m 预设混凝土预埋件，与后墙放钢架处相对应，两预埋件间埋一个 ϕ6.5mm 钢筋钩，以备拴压膜线。

871. 问：半地下冬暖式温室建造注意事项有哪些？

答：

（1）下挖深度要根据实际情况而定，地下水位较高的尽量避免下挖。

（2）建造墙体之前要将墙基反复碾压 4~6 遍，并在墙底铺一层塑料膜以防潮防碱。

（3）表层熟土挖离取土区堆好等待建好之后回填温室用于生产。

（4）建造时用挖土机按照大于墙体厚度宽度上土，每次上虚土的高度不超过 0.8m，上齐后推平，反复碾压至少 4 遍后再次上土，保证土方完全压实。

（5）后墙上放置钢架部位必须打混凝土垫层，垫层厚度 12~15cm，宽度 40~50cm，加 4~6 根冷拔筋，增加强度。并每隔 1m 埋设预埋件，用来固定钢架。

（6）前地梁每隔 1m 预设混凝土预埋件，与后墙放钢架处相对应，两预埋件间埋一个 ϕ6.5mm 钢筋钩，以备拴压膜线。

（7）墙体外侧用无纺布或旧棚膜包围，以延长使用寿命。

872. 问：砖混结构温室建造注意事项有哪些？

答：

（1）内外砖墙建造达到 1.5m 高时，待墙体充分干后填土，填好土后再砌另一部分砖墙，墙干后再填土。

（2）内外 24 砖墙每间隔 1m 高分别设置 1 道压筋，从中心处开始设置，中心处压筋 4m 长，分别向两侧延伸，每间隔 50cm 设置 1 道 2m 长压筋。采用 Φ6.5 的圆钢。

（3）内外 24 墙每间隔 3m 设置 24 连接砖墙，3m 内设置两道连接拉筋，即每隔 1m 设置 1 道拉筋。

（4）后墙顶现浇 10cm 厚混凝土板，每隔 1m 建 24 混凝土墩子并加设钢筋预埋件。前地梁建混凝土过梁，每隔 1m 与后墙对应留预埋件。

（5）后墙每隔 50m 留 1 条伸缩缝。

（6）外墙外侧贴附 10cm 厚聚苯板抹灰。

873. 问：如何因地制宜的选择日光温室的建设类型？

答：

（1）根据建设地点的土壤性质决定，沙壤土和沙土结构不适宜建造机械土打墙温室和半地下冬暖式温室。

（2）根据建设地点的灌溉方式和水位高低决定，周围是引黄灌溉区不适宜建造机械土打墙温室和半地下冬暖式温室；地下水位较高也不适宜建造机械土打墙温室和半地下冬暖式温室。

（3）根据种植茬口安排建造，越冬生产果类菜的温室要选择半地下冬暖式温室、砖混结构温室和机械土打墙温室，普通春提早、秋延后栽培可选择普通转钢结构温室和草泥墙温室。

（4）根据种植作物建造，种植果菜类蔬菜要选择墙体较厚保温性能较高的温室，如机械土打墙温室、半地下冬暖式温室和砖混结构温室；种植果树可选择保温性能相对较差的普通砖钢温室和草泥墙温室；种植食用菌可选择普通温室或者遮阳棚。

874. 问：温室的防寒沟的作用是什么？如何正确的设置温室防寒沟？

答：防寒沟是阻止和减缓温室内土壤与外界土壤发生横向热交换的主要设施，合理的设置防寒沟可以有效地防止地冻层向日光温室内延伸，提高温室的地温。一般防寒沟设在温室的前屋面底角，即在温室前外侧埋入聚苯板或碎秸秆等材料。防寒沟的深度以当地冻土层厚度为主，巴彦淖尔市地区在 1m 左右，内填聚苯板的厚度为 10cm，密度为 20kg/m^3。

875. 问：如何正确的选择合适的保温被？

答：采光面是温室热量散失的主要部位，采光面的主要覆盖物保温被则是温室能否安全生产的关键。目前市面上的保温被主要以针刺毡式保温被为主。当地冬季最低温度在－15℃以内，保温被的重量要求为 2.5～3kg/m^2，冬季最低温度低于－15℃，保温被的重量要求为 3.5～4kg/m^2。同时，保温被要顺风叠压，搭接处不得有缝隙。

876. 问：塑料大棚的主要类型？

答：塑料大棚按建设结构可分为竹木结构大棚、钢架结构大棚、镀锌钢管装配式大棚三类。

竹木结构大棚是最早使用的大棚，取材方便，建造简单，造价低，目前仍有使用。骨架采用竹竿、木头建成，跨度 6～12m，脊高 1.8～2.2m，长 30～60m，有木头立柱。缺点是棚内立柱多，遮光严重寿命短。

钢架结构大棚拱架用圆钢或钢管焊接而成，跨度为 8～12m，脊高 2～2.8m，长 50～80m，结构稳定，无立柱，棚内空间大，透光性好，作业方便，是目前建造使用最多的大棚结构。

镀锌钢管装配式大棚采用热浸镀锌的薄壁钢管为骨架建造而成，建造方便，可拆卸迁移，棚内空间大，遮光少，整体强度高、抗腐蚀、承载风雪能力强，跨度 8～12m，脊高 2.2～3.0m，长度 50～80m，是目前较为先进的大棚结构类型，但造价一般比前 2 种结构偏高。

877. 问：塑料大棚的性能及应用？

答：塑料大棚的主要热源为太阳能，棚内温度随着天气的变化而变化较大，昼夜温差较大，正午温度最高，凌晨4：00—5：00棚温下降到最低点；光照受季节、天气影响外，还与大棚的方位、结构、薄膜清洁程度和老化程度有关，春秋季一般以南北向延长光照较均匀，作物生长整齐；塑料大棚密封性强，棚内空气相对湿度较高，白天一般60%~70%，夜间90%~100%，易引起病害。塑料大棚栽培时间从4月上旬到10月中旬，栽培以春提早和秋延后为主，可比露地提早定植1个月，推迟收获1个月左右。

878. 问：棚膜有哪几种？各有何特点？

答：塑料棚膜按生产原料可分为聚乙烯（PE）膜、聚氯乙烯（PVC）膜、乙烯醋酸乙烯（EVA）膜和PO膜。

聚乙烯膜质地较轻，单位面积用膜量较聚氯乙烯农膜少，质软易造型，不易粘尘，透光性好，是我国目前主要的农膜品种。缺点是耐候性与保温性较差，不易粘接，耐高温性、抗拉性、伸长性不如聚氯乙烯膜。

聚氯乙烯膜具有良好的透光性、保温性，耐高温日晒，抗张力和拉伸力强，折断和撕裂易粘补修复，膜体柔软易造型，较耐用；但薄膜易吸尘，难清洗，透光率降速快，耐低温性不如聚乙烯农膜，薄膜自身较聚乙烯膜重，单位面积覆膜量较聚乙烯膜增加20%~30%，每亩用120~130kg。

乙烯-醋酸乙烯共聚物农膜的耐候性、耐冲击强度、耐应力开裂度、粘接性、透光性、保温性、爽滑性都明显强于聚乙烯农膜，是新型的高保温、高透光、超耐久的“太阳膜”，其保温性能达到聚氯乙烯农膜水平。

PO膜透明度高、保温性能好，消雾流滴期长，防静电、不粘尘，紫外线透过率高。可保证农作物夜间的生长温度，缩短了作物成熟期。

879. 问：如何选择棚膜的种类？

答：

（1）根据不同用途进行选择。一般大中棚蔬菜种植生产季节短，对塑料薄膜要求不严，可选用普通聚乙烯膜，而日光温室蔬菜种植，需要选择耐候、抗老化、无滴、防尘的长寿聚氯乙烯、乙烯醋酸乙烯或者PO膜。

（2）根据种植作物的不同进行选择。一般黄瓜及辣椒种植可选用聚乙烯膜，茄子、西甜瓜、西葫芦、番茄、各类叶菜及果树可选用乙烯醋酸乙烯膜，韭菜种植可选用韭菜专用膜。

（3）根据种植习惯进行选择。聚氯乙烯防老化膜和双防膜由于增塑剂易析出，特别是在高温强光下，增塑剂向表面迁移速度加快，导致透光率大幅度下降，故不宜作越夏连续覆盖栽培，多为秋扣棚连续覆盖到初夏，使用寿命 8~10 个月，而且由于添加了紫外线吸收剂，会阻碍植物花青素的合成，不宜用于覆盖紫茄子；聚乙烯防老化膜和双防膜无增塑剂析出问题，可作越夏连续覆盖栽培，但防老化寿命也只能达到连续使用 12~18 个月，即只能越过一个夏季。

880. 问：棚膜的使用过程中应该注意什么?

答：

（1）棚室钢架防锈处理。钢架在使用前要进行防锈处理，一般涂刷银粉，防止棚膜受损。

（2）扣棚技术要过关。扣棚时要选择晴天、无风天气作业，扣棚时应拉平、绷紧、压牢、固定棚膜，并在扣膜前注意棚膜里外，避免扣反。

（3）在喷施含铁、硫元素农药时，切忌喷洒在棚膜上。

（4）及时清洁棚膜上的灰尘、积雪，注意修补棚膜的裂口。

881. 问：遮阳网在生产中的作用有哪些?

答：夏季覆盖遮阳网能减光、降温、保湿，且遮阳网颜色越深，效果越明显。夏季用遮阳网覆盖后，地表温度一般可降低 4~6℃，地下 5cm 处地温降低 3~5℃，地上 30cm 处气温降低 1℃左右。用遮阳网覆盖后可使光照强度降低到作物生长适宜的范围内，以便光合作用的进行。同时，覆盖遮阳网后，在遮光降温的同时，还可减缓风速，减少土壤水分的蒸发，有利于保湿防旱，并降低暴风雨对蔬菜造成的机械损伤、泥沙污染等对蔬菜的为害。

882. 问：防虫网在生产中有哪些作用?

答：

（1）防虫。覆盖防虫网后，可有效的免除菜青虫、小菜蛾、斜纹夜蛾、甘蓝夜蛾、甜菜夜蛾、蚜虫、白粉虱等多种害虫成虫飞（钻）入棚内为害作物。

（2）防病。病毒病是瓜菜作物的灾难性病害，主要是由白粉虱、烟粉虱、蚜虫传播，防虫网可切断害虫的传毒途径，可大大地减轻蔬菜病害的侵染。

883. 问：使用防虫网应注意什么?

答：防虫网使用应注意孔径的大小，在瓜菜生产上一般以 25~40 目的为宜，幅宽 1~1.8m。为提高防虫效果需注意：一是全生长期覆盖，且注意密封。二是前茬作物收获后及时清除枯枝落叶等残留物，集中销毁，并喷洒农药进行消毒处理。

第二节　设施环境特点与调控技术

884. 问：日光温室内温度有何特点？

答：以太阳辐射作为能源的日光温室，由于气候因素的多变性，室内温度很不稳定、昼夜温差较大是它的主要特点。与外界相比，白天高温和低温相差30℃左右，在最冷季节最低保持6℃以上。

寒冷季节室内白天最高可达40~50℃，夜晚最低可降到0℃，昼夜温差一般也在20~30℃以上。

885. 问：如何调控温室内的温度？

答：温室内的温度调控包括保温、增温和降温。增温主要应用于冬季极端低温或者育苗期间温度没有达到需要温度时采用暖风炉、地热线等设备临时加温来提高温度内的气温和地温；在日常生产过程中，一般通过通风来降低棚室内的温度，夏季育苗或越夏栽培采用遮阳网降低温度；保温是设施栽培最重要的温度调控，一般与设施的结构性能、栽培措施有直接的关系。

886. 问：冬春季如何提高温室的保温性能？

答：

（1）通过培土加厚墙体、后墙外侧堆积作物秸秆、填补墙体缝隙、后墙覆盖旧棚膜或无纺布等来提高温室保温能力。

（2）通过在后屋面上铺设秸秆、聚苯板、保温被等加厚后屋面的厚度以提高后屋面的保温性能。

（3）在前屋面底角处设置防寒沟提高地温。

（4）选择保温性能较好的保温被和棚膜。

（5）尽可能减少设施缝隙，及时修补破损棚膜，调整棉被密封性、门口挂厚棉帘等减少棚室热量散失。

（6）增施腐熟的有机肥、高垄栽培、采用嫁接苗、配套储水罐及滴灌等措施提高地温。

887. 问：如何确定温室保温被的揭盖时间？

答：在正常情况下，早晨揭开保温被后，棚内气温下降1~2℃，经过10~20分钟后棚内温度上升，说明揭开的时间恰好；如若揭开保温被后棚内温度直线上升，说明保温被揭晚了，浪费了一段见光的时间；若揭开保温被棚内温度下降较多，说明揭早了；同理，傍晚在棚内温度为18~19℃时开始盖保温被，盖后棚内温度回升

1～2℃之后又缓慢下降，即可保证前半夜温度利于光合产物的运转，也可使后半夜棚内温度不至于降到瓜菜生长底线，同时，还可降低呼吸消耗。

888. 问：日光温室内湿度有何特点?

答：温室内湿度包括空气湿度和土壤湿度，土壤湿度主要由灌水量、蒸发量以及作物蒸腾量决定，空气湿度主要受土壤水分的蒸发和植物体内水分的蒸腾影响。

在设施密闭的环境条件下，空气湿度和土壤湿度是相辅相成的，当土壤湿度较大时，空气湿度也随之增大，反之减小。同时，空气的绝对湿度和相对湿度一般都大于露地，高湿是温室湿度环境的突出特点。设施栽培调控的原则在作物正常生长的前提下，尽可能降低空气湿度，减少病虫害的发生。

889. 问：如何调控温室内的湿度?

答：

（1）节水灌溉。传统的大水漫灌方式，既浪费水又可造成棚内空气湿度过大引发病害，采用滴灌、微灌及膜下暗灌等灌溉方式可有效地减少棚内湿气的蒸发，降低棚内湿度。

（2）高温通风排湿。冬季浇水后密闭棚室升温，当温度达到30℃时持续1小时后通风排湿，可快速地散失掉棚内的水汽。

（3）地膜覆盖。地膜覆盖可以减少土壤水分的蒸发，是降低棚室内湿度的主要措施。全棚覆盖地膜可使地面蒸腾作用降到最小。盖严地膜后，基本不会有水汽从地面蒸发进入空气中，减少了空气中水蒸气的来源。

（4）合理施药。冬季棚室内温度低湿度大时多采用烟雾剂和粉尘剂进行防病治病，以利于均匀施药和避免温室内空气湿度过高。

（5）自然吸湿。在栽培作物行间铺设稻草、麦秸或生石灰等可吸附棚室内水汽，达到降湿的目的。

890. 问：日光温室内光照有何特点?

答：受棚膜的种类、老化程度、洁净度的影响，温室内的光照强度一般较弱，仅为自然条件的50%～80%，这种现象在冬季往往成为喜光果菜类作物生产的主要限制因子。另外受温室结构的影响，光照分布在时间和空间上极不均匀。温室内的太阳辐射量，特别是直射光日总量，在温室的不同部位、不同方位、不同时间和季节，分布都极不均匀，尤其是高纬度地区冬季温室内光照强度弱，光照时间短，严重影响温室作物的生长发育。且日光温室各部分的相对光强有很大差异，温室前部光照强度大于中部，温室后部光照强度最弱。

891. 问：日光温室内光照减少的原因是什么？

答：

（1）温室不透明部分的遮阴。后墙、拱架、山墙、后屋面。东西山墙会在上午、下午时，形成三角阴影区，阴影区影响山墙内侧 2m 宽的面积。日光温室遮阴影响最大的部分是钢架，遮阴占整个温室 10%左右。

（2）前屋面棚膜对光线的吸收和反射。太阳光照射到日光温室的前屋面上，一部分被棚膜本身吸收；另一部分被棚膜反射到温室外面，余下的穿过棚膜透射到温室内。新棚膜对阳光吸收较少，被灰尘污染的棚膜对阳光吸收的多。只有阳光垂直照射前屋面棚膜上，入射角为 0°时，绝大部分太阳光才能射入室内。而实际情况是：不论什么结构的温室，不论怎么设计采光屋面都不能实现入射角为 0°，因为太阳高度角在一年中随着季节的变化而变化，就是在一天中都不断变化，而日光温室前屋面的采光角是固定的，不可能随太阳光的移动变化角度，所以透光率低是客观存在的。

（3）棚膜的性质对透光率的影响。棚膜的质的、颜色、结构、厚度和清洁度决定了太阳光能被利用的程度，要求透光性好，抗污染能力强、不易老化、无滴等。目前多采用醋酸乙烯（EVA）和 PO 高效保温日光温室专用膜。透光率比聚氯乙烯（PE）膜和聚乙烯（PVC）膜高 15%～20%。

892. 问：如何调控温室内的光照？

答：调控温室内的光照主要有增光和遮光，其中，增光的措施如下。

（1）选用透光性好、防尘、抗老化、无滴的棚膜，如醋酸乙烯膜（EVA）和 PO 膜。

（2）尽可能早揭帘晚盖帘，经常打扫、清洗，保持屋面棚膜的高透光率。

（3）减少建材遮阴部分：温室架构选材上尽量选结构比小而强度大的轻量钢铝骨架材料，以减少遮光面。

（4）注意建造方位和前后温室间距。

（5）合理密植，大小行定植，冬季可采用单行种植，让阳光直射在土壤上，以增加地温。

（6）及时人工补光：一般在育苗集中时可进行。在温室内墙张挂反光幕。

遮光主要采用遮阳网进行，主要应用于春夏季育苗或越夏栽培。

893. 问：日光温室内 CO_2 有什么作用？CO_2 浓度的如何变化？

答：二氧化碳是绿色植物进行光合作用的重要原料之一，是其他物质所可代替的，被称为蔬菜的“粮食”，在一定范围内，植物的光合产物随 CO_2浓度的增加而提高。

日光温室中二氧化碳的浓度以日出前最高，日出揭帘后，浓度迅速下降，通风换气后 2~3 小时，才能回升到正常生长所需的浓度。

894. 问：如何增加棚室内 CO_2 浓度?

答：

（1）大量施用有机肥，利用微生物分解，产生大量二氧化碳。

（2）合理通风换气补充二氧化碳。

（3）人工施用二氧化碳，常用的有固体 CO_2 干冰法、利用 CO_2 发生器（浓硫酸与碳酸氢铵反应产生 CO_2，此法最常用）。

（4）秸秆生物堆反应技术，利用秸秆腐熟可释放二氧化碳。

895. 问：棚室内气害原因有哪些?

答：温室是个相对密闭的空间，在其生产过程中，往往会产生一些有毒有害气体，如氨气、二氧化氮、二氧化硫等，对作物产生毒害作用，因此，要预防有毒气体发生并造成为害。

896. 问：怎样预防棚室内作物发生气害?

答：

（1）要使用充分腐熟的有机肥，避免施用生粪。

（2）使用氮肥时要随水冲施，并以少量多次为主。

（3）药剂熏棚后要及时放风。

（4）选择质量较好的棚膜和吊绳，避免产生有毒气体。

897. 问：什么是设施蔬菜连作障碍?

答：在设施蔬菜生产中，由于高度集约化的生产、多年连作、栽培品种单一、栽培管理不当、无雨水淋洗等因素，再加上人为的不合理的种植和施肥措施，导致设施蔬菜土壤的物理、化学和生物学特性均发生了变化，出现土壤板结、病虫害加重、土壤次生盐渍化、产品品质下降等一系列问题，造成连作障碍。连作障碍已成为目前设施蔬菜生产中的一大难题，严重制约设施蔬菜发展。

898. 问：如何治理连作障碍?

答：

（1）土壤消毒，可以采用高温消毒和抗重茬剂消毒等方法，杀灭土壤中残留的有害物质；

（2）换土，是改善设施土壤环境最有效的办法，但是劳动强度较大；

（3）嫁接育苗，利用砧木的抗病性，抑制土传蔬菜病害的发生等。

899. 问：日光温室土壤积盐的原因是什么？

答：土壤积盐是设施蔬菜生产过程中出现的主要障碍之一，土壤积盐在作物上表现为生长发育不良，作物根系吸收受阻，失水导致根系萎缩不长或者死亡。引起土壤积盐的主要原因是：一是超量施肥：偏施某一种肥料或者盲目的增施化肥，造成化肥被土壤固定的盐和地下水上行导致返盐。二是化肥中的副成分在土壤中积累：很多肥料除了含有一种作物所需的离子之外，还有一些副成分不能被作物吸收利用，设施特定的生长环境缺乏淋洗条件，导致这些副成分保留在耕作层中。三是连年栽培：一般栽培年限越长土壤中盐离子浓度的积累越高。四是土质黏重：土质黏保肥性强，养分流失少，长期耕作加重了土壤盐化。

900. 问：如何防止温室土壤积盐？

答：

（1）深耕灌水洗盐。设施瓜菜收获后，利用休闲期深耕整平，大水漫灌 1～2 次。

（2）种植吸盐作物。利用温室休闲期种植苜蓿、绿豆、大豆或者青贮玉米。

（3）增施有机肥料。每亩增施牛马粪 10m^3 以上，作物秸秆1 000kg。

（4）增酸压碱。如果 pH 值超过 7. 5 以上时，每亩可随水冲施醋酸 10kg 左右，也可随水冲施磷酸铜 2～3kg。

901. 问：棚室内表土板结、不渗水是什么原因？如何预防？

答：棚室土壤板结不渗水的原因主要有：一是过量施用化肥，造成土壤表层形成板、块状结皮，影响土壤通透性、透水性，致使渗水缓慢。二是机械土打墙温室在建造过程中将熟土层推到墙体上，留下的耕作层为生土层，有机质含量低，土壤黏重，通气、透水性极差，不利于蔬菜根系生长发育。三是有机肥施入量少。四是大水漫灌导致土壤板结、通气、透水性能变差。五是田间操作。栽培管理期间，整枝、打杈、喷药、施肥、采收等操作，土壤被踩压、踏实。

预防棚室表土板结的方法：一是增施优质有机肥。二是实行秸秆还田。三是增施微生物肥料。四是推广土壤改良剂。五是适度深耕。

902. 问：老棚室土壤恶化的表现有哪些？如何预防？

答：棚室土壤恶化的表现主要有：一是大量施用化肥造成土壤变板结，透气性降低，蔬菜根系发育不良。二是土壤盐渍化加重，妨碍根系正常吸水，影响植株生长。三是多年连作导致土壤中微量元素缺乏，影响蔬菜的生长发育。四是长期的种植，翻地较浅，导致耕作活土层变浅。五是连作使病菌虫害在土壤中积累，为害加重。

预防土壤恶化的方法：一是轮作换茬。二是增施有机肥或生物菌肥。三是适当休闲。四是使用微肥。五是深翻土壤。

903. 问：新建温室如何改良土壤？

答：新建的日光温室属于“生茬地”，土壤贫瘠、肥力低，尤其是对于机械厚墙体温室和半地下冬暖式温室，大多表土层均遭到破坏，需要经过改良后方可种植。

（1）改良土壤。对于厚墙体温室，一般需要将30cm的熟土层挖到一边堆放起来，用下面的生土层建墙，温室建好后再将熟土层回填。如若熟土都建成了墙体，生土无法种植就需要改土。同时，还可以根据土壤质地改良土壤，黏质的土壤可以掺入沙土进行改良。

（2）增施有机肥。刚建好的温室，第一年要施入大量充分腐熟的有机肥提高土壤肥力，亩施腐熟的农家肥20m^3左右。

（3）深翻土壤。温室的建造过程中机械及人工的操作造成土壤变硬板结，配合增施有机肥，需要深翻土壤40~50cm。

（4）增施生物菌肥。生土中有害菌少，但有益菌也同样缺乏，通过施用生物菌肥，可以快速地补充土壤中的有益菌，促进瓜菜作物根系的健壮生长。

第三节　蔬菜育苗模式与技术

904. 问：如何合理安排温室茬口？

答：温室茬口的安排直接关乎温室的利用效率和经济效益的问题，茬口安排必须因地制宜、因棚制宜，一般茬口安排要遵循以下5个原则。

（1）根据市场需要来安排，要有稳定可靠的销售渠道和消费人群；

（2）根据温室类型及保温性能来安排茬口，保证能够成熟和高产；

（3）要注意茬次的衔接时间，还要考虑到间套种和前后茬蔬菜的需光性及肥水病害等是否矛盾；

（4）根据生产者的技能和技术支持可能进行安排；

（5）有利于轮作倒茬和无害化生产。防止连作后发生生理障碍和土传病害等。

905. 问：巴彦淖尔市温室茬口一般如何安排？

答：

（1）一年三茬：早春茬（12月初至12月底育苗，1月底至2月初定植，6月底拉秧，种植作物为果菜类）——秋冬茬（6月底至8月中定植，11月底拉秧，种植作物为果菜类、芹菜）——冬叶菜茬（11月底至2月初，种植作物绿叶菜）。

（2）一年两茬：越冬茬（11月初定植，翌年5月拉秧，种植作物茄果类及黄瓜）——秋茬（6月初定植，11月初拉秧，种植作物果菜类）。

906. 问：如何确定瓜菜作物的适宜播种期？

答：瓜菜的播种期一般由棚室的结构、茬口安排以及苗龄来决定。由棚室的结构和保温性能决定茬口安排及定植的日期，一般早春茬在棚内地温和气温达到标准才可定植，秋冬茬定植期的确定由栽培作物能够完全成熟和什么时间上市来决定；确定好定植期后，以适宜的苗龄的天数向前推算出播种期，还要考虑早春茬苗龄和秋冬茬苗龄的不同。播种期确定时要考虑到蔬菜的生育特点、育苗设施及技术水平等条件灵活掌握，不可盲目提早播种。

907. 问：如何进行种子处理？

答：种子处理包括常规浸种有针对性的药剂浸种，常规浸种主要是温水浸种，将种子放入55℃的恒温水中，不断搅拌，浸泡30分钟左右，当水温降到30℃左右再浸泡数小时，时间根据不同作物灵活掌握。

针对性药剂浸种：预防细菌性病害可用当年生产的农用链霉素1 000倍液浸种1小时，预防真菌性病害可采用2%氢氧化钠、50%多菌灵500倍液浸种20~30分钟，预防病毒病可用10%磷酸三钠浸种20~30分钟，捞出用清水搓洗种子2~3遍，用30℃温水浸种数小时。

908. 问：嫁接一般采用哪些方法？

答：嫁接育苗所用的方法有靠接法、插接法和劈接法等，靠接法和插接法操作简单，易管理，成活率高，劈接法管理较难、成活率低，生产中应用较少。目前主要应用的是靠接法和插接法。

靠接法的优点：暂时保留接穗自根系，成活后切断，操作容易，成活率高。缺点：费工，效率低。适用种类：黄瓜、甜瓜、番茄。

插接法的优点：操作简便，工效高，占苗床面积小。缺点：对嫁接技术水平要求较高。适用种类：西瓜、黄瓜、甜瓜。

909. 问：插接育苗的方法和注意事项有哪些？

答：砧木比接穗提前播种3~5天，待接穗子叶展平，砧木第一片真叶长出未伸展时进行嫁接。将砧木去掉生长点，用嫁接针从砧木子叶基部的一侧向胚轴中斜插至顶住砧木下胚轴表皮为止，插入深度一般为0.5~0.7cm左右。在接穗子叶下一厘米处以30°角斜削，削去下胚轴及根。将接穗切面向下插入砧木中心的小孔，使切口密合，接穗和砧木子叶呈“十”字形。嫁接好后的秧苗及时放入小拱棚保温保湿和遮阴。

910. 问：靠接育苗的方法和注意事项有哪些？

答：接穗比砧木提前播种5~7天，接穗密度要稀一些，砧木密度适当大一些，待砧木第一片真叶长处未伸展时进行嫁接，将砧木生长点去除，用刀片在砧木子叶下0.5~1cm处自上向下呈45°角斜切，深度为茎粗的一半，不能超过2/3；再将接穗子叶下1.5cm处自下向上45°角斜切至1/2深，切口长度与砧木相同；将砧木和接穗切口相嵌，再用专用的嫁接夹从接穗一侧夹住靠接部位，砧木和接穗子叶呈“十”字形，将接穗根系去掉。接好后将苗立即栽到穴盘或营养钵内，注意接口与土面保持一定距离以免污染接口和发生不定根。

911. 问：嫁接后的温度湿度如何管理？

答：

（1）保温。嫁接苗伤口愈合的适温为25℃左右，接口在低温条件下愈合很慢，影响成活率。因此，嫁接后应立即将秧苗放入小拱棚内，以利于保温、保湿。嫁接后3~5天，白天保持在24~26℃，夜间20~18℃，不低于15℃，3~5天后开始通风，逐渐降低温度，白天22~24℃，夜间12~15℃。

（2）保湿。嫁接3~5天，小拱棚的空气相对湿度控制在85%~95%，湿度低接穗易失水引起凋萎，影响嫁接苗的成活率，但苗盘内的土壤湿度不宜过高，以免烂苗。

（3）遮光。嫁接后放下棉被防止阳光直射秧苗引起接穗萎蔫。如果温度较低可适当见光，促进伤口愈合，嫁接2~3天，可在早晚揭去棉被中午覆盖，以后逐渐增加光照时间，1周后可不再遮光。

（4）通风。嫁接后3~5天，嫁接苗开始生长是可开始通风，先通小风，以后逐渐增大，通风时间也逐渐延长，一般10天后即可进行大通风，要注意观察苗情，发现萎蔫，及时遮阴喷水，停止通风。

912. 问：怎样防止瓜菜幼苗“戴帽”出土？

答：瓜菜在育苗过程中，常常会出现种皮夹住子叶而不脱落的现象，俗称“戴帽”。由于子叶被种皮夹住难以张开，光合作用受到影响，常导致幼苗生长不良变成弱苗。

造成“戴帽”出土的原因是种皮干燥所致。如播种时覆土太薄，或覆土较干燥，种皮容易变干；过早地揭去覆盖物，或在晴天中午揭膜，使种皮在脱落前就变干。另外，成熟度不够的种子，生活力较弱，也易形成“戴帽”现象。防止瓜菜幼苗“戴帽”出土，首先在播种前要浇足底水，播后覆土厚度要适宜；其次要及时加盖塑料薄膜保湿。要保证从种子发芽到幼苗出土，始终要使表土处于湿润状态，这样种皮才易脱落。

第四节　设施蔬菜栽培管理技术

913. 问：如何确定作物定植时期？

答：一般当温室内10cm地温稳定在12℃以上，白天气温高于20℃以上的时间不少于6小时，夜间的最低气温不低于13℃时即可定植。如果温室内气温和地温过低，植株缓苗慢，容易发生老化苗和花打顶现象，尤其是对于瓜类作物。

914. 问：定植前要做好哪些准备工作？

答：温室作物定植之前首先要深翻土壤、施入充足腐熟的有机肥，结合施肥做好土壤的消毒处理，做好棚室的消毒处理；其次要根据种植作物的密度进行起垄、铺膜、施入生物菌肥；定植前7~10天提前浇好定植水。

915. 问：温室土壤如何处理？

答：在定植前10~15天，根据温室土壤发生的病虫害种类选用农药进行土壤消毒处理，枯萎病发生严重的温室，可喷施100~200倍液的福尔马林溶液，然后覆膜5天，待半月后药剂全部会发完毕后即可定植。其他病害可用50%多菌灵、50%硫菌灵1 000倍液喷施，有地下害虫的温室，需要加入一定数量的杀虫剂。对于耕作多年的土壤还需要施入土壤重茬剂。

916. 问：棚室如何消毒？

答：定植前7~10天，夜间用硫黄或百菌清烟雾剂点燃进行熏蒸，每立方米用硫黄4g、锯末8g混合均匀，放在容器内燃烧，熏烟密闭24小时。也可百菌清、速克灵等烟雾剂进行熏蒸处理。同时，采用百菌清、多菌灵、福尔马林等药剂对棚室钢架、设备、工具等进行消毒处理。

917. 问：冬春季温室作物定植应注意什么？

答：

（1）冬春季节温室内作物定植一般采取点水定植，即在定植穴内用水壶浇温水进行定植，严禁大水漫灌造成地温下降。

（2）点水定植时可在水中加入恶霉灵、阿米西达等杀菌剂和培根、壮园甲等进行定植穴消毒和促进生根和缓苗。

（3）定植后1周为缓苗期，日常管理以闭棚提温为主，保温保湿，促进缓苗。棚内温度不高于35℃不需放风，白天保持气温28~30℃，夜间15℃左右。

（4）定植后3~5天，生长点有新叶长出，并且土壤湿度较大，可以不浇缓苗水。如果土壤缺水，可在定植后 7 天左右，选择晴天上午浇一次缓苗提秧水。此时要浇小水，防止茎叶徒长，引起化瓜化果。

918. 问：温室作物栽培合理的密度是多少？

答：按照所栽品种的特征特性和栽培技术要点的说明进行合理密植，一般叶片大、生长旺盛、分枝多的品种、密度适当小一些；叶片相对较小、分枝少的品种，密度适当大一点。同一作物早春茬的栽培密度比秋冬茬相对大一些。一般果菜类作物种植密度在2 000~3 000株/亩。

919. 问：棚室蔬菜如何进行合理轮作？

答：

（1）根据不同蔬菜吸收土壤养分的不同实行轮作。如消耗氮肥较多的叶菜类、消耗钾肥较多的根菜类、消耗磷肥较多的果菜类可轮流栽培。

（2）对互不传染病害的蔬菜实行轮作。不同科蔬菜轮作，可使病虫失去寄生或改变生活条件，减轻病害的发生。

（3）根据不同蔬菜遗留给土壤有机质的含量进行轮作。如种植豆科、禾本科蔬菜后，应种需氮量较多的叶菜类、茄果类、瓜类，再种植需氮量较少的葱蒜类、根菜类，再接着种固氮的豆类。

（4）根据蔬菜种植、病原菌的存活年限确定合理的轮作年限。甜瓜、茄子要间隔 3~4 年，西瓜间隔 6~7 年以上，芹菜、甘蓝、葱蒜等在没有严重发病可连作几茬，但需要增施有机肥。

920. 问：日光温室采用冲施肥法有哪些优点？

答：日光温室施肥要采用冲施肥法，就是结合浇水，将肥料溶于水中，随水一起浇灌的施肥方式。冲施肥法的主要优点是：一是施肥均匀，便于作物根系的吸收，见效快；二是肥料能够均匀地分布于温室田间，不会发生肥害，且肥料利用率高；三是不用开沟和挖穴，不伤及作物根系；四是配合储水罐浇灌，避免降低地温；五是施用方法简单，不需要机械穴施的复杂操作，也不需要叶面喷施的劳动付出。

921. 问：冬季日光温室内冲施肥应注意哪些问题？

答：冬季温室内冲施肥应该注意以下几点：一是在作物生长的营养临界期和营养最大效率期及时冲施肥料，肥料利用率和吸收率最高，增产增收明显；二是根据不同的作物不同的生长时期确定冲施肥料用量和次数，杜绝无论什么时期都认为施肥越多越好的观点；三是大量元素类，包括氮肥、钾肥、磷肥、钙肥、镁肥、硫肥等单一肥料，也可以是复合肥，复混肥和配方肥等，但都必须可溶于水，一般亩使用量为十几千克到几十千克；四是微量元素类，以锌肥、硼肥、铁肥、锰肥、铜肥、钼肥、氯肥为主的微量元素冲施肥，一般为几种混合复配，且加一定的螯合剂，增加植物对它们的吸收，减少被土壤吸附和固化，一般亩施用量在几百克到几千克；五是氨基酸类，是以多种氨基酸为主要原料，一般用工业副产物氨基酸，或有毛发、废皮革水解制造的氨基酸，为提高效果，一般加入多种微量元素，由于其酸性较强，因此，施用于一般酸性不太强的土壤。亩施用量一般为十几千克到几十千克。施用于植物营养最大效率期效果更好。

922. 问：施用叶面肥有什么作用？

答：

（1）针对性强。可根据土壤养分状况、作物对营养元素的需求确定叶面肥的种类和配方，及时补充作物所缺养分。

（2）吸收快。叶面肥是直接喷施在作物叶面，各种营养物质可直接从叶片进入植物体内，速度和效果比土壤施肥的作用快。

（3）效果好。叶面施肥可显著提高光合作用的强度，有效促进作物有机物质的积累，提高坐果率和结实率，增加产量、改善品质。

（4）用量省。叶面肥直接喷施在叶片上，避免了土壤养分的固定、淋溶等损失。叶面喷施一般仅为土壤施肥量的10%左右，且养分可被直接吸收运输。

923. 问：施用叶面肥应注意哪些问题？

答：

（1）喷施浓度要合适。浓度过高易产生肥害，造成不必要的损失。特别是微量元素更要严格控制。

（2）喷施时间要适宜。叶面追肥要根据天气状况进行，一般选择晴天上午10：00之前喷施最好。

（3）肥料混用要得当。叶面追肥时对于2种或2种以上肥料混合使用时要注意不降低肥效和没有不良反应为宜，同时，要注意溶液的酸碱度，一般pH值为6~7时有利于叶面吸收。

（4）喷施质量要保证。叶面肥要求雾滴细小，喷施均匀，尤其要注意喷施在生长旺盛的上部叶片和叶片的背面，因为新叶比老叶吸收速度快，叶背面比叶正面吸收速度快。

924. 问：设施蔬菜常见的肥害症状有哪些？

答：

（1）脱水。化肥过量或土壤干旱，施肥后引起土壤局部浓度过高，导致作物失水并呈萎蔫状态；

（2）灼伤。烈日和高温下，施用挥发性强的化肥造成作物叶片或幼嫩组织被灼伤；

（3）中毒。尿素中的“缩二脲”成分超过2%，或过磷酸钙中的游离酸高于5%，施入土壤后引起作物根系中毒腐烂；施入为腐熟的有机肥较多，分解发热并释放甲烷等有害气体，造成对作物种子或根系的毒害。

925. 问：温室大棚为什么建议使用滴灌?

答：

（1）使用滴灌，省工省时省力。传统的水渠浇水浪费水肥不说，而且还得2人协同浇水，1人浇水，1人施肥。使用滴灌后，浇水施肥同时进行，只需连接水源，打开阀门，定好水肥用量，根据土壤墒情适时关机即可。在浇水施肥的同时，还可以在棚内从事蔬菜管理等农活。浇水、施肥、劳动都不误，一举三得。

（2）省水省时。传统的浇水方法水肥不均匀，旱涝不一，而且用肥量难以控制，而使用滴灌后水肥都能均匀的施于根部，肥水利用率高，且不会造成土壤板结，使土壤通透性好，而且能预防因水肥过量造成的伤根、沤根等不良后果，用肥量减少1/3。例如，平常浇水亩用15kg复合肥，用滴灌后用10kg就能达到同样的效果。

（3）节省农药减少病害。使用滴灌后可以人为地控制棚内湿度与地表温度，减少各种真细菌害因湿度大造成病害的蔓延，因而减少用药量，更不会像传统浇水方式——大水漫灌造成土传病害随水传播，切断土传病害的传播途径。使用滴灌后在浇水时可以——以水带肥、以水带药、水肥一体化，通过根系内吸传导，真正做到了改变传统的用肥用药方法，减轻了劳动强度。

（4）使用滴灌的效益。一整套滴灌设备亩投入不过800~1 000元，仅一年节省的肥、药钱就能买一套设备，而你省的工省的力更是无法计算。况且一套设备是一年投资多年使用。仅一年增收的产量以温室黄瓜为例；一季下来亩增收1 000kg，多收入2 000~3 000元，一套设备使用5年以上，其间接效益和直接效益相当明显。

926. 问：日光温室蔬菜生产“白粉虱”该如何防治?

答：白粉虱俗称“小白蛾”，属同翅目粉虱科。是多食性害虫，主要为害瓜类、茄果类、豆类等多种植物，是温室大棚内种植作物的重要害虫。

（1）为害特点。大量的成虫、若虫群居叶片背面吸食汁液，使叶片萎蔫、退绿、黄化甚至枯死，还分泌大量蜜露诱发煤污病，覆盖污染了叶片和果实，严重影响光合作用。同时，白粉虱还可传播烟草卷叶病毒，诱发病毒病的发生，加重为害。

（2）生活习性。在北方温室一年发生10余代，冬天室外不能越冬，因此，以各虫态在温室中越冬并继续为害。成虫有趋嫩性，成虫羽化后1~3天在植株顶部嫩叶是产卵，卵以卵柄从气孔插入叶片组织中，与寄生植物保持水平，极不易脱落，平均每个个体可产卵142.5粒。还可孤雌生殖，其后代为雄性。

（3）防治措施。

①农业防治：温室大棚是白粉虱越冬场所，育苗或栽植前彻底清除杂草和残病株，密闭大棚用药剂熏杀残余虫口；培育无虫壮苗，减少越冬白粉虱；结合整枝打杈，摘除带虫老叶携出田外烧毁或深埋；秋冬茬栽培白粉虱不喜食的芹菜、油菜、韭菜、蒜黄及十字花科、百合花科蔬菜。

②生物防治：白粉虱少量发生时，于植株叶柄上挂丽蚜小蜂蜂卡，小蜂将卵产在白粉虱幼虫体内，白粉虱经9~10天死亡。也可人工释放草蛉，1头草蛉一生可捕食白粉虱幼虫170余头。

③物理防治：在温室通风口设置30筛目防虫网，防止白粉虱侵入；利用白粉虱对黄色的趋性，每亩挂置30~35片规格为15cm×20cm黄色诱板，或棚室内放置自制的长形黄板（表面涂一层黏油），诱集、黏杀成虫效果显著，每亩一般放置30~50块为宜，并高出植株15cm，随着植株长高而不断调整高度，还可兼治蚜虫、蓟马和潜叶蝇。

④化学防治：

定植时可用5%吡虫啉片剂，一株放置一片（0.2g）于定植穴内，可有效防治白粉虱的为害。

若白粉虱发生量较大时，在傍晚闭棚后，用10%异丙威（灭蚜）烟剂0.5kg/亩熏杀。

10%的吡虫啉可湿性粉剂4 000~5 000倍液；3%的啶虫脒乳油3 000~4 000倍液；2.5%多杀霉素（菜喜）乳油1 000~1 500倍液；25%噻虫晴（阿克泰）水分散粒剂在早晨或傍晚喷雾防治。

927. 问：日光温室黄瓜菌核病症状及防治措施?

答：

（1）发病症状。黄瓜菌核病是保护地栽培的土传病害，可引起烂瓜和死秧。主要为害茎蔓和果实。茎基部或主侧枝分杈部染病，初呈水渍状斑，无明显边缘，扩大后变褐色、软腐，皮层纵裂，病部以上叶、蔓萎谢枯死。果实多从顶端残花部开始发病，水渍状，继而向瓜部扩展，病健部界限不明显，后期瓜果湿腐或腐烂，叶片和叶柄发病部位呈水浸状软腐。在各被害部位，均生白色棉毛状菌丝和黑色鼠粪状菌核。

（2）防治措施。

①土壤处理：黄瓜收获后清洁田园，深翻土地将菌核埋入深土层，或在夏季用太阳能进行土壤消毒，病田夏季浇水10天以上，促使菌核腐烂。定植前每667m^{2}用50%腐霉利或异菌脲可湿性粉剂1kg，加细土20kg拌匀配成药土，耙入土壤中。

②种子消毒：用10%的食盐水漂种2~3次，淘出菌核。50℃温水浸种10分钟，可杀死混杂在种子中菌核。

③药剂防治：45%的百菌清烟剂每667m² 每次250g熏烟，或5%的百菌清粉剂1kg喷粉；5%的腐霉利·多菌灵可性粉剂1 000倍液；70%的甲基硫菌灵可性粉剂800倍液，视病情8~10天防治1次，连续3~4次。

928. 问：日光温室黄瓜枯萎病症状是什么？如何防治？

答：

（1）发病症状。枯萎病的典型症状是萎蔫，一般在植株开始结瓜前后在田间陆续出现。发病初期病株表现为叶片从下向上逐渐萎垂，似缺水状，中午更明显，早晚尚能恢复，数日后整株叶片枯萎下垂，不再恢复常态。病茎基部常纵裂，先呈水渍状后逐渐干枯，有的病株被害部位溢出琥珀色胶粒。将病茎纵切，其维管束呈褐色。在潮湿环境下，病部表面常产生白色或粉红色的霉层。

（2）防治措施。枯萎病一旦发生，很难防控，无病地应严控病菌传入。防控该病要以农业防治为主，药剂防治为辅。

①品种选择：选择适宜当地种植的抗病、耐病品种。抗枯萎病的品种有：津绿1号、津绿16~21号、新春5号、中农8号、9号、15号、16号、19号等。

②种子消毒：有效成分为0.1%的60%的多菌灵盐酸可溶性粉剂加0.1%的平平加（表面活性剂）浸种60分钟，捞出后洗净催芽。

③培育壮苗：选用无病土或消毒的营养基质（每平方米拌入50%的多菌灵8g处理畦面）育苗，防治苗期枯萎病，定植时不要伤根，缓苗快，增强植株抗病性。

④栽培管理：与非瓜类作物轮作，施用充分腐熟的有机肥，减少伤口，提高栽培管理水平，浇水做到小水勤浇，避免大水漫灌，中耕除草，提高土壤透气性，使根系茁壮，增强抗病力。

⑤嫁接防病：选择云南黑籽瓜或南砧1号做砧木，采用靠接或插接法进行嫁接，白天温度控制在28℃，夜间15℃，相对湿度在90%左右，过15天左右成活后，转为正常管理。

⑥药剂防治：

土壤消毒　50%的多菌灵可湿性粉剂每亩4kg混入细沙土，拌匀后施入定植穴内。

药剂灌根　黄瓜4~5叶时用3.2%的恶甲水剂300倍液或60%的福·甲硫可湿性粉剂700倍液；3%恶霉·甲霜水剂650倍液；30%的恶霉灵水剂800倍液灌根，每株灌兑好的药液0.3~0.5L；或12.5%的增效多菌灵可溶剂250倍液，每株100mL，隔10天后再灌1次，连续防治2~3次。

涂药防治　从黄瓜开花期用50%的多菌灵1：50倍稀释液涂抹茎基部，7~10天1次，涂2~3次，防效高于灌根法。使用多菌灵的采收前10天停止用药。

929. 问：日光温室黄瓜疫病症状是什么？如何防治？

答：

（1）发病症状。日光温室黄瓜疫病俗称“瘟病、死藤”。多在成株期茎基部或嫩茎节部发病，出现暗绿色水渍状斑，后变软，显著缢缩，病部以上叶片萎蔫枯死，但仍为绿色；同株上往往有几处节部受害，维管束不变色，此有别于枯萎病。叶片发病多从叶缘或叶尖开始，产生圆形或不规则形水渍状大病斑，边缘不明显，有隐约轮纹，潮湿时扩展很快全叶腐烂，干燥时边缘褐色，中部表白色，干枯遏制破裂。病斑扩展到叶柄时，叶片下垂。瓜条染病，病斑为水渍状暗绿色，逐渐萎缩凹陷，潮湿时表面长出稀疏白色霉层，迅速腐烂，发出腥臭气味。

（2）防治措施。

①实行轮作：发病重的棚室应改换茬口，与非瓜类作物2~3年以上轮作。

②品种选择及嫁接：选用适宜当地种植的抗病及耐病品种。与抗性强的云南黑籽南瓜作砧木与黄瓜嫁接，可预防枯萎病及疫病。

③加强田间管理：苗期控制浇水，结瓜后做到见干见湿，发现中心病株后，浇水应降到最低量，控制病情发展，盛瓜期供足所需水量。

④药剂防治：发病初及时喷洒或浇灌70%的乙铝·锰锌可湿性粉剂500倍液；72.2%霜霉威水剂600~700倍液；72%锰锌·霜脲可湿性粉剂700倍液；78%波尔·锰锌可湿性粉剂500倍液；56%的霜霉清可湿性粉剂700倍液喷雾防治。

930. 问：日光温室黄瓜细菌性叶枯病症状及防治措施有哪些？

答：

（1）发病症状。细菌性叶枯病是近年来新发的一种病害，有逐年扩大蔓延之趋势。主要发生在叶片上，发病初期呈现圆形小的水浸状绿斑，逐渐扩大近圆形或多角形褐色斑，直径1~2mm，周围有褪绿晕圈，病斑背面有不易见到的乳白色浑浊水珠状物，有别于角斑病。

（2）病原及发生规律。该病由油菜黄单胞菌黄瓜叶斑病病菌侵染所致。菌体呈杆状，生长适温25~28℃，主要通过种子带菌传播蔓延。

（3）防治措施。

①品种：选择适合当地种植的抗病、耐病品种。

②种子处理：用50℃的温水浸种20分钟。次氯酸钾300倍液浸种30~60分钟或100万单位硫酸链霉500倍液浸种2小时，洗干净后催芽播种。

③栽培管理：棚室内加强通风排湿，降低棚内湿度，防止发病；采用高畦地膜栽培，合理浇水，雨季及时排水防涝；收获后及时清除病残体。

④药剂防治：发病初喷洒当年生产的72%的链霉素或新植霉素2 000~3 000倍液每7天喷1次。

931. 问：日光温室番茄病毒病该如何防治？

答：

日光温室番茄病毒病发生较为普遍，为害较重，也是最难防治的病害。在温室生产中，主要是花叶病毒和蕨叶病毒两种。田间出现中心病株时，及时拔除。

药剂防治：苗期喷 NS－83 增抗剂 100 倍液或叶面喷施 0.1%～0.3%硫酸锌+0.1%硼砂+0.3%的尿素混合液，连续喷 2～3 次。发病初用 20%的盐酸吗啉胍・乙酮可湿性粉剂 500～600 倍液；或 1.5%混合脂肪酸水剂1 000倍液；二氯・百菌（83 增抗剂）600 倍液；0.1%高锰酸钾溶液进行叶面喷施。

932. 问：对日光温室番茄根结线虫如何进行防治？

答：

（1）轮作倒茬。对于发生过番茄根结线虫的棚室，最好实行轮作倒茬，与大葱、韭菜、辣椒这类抗耐线虫的作物轮作，可有效地降低土壤中线虫的基数，减轻对下茬的为害。

（2）高温处理。在日光温室休闲季节，开沟起垄，沟内灌满水，然后盖膜密闭棚室 2 周，使 30cm 土层温度达到 50℃，保持 40 分钟以上就可以杀死大部分线虫。

（3）田间管理。在番茄生长期间，加强田间管理，合理肥水措施，可以增强番茄的抗病虫能力。当根结线虫发生后，对于发病严重的植株要整株拔除，并带出棚外销毁。

（4）药剂防治。

①灌根：1.8%阿维菌素（灭虫灵）乳油1 000倍液定植后灌根，每株药液 300mL，坐果初期再灌 1 次，每株 500mL，可基本控制为害；50%的辛硫磷乳油 800～1 000倍液灌根 1 次，每株 200～300mL，有较好的防效。

②随水施药：40%的威百亩水剂每亩 3～5L 用量对水浇施；

③耕翻施药：1.8%的阿维菌素（爱福丁）乳油1 000倍液均匀喷洒地或 10%的噻唑膦（福气多）颗粒剂 1.5～2kg 或 15%颗粒剂 1～1.2kg 均匀撒施地表后耕翻土壤。

933. 问：如何对日光温室番茄溃疡病进行防治？

答：

（1）种子处理。播前温水浸种，用 55℃温水浸种 30 分钟不断搅拌。

（2）垄作倒茬。发病重的棚室，实行 3 年以上的轮作，以减少初侵染来源。

（3）湿度管理。采用高垄、地膜覆盖栽培，实行膜下滴灌，注意通风，降低室内湿度，创造不利于病害发生的环境，发病初期适当节制浇水。

（4）栽培管理。及时摘除病果、叶、枝等，集中烧毁或深埋，严防人为传播病害。

（5）药剂防治。发现中心病株及时拔除销毁。可用20%的噻菌铜（龙克菌）悬浮剂500倍液；47%的春·铜王（加瑞农）可湿性粉剂800～1 000倍液；72%的农用链霉素3 000倍液；77%的氢氧化铜（可杀得）600倍液早晚视病情喷雾。

934. 问：如何对日光温室番茄斑潜蝇进行防治?

答：

（1）农业防治。消灭虫源，种植前彻底消除棚室内的残株、败叶、杂草等，并集中销毁。

（2）物理防治。斑潜蝇也可用黄板诱杀。在棚室内放置自制的长形黄板（表面涂一层黏油），诱集、黏杀成虫效果显著，每亩一般放置30～50块为宜。也可挂置商品黄色黏虫板，挂置高度超出植株15～20cm，随着植株的高度要相应调整黄板的高度。

（3）化学药剂防治。

从斑潜蝇零星发生时开始喷药防治，每隔7～10天防治1次，一般连续防治2～4次。

1.8%的阿维菌素（齐螨素、爱福丁）乳油3 000～4 000倍液；48%的毒死碑（乐斯本）乳油1 000～1 200倍液，在早晨或傍晚喷雾防治。喷药时在药液中加入0.1%农药助剂如助杀等，可显著提高杀虫效果，减少用药次数。

935. 问：如何防治日光温室番茄白粉虱?

答：

（1）物理防治。黄色对白粉虱成虫具有强烈的诱集作用。在棚室内放置自制的长形黄板（表面涂一层黏油），诱集、黏杀成虫效果显著，每亩一般放置30～50块为宜。也可挂置商品黄色黏虫板，挂置高度超出植株15～20cm，随着植株的高度要相应调整黄板的高度。

（2）生物防治。在白粉虱发生较轻时，可以在棚室内按每株15～20头的量释放丽蚜小蜂，半月1次，连放3次。

（3）化学药剂防治。

①在番茄定植时可用5%吡虫啉片剂，一株放置1片（0.2g）于定植穴内，可有效防治白粉虱的为害。

②若白粉虱发生量较大时，在傍晚闭棚后，用10%异丙威（灭蚜）烟剂0.5kg/亩熏杀。

③10%的吡虫啉可湿性粉剂4 000～5 000倍液；3%的啶虫脒乳油3 000～4 000倍液；2.5%多杀霉素（菜喜）乳油1 000～1 500倍液；25%噻虫晴（阿克泰）水分散粒剂在早晨或傍晚喷雾防治。

936. 问：如何对日光温室番茄进行保花保果？

答：

（1）震动授粉。番茄开花时为保证坐果率，需进行震动授粉。开花后（三开两裂时），可在上午 9～10 时不见露水时，用木棒敲击吊秧钢丝，震动植物进行授粉；也可用番茄授粉器震动花序授粉，效果更好。

（2）激素处理。番茄进入初花期，可采用 2，4-D、丰产剂 2 号、坐果灵、保果宁 1 号等进行喷花或醮花。为防止灰霉病发生，在醮花药液内加入 0.15%的速克灵或 0.15%的扑海因。为避免重复涂药，药液中加红色颜料作为标志。

激素处理在每天上午 8：00—10：00 时进行，注意避开中午高温时间操作，以免发生药害。如果棚内开放的花较少，可以间隔 2～3 天点 1 次花。如果开放的花较多，可以间隔 1 天或天天点。点花不可对开放的单花进行点，应同时处理 4～5 朵，以免坐果后，果实大小不均匀。

937. 问：如何对日光温室番茄进行疏花疏果？

答：大果型品种每穗留 3～4 个果，中果型每穗留 4～5 个果。选择发育良好、大小均匀的果实留果，及时摘除畸形花和畸形果、病果以及多余小花。坐果 7～10 天后要及时摘除留在果实上的花瓣。

938. 问：如何对日光温室番茄叶霉病进行防治？

答：

（1）种子处理。播前温水浸种，用 55℃温水浸种 30 分钟不断搅拌。

（2）垄作倒茬。发病重的棚室，实行 3 年以上的轮作，以减少初侵染来源。

（3）水肥管理。加强棚内湿度管理，适时通风，适当控制浇水，水后及时排湿。及时整枝打杈，按配方施肥，避免氮肥过多，提高植株抗病性。

（4）药剂防治。叶霉病一般不需要单独防治，在防治早、晚疫病时考虑兼治即可，喷药时以叶背为主。

对叶霉病有预防作用的药剂有 80%代森锰锌可湿粉剂 600～800 倍液；53.8%氢氧化铜（可杀得2 000）干悬浮剂 800～1 000倍液。

939. 问：如何对日光温室番茄灰霉病进行防治？

答：

（1）湿度管理。采用高垄、地膜覆盖栽培，实行膜下滴灌，注意通风，降低室内湿度，创造不利于病害发生的环境，发病初期适当节制浇水。

（2）科学醮花。点花时，在配好的药液中加入 0.1%的腐霉利（速克灵）可湿性粉剂及少量链霉素水剂，可预防病菌从开败的花处侵染果实。

（3）栽培管理。及时摘除病果、叶、枝等，集中烧毁或深埋，严防人为传播病害。

（4）烟剂熏蒸。在傍晚进行，每亩用10%的腐霉利烟剂或45%的百菌清烟剂300~500g熏烟，点燃后密闭棚室一夜。

（5）安全喷药。发病初期用50%的腐霉利可湿性粉剂2 000~2 200倍液；45%的噻菌灵（特克多）悬浮剂3 000~4 000倍液；50%的异菌脲（扑海因）可湿性粉剂1 500倍液；40%的多·硫悬浮剂500倍液；40%的嘧霉胺悬浮剂800~1 200倍液，每7~10天喷药1次，共3~4次。

由于灰霉病菌易产生抗药性，应尽量减少用药量和施药次数，必须用药时，要注意轮换和交替及混合施用。

940. 问：茄子的嫁接方法有哪些？

答：茄子的嫁接方法主要有劈接法和斜切接法。劈接法是在砧木苗长到5~6片叶，将砧木保留2~3片真叶，以上部分茎叶一次性切除，然后由切口处茎中心线向下切开1~1.5cm深的切口。接穗苗在半木质化处（黑紫色与绿色明显相间处）去掉下端，将接穗保留1叶1心，削成斜面长1~1.5cm的楔形，并插入砧木的切口中，使切口对齐密合，用嫁接夹固定。

斜切接法是当砧木苗长有5~6片真叶时，将砧木苗保留2片真叶，用刀片将其以上部位切除。

941. 问：为什么茄子不能连作？

答：茄子连作易发生土传病害，如黄萎病、青枯病等。同时，连作会使土壤环境变差，产量下降。连作的为害有以下几点：一是连作会引起土壤中微生物种群的变化，使土壤中的传染病原菌不断增多、扩散。二是连作使土壤养分过度消耗而不能及时补充，导致地力下降。三是茄子本身产生的有害物质逐年增多，遗留在土壤中，不仅对作物本身产生为害，而且对根际有益微生物的活性也会产生抑制作用。

茄子不宜连作，如若必须连作时要注意增施有机肥料，合理使用化肥，选择优良品种、嫁接育苗，并采用土壤重茬剂进行土壤处理，尽量减少茄子连作所造成的为害。

942. 问：日光温室茄子结果前为什么容易徒长？如何预防？

答：日光温室茄子在定植后结果前易发生徒长，尤其是中晚熟品种，主要表现为：一是植株茎秆粗壮，叶片大，花蕾、花朵较瘦弱，不结果；二是茎秆细，茎节凸出，叶片薄而色淡，花蕾、花朵瘦弱，易落花落果。茄子徒长主要是由土壤湿度和空气湿度较高，氮肥偏多，光照不足，定植过密，通风不良等原因造成。

预防日光温室茄子徒长的措施主要有：一是严格控制苗龄，及时定植；二是早做定植准备，促进秧苗缓苗；三是控制氮肥用量；四是适时整枝打杈，促进通风透光；五是定植缓苗后，每隔15天喷施波尔多液或77%可杀得可湿性粉剂500~700倍液；六是控制水肥，一般在开花坐果前不浇水。

943. 问：棚室茄子整枝应注意什么？

答：棚室茄子整枝时应注意：一是门窃以下的侧枝应及早全部抹掉。二是应选择晴天上午整枝，避免在阴天或傍晚整枝，防止伤口愈合不及时引发病害。三是整枝打杈适宜时间是侧枝长到6~8cm长时进行。四是要从侧枝基部1cm处将侧枝抹掉，留下部分短茬保护枝干，避免伤口感染后直接感染枝干。五是要用剪刀或快刀将侧枝剪掉或者割掉，不要折断硬劈，避免伤口过大或拉上茎秆表皮。同时，动作要快，不要拉断枝条。

944. 问：如何延长茄子的采收期？

答：通过以下管理可适当延长茄子的采收期。

（1）整枝摘叶。当茄子进入结果盛期后，要经常修剪植株调整营养生长和生殖生长，剪去不开花结果的无效枝和生长过密的分枝，摘除植株中下部老叶、病叶、黄叶，减少养分消耗，提高通风透光。

（2）及时追肥。当茄子长到四门斗时，每隔半个月追施氮磷钾复合肥15~20kg或生物有机肥30~40kg，防养分供应不足而早衰。

（3）适当提早采收。茄子应在食用成熟期前3~5天采收。特别是门茄，要适当早收防止坠秧和避免“小老株”出现，提高门茄以上果实的坐果率。

（4）适时追肥，并及时防病。进入开花结果盛期，要经常进行根外喷施硫酸镁、硼肥、磷酸二氢钾等营养液，防止植株早衰，促进茄子连续开花结果，提高产量和品质。并根据病虫害发生情况及时防治病虫害。

（5）培土护根。茄子在生长期间由于浇水追肥、采收管理等造成植株根部裸露和松动，影响植株正常吸收功能，应经常采用腐熟肥料加壤土进行培土护根，并追施生根剂，促进新根不断发生，增强植株吸收，延长茄子的采收期。

945. 问：如何促进冬春季节茄子果实膨大？

答：冬季棚室茄子不易膨大，果实膨大缓慢，果实短小。主要是因为温室内温度偏低，生长势弱，营养不良，不能为果实提供充足的营养。促进茄子果实膨大，第一要改善环境条件，保持适宜的温度和充足的光照；第二要加强田间管理，保证水肥供应，防止植株早衰；第三可以在开花坐果后用赤霉素或膨果剂喷花处理，促进果实膨大。

946. 问：如何防止茄子僵果现象？

答：茄子出现果实形状不正、发硬、果皮不亮的现象为僵茄，产生僵茄的原因主要是秧苗质量不好，与育苗时温度、湿度、光照管理有关。温度过高，超过30℃，或者低于16℃，或者夜温过高，昼夜温差小，易产生僵果；另外，氨态氮高、钾多、弱光、高湿的条件也会使僵果增多，因此，越冬栽培易形成僵果。一般圆茄比长茄僵果较多。

预防措施：一是育苗期间白天温度保持在26~30℃，夜间16℃，2叶期后夜温14~15℃；二是茄子喜光，育苗时要保证充足的阳光，要经常清洗棚膜，提高透光率；三是膨果期间叶面喷施1%尿素+0.3%磷酸二氢钾溶液，促进植株生长，增加光合产物积累，并用防落素蘸花，促进果实膨大。

947. 问：设施栽培青椒如何整枝?

答：植株如果生长过旺，枝叶荫蔽，结果少时，在门椒采收后，将第一分枝以下的老叶、侧枝全部去掉，以利于通风透气。上部枝叶繁茂可将两行植株间向内生长并长势较弱的分枝剪掉。秋冬栽培时，从第二分枝处剪去内侧分枝，促发新枝继续结果。打顶枝时要根据生产需要，即不能全去掉也不能不去，“四门斗”青椒成熟后要继续结果，所以，顶尖留一去一，摘一批果留一批枝。同时，摘心不宜过早，以免影响产量。打杈宜尽早进行，太晚消耗养分，影响生长发育。

948. 问：如何提高青椒精品果率?

答：提高精品果率是增产的关键所在。

（1）要少留果，留精品果。一般门椒和对椒不留，第一茬果不宜超过4个，以后留果不宜超过10个。

（2）保证充足的营养供应，促进果实膨大。进入结果期要及时浇水追肥，每亩追施高钾复合肥20~25kg，同时配合喷施硼等叶面肥和微量元素，避免出现缺素症。

（3）增加光照，促进果实着色。果实着色期要注意棚膜的清洁，增加透光率，及时摘除下部老叶、病叶、黄叶，保证通风透光良好。夏季高温季节果实周边叶片不能去掉，以免被强光灼伤。

（4）注意防病。青椒易发生疫病、叶霉病、病毒病、白粉虱、蚜虫等病虫害，生产中要提前预防，综合防治。平时整枝打杈要带出棚外集中销毁，通风口设置防虫网，针对病害要及时用药剂防治。

949. 问：温室吊蔓厚皮甜瓜如何整枝?

答：温室吊蔓厚皮甜瓜一般采用单蔓整枝法，即主蔓4~5片真叶摘心，选留3~4节伸出的1条健壮子蔓上架。子蔓上1~7节孙蔓全部摘除，预留8~10节孙蔓坐果，瓜后留2叶摘心，10节以上孙蔓全部摘除。子蔓25片叶摘心。

950. 问：如何提高温室厚皮甜瓜含糖量?

答：

（1）选择含糖量较高的品种。在品种的选择上，除了考虑耐低温、弱光等特性外，还应该重视品种的品质，选择含糖量较高的品种。

（2）基肥以有机肥为主，要多施充分腐熟的有机肥，同时，要控制氮肥的用量，特别是果实膨大后期应避免追施氮肥。

（3）合理整枝留瓜。一般在 25 片叶时摘心，每一株选留一个果型周正的瓜。

（4）中后期增施磷钾肥。进入果实膨大期后，要及时追肥磷钾复合肥，叶面喷施 0.6%磷酸二氢钾等叶面肥，每周 1 次，连喷 3~4 次。

（5）增大昼夜温差。进入结果膨大期后，尽量拉大昼夜温差，白天保持在 30~32℃ 2 小时左右，前半夜 15~18℃，后半夜 12~14℃。

（6）采收前避免大水浇灌。采收前一周如果土壤干旱可适当浇小水，避免大水浇灌，土壤相对湿度在 85%以上时，果实含糖量会受到影响。

951. 问：温室薄皮甜瓜如何整枝留瓜?

答：温室薄皮甜瓜一般采用吊蔓上架，双蔓整枝，即主蔓 4 叶摘心，选留 2~3 子蔓上架，子蔓预留 3 叶、4 叶、5 叶节上的孙蔓节瓜，选留 3~4 个商品瓜，瓜后 1~2 叶摘心促进坐果，其他孙蔓及时去除，子蔓 20 叶左右摘心。

952. 问：温室西瓜如何整枝留瓜?

答：温室西瓜种植一般采用单蔓整枝法，即主蔓上架，子蔓全部摘除。一般为主蔓结瓜，选第二或第三雌花留瓜。

953. 问：菜豆落花落荚的原因是什么？如何防止菜豆落花落荚?

答：菜豆一般结荚率仅为开花数的 20%~35%，落花落荚率较高。造成落花落荚的原因主要如下。

（1）植株养分分配不均。菜豆初期落花是由于植株的发育而引起的养分不均衡所致；中期落花是花与花之间争夺养分而导致；后期落花则是由于营养不良与不良环境的影响。

（2）温度。花芽分化期和开花期温度低于 10℃或者高于 30℃都会使花芽发育不全，降低花粉生活率，不能受精导致落花落荚。

（3）空气湿度和土壤水分。开花期对湿度较为敏感，湿度过低或过高均不利于授粉受精。最适宜温湿度为：温度 20~25℃，湿度 90%~95%。此外土壤水分过高能引起菜豆根部缺氧，叶片黄化导致落花落荚。

（4）土壤养分。一般花芽分化后氮素供应过多茎叶徒长易导致落花落荚，但如若土壤缺乏营养不能满足茎叶生长也会导致落花落荚。另外，土壤缺磷，菜豆发育不良，开花和结荚数也会减少。

预防菜豆落花落荚应采用：一是选用适应性广、抗逆性强、作荚率高的优良品种。二是适期播种，促进植株生长健壮，增强植株抗性。三是加强田间管理，浇水要均匀，不可忽干忽湿；结荚前少施肥，结荚后重施肥，注意增施磷钾肥。要及时采收嫩荚，提高营养利用率和作荚率。四是花期喷施5~25mg/kg萘乙酸溶液或2mg/kg防落素溶液。

954. 问：设施菜豆高秧低产的原因是什么？怎样预防？

答：高秧低产主要是环境条件不适造成：一是温度不适。高于30℃或低于15℃易产生落花落荚现象。二是光照不足。三是水分过大。四是缺乏磷钾肥。

预防措施：一是根据菜豆不同生育期对温度的要求进行温度调节，开花结荚期温度保持在20~25℃。二是采取合理密度、及时清洁棚膜、及时摘除老病叶等来保证充足的光照。三是采用膜下暗灌、滴灌等控制空气相对湿度在65%左右，开花结荚前不要浇水，防茎叶徒长造成落花。一般掌握：苗期见干见湿，初花期适当控水，结荚期在不积水的情况下勤浇水，采摘后重浇水。四是适时追肥。播种12~15天后及早追施氮肥，结荚后追施尿素20kg，钾肥10kg，每采收1~2次追肥1次。

955. 问：怎么确定温室芹菜育苗的播种量和苗床面积？

答：温室芹菜秋冬茬种植一般采用做畦栽培，畦面宽1~2m，行距15~16cm，株距7cm，单株栽培，亩留苗4万~5万株，用种量250~300g。育苗苗床面积为50m^2，每平方米播种为5~6g，最多不宜超过10g，育苗过密，秧苗细弱，定植后缓苗较慢。如若为早春茬栽培，生长时间较短，一般集中收获，宜采用穴栽，每穴2~3株，亩留苗8万~10万株，播种量为500g，每平方米播种量10g。

956. 问：温室秋冬茬芹菜定植后如何管理？

答：温室秋冬茬芹菜一般9月初定植，定植后2~3天，应再浇两次缓苗水，将被土淤住的苗子扶起，促进缓苗。缓苗后当芹菜心叶发绿时，要适当控水，保墒蹲苗7~10天。心叶大部分展开时结束蹲苗，之后保持土壤见干见湿，一般4~6天浇1次水。当植株长到33~35cm时，增大浇水量，经常保持土壤湿润，11月上旬浇1次冻水，并随水追施速效氮肥20kg，之后不干不浇水。白天温度保持在18~22℃，夜间10~12℃。当外界温度逐渐降低时，保证棚内最低温在5℃以上，确保芹菜不受冻。

957. 问：芹菜新叶变褐、变黑，心部腐烂是什么原因？如何防治？

答：温室芹菜种植过程中经常会发生心叶叶脉间变褐、叶缘细胞逐渐坏死，呈黑色、褐色，最后心部腐烂的现象，称之为心腐病，该病为生理性病害，主要是由于植株缺钙引起的。一般连作地块、氮肥施用过多地块抑制钙肥的吸收、土壤干旱钙素不能被吸收或者浇水过多影响根系吸收等造成钙素缺乏而导致发病。

防治措施：及时补充钙肥；加强田间管理，及时浇水防治干旱；及时防治病虫害，喷施芸苔素，促进根系生长发育，提高植株吸收能力。

958. 问：草莓栽培为什么一般选用黑色地膜?

答：草莓一般是先定植后覆膜，生产中常用黑色的地膜，主要原因为覆盖黑色的地膜植株生长发育稳健、采果虽然较透明地膜晚，但产量高峰持续时间长，产量高，后期不早衰，且除草效果较好。而透明地膜增温效果比黑色地膜高 2~3℃，植株前期生长旺盛，后期却容易早衰。草莓生长发育一般不需要较高的地温，所以，生产上多采用 0. 015~0. 03mm 的黑色聚乙烯地膜。

959. 问：草莓的定植方法?

答：草莓最好是就地育苗，随起随栽，带土坨定植；但如若是异地栽植，则需要抖落根上的土运苗。草莓的定植密度一般为 6 000~8 000株/亩，采用高垄栽培，垄背高 30cm 左右，中至中 90~100cm，每垄种植 2 行，株距 15~20cm，行距 20cm 左右。定植前尽量将大叶片剪掉，减少水分蒸发，促进缓苗。

定植时让秧苗的弓背朝向垄沟，便于花序伸出后落在垄坡上。定植时用 3 个手指捏住秧苗根颈部，用定植叉将根扎入垄背上，注意根要顺直栽培，栽植深度以上不埋心，下不露根，叶鞘基部接触垄面为宜。过深苗心被土埋住易造成幼苗腐烂，过浅根外露，植株易早衰。

960. 问：草莓定植后注意事项有哪些?

答：草莓定植后要及时浇水，越早越好。一般栽完2 000株左右就应及时浇水。浇水以滴灌、喷灌为宜，定植后需每天浇一次小水。当新叶正常展开生长时，表示已缓苗，可停止浇水，土壤不干可不浇水。缓苗时要及时摘除枯叶及刚发生的匍匐茎。待花芽开始分化时结合追肥进行浇水，每周浇 1 次水，随水追施复合肥或生物菌肥。如若秧苗生长过旺，可再次摘叶，留 5~6 片健壮叶即可。

961. 问：草莓开花期如何管理?

答：草莓开花期对温度要求较严格，白天要保持在 23~25℃，夜间 8~10℃，温度过高过低都会影响开花和授粉受精；花期对湿度的反应也较为敏感，低于 20%或高于 80%都影响授粉受精，适宜的空气湿度为 40%~60%，土壤湿度 80%左右，缺水后花瓣不展、枯萎，花期变短。湿度过大时排湿要结合调节温度放风进行，多在中午前后放风 3 小时。

962. 问：草莓结果期如何管理？

答：一般在开花后 15 天左右进入果实膨大期，白天温度保持在 20～25℃，夜间 5～8℃，夜温低有利于养分积累，促进果实膨大。果实膨大期温度较高果实成熟早，但果个小，温度低果实成熟晚，但果个大。果实膨大期需水需肥量大，水分不足时浆果小、品质差，结合浇水追施生物菌肥或者喷施叶面肥。果实接近成熟时要适当控水，以免影响果实的糖度、硬度。采果后要及时浇水追肥。

第六章　盐碱化耕地改良

963. 问：盐碱化耕地含义及形成原因？

答：盐碱化耕地是盐化耕地和碱化耕地的统称，盐碱化耕地的形成主要有 2 个条件：一是气候干旱和地下水位高（高于临界水位），蒸发量大，使地表积盐；二是地势低洼，没有排水出路，地下水和土壤中盐碱成分日积月累，土壤含盐量逐渐增加，形成土壤盐渍化。

964. 问：如何改良盐碱化耕地？

答：目前巴彦淖尔市改良盐碱化耕地主要技术是由农业部门经过多年探索，并进行多次多地试验示范得到改良效果良好的通过施脱硫石膏或磷石膏、腐熟有机肥、掺沙、种植耐盐碱作物为主的四位一体盐碱化改良技术，配套深松旋耕、秸秆还田等综合技术措施。

通过清华大学对巴彦淖尔市五原县应用的脱硫石膏检测结果显示，无指标超标，符合土壤改良应用标准。脱硫石膏用于土壤改良可改良土壤团粒结构，调节土壤水、肥、气、热状况，调节土壤 pH 值，达到酸碱平衡，重要的是提高土壤交换容量，提高脱硫石膏的利用效率。配合掺沙施用，可以有效提高脱硫石膏与土壤的混合程度，起到事半功倍的效果。

农业治理盐碱地的技术路线是：在排灌配套的前提下，按照盐碱地轻度、中度和重度的退化程度，以施用脱硫石膏或磷石膏、腐熟有机肥、掺入明沙为主要技术措施，配合采取深松旋耕、灌水洗盐、平整土地等有针对性的改良治理方案。

965. 问：改良盐碱化耕地的技术方案是什么？

答：根据耕地土壤含盐量、碱化度等指标（这些指标通过肉眼不能观察出来，市及各旗县区农业部门将派专人对全市范围内的盐碱化耕地取样化）不同，将盐碱化耕地分为轻、中、重度 3 种不同类型，根据盐碱化程度，配以不同的技术方案。具体如下。

（1）轻度盐碱化耕地改良技术方案。

①核心技术：秋季大田作物收获后，将脱硫石膏或磷石膏 1t/亩左右、腐熟有机肥 2t/亩、明沙 15t/亩，均匀撒施于田块表面。

②配套技术：

深松旋耕、打破犁底层，改善土壤结构　将施入田中的脱硫石膏或磷石膏、腐熟有机肥、明沙使用大中型拖拉机进行深松旋耕，耕深30cm以上，做到无漏耕、无坷垃、无低洼，每3年深松1次，打破犁底层。

秋浇春灌，储墒洗盐　在耕翻土地的基础上，根据实际需要和黄河来水情况选择“秋浇”“春灌”等储灌淋盐措施，灌溉量为每次100~120m^3/亩。其中，秋浇主要从每年的10月中旬到11月上旬进行，水量集中，主要起到洗盐抑盐、储水供墒、保苗促长的作用；春灌时间约在每年4月至5月间，可促进冻土消融、洗盐抑盐、蓄水保墒，保证春播期间种子发芽及幼苗成长对水分的需要。

改土培肥　根据需要施用盐碱土壤调理剂。

措施：秸秆还田、合理施肥、施用土壤调理剂。盐碱土壤含氯较多，因此，含氯肥料不宜施用。肥料要求符合NY/T 496标准。结合秋季翻地可适当施用腐殖酸肥、康地宝、丹路菌剂、ORYKTA等盐碱土壤调理剂或抗盐碱专用肥。用量与用法严格按产品说明进行。

（2）中度盐碱化耕地改良技术方案。

①核心技术：秋季大田作物收获后，将脱硫石膏或磷石膏4t/亩左右、腐熟有机肥4t/亩、明沙25t/亩，均匀撒施于田块表面。

②配套技术：

平整土地、平地缩块、畅通排水　采取平整土地、平地缩块等措施，提高农田平整度，整修排水。

深松旋耕、打破犁底层，改善土壤结构　将施入田中的脱硫石膏或磷石膏、腐熟有机肥、明沙使用大中型拖拉机进行深松旋耕，耕作深度30cm以上，做到无漏耕、无坷垃、无低洼，每3年深松1次，打破犁底层。

秋浇春灌，储墒洗盐　秋浇春灌方式与改良轻度盐碱地措施相同。

在早春作物播种前，进行盐碱农田耙耱，及时镇压，防止跑墒。在春旱严重的地方，采用压、耙、糖连续作业，使土壤紧实，保墒提墒，抑制返盐。播前要精细整地，达到地平、土碎、墒好、墒匀，地表无根茬、无残膜、无坷垃、无盐斑，土壤活土层厚度一般不小于20~30cm。

另外，整地时也要进行围埝和深耕晒垡，围埝，可使灌溉水均匀布满地面，提高洗盐效果；深耕晒垡，不仅可以提高土壤活性和肥力，还能切断土壤毛细管，阻断返盐。

收获后带肥秋翻，改土培肥　玉米或向日葵收获后，结合例行的秋季翻地，秸秆还田，每亩施碳铵50kg，用以调节“碳氮比”。带肥秋翻时要注意粉碎茎秆根茬、地表均匀施肥、土地平整，在茎秆粉碎上要突出“短”，地表施肥上突出“匀”，犁地上突出“深”，平地上突出“平”和“碎”，达到“深、平、齐、净、碎、墒”标准，可起到改土、培肥等作用，为第二年作物高产打下基础。

（3）重度盐碱化耕地改良技术方案。

①核心技术：

完善田间排水措施，冲洗排盐　在重度盐碱地发生区，要加密排水沟的密度和数量，田间排水沟深度应在 1.5m 以上。在秋季进行深翻耕，然后进行灌溉。多打机井，实行井渠双灌，春季播种前进行灌溉，冲洗排盐，冲洗定额为 150～200m^3/亩，以达到降低地下水位、排盐的双重作用。土质较轻的轻壤土应采取较少的分次定额和较多的冲洗次数，脱盐效果较好，在质地较重的黏土的表土层盐分高的情况下，则采取分次灌溉，每次定额为 100～120m^3/亩。在作物生育期内，根据作物生长情况进行灌溉 2～3 次，每次 60～80m^3/亩。盐碱地冲洗后要及时进行耕耙，加强田间管理，防止返盐。

施用磷石膏或脱硫石膏 6t/亩左右，结合灌水进行洗盐，掺沙 50t/亩、腐熟有机肥 6t/亩，改善土壤结构，增强土壤有机质。

②配套技术同上。

966. 问：改良一亩盐碱化耕地的成本大概是多少？

答：轻度盐碱耕地每亩施用脱硫石膏或磷石膏 1t（70 元/t），腐熟有机肥 2t（90 元/t），明沙 15t（23 元/t）（随着运输的路程距离增加成本会增加，这里指的是平均成本），原材料费用 595 元/亩。

中度盐碱耕地每亩施用脱硫石膏或磷石膏 4t（70 元/t），腐熟有机肥 4t（90 元/t），明沙 25t（23 元/t），原材料费用 1 215元/亩。

重度盐碱耕地每亩施用脱硫石膏或磷石膏 6t（70 元/t），腐熟有机肥 6t（90 元/t），明沙 50t（23 元/t），原材料费用 2 110元/亩。

967. 问：盐碱化耕地改良之后的效果怎么样？

答：盐碱化耕地改良之后，最明显的效果就是抓苗率提高。每块盐碱耕地经改良后，随着土地含盐量下降，土地有机质逐年提高，轻度盐碱耕地保苗率可提高 10%～15%，亩保苗可达到95%以上，中度盐碱耕地保苗率可提高 20%～30%，亩保苗达到 90%以上，重度盐碱地保苗率可提高 40%以上，亩保苗达到 85%以上。轻度盐碱耕地改良后粮食生产产能比改良前增长 1.5 倍以上；中度盐碱耕地改良后粮食生产产能比改良前增长 4 倍以上；重度盐碱地治理改良前没有小麦、玉米产能，改良后进入产量稳定期可形成小麦平均亩产能 300kg（3.4 元/kg），玉米平均亩产能 600kg（2.2 元/kg），治理改良 1 亩重度盐碱耕地，种植小麦可亩增收 1 020元，种植玉米亩增收 1 320元。

随着盐碱耕地生态系统的不断改善和农业科技的不断进步，粮食生产产能还将有所提升。

968. 问：盐碱化耕地改良之后怎么防止耕地再次返盐？

答：河套是黄河的冲积平原，故河套平原的盐碱土都是次生的。主要包括地形因素和人为因素。人为因素主要有3个方面，一是有灌无排渠道渗漏、大水漫灌这些因素使地下水升高，造成盐分逐渐上移积累，形成或加重了土壤盐碱化；二是种植制度不科学，排水系统不完善，缺乏全面科学的规划，加剧了土壤积盐；三是耕作管理粗放。例如土地不平整，灌水不均匀，不及时锄地松土，常年不施用有机肥等，都能使土壤发生或加剧积盐。所以说要想防止耕地改良后再次积盐、返盐，我们就要做到：第一，杜绝大水漫灌的错误行为，要有计划把握水量来灌溉耕地，严禁填埋排干，要疏通排干，让农田有灌有排，防止因大量灌水而再次积盐；第二，加强轮作倒茬，通过小麦玉米与向日葵、苜蓿等吸盐作物轮作倒茬；第三，要精耕细作，每3年进行1次深耕旋耕，打破犁底层，平整土地防止因耕地犁底层阻碍灌水下渗而引起的土壤返盐。

969. 问：盐碱地的分类有哪些？

答：

（1）天然形成的盐碱地滨海地区。含盐主要以氯化钠为主，主要分布在沿海地区。

（2）地下水形成的盐碱地内陆地区。含盐主要以硫酸钠为主。

（3）苏打盐碱地。含盐主要以碳酸钠碳酸氢钠为主。

（4）人为造成的盐碱地次生盐渍化盐碱地。过量施用化肥造成土壤板结肥力下降等。

970. 问：气候条件对土地盐碱化有何影响？

答：在我国东北、西北、华北的干旱、半干旱地区，降水量小，蒸发量大，溶解在水中的盐分容易在土壤表层积聚。夏季雨水多而集中，大量可溶性盐随水渗到下层或流走，这就是“脱盐”季节；春季地表水分蒸发强烈，地下水中的盐分随毛管水上升而聚集在土壤表层，这是主要的“返盐”季节。东北、华北、半干旱地区的盐碱土有明显的“脱盐”“返盐”季节，而西北地区，由于旱降水量很少，土壤盐分的季节性变化不明显。

971. 问：地质条件对土地盐碱化有何影响？

答：质地粗细可影响土壤毛管水运动的速度与高度，一般来说，壤质土毛管水上升速度较快，高度也高，沙土和黏土积盐均慢些。地下水影响土壤盐碱的关键问题是地下水位的高低及地下水矿化度的大小，地下水位高，矿化度大，容易积盐。

972. 问：水文条件对土地盐碱化有何影响？

答：河流及渠道两旁的土地，因河水侧渗而使地下水位抬高，促使积盐。沿海地区因海水浸渍，可形成滨海盐碱土。

973. 问：人类活动对土地盐碱化有何影响？

答：有些地方浇水时大水漫灌，或低洼地区只灌不排，以致地下水位很快上升而积盐，使原来的好地变成了盐碱地，这个过程叫次生盐渍化。为防止次生盐渍化，水利设施要排灌配套，严禁大水漫灌，灌水后要及时耕锄。

974. 问：如何运用化学方法改良盐碱地？

答：化学改良是利用各种化学药剂对盐碱土壤进行修复，如石膏、磷石膏、过磷酸钙、腐殖酸、泥炭、醋渣等，其修复的原理在于与土壤中的化学物质发生化学反应，降解原盐碱土壤的盐碱成分和其他化学成分，从而达到对盐碱土壤修复的目的。目前有研究者利用脱硫废弃物、脱硫石膏有效降解土壤中碱度的效果良好，也有研究者利用2种或数种化学物质改良盐碱地土壤，试验后盐碱土的pH值、总碱度、交换性Na、CEC等指标都得到下降，并且改良后的盐碱土的营养成分和酶活性与原土相比，有一定程度的提高。

975. 问：如何运用水利措施改良盐碱地？

答：地下渗管排盐是耕地盐碱化改良的常用方法之一，它基于"盐随水来、盐随水去"的水盐运行规律，通过水流的作用对其盐碱土壤进行修复，通过土壤水的动力学运动将盐碱排除或降低盐碱含量。"灌排配套、蓄淡压盐、灌水洗盐、地下排盐"，利用土壤水动力学行为，可以达到对土壤中盐碱成分的一定程度的降解。淋洗法就是通过排水淋洗，洗去土壤中过多的盐分，如下图所示。

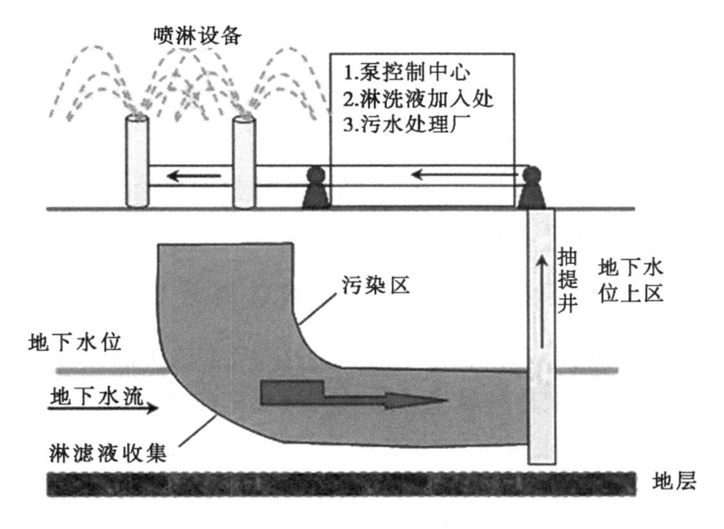

图　淋洗法改良盐碱地

976. 问：如何运用植物修复手段改良盐碱地?

答：种植一些耐盐碱植物，在利用植物降低水分蒸发的同时通过植物回收盐碱地土壤中的盐分。种植耐盐碱地植物后重盐土含盐量会有所降低，有试验结果表明每公顷的盐地碱蓬和碱爪爪每年可以从盐碱土中分别吸收 2 294.6kg 和 2 792.7kg 的盐分（NaCl）；灌木树种白刺，基本上可以降低土壤表层盐分 50%~70%。

表 不同耐盐植物改良土壤的效果

植物名称	土壤盐含量（%）			土壤有机质含量（%）		
	种植前	种 1 年后	净减少	种植前	种 1 年后	净增加
柽柳	2.67	2.41	0.26	0.35	0.39	0.04
白刺	3.1	2.81	0.29	0.34	0.37	0.03
蔓荆	2.0	1.65	0.35	0.36	0.42	0.06
罗布麻	1.5	1.35	0.15	0.36	0.41	0.05
碱蓬	2.55	2.1	0.45	0.35	0.40	0.05
沙枣	1.28	1.07	0.21	0.36	0.43	0.07
枸杞	1.05	0.9	0.15	0.37	0.45	0.08

另外就是种植耐盐碱地农作物，探究和研发耐盐碱作物是关键，当前，耐盐碱水稻的研究和应用已经取得了突破性进展，有望进行推广应用。

977. 问：如何运用微生物修复手段改良盐碱地?

答：微生物修复方法是利用某些微生物的生理活动达到改变土壤中的盐碱成分，进而达到降低盐碱浓度和盐碱量。丛枝菌根真菌在盐碱土壤中大量分布，有研究表明它的存在可以增强盐碱植物的生长、促进营养吸收、提高光合作用和抗氧化。另外将具有活性的微生物菌肥施用于盐碱土壤中，通过微生物的生长、繁殖等作用于盐碱土壤使其盐碱成分得到降解来改良盐碱地。还有利用耐盐碱细菌对盐碱土壤进行修复，研究发现盐碱土壤中嗜盐碱细菌对盐碱土壤的修复具有良好的效果。

978. 问：如何运用生态修复手段改良盐碱地？

答：生态修复是指对生态系统停止人为干扰，以减轻负荷压力，依靠生态系统的自我调节能力与自组织能力使其向有序的方向进行演化，或者利用生态系统的这种自我恢复能力，辅以人工措施，使遭到破坏的生态系统逐步恢复或使生态系统向良性循环方向发展。

盐碱地生态修复主要是通过驯化本土植物、应用生态修复集成技术对环境进行生态修复治理。生态修复依托核心技术支撑，一是土壤研究；二是基于土壤研究的种质资源。在生态修复过程中对当地的土壤结构、退化状况、原生物种、局部地区气候、降雨量、肥力等需要进行全面的调查，再选育原生性的草种与树种，根据原生态普查的记载资料及草原生态研究数据，要对适宜本地的动植物种类量化配比，再结合微生物的生理活动，使其自我调节与生长。

979. 问：盐碱地对生态环境有何为害？

答：土地的盐碱化，减少了地表植被，增大了蒸发量，造成局部地区湿度下降，干旱的发生，形成干热风的为害，制约生态平衡的正常发展。

980. 问：适合盐碱地改良的常见植物有哪些？

答；沙枣、白榆、白柳、白蜡、紫穗槐、胡杨、柽柳、杨树、枸杞、侧柏等。

981. 问：盐生植物对土地盐碱化的影响？

答：干旱和半干旱地区生长着草甸植物和荒漠的植物，诸如芦草、冰草、花花秧、罗布麻、盐抓抓、盐琐锁、骆驼刺和红柳等，大都具有根深根茂和特殊的抗盐生理特性，称之为盐生植物，含盐量可达 10%~45%，通过强大的根系从底层吸收水分和盐分，并以残落物的形式留存地面，植物残核被分解而形成的钙盐和钠盐返回土壤中，对土壤的盐演化起到推波助澜的作用。

982. 问：土地盐化和碱化有哪些不同？

答：盐化是指土壤中盐分含量升高，超过一定阈值的过程。但由于土壤本身特点、地下水、气候等因素不同，土壤中的盐分离子种类和组成是不同的。当土壤中含有碱性较强的碳酸根、碳酸氢根离子时，土壤中盐分离子含量升高会造成 pH 值的明显上升，这个过程叫作碱化。

983. 问：土壤盐渍化对作物直接为害的典型标志是什么？

答：植株生长纤弱，滞育。在温度、水分、肥料供应方面没有多大欠缺的前提下，棚内蔬菜植株根系发育不良，老根与新根比例失衡，对肥水吸收能力较差，使生长发育期明显延后，特别是前期和中期产量平平，受害严重的会导致减产10%~30%，直接影响栽培效益。在田间诊断中，如果其他致害因素都已经被排除，而作物植株依然表现为长势不旺，根系不能良好发育时，基本上就属于是这种土壤盐渍化造成的后果。

984. 问：土地盐碱化对交通电力有什么为害？

答：盐渍土具有腐蚀性，对建筑物基础产生一定的为害。如在盐渍土地段埋设的混凝土电线杆，会发生电线杆被腐蚀和局部裂缝现象，严重危及送电线路的安全，盐渍土对铁路路轨的腐蚀性也不容忽视。

985. 问：盐渍化对生态环境造成的为害是什么？

答：重度盐渍化地区，地表返盐严重，形成大片盐碱地或光板地，盐结皮普遍，无植物生长或仅局部可见低矮、稀疏的红柳和盐蒿，生态环境严重恶化，再进一步发展即造成盐漠化。

986. 问：土壤盐渍化发生的根本原因是什么？

答：在时间的长度上，环境的盐分输入大于土壤包气带向环境的盐分输出，致使土壤积盐作用强于脱盐作用。

987. 问：土壤盐渍化防治的基本原则是什么？

答：切断或削减环境向包气带的盐分输入，或增强包气带向环境的盐分输出，使得土壤盐分处于收支均衡状态或以脱盐作用为主。除人为控制盐分的输入、输出外，调整包气带岩性结构也是进行土壤盐渍化防治的重要手段。

988. 问：大棚种植为什么容易出现土壤盐渍化？

答：日光温室内瓜果蔬菜生长期长，需肥量较大，种植户为争取瓜果蔬菜产量高产，盲目增施化肥，大棚土壤经过多年的化肥积累，往往导致土壤积盐发生。化肥施入土壤以后，一部分被瓜果蔬菜吸收，这个吸收量也就是利用率在20%左右，剩余的80%的肥料大部分随水土流失或被土壤固定。

989. 问：大棚土壤造成盐渍化的主要原因是什么？

答：被土壤固定的部分肥料易生成盐酸盐结晶物；被肥料下渗的地下水矿化度高后，随着地表水分蒸腾后，含有盐分的地下水回渗地表，这就是大家常说的返盐现象。

990. 问：大棚土壤盐渍化有哪些具体的表现？

答：大棚地表土壤出现白色的结晶物，特别是在土壤干旱和大棚休闲期最为明显。在个别严重的大棚土壤会出现青霉和红霉，应视为磷、钾过剩所滋生的微生物，据此可判定土壤的积盐状况。种植户为了获得更高的产量，习惯性的重施肥料，有一次在一位农户的大棚看到，一个不到 1 亩的大棚使用肥料将近 0.5t。目前日光温室土壤中的大、中量元素的施用量普遍超标，氮、磷、钾的超标一般都在 3 倍以上。超标部分的肥料绝大多数已被土壤固定，形成了难以被瓜果蔬菜吸收的矿化物。

991. 问：土壤盐渍化对大棚瓜果蔬菜有哪些直接为害?

答：土壤积盐能造成瓜果蔬菜的生长发育不良，首先是瓜果蔬菜根系发育不好。如黄瓜、番茄辣椒等作物的新根少，生长迟缓，老根及根基锈红色。因为土壤盐分浓度过高，瓜果蔬菜“根压”低于土壤溶液压力，根系细胞液倒流入土壤，失水导致瓜果蔬菜根系萎缩不长或者死亡。

瓜果蔬菜根系出现问题最终导致瓜果蔬菜植株瘦弱矮小，叶片墨绿、色暗淡，坐果性差，易落花落果，畸形果多。

更为严重的是瓜果蔬菜植株原来的抗病性、抗逆性降低，易感染土传病害，容易发生死棵死苗现象。

992. 问：种植户如何改良积盐土壤?

答：

（1）种植户要有意识深耕灌水洗盐。温室瓜果蔬菜收获后，利用休闲期深耕整平土壤，做成大畦后放大水浇灌 1~2 次，如果能利用地下管道排水更好。

（2）种植户可以种植吸盐类的农作物。利用大棚休闲阶段，农户可以种植苜蓿、绿豆、大豆或玉米，为不延误下茬瓜果蔬菜种植为标准，这些农作物可作为牲畜的青饲料，可以随时拔除。

（3）种植户要重视增施有机肥料。在发生严重的土壤大棚，每亩可增施牛、马粪若干立方米，每亩施用 1 000kg 为宜。如果施用草炭或稻壳、麦壳，每亩用 $10m^3$ 以上，效果更好。种植户也可配合基施优质猪肥或鸡粪 $10m^3$ 以上。

（4）种植户还可以对土壤增酸压碱

首先种植户先检测土壤的 pH，如果土壤 pH 值超过 7.5 以上，每亩土壤随水冲施醋酸溶液（食醋）10L 左右，也可随水冲施磷酸铜 2~3kg。

（5）种植户要重视微生物菌剂的使用。微生物菌剂具有多种功效，虽然它不能直接给瓜果蔬菜提供养分，但是它能够分解土壤中被固化的养分，让根系直接吸收利用，从而起到改良土壤的作用。

以上改良盐渍化土壤的措施，种植户要因地制宜，可根据实际情况分别实施，也可综合运用。

993. 问：秸秆还田常用有方式是什么？

答：一种是秸秆反应堆的使用，即在作物种植行内，下挖50cm后，填充玉米秸秆等材料，并喷施快速腐熟剂肥力高等，而后覆土掩埋，并灌一定量水，一周后便可定植蔬菜。

另一种是秸秆粉碎还田，需要注意的是，一定要进行细致的粉碎，一般粉碎的程度大约在12cm即可。秸秆还田时要注意预防病虫害的再传播，可通过拔园前高温闷棚处理将大部分的有害病虫杀死，也可在秸秆还田后通过微生物发酵配合高温闷棚等技术措施降低病虫害的循环侵染。

994. 问：草莓地出现盐碱化的表现？

答：当地面出现绿、白、红三色就说明土壤中矿质元素有大量积累，出现了不同程度盐渍化。

（1）绿色。第一阶段出现绿色的苔藓，在氮肥过剩的情况下，苔藓会迅速繁殖，常出现在灌溉管道附近。

（2）白色。第二阶段地表积累一层白霜，俗称“返白碱”。由于过量施用化肥，使钙、钠、镁等阳离子在土壤便面大量积聚，与氯离子、硫酸根、碳酸根等发生化合反应形成。

（3）红色。第三阶段出现红色的紫球藻（一种盐碱指示植物），它的出现说明土里的盐分已经很高了，可能严重影响草莓的生长。

995. 问：什么是“五位一体”盐碱化耕地改良技术？

施用脱硫石膏，通过化学反应，将碱代换成盐，改碱排盐；增施有机肥，提高盐碱地的有机质含量，加强耕地肥力水平；掺沙降容，增加土壤疏松度，提高土壤通透性；施用改良剂，活化土壤；种植耐盐作物增加农民效益。

996. 问：什么是“上膜下秸”阻盐改良技术？

在盐碱地中埋设粉碎后的秸秆，形成秸秆隔盐层，地表覆盖地膜，控盐抑盐效果突出。

997. 问：什么是“暗管排盐”改良技术？

采用PVC管打孔后包裹滤料，以一定倾斜度埋于地下1.2~1.8m处，由于暗管埋于盐碱土层下，地表灌水后将盐碱由暗管排出，阻隔地下水上升，可有效治理盐碱地。

998. 问：什么是膜下滴灌水肥一体化技术？

集覆膜、灌溉与施肥为一体，可定时、定量浸润作物根系，供根系吸收，具有增产、增效、增温、节水、节地、节肥、节工、提质的优点。

999. 问：秸秆还田技术有哪些作用？

秸秆还田、培肥地力，有效杜绝秸秆焚烧，同时，提升耕地质量、增加土壤有机质，改良土壤结构，使土壤疏松，孔隙度增加，容量减轻，促进微生物活力和作物根系的发育。

1000. 问：土地盐碱化中，淋盐和反盐分别是什么季节？

答：春秋季降水相对少，盐分随水分蒸发回到土壤表层；夏季气温高，降水多，雨水对土壤冲刷大，又将盐分冲入土壤深处；所以，夏季淋盐，春秋返盐；而冬季降水少，蒸发弱，因此，盐分相对稳定。